최신 스마트 조명 핸드북

조명기초, 조명제어 & 인증과 법규

Smart Lighting Handbook

조명기초, 조명제어 & 인증과 법규

최신 스마트 조명 핸드북

인　쇄: 2023년 11월　7일 초판 1쇄
발　행: 2023년 11월 15일 초판 1쇄

저　자: 한국조명 · 전기설비학회
발행인: 송 준
발행처: 도서출판 홍릉
주　소: 01093 서울시 강북구 인수봉로 50길 10
등　록: 1976년 10월 21일 제5-66호

전　화: 02-999-2274~5, 903-7037
팩　스: 02-905-6729
e-mail: hongpub@hongpub.co.kr
http://www.hongpub.co.kr
ISBN: 979-11-5600-138-693000)

정　가: 30,000원

SMART LIGHTING
Handbook

최신

스마트 조명 핸드북

조명기초, 조명제어 & 인증과 법규

한국조명·전기설비학회 지음

도서출판 홍릉

발간사

한국조명·전기설비학회는 1987년 창립하여 36년을 지나 현재는 조명과 전기설비 분야에서는 국내의 학회 중 전문분야의 학회로 발전을 거듭하여 성장하고 있습니다. 지난 세월 동안 전임회장님들, 학회의 임원과 회원 여러분의 많은 관심과 노력으로 지금과 같은 발전과 성장을 이루었다고 생각합니다.

우리 학회는 21C 4차 산업혁명 시대에 기술이 우월한 지위를 갖는 미래지향적으로 나아가야 한다고 생각합니다. 학회도 4차 산업혁명의 시대에 IoT, 정보화, AI, Smart 등의 기술 접목도 중요하며, 미래의 사회는 삶의 질을 향상하기 위한 스마트시티, 스마트홈 등이 활성화되고 통신과 데이터의 가치가 높아지고 있는 상황입니다. 따라서 데이터 보안, 통신 보안 등이 중요해지고 있으며 메타버스에 관한 관심도 커지고 있습니다.

제가 학회장으로 취임하면서 학회의 분과별 업무 분담 간담회를 하면서 유홍국(산학협동·대외협력부회장) 사장께서 그동안 세월이 흘러 조명은 백열등에서 LED 조명으로 발전하였지만, 현재 시대에 맞는 조명 서적은 국내에는 없어 조명 관련 전문 서적을 발간하자고 제안하여 이번에 우리 학회 조명 분야의 전문 서적을 발간하게 되었습니다.

이 책은 조명 분야의 전문교재와 산업에서 참고 교재로 활용할 수 있도록 조명분야별 전문가들이 전문내용과 실무분야의 전문가들이 참여하여 열의와 정성을 다하여 집필하게 되었습니다. 이번 발간을 계기로 학회도 4차 산업 시대에 사회적 가치를 실현하는 학회로 그 역할을 하기 위해 앞으로 전기설비분야 등 필요한 전문분야의 서적도 발간되기를 바랍니다.

우리 학회가 추구하는 목표도 국가적, 사회적 과제(agenda)를 위하여 안전, 재난, 환경을 위한 방향으로 기술과 제도를 정립하는데 중심이 되는 학회로서 미래로 세계로 거듭나는 한국조명·전기설비학회의 위상을 높여야 하겠습니다.

그동안 집필하는 과정에 조금 어려움은 있었지만, 끝까지 애써주신 최안섭(조명전문서적 발간위원회 위원장) 부회장과 집필위원 여러분께 감사드리며, 조명용어에 대해 정리와 감수를 해주신 장우진 명예회장님께도 감사드립니다. 또한, 좋은 책이 되도록 세심히 수정과 보완을 해주신 도서출판 홍릉 대표님과 관계자 여러분에게도 고마움을 전합니다.

2023년 11월

한국조명·전기설비학회 회장 이봉섭

머리말

한국조명·전기설비학회는 올해로 창립 36주년을 맞이한 조명 및 전기설비 관련 유수의 학회이며, 그동안 조명과 전기 설비 분야의 학술 및 산업 발전에 중추적인 역할을 해오고 있습니다. 현재 국내의 경우, 조명관련 최신 전문서적이 부재한 현실에 조명전문서적의 발간 필요성이 대두되었습니다. 이에, 학회 본연의 역할 중의 하나인 발간사업을 통해 그 역할을 확장하고자 본 조명전문서적의 발간을 기획하게 되었습니다.

본 조명전문서적의 주요 내용은 국내 조명기구 개발 및 제조, 조명디자인, 전기설비설계, 종합건설사 전기파트 등을 포함한 관련 분야 산학연 종사자를 대상으로 수요조사를 실시하였고, 회신하여 주신 총 154명의 의견을 수렴하여 결정하였습니다. 수요조사 결과, 스마트조명시스템과 인간중심조명 등의 최신 조명 내용에 대한 요구가 가장 많았으며, 조명 기초지식과 인증 및 법규에 관한 내용의 요구도 많았습니다. 그래서 본 조명전문서적은 조명 기초지식, 조명제어시스템과 스마트 조명, 조명관련 인증 및 법규 의 3개의 파트로 구성하였으며, 전체 23개 주요 내용으로 각 챕터를 구성하여 집필을 완성하였습니다. 이번 집필에는 조명관련 국내 최고 전문가들이 다수 참여하여, 전문가적 충실한 내용뿐만 아니라 국제 흐름을 반영한 최신의 내용을 담고자 하였습니다.

본 조명전문서적을 통해 국내 조명산업 관련 산학연 종사자들의 지식 습득과 응용에 밑거름 역할이 되길 바라며, 또한 국내 조명산업 발전에 널리 활용되기를 바랍니다. 그리고 급변하게 변화하는 최신 조명기술에 대한 정보를 전달할 수 있도록 향후 지속적으로 후속 서적이 발간되기를 바랍니다.

끝으로 정성으로 집필에 임해주신 20명의 집필진과 조명전문서적 발간위원회 발족과 집필 과정에 많은 도움을 주신 한국조명·전기설비학회와 조명전문서적 발간위원회 위원님들께 깊은 감사의 말씀을 드립니다. 그리고 협찬을 통해 서적의 발행에 큰 힘을 실어주신 분들께도 감사드립니다.

2023년 11월

〈한국조명·전기설비학회 조명전문서적 발간위원회〉

최안섭 위원장(세종대학교 교수)

김유신 위원(한국광기술원 책임연구원), 송상빈 위원(한국광기술원 전문위원), 안소현 위원(SJL 대표), 양영희 위원(말타니 사장), 유홍국(건일엠이씨 사장), 장우진(서울과학기술대 교수)

〈조명서적 발간 협찬〉

백민규 엠케이파워텍 대표, 류홍제 중앙대학교 교수, 유홍국 건일엠이씨 사장

이봉섭 강원대학교 교수

저자

구분	담당챕터		저자	소속
PART A. 조명 기초 지식	1. 빛의 기본 이론		박승남	한국표준과학원 책임연구원
	2. 빛의 감지와 심리	2.1 빛의 감지	최안섭	세종대학교 교수
		2.2 빛의 시각과 심리	박현수	영남대학교 연구교수
	3. 빛의 측정과 단위		이동훈	한국표준과학원 책임연구원
	4. 빛과 색채		곽영신	울산과학기술원 교수
	5. 조명계산		김훈	강원대학교 교수
	6. 조명 시뮬레이션		이민욱	가람이엔지(주) 연구소장
	7. LED 광원		박병철	삼성전자 파트장
	8. 조명기구			
PART B. 조명제어시스템과 스마트 조명	1. 조명제어 개요		신경호	한국광기술원 센터장
	2. 조명제어 구성요소		주재영	한국광기술원 책임연구원
	3. 스마트 조명		강정모	한국기계전기전자시험연구원 센터장
	4. 인간중심조명		고재규	키엘연구원 센터장
	5. 융복합 조명	5.1 살균조명	손원국	프롬슨 대표이사
		5.2 스마트팜조명		
		5.3 모빌리티 조명	이윤철	한국광기술원 센터장
		5.4 라이트 테라피	김인태	한국광기술원 선임연구원
PART C. 조명관련 인증 및 법규	1. LED조명 제품에 대한 국내 인증제도		석대일	한국산업기술시험원 책임연구원
	2. 우수조달 지정제도		양병문	㈜선일일렉콤 부사장
	3. 스마트 조명 관련 표준화 및 인증		강정모	한국기계전기전자시험연구원 센터장
	4. 친환경 건축/녹색건축 분야의 조명관련 인증 및 법규		황태연	조선대학교 교수
	5. 인공조명에 의한 빛공해방지법		유성식	키엘연구원 선임연구원
	6. 조명관련 국제 인증		조미령	한국광기술원 본부장
통합 교정 및 감수			장우진	서울과학기술대학교 교수
총괄 간사			김유신	한국광기술원 책임연구원

차례

A 조명 기초지식

1 빛의 기본이론 2
1.1 고대인의 빛에 대한 이해 2
1.2 간략한 조명의 역사 4
1.3 빛의 생성 과정 5
1.4 빛에 대한 여러 가지 관점 8

2 빛의 감지와 심리 17
2.1 빛의 감지 17
2.2 빛의 시각과 심리 24

3 빛의 측정과 단위 36
3.1 광량과 복사량 36
3.2 광량의 단위 37
3.3 광도와 조도 39
3.4 휘도 41
3.5 광속 42

4 빛과 색채 44
4.1 조명의 색 특성과 CIE 표색계(Colorimetry) 44
4.2 CIE 삼자극치(tristimlus values) XYZ 45
4.3 CIE 색도 좌표(chromaticity coordinates)와 색도 다이어그램(chromaticity diagram) 47
4.4 CIELAB과 CIELUV 49
4.5 상관색온도(correlated color temperature) 49
4.6 광원의 연색성 51

5 조명 계산 52
5.1 조도계산 52
5.2 점광원에 의한 점조도 계산법 54
5.3 광속법(평균조도 계산법) 56

6 조명 시뮬레이션 61
6.1 조명 계산과 조명 시뮬레이션 61
6.2 조명 시뮬레이션 소프트웨어 62
6.3 조명 시뮬레이션 절차 63
7 LED 광원 68
7.1 LED Chip, LED Package 69
7.2 LED 패키지의 세부 특성 71
7.3 LED 모듈 75
7.4 LED 전원 공급 장치 76
8 조명기구 78
8.1 조명기구의 구조 78
8.2 LED 램프류 78
8.3 LED 조명기구 79
8.4 조명기구의 종류 80
8.5 조명기구 설계 93

B 조명제어시스템과 스마트 조명

1 조명제어 개요 100
1.1 조명제어의 개념 100
1.2 조명제어 방식 100
1.3 조명제어의 필요성 102
1.4 조명제어의 적용 분야 105
2 조명제어 구성요소 107
2.1 스마트 조명에 적용되는 기술 109
2.2 목적에 따른 스마트 조명 기술 121

3 스마트 조명 133
3.1 스마트 조명의 정의 133
3.2 스마트 조명의 필요성 135
3.3 에너지절감과 각국의 조명 관련 정책 137
3.4 조명산업 패러다임의 변화 139
3.5 스마트 조명의 분류 141
3.6 스마트 조명의 네트워크 연결성 및 프로토콜 142
3.7 스마트 조명의 주요 제어 기능 150
3.8 주요 국가의 스마트 조명 관련 현황 및 실증 사례 151
3.9 스마트 도로조명의 개요와 발전방향 155
3.10 스마트 조명과 인간중심조명 156
3.11 해결해야 할 과제 159
4 인간중심조명(HCL : human centric lighting) 160
4.1 인간중심조명의 이해 160
4.2 인간중심조명의 인지 구조 161
4.3 인간중심조명의 환경 디자인 171
4.4 인간중심조명의 설계 고려사항 173
4.4 인간중심조명 관련 제품 기술 178
5 융복합 조명 183
5.1 살균조명 183
5.2 스마트 팜(smart farm) 조명 193
5.3 모빌리티 조명 204
5.4 라이트 테라피 217
C 조명관련 인증 및 법규
1 LED조명 제품에 대한 국내 인증제도 238
1.1 전기용품안전관리제도 238
1.2 방송통신기자재 적합성평가 제도 244

1.3 KS(Korea Standard) 인증제도 248
1.4 고효율에너지기자재인증제도 257
1.5 에너지소비효율등급표시제도 260
1.6 녹색인증 268
1.7 환경표지인증 274

2 우수조달 지정제도 281
2.1 우수제품 지정제도 개요 281
2.2 우수제품 지정절차 289

3 스마트 조명 관련 표준화 및 인증 297
3.1 스마트 조명 관련 정책 297
3.2 스마트 조명 관련 표준 현황 299
3.3 스마트 조명 관련 인증 현황 303

4 친환경 건축/녹색건축 분야의 조명관련 인증 및 법규 313
4.1 G-SEED 313
4.2 LEED 321

5 인공조명에 의한 빛공해방지법 332
5.1 빛공해의 정의 및 유형 332
5.2 빛공해방지법 체계 333
5.3 빛방사허용기준 336
5.4 빛공해의 측정 339

6 조명관련 국제 인증 346
6.1 유럽의 인증 346
6.2 미국의 인증 348
6.3 중국의 인증 350
6.4 일본의 인증 352
6.5 기타 국가의 인증 353

참고문헌 354
찾아보기 362

PART
A

조명 기초지식

CHAPTER 01

빛의 기본이론

조명 공학은 빛에 관한 학문이다. 이를 활용하는 인간의 시각적 인지를 함께 고려해야 하는 실용 학문이다. 여기에서는 먼저 고대인들이 빛을 어떻게 이해했는지를 살펴본다. 선사 이후 조명의 역사도 개괄한다. 이어 빛이 생성되는 여러 과정을 현상론적으로 나눠서 정리한다. 빛의 본질에 대한 이해는 물리학 발전을 촉발했기 때문에 그 발전 과정을 기술하였다. 마지막으로 우리 인간의 빛과 색에 대한 시각적 인지에 대해 기술한다.

1.1 고대인의 빛에 대한 이해

원시인들이 빛을 어떻게 이해했는지는 정확히 알 수는 없으나, 발견된 고고학, 인류학적 증거와 초기 인류의 행동과 인식에 관한 지식을 바탕으로 어느 정도 추측이 가능하다. 초기 인류는 태양과 하늘을 가로지르는 태양의 일상적인 움직임을 예리하게 인식했을 것이다. 그들에게 따뜻함과 밝은 빛을 제공하는, 그리고 식량 생산에 직결된 태양은 신격화하기에 부족함이 없었을 것이다. 매일 벌어지는 일출과 일몰은 어떤 종교적 의식이나 믿음으로 발전했으리라 추측할 수 있다.

불은 연료, 산소, 그리고 열의 세 가지 요소가 적절한 조건에서 결합할 때 발생하는 화학 반응이다. 자연에서 화재는 번개, 화산 활동 등 여러 원인에서 시작할 수 있다. 번개는 특히 건조한 초목 지역에서 흔한 산불의 원인이다. 번개가 마른 초목을 치면 불이 붙어 근처 산림으로 빠르게 번질 수 있다. 화산 활동도 화재로 이어질 수 있다. 화산이 폭발할 때, 주변 초목에 불을 촉발하는 뜨거운 재와 용암을 분출한다. 특히 화산재는 번개나 다른 열원에 의해 쉽게 점화되는 건조한 물질 층을 형성할 수 있다.

불은 따뜻함과 빛을 주고, 음식 요리를 가능하게 했기 때문에 원시 인류에게 매우 중요한 발견이었을 것이다. 불에서 나오는 빛과 연기는 무기가 되어 포식자들로부터 그들을 보호할 수도 있었을 것이다. 불을 만들고 조절하는 기술은 초기 인류가 자신의 능력 한계를 넘어 새로운 환경에 쉽게 적응할 수 있게 함으로써 인류 진화를 촉진했을 것이다. 불을 통해서 그들은 더 추운 기후에도 적응할 수 있게 되었으며, 거칠고 독한 음식을 요리할 수 있고, 포식자들로부터 스스로를 보호할 수 있었다. 불은 초기 인류 공동체에 집합 장소를 제공했기 때문에 사회 구조와 의사소통의 발전에도 큰 기여를 했을 것이다

불의 발견은 초기 인류에게 문화적, 정신적 의미도 있었을 것이다. 불은 파괴와 창조가 모두 가능한 강력한 힘으로 여겨졌을 것이다. 그것은 삶, 죽음, 그리고 부활의 개념과 연관되었을 수 있으며, 초기 종교적, 신화적 믿음에서 어떤 역할을 했을 수 있다. 초기 인류는 불을 사용하기 시작하면서 깜박이는 불빛에 익숙했을 것이다. 그들은 동물성 지방 램프나 마른 식물로 만든 횃불과 같은 여러 종류의 광원을 시도하고, 이런 광원이 만든 빛으로 물체를 비추고, 그림자가 어떻게 만들어지는지를 이해했을 것이다.

고대 문명인들의 빛에 대한 이해는 문화와 시기에 따라 다양했다. 엠페도클레스(Empedocles)를 비롯한 고대 그리스 철학자들은 세계를 이루는 근본 물질을 사유하다 공기, 물, 흙과 함께 불을 지목했다. 나중에는 에테르(ether)가 다섯 번째 근본 물질로 더해졌다. 당시 그리스에서는 시각이 눈에서 나오는 광선에 의해 생성되어 보고 있는 물체와 상호작용한다고 믿었다. 이런 믿음은 유클리드(Euclid)와 같은 철학자들의 지지로 유지되었다. 나중에 아리스토텔레스(Aristoteles)는 빛이 눈에서 물체로 이동하는 것이 아니라 물체에서 눈으로 이동한다고 주장했다.[1]

고대 이집트에서 태양은 창조와 생명을 상징하는 강력한 신으로 여겨졌다. 이집트인들은 태양신 라(Ra)가 배를 타고 하늘을 가로질러 여행하며, 그가 제공하는 빛과 열에 의해 생명이 유지된다고 믿었다.[2] 고대 중국에서 빛은 우주의 이원론적 본성을 나타내는 음양의 도교 철학과 밀접하게 연관되어 있었다. 빛은 양의 원리에 따라 에너지, 활동, 긍정을 나타내고, 어둠은 음의 원리로서 정적(靜的), 수동성, 부정성을 나타낸다.[3] 개괄하면 고대 문명인들의 빛에 대한 이해는 과학보다는 종종 신화나 철학적 믿음에 뿌리를 두고 있었다. 이런 초기 생각들은 빛의 본질에 대한 후대 과학적 연구를 위한 길을 열었다.

1) The Nature of Light: What is a Photon?, by Chandra Roychoudhuri and Andrew Ketsdever, Springer, 2012

2) The Oxford Handbook of Egyptology, edited by Ian Shaw. Oxford University Press, 2008

3) Chinese Thought: From Confucius to Cook Ding, by Roel Sterckx, Pelican Books, 2019

1.2 간략한 조명의 역사

불만큼 일류의 진보를 촉진한 다른 발명품을 찾는 것은 쉽지 않다. 조명만큼 축적되는 과학 지식을 바탕으로 지속적으로 발전한 기술도 없을 것이다. 조명의 역사가 그 긴 시간 동안 과학 기술의 역사라고 말해도 과언은 아니다. 따라서, 물리학 관점에서 빛의 본질을 살펴보기 전에 조명의 역사를 먼저 간략하게 살펴본다.

1 선사 시대

인공조명의 사용은 선사 시대로 거슬러 올라가는데, 초기 인류는 동물성 지방을 연료로 돌이나 조개껍질을 사용하여 간단한 램프를 만들었다. 이 램프들은 제한적이고 희미한 빛을 제공했지만, 요리, 사냥, 동굴 벽화 그리기와 같은 기본적인 작업에 충분했을 것이다.

2 고대 문명기

이집트, 그리스, 로마와 같은 많은 고대 문명들은 올리브유, 동물성 지방, 밀랍을 연료로 공급하는 램프를 사용했다. 이 램프들은 종종 점토나 금속으로 만들어졌으며, 꼬인 섬유로 만든 심지가 있어 연료를 화염까지 끌어 올린다. 불꽃의 밝기와 지속시간은 연료의 질과 램프의 디자인에 따라 달랐다.

3 중세

중세 동안 식물성 섬유로 만든 심지가 달린 기름 램프와 마찬가지로, 동물성 지방이나 밀랍으로 만든 양초가 더 흔해졌다. 촛불은 종교적인 의식과 장식 목적으로 자주 사용되었고, 기름 램프는 읽기와 바느질과 같은 실생활 작업에 사용되었다. 중세에 발전한 유리 제조 기술은 빛을 모으고, 그 진행 방향을 바꾸는데 도움을 준 유리 램프 갓의 생산을 촉진했다.

4 18세기

1780년대에 아르간드(Argand) 램프가 발명되어 석유 램프의 효율과 밝기를 크게 향상시켰다. 원형 심지와 유리 굴뚝이 특징인 아르간드 램프는 불꽃으로 공기 흐름을 향상시켜서 연기와 냄새를 감소시켰다. 이 램프는 18세기와 19세기에 걸쳐 가정, 기업, 공공장소에서 널리 사용되었다.

5 19세기

가스 조명은 18세기 초부터 널리 사용되기 시작했고, 18세기 중반까지 유럽과 북미 전역의 도시에서 보편화되었다. 가스램프는 기름 램프보다 밝고 신뢰성이 높았으며 밸브와 타이머로 쉽게 제어할 수 있었다. 그러나, 가스 조명은 파이프, 저장 탱크, 조절기와 같은 복잡한 인프라가 필수적이기 때문에 높은 유지비용이 들어갔다. 전기조명은 1800년대 후반에 토머스 에디슨(Thomas Edison) 등에 의해 탄소 필라멘트 램프가 발명되면서 개발되었다. 초기전기조명은 비싸고 신뢰성이 낮았지만, 기술 발전에 힘입어 빠르게 저렴해지면서 더 널리 보급되었다.

6 20세기

형광 조명, 할로겐 조명, LED 조명을 포함한 새로운 조명 기술의 개발은 20세기 내내 지속되었다. 이러한 신기술은 이전 기술보다 높은 에너지 효율성, 긴 수명과 더 나은 색상 연출을 제공했다. 최근에는 건강과 웰빙(well-being)을 우선으로 고려하는 조명 디자인뿐만 아니라 유·무선으로 제어할 수 있는 스마트 조명시스템에 대한 관심이 높아지고 있다.

1.3 빛의 생성 과정

빛은 다양한 방법으로 자연적이거나 인공적으로 발생 될 수 있다. 이런 다양한 과정을 살펴보면 빛의 본질을 이해하는 데 도움이 된다. 그 과정 또는 방법은 다음과 같다.

1 연소(combustion)

나무, 석탄, 기름 또는 가스와 같은 물질을 산소의 존재하에서 태우는 과정에서 빛이 발생한다. 연소 중인 물질은 열과 빛을 생성하는 화학 반응을 겪는다. 연소 과정은 연료, 산소, 그리고 열이라는 세 가지 핵심 요소로 구성된다. 연료는 연소 반응하는 동안 방출되는 에너지를 제공하는 반면, 산소는 반응이 일어나는 데 필수적이다. 열은 일반적으로 연료를 점화하고 반응을 시작하는 스파크나 불꽃과 같은 외부 열원으로 제공되어야 한다. 연료가 연소하면서, 그것은 열과 빛의 형태로 에너지를 방출한다. 이 열은 주변 공기를 팽창시키고

그림 A1-1 양초의 불꽃: 단순해 보이는 불꽃에도 복잡한 물리적 화학적 현상이 숨어있다. 불꽃의 밝은 부분은 불완전 연소로 발생하는 그을음의 백열 현상으로 유지된다.

상승시켜 가시광선 스펙트럼의 빛을 방출하는 불꽃을 만든다. 불꽃의 색은 연소하는 연료의 종류와 불꽃의 온도에 따라 달라진다. 파란 불꽃은 더 많은 에너지를 포함하고 있기 때문에 노란 불꽃보다 더 뜨겁다. 가시광선 외에 연소는 자외선과 적외선을 생성할 수 있다. 자외선은 석탄과 같은 물질의 연소 중에 발생하며, 적외선은 연소 시 발생하는 열에 의해 발생하며 온기를 제공한다.

② 백열(incandescence)

물체를 고온으로 가열하여 가시광선의 빛을 발생시키는 과정이다. 연소 과정을 통해서 물체를 가열하거나, 도체에 전류를 흘려서 줄 (Joule) 가열할 때 발생한다. 백열램프의 필라멘트 또는 토스터(toaster)의 발열체가 그 예 이다.

③ 화학 발광 (chemi–luminescence)

분자의 산화를 수반하는 화학 반응을 통해 빛이 생성되는 과정이다. 이 발광은 일반적으로 산화되지 않은 분자로 산화 에너지가 전달되면서 발생한다. 이때, 분자는 적절한 파장의 빛을 방출함으로써 여기 에너지를 잃는다. 알코올성 알칼리 용액에서 천천히 산화되면 여러 물질(포름알데히드, 파랄알데히드, 아크로레인, 로핀, 글루코스, 레시틴, 콜레스테롤 등)이 발광한다. 또 다른 화학 발광은 황 화합물의 산화와 관련이 있다. 반딧불이와 박테리아와 같은 유기체의 광범위한 발광은 루시페라아제 (luciferase)라는 효소의 존재 하에서 루시페린의 산화로 발생한다. 생물체에서 발생하는 화학발광을 특별히 생물발광(bio-luminescence)이라고 부르기도 한다.[4] 백열램프가 발명되기 전에 사용되던 모든 연소 기반의 광원도 결국 화학 발광에 그 근원을 두고 있다.

④ 전기 발광 (electric–luminescence)

공기를 비롯한 가스 속에서 전기 방전에 의해 빛이 생성되는 과정이다. 가스의 종류에 따라 빛의 색상이 달라지며 이런 방식으로 빛이 생성되는 것을 이해하는 과정에서 분광학이라는 학문분야가 열리게 되었다. 분광학은 빛과 물질의 상호작용을 원자나 분자 수준에서 설명할 수 있다. 방전 기술은 레이저와 같은 고출력 가간섭성(coherent) 광원을 만드는 간편한 도구로 활용되고 있다. 형광램프, 네온사인, 메탈핼라이드 램프, 번개 등이 모두 이 과정을 통해서 빛을 발생시킨다.

---

4) "Chemiluminescence." Encyclopædia Britannica. Encyclopædia Britannica, Inc., n.d. Web. 5 May 2023.

5 마찰 발광 (tribo–luminescence)

물질에서 화학 결합이 파괴되는 과정을 통해 빛이 발생하는 것으로, 종종 분쇄와 같은 기계적 마찰력을 통해 발생한다. 금속재료를 절단기로 자를 때 발생하는 불꽃도 이런 과정에서 발생한다. 몇몇 종류의 결정과 설탕을 부술 때 미약한 불꽃이 발생하기도 한다.5) 설탕과 같은 경우는 너무 미약하기 때문에 관찰이 쉽지 않지만, 부싯돌 라이터에 사용되는 페로세륨(ferrocerium: 철, 세륨 등의 합금) 조각은 마찰에 의해 매우 뜨거운 불꽃을 만들어 내기 때문에 부싯돌 라이터의 점화에 사용되는 이상적인 재료이다.

6 광 발광 (photo–luminescence)

이것은 물질이 광자의 흡수를 통해 여기된 후 낮은 에너지 준위로 천이하며 빛을 방출하는 과정이다. 형광과 인광은 특정한 물질과 광물에서 흔히 볼 수 있는 광발광의 예이다.

7 열 발광(thermo–luminescence)

몇몇 광물들이나 특별한 결정질 물질들로부터의 빛이 방출될 수 있다. 이 빛 에너지는 과거 고에너지 방사선에 노출된 적이 있는 물질의 결정 격자 내 전자 변위에서 비롯된다. 약 450 °C 이상의 온도로 물질을 가열하면 갇혔던 전자가 정상 위치로 돌아가면서 에너지를 방출할 수 있다. 방출 강도는 이 물질이 방사선에 노출된 시간과 상관관계가 있다. 이러한 열 발광의 특징을 활용하여 다양한 광물이나 고고학적 유물의 연대 측정이 가능하다.

8 전계 발광(electro–luminescence)

전기장의 영향을 받는 물질에서 광자가 방출되면서 빛이 생성되는 과정이다. 반도체, 인 등 특정 물질에 전류를 흘리면 발생한다. 이 과정에서 가해진 전기장은 물질 내의 전자들을 높은 에너지 상태로 여기시킨다. 이 전자들이 원래의 에너지 상태로 돌아갈 때 광자의 형태로 빛 에너지를 방출한다. 이 과정은 형광램프나 백열램프에서의 빛의 방출과 유사하지만, 전계 발광은 별도의 열이나 복사원이 아닌 그 물질에서 빛이 직접 방출된다. 전계 발광 재료는 조명, 디스플레이 및 전자 장치를 포함한 광범위한 응용 분야에서 빛을 생성하는 데 사용될 수 있다. 예를 들면 전압이 공급될 때 발광하는 발광 다이오드(LED)는 전계 발광 소자의 일종이다. LED는 신호등, 디지털 디스플레이, 텔레비전과 컴퓨터 모니터와 같은 전자 장치를 포함한 많은 분야에서

5) Zhou, Xuefeng, and Yanlin Song. "Recent advances in triboluminescence: materials, mechanisms, and applications." Materials Horizons 7, no. 1 (2020): 23-52. doi: 10.1039/c9mh00715a.

널리 응용되고 있다. 전계 발광의 다른 예로 유기 발광 다이오드(OLED)가 있다. OLED는 유기 물질을 사용하여 발광한다. OLED는 다른 유형의 전계 발광 소자에 비해 낮은 전력 소비, 빠른 응답 속도와 제작된 소자의 형상과 크기에서 더 높은 유연성을 가지는 특성이 있다. 전계 발광은 현대 기술 중에서 우리가 빛을 생산하고 사용하는 방식에 혁명을 일으킨 중요한 현상이다.

1.4 빛에 대한 여러 가지 관점

인간을 포함한 고등 동물은 시각을 통해서 가장 많고, 정교한 정보를 얻는다. 이처럼 중요한 감각을 통해서 이들은 환경에 적응하며 생존을 유지할 수 있다. 인간은 빛을 경험하고 이해하면서 빛에 대한, 어떤 일관된 관점을 확립하고, 이를 통해서 빛을 활용하는 능력을 키워왔다. 이런 관점은 과학이 발달하면서 수정 보완되어 왔다. 또한 이런 관점의 변천은 물리학 발전을 견인하는 원동력이 되었으며, 그 과정은 물리학의 역사라 해도 과언은 아닐 것이다.

1.4.1 광선 광학(ray optics)

빛을 바라보는 하나는 관점은 빛을 광선으로 모사하는 것이다. 이것은 물리학의 한 분야인 광학에서는 광선 광학 또는 기하 광학(geometrical optics)으로 발전하였다. 이는 빛이 어떻게 진행하고 물질과 상호작용하는지를 설명한다. 광선이라는 빛의 특질은 광학 기기 및 조명기기의 설계, 대기 중에서 빛의 거동을 이해하게 하며, 광통신 및 기타 기술을 위한 새로운 재료 개발 등 수많은 응용 분야에서 중요하다.

광선 특성을 가지고 설명할 수 있는 빛의 성질은 여러 가지가 있다.[6] 먼저 광선은 진행하면서 만나게 되는 다른 매질에서 반사(reflection)와 굴절(refraction)을 겪게 된다. 이때, 반사각과 굴절각은 페르마(Fernat)의 원리에 의해 결정된다. 이 원리는 빛이 다른 매질을 통과할 때의 그 거동을 설명하는 광학의 기본 원리이다. 이 원리에 따라 빛이 진행할 때 두 점 사이의 다른 모든 가능한 경로 중에서 가장 짧은 시간 또는 가장 짧은 광학적 길이의 경로를 따라 두 점 사이를 진행한다. 광선 광학에서 빛은 서로 다른 광학적 특성을 가진 두 매질 사이의 경계를 만날 때까지 파면에 수직한 선(직선 또는 곡선)을 따라 이동하는 광선으로 취급된다. 이 경계에서 빛은 두 매질의 굴절률에 따라 반

6) Born, M., Wolf, E. (1999). Principles of Optics: Electromagnetic Theory of Propagation, Interference and Diffraction of Light (7th ed.). Cambridge University Press.

사 또는 굴절될 수 있다. 광선이 렌즈를 통과할 때, 광선의 경로는 페르마의 원리를 이용하여 결정할 수 있다. 이때, 광선이 렌즈를 통과하는 경로는 렌즈의 굴절률과 빛이 렌즈를 통과하는 거리의 곱인 광학적 길이를 최소화하는 경로이다.

광선 관점으로 설명할 수 있는 또 다른 성질은 분산(dispersion), 흡수(absorption), 산란(scattering)을 들 수 있다. 분산은 빛이 파장마다 굴절률이 다른 프리즘(prism)이나 다른 투명한 물질을 통과할 때 그 빛의 구성 색 또는 파장에 따라 분리되는 현상을 말한다. 흡수는 빛이 물질에 의해 흡수되어 빛 에너지가 열 또는 다른 형태의 에너지로 변환되는 성질을 말한다. 산란은 광선이 작은 입자나 물질의 불규칙성과 상호작용하면서 서로 다른 방향으로 굴절되어 하늘이 푸른색으로, 구름이 흰색으로 보이는 현상을 말한다.

1.4.2 파동 광학(wave optics)

전술한 광선 광학으로 설명하기 어려운 현상이 발견되었다. 빛의 간섭과 회절이라는 현상이 그것이다. 이 현상은 빛을 파동으로 볼 때만 설명될 수 있다. 1803년 토머스 영(Thomas Young)은 이중슬릿 회절실험을 제시했다. 이어서 프레넬(Fresnel)과 하위헌스(Huygens)가 파동 이론을 심화시킴으로써 이전까지 빛이 입자라는 거장 뉴턴 (Newton)의 주장이 비로소 힘을 잃게 되었다. 그렇지만, 당시 음파, 수면파를 비롯한 다양한 파동의 개념에 익숙해 있었기 때문에 광파의 전파에 필요한 가상의 매질, 에테르(ether)가 존재한다고 믿었다. 파동으로서의 빛의 특성을 다음과 같이 정리할 수 있다.[7)]

파장은 이는 광파의 연속적인 마루 또는 골 사이의 거리를 정의한다. 광파장은 일반적으로 나노미터(nm) 단위로 측정되며, 파장이 다른 빛은 다른 색과 연관되어 있다. 광파가 주어진 점을 통과할 때 1초 동안에 통과한 주기의 회수가 주파수이며 헤르츠(Hz) 단위로 측정한다. 주파수는 파장에 반비례하므로 파장이 짧을수록 주파수가 높아진다.

진폭은 광파의 높이를 말하며, 빛의 밝기나 강도를 결정한다. 큰 진폭의 광파는 작은 진폭의 광파보다 밝다. 편광(polarized light)은 광파를 구성하는 전기장 또는 자기장의 방향을 의미한다. 편광된 광파는 특정 방향으로 진동하며, 특정 방향의 파동만 통과하도록 필터링할 수 있다. 편광의 방향은 보통 전기장의 진동 방향으로 정의한다. 전기장이 자기장에 비해 더 일차적으로 물질과 상호작용하기 때문이다.

7) Hecht, E. (2002). Optics (4th ed.). Addison Wesley.

두 개 이상의 광파가 서로 만날 때 간섭이 발생한다. 그 결과 파동의 진폭이 더 커지거나 작아질 수 있다. 진폭이 커지는 보강간섭은 파동이 서로를 간섭하여 빛이 더 밝아지는 반면, 진폭이 작아지는 상쇄간섭은 파동이 서로를 상쇄하여 빛이 더 희미해지는 현상이다. 한편 광파가 장애물이나 작은 개구(開口, opening)를 만나면 굴절되어 퍼지면서 회절(diffraction) 무늬를 만들 수도 있다. 회절의 강도는 파장에 대한 그 장애물이나 개구의 상대적 크기에 의해 결정된다. 파동성을 가진 빛의 이러한 특성은 물리학자들에 의해 광범위하게 연구되어 왔으며 광통신에서 의료 영상에 이르기까지 다양한 응용 분야에서 빛의 거동을 더 잘 이해하도록 이끌었다. 앞에서 언급한 광선 광학을 회절과 간섭을 고려하여 보정하면 광선 광학은 더욱 정교해진다.

1.4.3 전자기 광학(electromagnetic optics)

오랫동안 전기 현상과 자기 현상은 각각 독립적인 물리현상으로 이해되고 연구되었다. 맥스웰(Maxwell) 방정식은 이 두 개별 현상을 하나로 통일한 체계 내에서 설명하는 이론이다. 이는 19세기 중반 제임스 클러크(James Clerk) 맥스웰에 의해 처음 공식화되었으며 고전 전자기 이론의 발전에 중요한 역할을 했다.

맥스웰 방정식은 1) 닫힌 표면을 통과하는 전기장 선속은 그 표면에 둘러싸인 전하에 비례한다는 전기장에 대한 가우스(Gauss) 법칙, 2) 닫힌 표면을 통과하는 자속은 항상 0이라는 자기장에 대한 가우스 법칙, 3) 시간에 따라 변화는 자기장이 전기장을 유도한다는 패러데이(Faraday) 법칙, 4) 시간에 따라 변하는 전기장은 자기장을 유도한다는 맥스웰이 보완한 앙페르(Ampère)의 법칙으로 구성되어 있다.

네 번째 방정식을 유도하면서 맥스웰은 변위 전류(displacement current)의 개념을 추가하면서 전자기장의 거동을 설명하는, 완전하고 일관된 방정식의 집합을 집대성할 수 있게 되었다. 맥스웰 방정식은 전기장과 자기장이 서로 밀접하게 관련되어 있으며, 전기장이나 자기장 중 어느 하나가 변하면 그 나머지 다른 하나가 유도되는 것을 보여준다. 이 방정식에는 매질의 전기 자기적 특성인 유전율과 투자율이 포함되어 있다. 전자기파와 물질의 상호작용을 잘 설명할 수 있다는 뜻이다. 이 점이 전자기 광학을 파동 광학과 조금 다르게 취급하는 것을 정당화한다. 반사, 굴절, 흡수 등은 매질 경계면에서 투자율과 유전율의 변화로 완벽하게 설명한다.

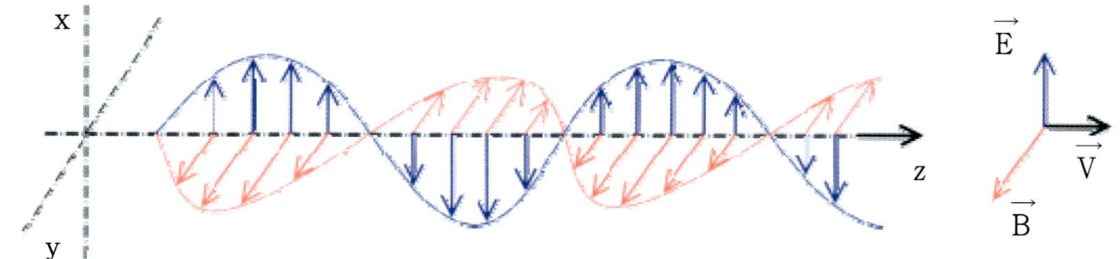

그림 A1-2 맥스웰 방정식에 의한 전자기파의 전파 모습: 광파는 전파 방향(v), 전기장(E)과 자기장(B)의 진동방향이 서로 수직인 횡파이다.

맥스웰 방정식으로부터 구한 파동 방정식은 이 파동의 속도를 예측할 수 있게 하였다. 이 속도는 전자기파가 진공을 통해 전파되는 속도이기 때문에 맥스웰 방정식에서 중요한 역할을 한다. 실제로 이 방정식은 전자기파의 속도가 정확하게 광속과 일치하는 것을 예측하여 빛이 본질적으로 전자기파의 일종이라는 것을 일깨워주었다. 그들은 또한 전기장과 자기장이 광속으로 이동하는 전자파로 우주를 통해 전파될 수 있다는 것을 보여주었다. 이 전파를 위해서 에테르의 존재를 가정할 필요가 없다는 것도 깨닫게 되었다. 이와 같이 전기 현상과 자기 현상의 통일함으로써 광속으로 이동하는 전자기파를 포함한 많은 새로운 현상의 발견에 기여 하였다. 그것은 또한 무선 통신, 레이더, 그리고 현대 빛 이론의 발전과 같은 수많은 기술적 진보의 기초가 되었다.

1.4.4 양자 광학(quantum optics)

빛이 입자(particle)와 같은 속성을 갖는다고 가정하지 않으면 설명할 수 없는 현상들이 발견되었다. 이런 현상들은 이 입자를 광자(photon)라고 이름을 붙인, 개별 에너지 패킷(packet)으로 취급할 때 명쾌하게 설명이 되면서 양자 광학이 탄생하게 된다. 뉴턴의 영향으로 오랫동안 그 속성이 입자로 여겨졌던 빛이 간섭과 회절 현상을 절절히 설명하지 못하면서, 파동으로 받아들여졌던 과학사를 반추하면 양자 광학을 통해서 입자설이 부활하게 된 것은 흥미롭다.

1887년 하인리히 헤르츠(Heinrich Hertz)에 의해 처음으로 관찰된 광전 효과(photoelectric effect)는 물질이 빛에 노출될 때 전자가 방출되는 현상이다. 그는 전극 사이의 전압이 너무 낮아서 방전이 일어나지 않더라도 빛을 비추면 두 전극 사이에서 불꽃이 튀게 된다는 것을 알아차렸다. 이와 같은 광전 효과는 20세기 초까지 잘 이해하지 못했다.

1990년 막스 플랑크(Max Planck)가 복사법칙을 제안하기 이전에 물리학자들은 열복사의 거동을 설명하기 위한 몇 가지 법칙을 개발했다. 가장 중요한 두 가지는 빈(Wien)의 변위 법칙(Wien's displacement law)과 레일리-진스(Rayleigh-Jeans)법칙이었다. 빈의 변위 법칙은 1893년 빌헬름(Wilhelm) 빈에 의해 제안되었다. 빈의 법칙에 따르면, 흑체의 온도가 증가함에 따라 최대 복사 파장은 더 짧은 쪽으로 이동한다. 즉, 최대 복사 파장은 다음과 같이 주어진다.

$$\lambda_{peak} = \frac{b}{T} \qquad \text{(식 A1-1)}$$

여기서, 상수 $b = 2898$ (㎛·K)이며, 변위 상수라 부른다.

레일리-진스 법칙은 1900년 레일리 경과 제임스(James) 진스에 의해 다음과 같은 식으로 독자적으로 제안되었다.

$$B_\lambda(T) = \frac{2ck_BT}{\lambda^4} \qquad \text{(식 A1-2)}$$

여기서 $B_\lambda(T)$는 주어진 파장 λ와 온도 T에서 흑체가 방출하는 분광복사휘도이며, c는 진공 중에서 빛의 속도, k_B는 볼츠만(Boltzmann) 상수이다. 이 법칙에 따르면, 분광복사휘도는 온도가 높아지거나, 파장이 짧아짐에 따라 증가한다. 레일리-진스 법칙이 제안되기 전에, 요제프 스테판(Josef Stefan)의 실험적 발견과 루트비히 볼츠만(Ludwig Boltzmann)의 이론적 개념을 통해 스테판-볼츠만 법칙이 완성되었는데, 흑체의 단위 면적당 복사에너지가 절대온도의 4제곱에 비례한다는 법칙이다.

1 플랑크의 복사법칙

전술한 두 법칙은 모두 고전 물리학에 기반을 두고 있으며, 파장이 0에 가까워지면 흑체가 방출하는 에너지의 양이 무한히 증가할 것으로 예측했다. 그러나 실험적인 관찰은 이와 다른 결과를 보여주었다. 1896년, 루머(Lummer)와 프링스하임(Pringsheim)은 흑체가 방출하는 복사의 강도가 파장이 짧아지면서 무한히 증가하지 않는다는 것을 관찰했다. 이론과 실험 사이의 이런 불일치는 자외선 재앙(catastrophe)로 알려지게 되었다.

1900년 플랑크는 에너지가 고전 물리학이 예측한 것처럼 연속적으로 방출되는 것이 아니라 이산 패킷, 즉 양자(quantum)로만 방출될 수 있다고 가정하였다. 이 가정을 통해서 플랑크 복사법칙을 제안하였다. 이 법칙에 따르면 흑체의 분광복사휘도는 다음과 같은 식으로 주어진다.

$$B_\lambda(\lambda, T) = \frac{2hc^2}{\lambda^5}\frac{1}{e^{hc/(\lambda k_B T)} - 1} \quad \text{(식 A1-3)}$$

이 식에서는 플랑크 상수 h가 도입되었다. 이 식은 파장이 짧거나 온도가 높아져서, 지수 함수의 인수가 1 보다 충분히 작을 때 지수함수를 테일러(Taylor) 전개한 후 1차 항까지만 취하면 레일리-진스 방정식이 얻어진다.

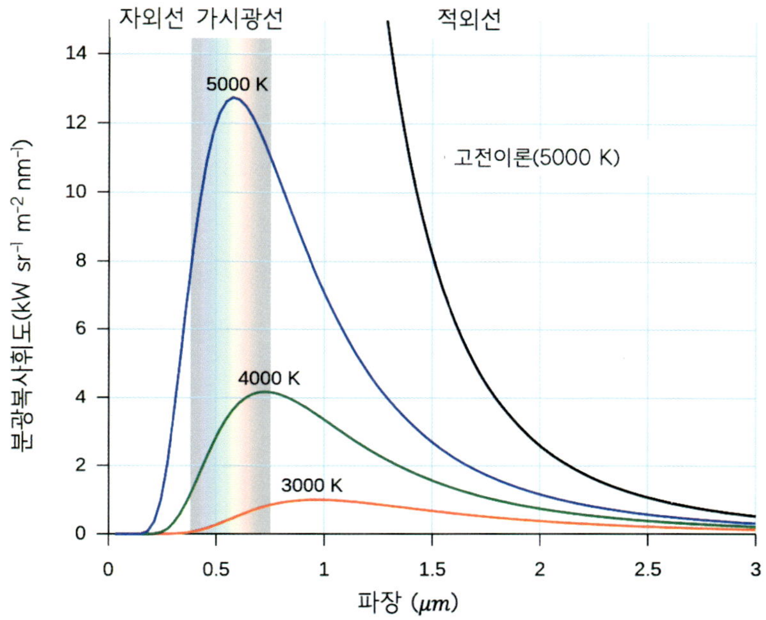

그림 A1-3 플랑크의 복사법칙: 파장이 짧아질수록 흑체 복사의 강도가 세지는 이론적 문제가 에너지의 양자화로 해결되었다.

플랑크의 법칙으로 루머와 프링스하임의 실험적 관찰을 설명할 수 있었고, 자외선 재앙 문제도 자연스럽게 해결되었다. 플랑크 법칙은 성공에도 불구하고, 당시 과학계에 즉시 받아들여지지는 않았다. 처음에는 플랑크도 자신의 제안을 근본적인 물리학 이론이 아닌 수학적 속임수로 생각했었다. 그러나 결국 플랑크의 제안은 양자역학(quantum mechanics)이라는 물리학의 새로운 패러다임으로 받아들여지게 된다.

2 광 에너지의 양자화

1905년, 알베르트 아인슈타인(Albert Einstein)은 이때까지 설명하지 못했던 광전 효과를 빛에 양자 또는 에너지 패킷 개념을 적용하여 설명한 논문을 발표했다. 그는 빛은 그가 광자라고 불렀던 입자들로 이루어져 있고, 각 광자는 일정한 양의 에너지를 가지고 있다고 제안했다. 이때 개별 광자의 에너지(E)는 파동의 진동수(ν)에 비례하며($E = h\nu$), 그 비례상수가 바로 플랑크 상수(h)이다.

3 광자 운동량의 양자화

광자 운동량의 양자화에 대한 첫 번째 증거는 1923년 아서 콤프턴(Arthur Compton)의해 수행된 콤프턴 효과로 알려진 산란 실험이다. 이 실험에서 X-선이 표적 물질의 전자로부터 산란되어, 에너지를 잃고 더 긴 파장으로 빛으로 바뀐다. 콤프턴은 X-선이 잃은 에너지의 양이 산란 각도에 의존한다는 것을 관찰했고, 이것은 X-선을 운동량이 양자화된 입자로 취급할 때 설명할 수 있다는 것을 알았다. X-선은 자외선 보다 짧은 빛의 일종이기 때문에 빛이 입자와 같은 성질을 갖는다는 강력한 증거가 되었다. 이것은 광자 에너지의 양자화를 설명하는, 광전 효과에 대한 아인슈타인의 초기 연구를 뒷받침했다. 콤프턴 효과를 통해서 개별 광자의 운동량(p)은 파동의 진동수(ν)에 비례하고, 빛의 속도(c)에 반비례하는 것이 밝혀졌다(수식 A1-4).

$$p = \frac{h\nu}{c} \qquad \text{(식 A1-4)}$$

이때, 비례상수가 플랑크 상수(h)이다.

4 광자의 파동–입자 이중성

파동-입자 이중성은 물질과 에너지의 이중성을 설명하는 양자역학의 기본 개념이다. 빛의 광자를 포함한 모든 입자는 관측 상황에 따라 파동 또는 입자와 같은 거동을 보인다. 입자의 파동과 같은 거동은 파동방정식으로 설명할 수 있으며, 그 결과 파장, 주파수, 진폭에 의해 특징지어진다. 이것은 입자들이 서로 간섭하고 장애물 주위에서 회절하는 것은 물론, 수면파나 음파와 같이 파동이 보이는 여러 현상을 나타낸다는 것을 의미한다.

물질의 입자와 같은 거동은 이것의 에너지, 운동량, 그리고 위치에 의해 특정되며, 운동 에너지나 질량과 같은 고전 물리학 개념을 사용하여 설명할 수 있다. 이것은 우리가 일상생활에서 물체를 측정하는 방법과 유사한 방식으로 입자를 감지하고 검출할 수 있다는 것을 의미한다.

파동-입자 이중성은 광자 또는 전자와 같은 입자 빔을 평행한 이중 슬릿(slit)으로 통과시킨 후 슬릿 뒷면 스크린에 간섭무늬가 관측됨으로써 입증된다. 만약 입자들이 파동으로 행동한다면, 그것들은 각각의 슬릿을 통과한 후 간섭하여 스크린 위에 간섭무늬로 알려진 밝고 어두운 줄무

늬를 생성할 것이다. 그러나 이 빔이 입자로 행동하면 스크린 위에 개별 입자의 탄착점이 찍히게 된다. 파동-입자 이중성은 현대 물리학의 핵심 개념이며, 원자와 아원자 수준에서 광자를 비롯한 입자의 행동을 설명하는 양자역학으로 발전하였다.

1.4.5 광속(光速) 측정과 현대물리학

덴마크 천문학자 올레 뢰머(Ole Rømer)는 빛의 속도를 성공적으로 측정한 최초의 인물이다. 그는 목성의 위성들을 관찰했고 위성의 일식 사이의 시간이 목성과 지구 사이의 거리에 따라 다르다는 사실에 주목했다. 1676년 뢰머는 이 변화를 이용하여 광속을 220,000 ㎞/s로 계산했었다. 이어서 1728년 영국 천문학자 제임스 브래들리(James Bradley)는 별빛의 수차를 관측함으로써 광속을 301,000 ㎞/s로 측정하였다.

천문 현상을 이용하지 않고 광속을 직접 측정한 과학자는 아르망 피조(Armand Fizeau)였다. 그는 1849년 실험에서 빠르게 회전하는 톱니바퀴를 통해 빛을 통과시키고 수 ㎞ 떨어진 곳에 있는 거울에서 반사되어 돌아오는 빛을 같은 톱니바퀴에서 다시 통과시키는 방법을 사용하였다. 이때, 바퀴의 각속도를 조절하여 빛이 왕복 여행을 하는 데 걸리는 시간을 측정할 수 있었다. 피조의 측정 결과 광속은 313,000 ㎞/s였다.

한편 광속은 맥스웰 방정식으로부터 얻을 수 있다. 맥스웰은 진공에서의 전자기파의 속도가 $c = \dfrac{1}{\sqrt{\epsilon_0 \mu_0}}$로 주어지는 것을 유도하였다. 여기에서 ϵ_0와 μ_0는 각각 진공의 유전율과 투자율이다. 이 결과를 1860년대에 발표하였고, 이로부터 구한 광속은 310,740 ㎞/s이었다. 이 값은 당시 직접 측정을 통해서 얻은 최고 정확도의 측정값, 299,860 ㎞/s와 매우 가까웠다. 전자기파의 속도가 광속과 일치함으로써 빛은 전자기파의 일종임이 명백해진 것이다.

1887년 Michelson과 Morley는 그때까지 광파를 전달하는 매질로 여겨졌던 가상 물질 에테르 속에서 운동하는 지구의 속도를 측정한 실험 결과를 발표하였다. 그들은 에테르 속에서 서로 수직 방향으로 이동하는 광속의 차이를 감지하기 위해 간섭계 구축하였다. 결국 그들은 이런 속도 차이를 감지하는 데 실패하였다. 이 실험의 결과로 에테르의 존재는 현대물리학에서 결국 부인되었다.[8] 빛은 에테르와 같은 전파 매질이 없이 자유 공간을 전파하는 파동이라는 결론을 내렸다. 이러한 이해

8) 유속이 일정한 강에서 일정하게 노를 저어 강을 가로지를 때 소요 시간과 흐름의 방향으로 강폭과 같은 거리를 가는 소요 시간은 다르다. 흐름이 있기 때문이다. 흐름이 없다면 걸리는 시간은 같다. 에테르의 흐름이 존재하지 않기 때문에 소요 시간의 차이를 검출할 수 없었던 것이다.

는 1905년 아인슈타인이 상대성 이론을 제시하면서 더욱 분명하게 뒷받침되었다. 즉, 관찰자의 운동과 관계없이 모든 관성 기준계에서 물리학 법칙이 동일하다는 것을 보여주었다. 이 원리에 따라 빛의 전파를 위해 선호되는 기준 프레임으로서 에테르의 존재를 부인할 수밖에 없다.

광자는 현대물리학에서 기본 입자 중 하나로 받아들여지고 있다. 광속은 자연의 기본 상수이며, 우주의 거동을 설명하는 여러 방정식에 사용된다. 실용적으로 통신 분야에서 광속은 장거리 데이터 전송의 속도를 결정하는 핵심 요인이 되고 있다. 1983년 국제도량형총회 이래로 광속(299,782,458 ㎧)은 국제단위계(the international system of units) 중 하나인 미터(meter)를 정의하는 상수로 공인되어 측정학(metrology) 분야에서도 중요한 지위를 차지하고 있다.

CHAPTER 02 빛의 감지와 심리

2.1 빛의 감지

2.1.1 눈의 구조

인간은 눈을 통해 빛을 감지할 수 있는데, 빛의 감지 프로세스는 굴절작용에 의해 각막(cornea)을 통과한 빛은 수정체(lens)의 조절에 의해 망막(retina)에 영상이 맺히고, 망막의 수광세포(light receptors)는 이러한 빛을 감지하도록 한다. 또한, 홍채(iris)는 눈으로 유입되는 빛의 밝기에 따라 동공(pupil)의 크기를 조절하여 들어오는 빛의 양을 조절한다.

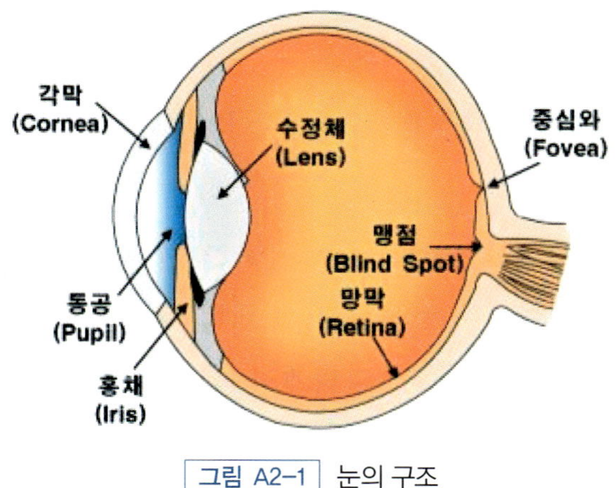

그림 A2-1 눈의 구조

각막은 투명한 형태의 튼튼한 막 형태를 지니며 외부의 더러운 물질과 위험으로부터 눈을 보호하는 역할을 한다. 눈의 세 가지 주요 시각시스템의 첫 번째 부분으로 5개의 층으로 이루어졌으며, 약 0.4 ㎜의 두께로서 1.38의 굴절률을 가지고 있다. 이것은 고정 촛점 렌즈의 역할을 하며, 약 295 nm 이하의 파장은 대부분 흡수한다.

홍채는 맥락막의 연속된 형태로 수축과 이완을 통해 동공의 크기를 조절하여 카메라의 조리개처럼 안구로 유입되는 빛의 양을 조절한다. 홍채는 유입되는 빛의 양에 따라 조절되지만, 때로는 몸의 감정이나 화학적 상태에도 반응하여 크기가 변하기도 한다. 놀라거나 겁을 먹었을 경우에 홍채가 수축 또는 확장하게 된다.

동공은 두 번째의 시각시스템에 해당되는 것으로 홍채 안쪽의 비어있는 공간을 지칭하며, 안구로 유입되는 빛의 양을 결정한다. 동공의 크기는 들어오는 빛의 양의 따라 약 3.5㎜에서 8㎜ 정도이다. 홍채의 색깔에 관계없이 검정색이며, 흔히 눈동자라 일컬어진다. 일상에서는 빛을 반사하지 못하기 때문에 동공은 항상 검게 보인다.

수정체는 세 번째의 시각시스템의 요소로서 동공 바로 뒤에 붙어있는 볼록렌즈 모양의 탄력성 있는 투명체이다. 카메라에서 렌즈의 위치를 변화하면서 촛점을 맞추는 것처럼 거리의 원근에 따라 두께를 조절하여 들어오는 빛을 적당한 각도로 굴절시켜 망막에 물체의 실상을 맺히게 한다. 먼 곳을 볼 때는 모양체근(ciliary muscle)이 이완하면서 수정체가 얇아지며, 가까운 곳을 볼 때는 이와는 반대이다. 수정체는 약 350nm 이하의 파장은 거의 흡수하고, 튼튼하고 투명한 각막으로 보호되고 있으며 홍채에 붙어있다. 이러한 수정체는 노화 등의 여러 요인에 의해 투과성이 떨어질 수 있으며, 백내장과 같은 병에 의해 탁해질 수 있다.

안방수(aqueous humor)는 각막과 수정체 사이에 있는 투명한 용액을 지칭하며, 약 1.34의 굴절률을 갖고 있다. 유리액(vitreous humor)은 수정체와 망막사이의 용액으로 젤리와 같은 점성용액으로 안방수와 유사한 굴절률을 가지고 있다. 이 두 가지 용액은 빛을 투과하면서 굴절역할을 수행한다.

망막은 안구벽의 가장 안쪽에 위치한 약 0.25 ㎜ 두께의 막으로서 빛에 의한 자극을 받아들이는 수광세포가 분포한다. 렌즈와의 거리는 약 14.6 ㎜ 정도이며, 카메라의 필름에 해당하는 역할을 수행한다. 10개 층의 막으로 구성되며 두 번째 층의 막에 광수용체인 원추세포와 간상세포가 존재한다. 이러한 광수용체는 눈으로 들어온 빛을 궁극적으로 전기적 충격으로 변경해서 시신경을 통해 뇌로 전달하는 것이다. 두 가지 세포는 빛에 민감하지 않은 얇은 세포층으로 덮여 있는데, 이것은 투명한 신경세포들로 구성되며 신호를 시신경 통로로 전달하는 역할을 한다. 시신경이 맥락막과 공막을 뚫고 안구의 바깥으로 나가는 부위는 수광세포가 없어 시각 기능을 할 수 없는데, 이 부위를 맹점(blind spot)이라고 한다.

원추세포는 약 7백만 개이며, 망막의 중앙인 중심와(fovea)에 집중되어 있다. 중심와는 직경이 약 1 ㎜ 밖에 안 되지만, 신경세포층이 납작하며 약간 움푹 들어가 있어서 빛이 망막 수용체에 더 쉽게 전달된다. 인간이 대상물을 응시할 때 중심와와 대상을 일직선상에 놓게 된다. 밝은 곳에서 물체의 색채 및 세부적인 윤곽을 판별하고, 어두운 곳에서는 그 기능을 상실한다.

간상세포는 약 1억 3천만 개이며, 망막의 가장자리에 위치하고 원추세포가 활동할 수 없는 어두운 곳에서 그 기능을 발휘하는데, 물체의 색채와 세부적인 윤곽에 대한 판별이 불가능하다. 그러나 간상세포는 야간의 희미한 밝기에서도 물체의 존재나 개략적인 형태를 이해할 수 있는 높은 감도를 가지고 있다.

빛의 세기 변화에 대한 순응시간은 원추세포의 경우 약 200 마이크로초에서 10 분 정도가 소요되는 반면, 간상세포의 경우에는 약 수분에서 수 시간까지도 소요되기도 한다. 밤에 아주 흐릿한 빛을 보기 위해서는 별을 똑바로 응시하지 말고, 주변시를 이용하는 것이 좋다. 즉 강한 빛이 필요한 원추세포가 밀집해 있는 중심와를 사용하지 말고, 약한 빛에도 민감한 간상세포가 밀집해 있는 망막의 가장자리를 이용하라는 것이다.

원추세포에 이상이 있으면 색맹이 되는데, 빨강, 파랑, 초록들 중 하나의 색을 못 볼 수도 있고, 두 가지 색 또는 세 가지 색 전부를 못 볼 수도 있다. 색맹은 원추세포가 손상되거나 없을 때 발생하며, 원추세포들이 존재를 하나 신호를 뇌로 정확히 전달하지 못해서 발생하기도 한다. 색맹은 남성에서 20배 이상 훨씬 많이 발생되며, 반성 유전되는 열성 형질이다. 간상세포에 이상이 있으면 밤에 잘 볼 수 없는 야맹증이 된다.

2.1.2 주간시 및 야간시

인간의 시각시스템은 다음의 3가지 레벨의 시각을 적응할 수 있는 능력이 있다. 주간에 빛을 감지하는 원추세포에 의한 시각을 주간시(또는 명소시, photopic vision)라 하고, 야간에 간상세포에 의한 시각을 야간시(또는 암소시, scotopic vision)라 한다. 주간시는 물체의 색체를 구분할 수 있으며 세부적인 윤곽 구별이 가능하다. 반면, 야간시는 물체의 색체 판별과 세부적인 윤곽이 불가능하다. 주간시와 야간시의 중간

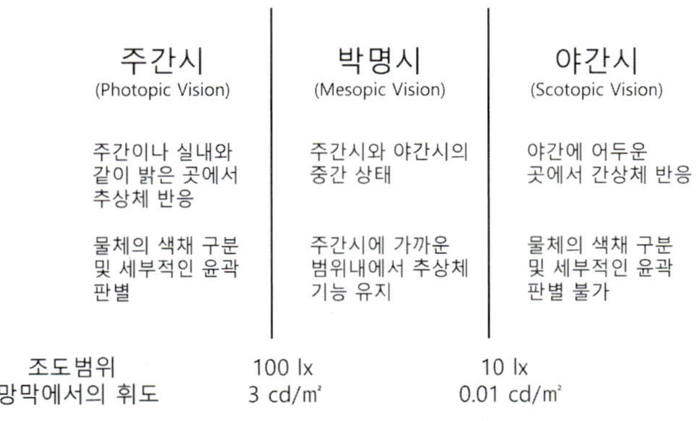

그림 A2-2 주간시, 혼합시, 야간시의 범위 및 특징

상태의 시각을 혼합시(또는 박명시, mesopic vision)라고 하며, 혼합시는 주간시나 야간시와 다른 빛의 밝기를 감지하게 되나, 색상의 변별력은 있다. 이러한 세 가지 시각에 의한 분류는 조도를 기준으로 약 100 lx ~ 10 lx 정도이며, 망막에서의 휘도 기준으로는 약 3 cd/m^2 ~ 0.01 cd/m^{2}이다(일부 자료에서는 주간시/혼합시/야간시의 구분을 위한 조도와 휘도의 기준값에 대해 다른 값을 제시하기도 함).

2.1.3 비시감도와 푸르키네 효과(Purkinje effect)

인간 시각시스템에서의 정량적인 반응은 모든 가시광선 파장영역대에서 동일하지 않다. 각 단파장의 빛을 인간의 눈으로 지각할 때 동일한 분광에너지의 빛이라 할지라도 파장에 따라 서로 다른 밝기로 인식한다. 각 파장의 빛을 어느 정도의 밝기로 인식하는지를 상대적인 시감도로 표현할 수 있다. 각 분광에너지 대한 시감도의 상대적인 비율을 비시감도라 한다. 각 파장의 분광에너지가 동일하더라도 인간은 초록색과 노란색의 경계부근인 약 555 nm에서 가장 밝게 느끼며, 이 값은 약 683 lm/W에 해당한다. 가시광선 중 가장 단파장과 장파장에 해당하는 보라색과 빨간색은 다른 색들과 비교해서 동일한 에너지를 가져도 덜 밝게 느껴진다.

모든 인간들에게 적용될 유일한 비시감도 곡선은 존재하지도 않고 존재할 수도 없다. 어떠한 방법과 시각 시스템의 광수용체가 사용되었는가에 따라 다르게 측정될 수밖에 없기 때문이다. 그래서 표준 비시감의 필요성이 제기되었다. 1918년 코브렌츠(Coblentz)와 에머슨(Emerson)의 연구와 1921년 깁슨(Gibson)과 타이덜(Tydall)의 연구를 밑바탕으로, 1924년에 국제조명위원회(CIE)는 다음과 같은 CIE 표준 Standard Photopic Observer를 발표한 것이다. 그들의 실험은 251명의 피험자를 대상으로 시야(visual field) 각도를 2도(°)(중심와 중심으로) 이하로 제한한 것이었다. CIE에서는 이것을 CIE 1931 V(λ) function이라고 하였다. 그리고 1964년 CIE는 시야를 10도로 확장해서 발표하

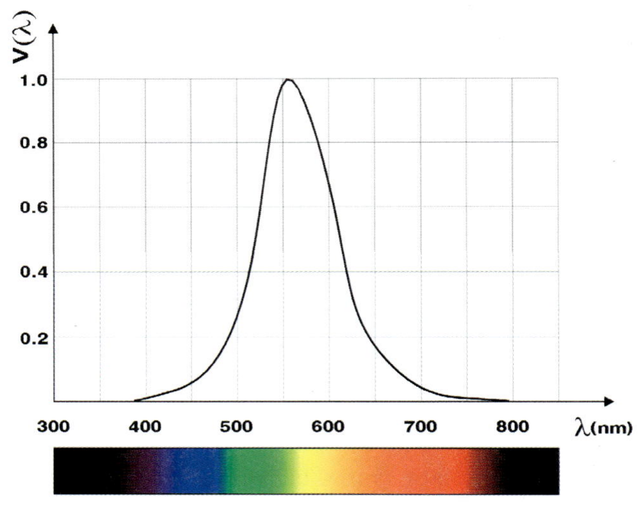

그림 A2-3 CIE 비시감도 곡선

였다. 그 후 주드(Judd)는 그 전의 실험 결과가 가시광선의 단파장 영역대에서 너무 민감하게 측정되었다고 이의를 제기하고, 그것을 변경한 새로운 CIE Modified Photopic observer를 제시하면서 기존의 것을 보완하였고, 그것을 CIE에서는 CIE 1978 V(λ) function이라고 하였다.

시각기관의 밝기에 대한 감도는 파장에 따라 차이가 있으며, 이러한 비시감도는 파장별 시각기관의 감도 차이를 의미한다. 원추세포와 간상세포는 각 파장에 대해 서로 다르게 민감하다. 망막 수광세포의 동작은 동공에 입사하는 빛의 양에 따라 변화한다. 즉, 주위가 밝은 상태에서 어두운 상태로 변화함에 따라 망막에 작용하는 세포가 원추세포에서 간상세포로 바뀐다. 주간시에서의 최고 민감한 파장이 555nm이고, 야간시에서는 507nm이다. 이러한 48nm 민감도 이동은 보헤미아 생리학자인 푸르키녜(Johannes von Purkinje)의 이름을 따서 푸르키녜 효과(Purkinje effcet)라 한다. 이것은 빨간꽃과 보라꽃을 보면 알 수 있는데, 낮에는 빨간꽃이 더 잘 보이다가, 어두워지면 빨간꽃이 어둡게 보이고 보라꽃이 더 밝게 보이게 된다. 이것은 주간시에서 혼합시를 거쳐서 야간시로 전환되는 과정이다. 원추세포의 민감도는 줄어들고, 간상세포의 민감도는 증가되는 것이다. 시각 역시 망막 중심부의 중심에서 주변부로 이동하는 것으로, 해상도와 색상 구별이 약해진다. 민감도의 원추세포 대 간상세포의 상대값 뿐만 아니라 각 광수용체의 절대값도 중요한데, 일부 장파장 구간만을 제외하고는 간상세포가 원추세포보다 더 높은 민감도를 가지고 있다.

CIE는 1951년에 1945년의 왈드(Wald) 실험과 1949년의 크로포드(Crawford)의 실험을 기본으로 아래와 같은 표준 피험자(CIE standard scotopic observer)를 통한 야간시의 비시감곡선을 발표하였다.

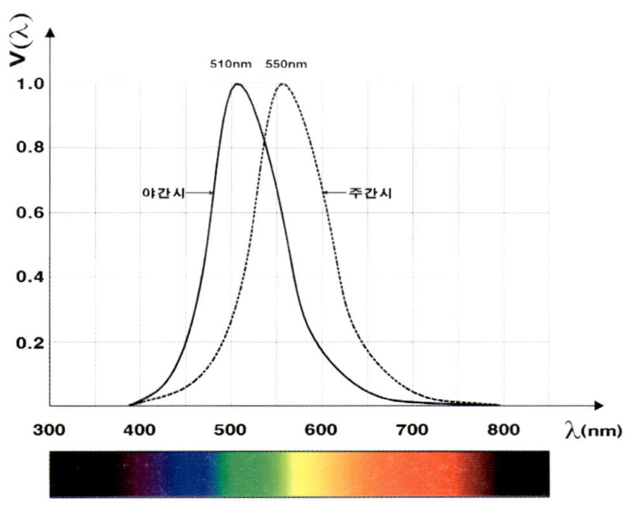

그림 A2-4 푸르키녜 효과의 개념

2.1.4 눈부심 평가

눈부심(glare)은 인간의 시각적 활동에서 느끼는 불편함을 의미하며, 개인적인 판단이 많은 영향을 미치는 주관적인 요소이다. 눈부심은 크게 불능 눈부심(disability glare)과 불쾌 눈부심(discomfort glare)으로 나눌 수 있다. 공간의 밝기차가 매우 크거나, 절대휘도 값이 너무 높은 경우에는 불능 눈부심이 발생하며, 시각적 활동이 어렵게 된다. 또한 시각적 불능상태는 아니지만, 그로 인해 시각적으로 불편을 느낄 경우의 눈부심을 불쾌 눈부심이라 한다.

눈부심은 일반적으로 정성적인 측면이 있으나, 객관적인 평가를 위해서는 정량적으로 표현될 필요도 있다. 눈부심이 '약간', '심한' 등의 정성적인 표현보다는 숫자로 정량화함으로써 객관적인 평가를 가능하게 하였다. 시각적인 감각표현을 정량화하기는 쉽지 않으나, 여러 변수들의 측정을 통해 시각적 감각을 객관적으로 표현할 수 있는 관계식들이 제안되었다.

불쾌 눈부심 평가에 영향을 미치는 요소는 크게 4가지로 정의되고 있다.

- 눈부심을 일으키는 광원의 휘도
- 광원의 크기
- 배경 휘도
- 광원의 위치와 관련된 재실자의 시각(기하학적 관계)

불쾌 눈부심의 평가를 위해서는 광원의 휘도와 배경의 휘도를 직접 측정하거나 조명 시뮬레이션을 통해서 계산하여야 한다. 그리고 광원의 위치와 관련된 재실자의 시각과 광원이 이루는 기하학적 관계는 입체각의 함수로 표현된다.

초기 눈부심의 정량적 평가는 일부 연구자들에 의해서 진행되었다. 주광에 의한 눈부심 평가에는 Daylight Glare Index(DGI), Predicted Glare Sensation Vote(PGSV), Daylight Glare Probability(DGP) 등이 제시되었다. 그 후, 눈부심의 정량화는 CIE와 북미조명학회(IESNA)에 의해 시도되었는데, 각각 UGR(Unified Glare Rating)과 VCP(Visual Comfort Probability)로 명명하고 객관적인 눈부심 평가가 가능하게 하였다. 두 개의 눈부심 정량화는 기본적으로 눈부심 지수(Glare Index)를 기본으로 하고 있으며, 단지 주변휘도를 계산할 때 광원 휘도의 포함 여부에 따라 다르게 표현되고 있다. 현재, VCP는 더 이상 눈부심 평가에서 활용되지 못하고 있다.

UGR(Unified Glare Rating)의 계산은 다음과 같다.

1987년 CIE 기술위원회(TC 3-31)에서 제안된 UGR은 실내조명환경에서 입체각 크기 (3×10^{-4}~ 1×10^{-1})sr 범위 내의 인공조명으로부터 발생하는 불쾌 눈부심을 평가하기 위한 대표적인 평가식이다(식 A2-1). UGR은 직관형 형광램프의 조명기구 뿐만 아니라 백열램프, 고광도(HID)방전램프와 같은 점광원 조명기구의 불쾌 눈부심 평가에 사용될 수 있다. 다만, 정사영면적(project area)이 $0.005\ m^2$ (= $50\ cm^2$)이하의 작은 광원이나, 광천장같은 매우 큰 광원의 평가에는 적절하지 못하다.

$$UGR = 8\log\left[\frac{0.25}{L_b}\sum\frac{L_s^2\omega}{P^2}\right] \quad \text{(식 A2-1)}$$

여기서, L_b = 평균 배경휘도(cd/m^2) (눈부심을 일으키는 광원의 영향 불포함)

L_s = 관측자 위치에서 본 조명기구의 휘도(cd/m^2)

ω = 관측자 위치에서 본 조명기구의 입체각(sr)

P = 위치지수

배경휘도는 시각에서 보이는 실내면들 중 발광 광원을 제외한 실내면들의 평균휘도를 의미하며, 일반적으로 실내면들을 완전확산면으로 가정하고, 각 실내면들의 광속발산도값으로부터 휘도값을 얻고 있다(식 A2-2).

$$L_b = \frac{M_i}{\pi} = \frac{E_i \times \rho_i}{\pi} \quad \text{(식 A2-2)}$$

조명기구의 휘도값은 관측자가 바라보는 각도에 해당하는 조명기구의 광도값을 가지고 일반적인 휘도 정의식에 의해 계산된다. 이때 광원의 면적은 관측자가 인지하는 정사영 면적으로 계산한다(식 A2-3).

$$L_s = \frac{I}{A_p} \quad \text{(식 A2-3)}$$

관측자가 바라보는 조명기구의 입체각은 입체각 정의식에 의해 계산되며, 이때에도 조명기구의 면적은 관측자가 인지하는 정사영 면적이 사용된다 (식 A2-4).

$$\omega = \frac{A_p}{r^2} \quad \text{(식 A2-4)}$$

마지막으로, 위치지수는 관측자의 시선과 조명기구간의 관계를 나타내는 값으로서, 구스(S. K.

Guth)의 실험에 의해 정리된 값이다. 이 값의 의미는 조명기구가 관측자의 시선으로부터 떨어져 있는 경우, 불쾌 눈부심값의 정도를 보정한다는 의미를 가지고 있다. UGR의 평가에서는 Guth가 제안한 위치지수값을 도표로 값을 얻도록 하고 있다.

UGR은 불쾌눈부심을 일반적으로 10부터 30 사이의 값으로 나타낸다. UGR 값이 감소할수록 불쾌 눈부심도 감소하고, UGR 값이 증가할수록 불쾌 눈부심도 증가한다. 10 미만의 값은 불쾌 눈부심을 일으키지 않는 것으로 정의되어, 10 미만의 값은 UGR<10으로 표기된다. 표 A2-1은 불쾌 눈부심의 평가와 이에 해당하는 UGR 값의 범위를 나타내고 있다.

표 A2-1 눈부심 기준과 UGR 범위

Rating	UGR
Just intolerable(참을 수 없는)	31
Uncomfortable(불편한)	28
Just uncomfortable(단지 불편한)	25
Unacceptable(받아들일 수 없는)	22
Just acceptable(받아들일 만한)	19
Perceptible(감지할 수 있는)	16
Imperceptible(감지할 수 없는)	10

2.2 빛의 시각과 심리

2.2.1 빛의 심리(시각 인지)

빛에 관한 인간의 심리적 과정을 두 단계로 구분하면, 빛의 지각(perception)과 인지(cognition)로 나누어 생각해볼 수 있다. 엄격히 말하자면, 지각은 외부의 시각적 정보가 시각 수용기를 통해 입력되고 처리되는 하위 수준의 시각적 처리 과정이라 할 수 있고, '인지'는 그렇게 처리된 시각적 정보가 기억, 추론, 판단 등을 통해 처리되는 상위 수준의 심리적 처리 과정이라고 할 수 있다. 그러므로, 여기서는 빛의 지각과 인지를 구분하여 설명하기로 한다.

① 빛의 지각(시 지각)

빛의 지각은 대부분 시감각 기관인 눈의 망막(retinal)과 시각 경로(visual pathway)에서 이루어진다. 우리의 망막에는 빛을 받아들여 색을 구분하는 추상체(cone, 또는 원뿔세포)와 명암을 구분하는 간상체(rod, 또는 막대세포)라고 하는 시각 수용기(visual receptor)가 있다. 추상체에는 다시 장파장, 중파장, 단파장에 해당하는 전자기 스펙트럼을 선택적으로 흡수하여 반응하는 세 종류의 수용기가 있는데, 이를 보통 L cone, M cone, S cone으로 구분해서 부른다. 이들 추상체가 빛의 각 파장에 반응하는 정도에 따라 우리는 다양한 색을 경험하게 되는 것이다. 그러므로 엄격하게 말하자면, 빛이 없으면 색도 없는 것이다. 이러한 추상체는 빛이 풍부한 주간에 주로 활동하고, 반면에 간상체는 빛이 충분하지 않은 상황이나 야간에 기능한다. 그러므로, 추상체는 색상의 지각을 담당하고, 간상체는 밝기, 즉 명암의 지각에 관여한다고 볼 수 있다. 망막에서 처리된 시각 정보는 여러 시각 경로를 거쳐 대뇌의 시각 피질(visual cortex)로 전달되어 좀 더 정교하게 구분되고 처리된다.

하지만 2000년대에 들어서면서 인간의 망막에 빛에만 선택적으로 민감하게 반응하는 제3의 수용기가 있다는 것이 신경과학자들을 포함하여 여러 분야의 연구자들에 의해 발견되고 확인되었다. 이를 감광망막신경절세포(intrinsically photo-sensitive ganglion cells)라고 하는데, 간단하게 줄여서 ipRGC라고 부른다. 특히, ipRGC에서 처리된 정보가 생체시계 내지 생체리듬의 조절에 사용된다는 것이 알려지면서 크게 주목을 받게 되었고, 많은 연구자들이 ipRGC의 기능과 역할에 대해 연구하는 계기가 되었다. 그러한 연구성과에 기초하여 빛의 비시각적(non-visual) 효과에 관한 새로운 사실들이 많이 밝혀졌고, 그 결과 등장한 것이 바로 인간중심 조명, 즉 HCL(human centric lighting)이다.

특히, 빛의 지각과 관련하여 지금까지 많이 연구되고 알려진 것은 밝기 지각과 색채 지각에 관한 것들이다. 밝기 지각(brightness perception)은 초기 심리학자들, 특히 정신물리학자들의 관심사 중 하나였다. 물리적 자극의 크기와 심리적 지각의 크기와의 관계를 밝히고자 했던 정신물리학적 연구는 인간의 오감을 대상으로 다양한 실험을 수행하였는데, 그중에는 밝기도 포함되었다. 즉, 어느 정도의 빛이 있을 때 밝기를 지각하기 시작하는가 하는 밝기의 절대역(absolute threshold) 문제와 어느 정도 빛의 차이가 있을 때 밝기가 다르다고 지각하는가 하는 차이역(differential threshold), 즉 최소가지차이(just noticeable difference, JND) 문제에 집중하였고, 물리적인 밝기의 변화와 지각적인 밝기의 변화와의 관계도 주된 관심사였다. Weber와 Fechner가 수행한 인간의 감각량과 물리량의 비율에 관한 연구에 따르면, 밝기 지각의 변화에는 일정한 정신물리학적 법칙이 존재하는데, 빛에 의한 밝기 변화와 눈에 의한 밝기 지각 사이에는 비선형적인 관계가 존재한다. 즉, 우리의 눈은 빛의 밝기 변화에 대한 민감도가 달라서 어두운 상태에서 밝은 상태로 변할 때는 매우 민감하게 반응하지만, 일정한 수준 이상에서는 점차 둔감하게 되어 완만하게 그 변화를 지각하는, 일종은 포화(saturation) 상태를 이르게 된다는 것이다. 다시 말해, 물리적(측정된) 밝기는 심리적(지각된) 밝기에 지수함수적으로 증가하고, 반대로 심리적 밝기는 물리적 밝기에 로그함수적으로 증가하는 것이다. 이러한 관계는 빛과 조명의 밝기를 제어할 때 중요한 고려사항이다. 즉, 일정한 전류량의 증가로 동일한 증가폭의 심리적 밝기를 가져올 수 없기 때문에 둘 사이의 관계를 잘 파악하여 입력값의 변화폭을 결정하여야 한다. 또한 Steven의 파워 법칙에 따르면, 밝기 지각은 광원의 크기나 특성에 따라 그 지수값은 달라질 수 있으므로 이 점도 유의하여야 한다.

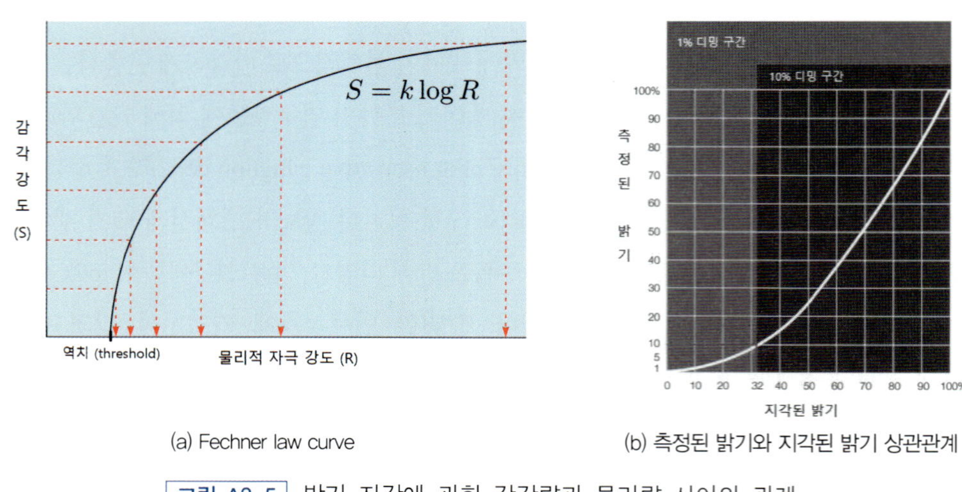

(a) Fechner law curve (b) 측정된 밝기와 지각된 밝기 상관관계

그림 A2-5 밝기 지각에 관한 감각량과 물리량 사이의 관계

한편, 색채 지각(color perception)은 빛을 매개로 한다는 점에서 빛이 없으면 색채 지각도 불가능하다. 결국 색이란 어떤 물체의 표면에서 반사된 일정한 빛의 파장이 우리의 망막에 있는 시각 수용기들을 자극함으로써 지각되는 것이다. 색채 지각의 원리에 관해서는 오래전 그리스 철학자들부터 색의 구성 요소가 무엇인가에 관한 다양한 가설들이 제시되어왔고, 근대에 와서 뉴턴(Issac Newton)과 같은 물리학자, 심지어 괴테(Johann Wolfgang von Goethe)와 같은 철학자들까지 인간이 색채를 어떻게 지각하는가 하는 문제에 천착하였다. 하지만 색채 지각에 대한 좀 더 과학적인 설명은 18세기 후반에 이르러서야 가능해졌다. 영국의 의사이자 물리학자인 영(Thomas Young)과 독일의 생리학자이자 물리학자인 헬름홀츠(Hermman von Helmholtz)는 우리의 눈에 세 가지의 색을 지각하는 수용기가 있어서 그것들의 반응조합으로 모든 색을 지각한다고 하는, 소위 '삼원색설(theory of trichromaticity)'을 주장하였다. 반면에 독일의 생리학자이

자 심리학자인 헤링(Ewald Hering)은 여러 가지 현상학적인 관찰에 기초하여 빨강과 초록, 노랑과 파랑을 대립적으로 처리하는 신경과정에 의해 모든 색을 지각한다고 하는 '대립과정설(theory of opponent processing)'을 주장하였다. 둘 다 인간의 색채지각을 설명하는 데 있어 유용한 도구였으나, 어느 것도 완벽하게 설명하지는 못하였다. 그러다가 1950년대에 이르러 인간과 동물의 시각과 관련된 신경생리학적 연구성과들이 축적되면서 삼원색 설은 망막 수준에서, 대립과정설은 망막 이후의 신경처리 수준에서 인간의 색채지각을 잘 설명하는 이론임이 확인되었다.

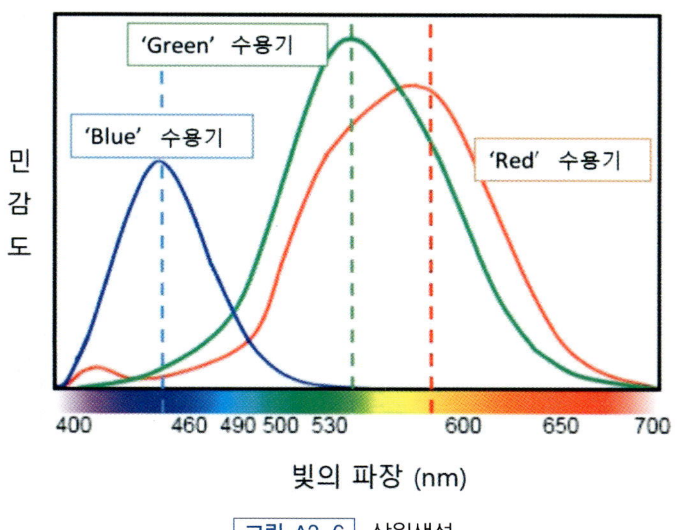

그림 A2-6 삼원색설

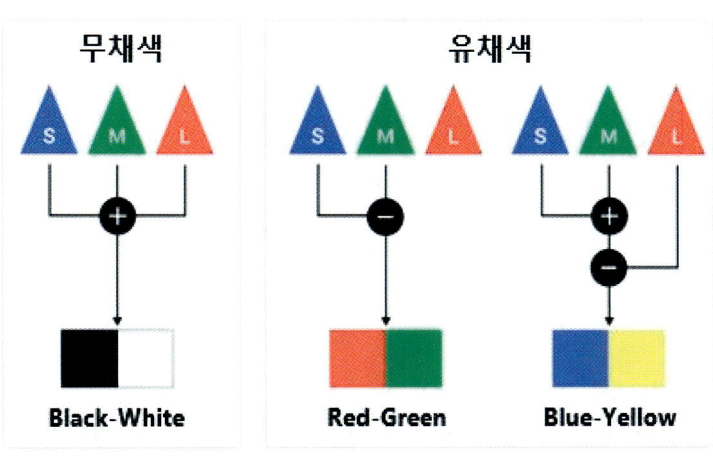

그림 A2-7 대립과정설

이러한 색채지각이론이 중요한 것은 이를 바탕으로 색에 관한 이론적 모형들과 색체계 및 색채 표준들이 만들어지기 때문이다. 먼셀 색체계(Munsell Color System)나 자연색체계(Natural Color System)와 같이 색채학 분야에서 발전시켜 온 색채 모형들뿐만 아니라 국제조명위원회(CIE)가 발전시켜 온 여러 색채 표준들 역시 삼원색설과 대립과정설이라고 하는 인간의 색채지각이론에 기초하고 있다.

인간뿐 아니라 동물의 시 지각에 있어서 이상과 같은 밝기 지각과 색채 지각을 바탕으로 좀 더 상위 수준의 시각적 처리가 이루어지는데, 여기에는 형태(shape) 지각, 깊이(depth) 지각, 그리고 운동(movement) 지각이 포함된다. 예를 들어, 아프리카 초원에서 풀을 뜯어 먹고 있는 얼룩말이 한 마리가 있다고 하자. 주변에는 사자나 하이에나와 같은 포식자들이 항상 먹잇감을 사냥하기 위해 어슬렁거리고 있다. 얼룩말은 무리를 지어 움직이지만 언제든지 포식자들로부터 공격을 당할 수 있기 때문에 잠시라도 경계를 늦출 수 없다. 풀을 뜯으면서도 저 멀리에 있는 어떤 대상이 사자인지(형태 지각), 얼마나 멀리 떨어져 있는지(깊이 지각), 그리고 어느 쪽으로 움직이는지(운동 지각)를 매 순간 확인하지 않는다면 당장에라도 생명을 잃는 위험에 처할 수밖에 없다. 이처럼 빛을 매개로 하는 밝기 지각과 색채 지각은 생존과 직결된 상황에서뿐만 아니라 우리의 일상생활에서 직면하는 다양한 작업 상황에서 매우 중요한 역할을 하고 있다.

2 빛의 인지(인지 심리)

앞서 설명했듯이, 일반적으로 감각수용기 수준에서 이루어지는 정보처리를 '지각'이라고 한다면, 감각수용기를 떠나 대뇌피질(cerebral cortex)에 저장된 기억이나 경험을 활용하여 입력된 정보를 처리하는 것을 '인지'라고 할 수 있다. 흔히, 전자를 '상향식(bottom-up)' 정보처리라고 하고, 후자를 '하향식(top-down)' 정보처리라고 한다. 하지만 둘은 서로 긴밀하게 상호작용하므로 명확하게 구분하기란 쉽지 않다.

빛을 매개로 하는 시각 정보처리에 있어서, 시 지각은 주로 망막 수준에서 일어나고 시각 인지는 뇌의 시각 경로와 시각 피질에서 이루어진다고 볼 수 있다. 좀 더 구체적으로 보면, 감각수용기인 눈의 망막에서 빠져나온 시신경은 시 교차(opitic chiasm)와 외측슬상핵(LGN, lateral geniculate nucleus)을 거쳐 후두엽(occipital lobe)에 위치한 여러 층의 선조피질(striate cortex)로 이루어진 시각 피질로 정보를 보내고, 거기에서 앞서 언급한 다양한 시각 정보, 즉 형태, 깊이, 운동, 색채 등을 처리하게 된다. 시각 피질은 다시 V1에서 V8까지 여러 영역으로 나누어지는데, 그 영역에 따라 처리하는 시각 정보의 종류가 다르다. 예컨대, 색채정보의 처리는 V4에서 이루어지는 것으로 알려져 있다.

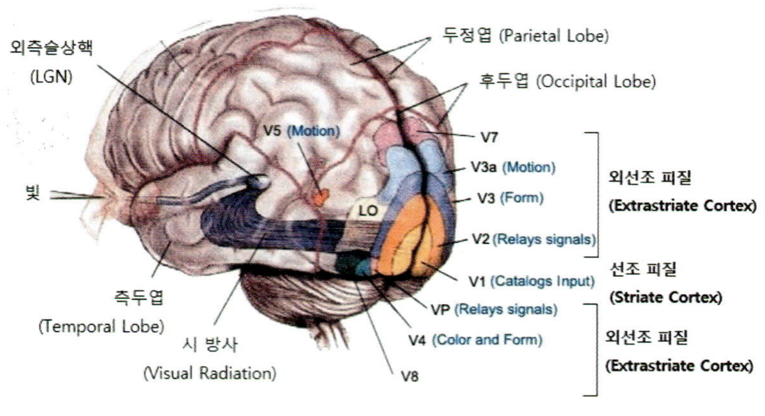

그림 A2-8 인간의 시각적 정보처리

빛 또는 조명과 관련된 시 지각 또는 시각 인지에 있어서 주목할만한 몇 가지 중요한 현상이 있는데, 크게는 색채와 관련된 현상과 조명과 관련된 현상으로 나누어볼 수 있다. 우선 색채와 관련된 현상으로 '푸르키네 현상(Pkinje phenomenon)'이 있다. 이는 밝은 곳에서 명순응된 눈이 어두운 곳에서 점점 암순응되면서 우리 눈의 망막에 있는 추상체의 활동은 감소하는 반면 간상체의 활동이 증가하면서 시감각의 반응곡선이 명소시(photopic vision)에서 암소시(scotopic vision)로 바뀌기 때문에 일어나는 현상이다.

다음으로 우리가 흔히 경험하는 현상 중의 하나가 '색순응(color adaptation)'이라는 것이다. 우리의 눈이 어떤 색 또는 조명에 오랫동안 노출되면 그 색이나 조명에 둔감해지는 현상이다. 예컨대, 형광램프 아래에서 보던 어떤 색을 백열램프 아래에서 보게 되면 처음에는 조금은 다른 색으로 보이다가 시간이 지나면서 원래의 색으로 보게 되는데, 이는 우리의 눈이 백열램프의 스펙트럼에 순응한 결과이다. 주변 조명의 변화와 무관하게 우리의 눈이 일정한 색을 지각하게 된다는 의미에서, '색채 항등성(color constancy)'이라고도 한다. 여기에는 우리의 기억 속에 저장된 어떤 대상의 색채, 즉 기억색(memory color)이 일부 관여할 가능성도 있다. 이와 유사한 지각적 현상으로 '밝기 항등성(brightness constancy)'을 생각해 볼 수 있다. 밝기 항등성이란 어떤 대상이 가진 밝기, 즉 명도가 상이한 조명조건이나 그림자가 있는 조건에서도 일정하게 유지되는 것으로 인식하는 인지적 과정이다. 예컨대, 어떤 물체가 상이한 조도를 가진 조명 조건에서 반사되는 빛의 양이 다른 경우에도 우리는 그 물체의 밝기를 같다고 인식한다.

이는 상당히 인지적인 과정인데, 우리의 뇌가 주변 조명의 밝기나 그림자 등에 관한 정보를 바탕으로 일정부분 바로잡는 보상 기제(compensation mechanism)가 작동하기 때문이다. 예컨대, 똑같은 밝기의 두 개의 표면이 있을 때 그중 하나가 그림자에 의해 어두워 보이더라도 우리는 둘을 같은 밝기로 인식하는데, 이때 그와 같은 보상 기제, 좀 더 정확하게는 '비율 원리(ratio principle)'가 작동한다. 즉 우리는 지각된 어떤 대상과 그 주변과의 밝기 비율을 일정하게 유지하는 방식으로 밝기 항등성을 인식하는 것이다.

그림 A2-9 밝기 항등성의 예

또 다른 흥미로운 현상은 흔히 '메타메리즘(metamerism)'이라고 불리는 현상이다. 우리 말에서는 '이성체' 또는 '조건 등색'이라고 하는데, 전자는 주로 광원색에 해당하고, 후자는 물체색에 해당한다. 광원색의 경우에는 상이한 파장으로 구성된 두 개의 광원이 우리의 눈에 동일한 색으로 보이는 것을 의미하고, 물체색의 경우에는 상이한 분광반사율을 가진 두 개의 색이 특정 조명 조건에서는 동일한 색으로 보이지만 조명 조건이 바뀌면 다른 색으로 보이는 것을 뜻한다. 이러한 현상이 일어나는 것은 광원의 분광분포나 물체의 분광반사율의 차이와 관계없이 그것들이 우리 눈에 있는 L, M, S 추상체에서 동일한 반응값을 갖게 되면 같은 색으로 인식되기 때문이다. 그러므로, 광원색의 경우는 광원의 정확한 분광분포나 파장을 특정할 필요가 있고, 물체색의 경우에도 정확한 색채를 만들거나 관찰할 때는 표준광원을 사용할 필요가 있다.

특히, 조명과 관련해서 나타나는 지각적 현상 중에 '가현 운동(apparent movement)' 또는 '스트로보 운동(stroboscopic movement)'이라는 것이 있다. 실제로는 없는 빛의 움직임이 마치 있는 것처럼 보이는 현상이다. 우리가 가끔 도로를 지날 때 공사 구간을 표시하기 위해 깜빡이는 전구들을 연결해 놓은 줄을 보면 마치 불빛이 줄을 따라 움직이는 것처럼 보이는 경우가 있다. 굳이 조명이 아니더라도 빛이 반사되는 물체의 움직임에서 그러한 현상이 관찰되는데, 이는 일종의 시각적 착각(visual illusion)에 해당하며, 우리 눈은 이것을 자연스러운 빛의 흐름 내지 움직임으로 인식한다. 옥외 광고판이나 놀이동산의 장식용 조명, 애니메이션 영화 등도 이와 같은 원리를 사용하는 것들이다.

가현 운동이 지각적으로 유도된 운동에 해당한다면, 조명 자체의 특성에 의해 우리 눈에 빛의 깜빡임(flicker)이 보이거나 눈의 움직임에 의해 일련의 허상 배열(phantom array)이 눈에 관찰되는 경우도 있다. 최근에 등장한 LED는 펄스폭 변조, 즉 PWM(pulse width modulation)으로 조명의 밝기를 제어할 수 있다는 장점이 있다. 즉, 일정한 주기를 가진 펄스의 폭의 비율(듀티, duty)의 변화를 통해 전류를 제어하고, 그 결과 조명의 밝기를 변화시키는 것이다. 이때 사용되는 펄스의 주기 즉, 주파수(frequency)가 60 ㎐ 이하이면 맨눈으로도 깜빡임을 관찰할 수 있다. 하지만 눈동자를 빠른 속도로 움직이게 되면 PWM 주파수가 10 ㎑ 이상인 경우에도 팬텀 어레이가 관찰 가능하다는 보고가 있다.

사실, 앞서 언급했던 가현 운동이나 스트로보 운동도 조명의 주파수나 우리 눈의 지각적 처리 속도와 밀접한 관련이 있다. 예컨대, 스트로보 운동의 경우 회전하는 물체와 조명의 점멸 주기가 일치하면 물체는 마치 정지상태로 있는 것처럼 보인다.

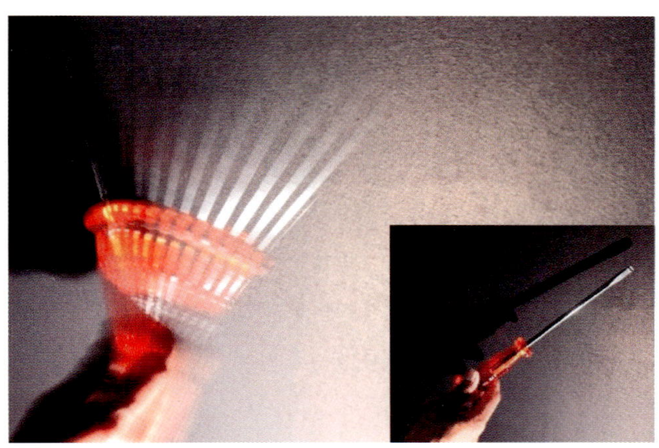

그림 A2-10 스트로보 운동의 예(출처:Wikipedia)

빛과 조명이 인간의 시각 수행에 미치는 영향에 관해서는 오래전부터 연구가 진행되어왔다. 특히, 조명의 밝기(휘도), 색온도(color temperature), 연색성(color rendering), 대비(contrast) 등이 시인성에 어떤 영향을 미치고, 사물의 형태나 색의 지각, 작업 효율, 학습수행, 안전 등에 어떤 결과를 가져오는지에 대한 다양한 연구들이 있었다. 특히, 최근 들어 LED 조명이 전통 조명을 대체하고 LED의 장점을 활용한 인간중심조명(HCL, human centric lighting)이 등장하면서, 그것이 인간의 각성, 주의, 인지에 미치는 영향에 많은 관심이 모아지고 있다. 그중에서는 LED의 강점이라고 할 수 있는 색온도 가변의 인지적 효과는 많은 연구자의 관심사이다.

2.2.2 빛과 고령자

빛의 지각과 인지는 시각 수용기나 뇌를 포함하는 신체적인 노화와 밀접한 관련이 있다. 고령자의 빛에 대한 반응에 있어서 가장 뚜렷한 특징은 처리의 범위와 속도이다. 여기서 처리의 범위는 빛의 밝기와 스펙트럼에 대한 민감도를 말한다. 나이가 들수록 노안(presbyopia)으로 인한 시력 저하, 노인성 백내장(senile cataract)과 같은 수정체 혼탁, 황반변성(macular degeneration)과 같은 망막 기능 이상 등으로 전반적인 시각 능력이 떨어지고, 뇌에서의 시각정보처리 속도 역시 느려질 수밖에 없다.

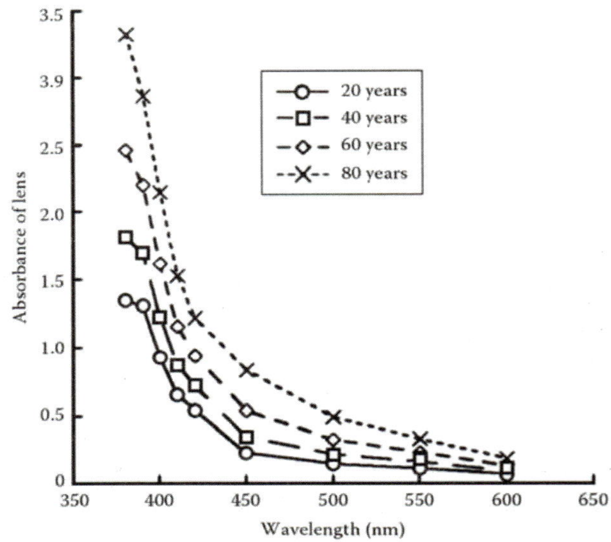

그림 A2-11 연령에 따른 수정체의 스펙트럼 파장별 흡수(Weale, 1988)

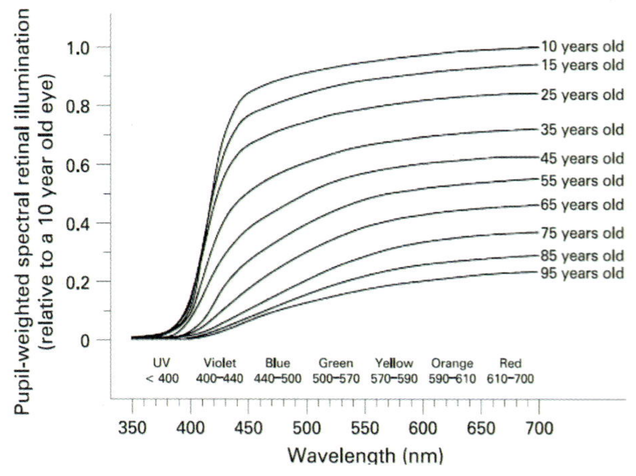

그림 A2-12 연령에 따른 스펙트럼 파장별 망막 조도(Turner 등, 2008)

눈의 노화는 고령자들이 눈부심(glare), 즉 눈부심에 취약한 원인이 된다. 나이가 들면서 우리의 안구를 채우고 있는 유리액이 혼탁해지면서 그것을 통과하는 빛의 산란(scattering)이 증가하게 되고 이것이 망막에서 눈부심을 유발하기 때문이다. 그러므로, 고령자는 밝은 빛에 장시간 노출되기 어렵고, 눈이 쉽게 피로하거나 심한 경우 통증을 유발하게 된다. 이상과 같은 이유로 인해, 고령자를 위한 조명에는 딜레마(dilemma)가 존재한다. 말하자면, 노화가 진행될수록 망막의 민감도가 떨어지면서 더 많은 빛이 필요하지만, 한편으론 밝은 빛에 취약하여 눈부심을 더 많이 경험하게 된다는 것이다. 여기에 조명 연구자들뿐만 아니라 조명 설계자들의 고민이 있다. 어떻게 하면 고령자들에게 눈부심을 유발하지 않으면서도 잘 볼 수 있도록 도와주는 조명을 만들 것인가? 이미 많은 나라가 고령사회에 접어들었고 가까운 미래에 인류는 초고령 사회를 직면하게 될 것이므로, 인간의 삶에 있어서 조명의 역할과 중요성은 더 커질 것이다.

한편, 빛은 생체리듬과 매우 밀접한 관련이 있다. 눈으로 들어온 빛의 자극으로 발생하는 신경신호들은 뇌의 여러 부위(region), 중추(center)를 전달되어 우리 몸의 호르몬 분비, 체온, 수면, 면역체계 등에 영향을 미친다. 최근에 국제조명위원회(CIE)는 인간중심조명의 등장을 촉발했던 광민감 신경절세포(ipRGC)의 특성과 기능을 체계적으로 정리하고 발전시켜 확립된 스펙트럼 민감도 곡선과 멜라노픽 등가 주광조도(Melanopic Equivalent Daylight illuminance, MEDI)를 확립하였고, 그러한 빛의 생체리듬 효과를 과학적인 설명과 표준들은 향후 조명개발과 측정에 중요한 기준이 될 것이다.

특히 수면은 대표적인 생체리듬의 하나로, 고령자들이 적절한 시간과 양의 빛에 노출되지 못하면 수면 리듬이 깨어지고 여러 가지 수면장애를 겪을 수 있다. 수면장애는 고령자들의 만성적인 질병 중의 하나라고 할 수 있고, 수면의 양과 질에 있어서 뚜렷한 감소세를 보인다. 수면장애는 다른 질병과 밀접한 관련이 있어서, 신진대사, 면역력, 심혈관계 질환, 알쯔하이머 치매 등의 신체적 문제뿐만 아니라 노인성 우울증과 같은 심리적 문제에 이르기까지 고령자의 건강을 심각하게 위협하는 주된 원인이다. 따라서 수면에 영향을 미치는 빛과 조명은 고령자의 건강에 있어서 매우 중요한 환경요소라고 할 수 있다.

최근 들어 생체리듬 조명(circadian lighting)에 대한 관심과 개발이 증가하고 있는 것은 이와 같은 수면장애의 증가와 무관치 않다. 수면은 우리 뇌에서 송과선(pineal gland)이라고 불리는 곳에서 분비되는 멜라토닌(Melatonin) 호르몬의 영향을 직접적으로 받는데, 멜라토닌의 분비가 원활하지 못하면 쉽게 잠을 자지 못하거나 수면의 질이 떨어질 수밖에 없다. 마찬가지로 불안정한 생체리듬으로 인한 불규칙한 수면-불면 주기(sleep-wake cycle)는 수면장애의 원인이 된다. 그러므로, 비교적 실내에

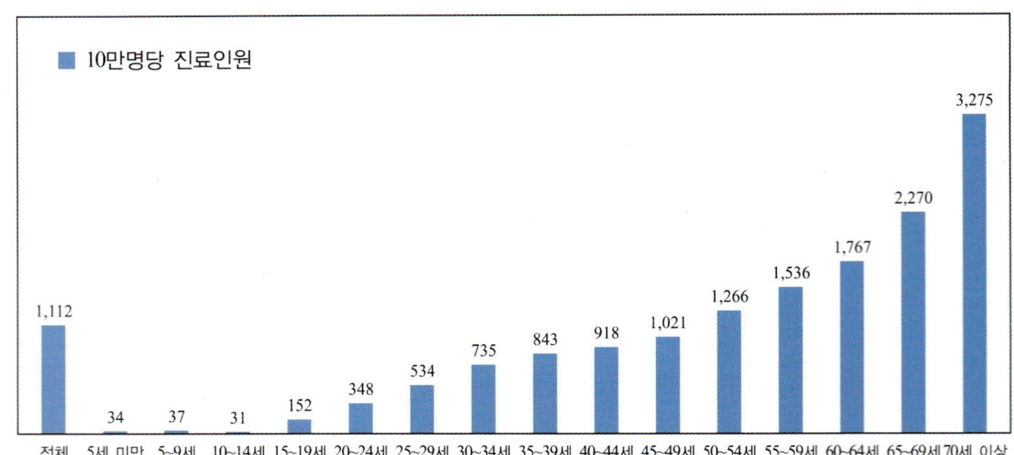

그림 A2-13 연령에 따른 수면장애 진료 인원의 증가(출처 : https://medigatenews.com/news/597333510)

거주하는 시간이 많은 고령자들이 그와 같은 수면장애를 피하기 위해서는 낮시간 동안 가능하면 적절한 야외활동을 통해 잠시라도 햇빛에 노출되는 것이 좋고, 실내에 있을 때도 조명의 밝기를 적정 수준 이상으로 유지할 필요가 있다. 매일 20분 정도만 햇볕에 노출되더라도 수면이 개선될 뿐만 아니라 우리 몸에 필요한 비타민 D를 합성할 수 있고, 이는 특히 고령자에게 있어서 비타민 D 결핍으로 인한 골다공증, 근골격 통증, 우울증 등의 질병을 예방하는 데 도움이 된다. 최근에는 UV-A 파장대를 포함하는 조명을 이용하여 인공적으로 비타민 D를 합성하도록 하는 방법도 시도되고 있다.

일몰 이후 저녁 시간이 되면 우리 몸은 수면에 들어갈 준비를 해야 하는 시기이므로 이때는 너무 밝거나 색온도가 높은 조명을 피하는 것이 유리하다. 따라서 지나친 TV 시청이나 스마트폰 사용도 자제하는 것이 좋다. 디스플레이에서 나오는 청색광이 눈에도 좋지 않을 뿐만 아니라 수면 호르몬의 분비를 억제하여 결과적으로 안정된 수면에 들어가는 것을 방해하기 때문이다. 고령자들의 건강에서 수면이 차지하는 비중이 상대적으로 크기 때문에 앞으로 고령자의 삶의 질을 개선하기 위한 조명제품이나 조명환경에 대한 더 많은 관심과 연구개발이 요구될 것이다.

그림 A2-14 수평 및 수직 단서를 제공하는 고령자용 야간조명〉(Figueiro, 2008)

고령자는 시각뿐만 아니라 신체적 운동능력에서도 뚜렷한 저하가 일어나므로 항상 안전사고 위험에 노출되어 있다. 낙상(fall)이 대표적인데, 여기에는 근력 감소와 균형 장애, 청력 감퇴, 인지기능 저하도 원인이 된다. 특히 야간의 실내에서 보행의 경우에 낙상 사고가 빈번히 일어나고, 그것은 노인의 신체적 건강과 생존율에 악영향을 끼치며 의료비 상승의 원인이 된다. 이를 방지하기 위한 하나의 수단으로 낙상 방지용 조명이 활용될 수 있다. 침대 주변, 계단, 화장실 주변 등에 센서를 내장한 조명을 설치하거나 문틀과 같은 위치에 조명을 사용하여 정확한 방향이나 형태 정보를 제공하여 낙상 사고를 방지할 수 있다.

CHAPTER 03

빛의 측정과 단위

3.1 광량과 복사량

측정(measurement)이란 어떤 양(quantity)에 대해서 합리적으로 여겨지는 값을 실험적으로 얻는 과정이고 그 결과는 수와 단위로 표시되며,[9] 다음과 같은 빛의 양을 측정한다.

빛은 물리적인 에너지를 진공의 공간을 통해서 전달한다. 따라서 빛이 전달하는 에너지의 많고 적음과 관련이 있는 빛의 "세기"가 가장 기본적인 측정량이다. 빛의 에너지는 공간적으로 어떤 분포를 가지고 전달되며 파장에 대해서도 어떤 분포를 가지고 있다. 또한 편광(polarization) 성분에 따라 다른 에너지 분포를 가질 수도 있다. 따라서 빛의 세기를 측정하고자 하면 측정의 공간적, 분광적, 편광적 조건에 따라 양을 구분하여 정의하거나 특정 조건을 지정할 필요가 있다. 물론 시간에 따라 양이 변화하는 것도 추가로 고려해야 하는 경우도 있다.

빛은 세기 외에 "밝기"도 중요한 측정량이 된다. 여기서 밝기는 사람의 눈이 보고 느끼는 것과 관련이 있다. 가시광 파장 영역을 벗어나는 자외선이나 적외선은 사람이 전혀 볼 수 없으므로 세기가 아무리 큰 값을 가져도 밝기는 0이다. 사람이 느끼는 밝기와 관련된 양과 단위는 빛의 세기와는 다른 방식으로 정의하여 구분할 필요가 있고 여기는 사람 눈의 특성을 고려해야 한다.

일반적으로 빛이나 광(光, light)이라는 용어는 사람이 볼 수 있는 전자기파에 한정해서 사용하며 전자기파의 전체 파장영역을 포함하는 용어로는 복사(輻射, radiation)를 사용한다.[10] 즉, 태양에서 방출하는 복사 중에 사람의 눈이 볼 수 있는 파장 영역을 한정해서 빛이라고 부른다. 그러므로 빛의 세기는 복사량, 빛의 밝기는 광량으로 구분하여 부를 수 있다. 광량을 측정하는 분야를 광측정

9) JCGM 200:2012 - ISO/IEC Guide 99:2007 국제 측정학 용어집 - 기본 및 일반 개념과 관련 용어(VIM), 제3판, 한국어판, 한국표준과학연구원(2022)

10) 영어 radiation에 해당하는 용어로 복사와 함께 방사(放射)도 혼용되고 있는데, 우리나라에서 방사는 에너지가 높은 (즉, X선과 같이 파장이 매우 짧은) 복사를 특정하는 것이 일반적이다. 빛과 복사의 양과 단위에 대한 정의는 "KS A ISO 80000-7 양 및 단위 - 제7부: 빛과 복사" 국가표준을 따른다.

(photometry) 혹은 측광이라고 하며 복사량을 측정하는 분야를 복사측정(radiometry)이라고 한다.

광량에는 측정의 기하학적 조건에 따라 광에너지, 광속(광선속), 광조도, 광휘도, 광도 등이 정의된다. 광속(광선속)의 단위인 루멘(lumen, 기호 lm)을 기반으로 한 단위체계와 함께 럭스(lux, 기호 lx), 칸델라(candela, 기호 cd) 등 다양한 단위가 사용된다. 복사량도 광량과 동일한 기하학적 조건 구분에 따라 복사에너지, 복사속(복사선속), 복사휘도, 복사도 등이 정의되고 복사선속의 단위인 와트(watt, 기호 W)를 기반으로 하는 단위 체계를 사용한다. 두 분야의 측정량 및 단위는 다음 표에 정리하였다.

표 A3-1 광량 및 복사량 종류와 단위

광량	단위	복사량	단위
광에너지 luminous energy	lm · s	복사에너지 radiant energy	W · s = J
광속 luminous flux	lm	복사속 radiant flux	W
(광)조도 illuminance	lm/m^2 = lx	복사조도 irradiance	W/m^2
(광)휘도 luminance	$lm/(m^2 \cdot sr)$ $= cd/m^2$	복사휘도 radiance	$W/(m^2 \cdot sr)$
광도 luminous intensity	lm/sr = cd	복사도 radiant intensity	W/sr

위 표를 보면 각 광량 및 복사량이 정의된 기하학적 조건에 따라 서로 쌍을 이루고 있으며 단위도 lm과 W만 치환된 구조를 하고 있음을 알 수 있다. 기하학적 조건이 동일한 광량과 복사량은 “광-” 혹은 “복사-”라는 접두어를 사용하여 구분하고 영어에서도 유사한 방식으로 "luminous" 혹은 “radiant"라는 단어를 붙여서 구분한다. 다만 거의 광량만 다루는 조명분야에서는 광휘도는 휘도, 광조도는 조도로 접두어를 생략하고 사용하는 것이 일반적이다. 또한 조명분야에서는 휘도의 공식적인 단위로 cd/m^2를 사용하고 nt는 사용하지 않는다.

3.2 광량의 단위

단위란 같은 종류의 양들의 비율을 수로 나타낸 스칼라 양으로 측정의 기준이다. 어떤 단위를 어떻게 사용하는지 약속한 것을 측정표준이라고 하며 우리나라는 미터협약을 통해 국제단위계(SI)에서 정의한 단위를 사용하도록 법으로 정하고 있다. 특히 광량 중 하나인 광도의 단위 칸델라는 국제단위계(SI)의 7개 기본단위 중 하나인데[11] 이를 보면 측광 분야가 오래전부터 일상생활과 산업에 매우 중요한 역할을 했음을 알 수 있다.

광량에는 칸델라 뿐만 아니라 럭스, 루멘 등 다양한 단위가 사용되고 있는데 앞서 광량과 복사량을 비교한 표에서 보면 모든 광량 단위는 광속의 단위인 루멘을 기반으로 정의되어 있다. 이를 보면 루멘이 측광의 가장 기본적인 단위가 되어야 할 듯한데 칸델라가 기본단위의 위상을 가지게 된 것은 역사적인 배경 때문이다. 조명산업의 태동기에 빛의 밝기에 대한 기준으로 사용하기 가장 적합한 것이 양초였으므로 칸델라[12]라는 단위를 기본단위로 삼게 되었다.

광량은 파장에 따른 함수로 측정한 복사량, 즉 분광복사량(spectral radiant quantity)으로부터 다음 적분식(수식 A3-1)에 따라 정의된다.

$$X_v = K_m \int_\lambda X_{e,\lambda}(\lambda)\, V(\lambda) d\lambda$$
$$X_e = \int_\lambda X_{e,\lambda}(\lambda) d\lambda \qquad \text{(식 A3-1)}$$

여기서 X_v와 X_e는 기하학적 조건이 같아서 서로 쌍을 이루는 광량과 복사량을, $X_{e,\lambda}$는 분광복사량, 즉 단위 파장당 복사량을 표시한다.[13] 예를 들어, X_v와 X_e가 각각 광조도와 복사조도라면 $X_{e,\lambda}$는 분광복사조도가 되고 같은 방식으로 X_v, X_e, $X_{e,\lambda}$에 광휘도, 복사휘도, 분광복사휘도를 대입할 수도 있다. K_m은 파장 555 nm에서 정의된 최대시감효능으로 그 값이 자연상수 K_{cd} = 683 lm/W와 거의 같다. $V(\lambda)$는 국제조명위원회(CIE)가 밝은 시감 조건에서 2° 시야각을 가지는 표준관찰자에 대하여 정의한 분광시감효율함수(spectral luminous efficiency function)로 파장 360 nm부터 830 nm까지 영역에서 1 nm 간격으로 수치가 공표되어 있다. 이 함수는 사람의 눈이 느끼는 감도를 특정 조건에 대해서 표준화한 것으로 측광 분야에서는 다양한 표준관찰자에 대한 분광시감효율함수가 아래 그림과 같이 정의되어 사용되고 있다.[14] 위 식에서는 가장 보편적으로 사용하는 V(λ)를 예를 들었다.

---

11) BIPM, 국제단위계(The International System of Units, SI, 번역본), 제9판, 한국표준과학연구원(2019)

12) 칸델라(candela)는 양초(candle)의 라틴어이다.

13) 첨자 v는 vision이란 의미로 광량을, 첨자 e는 energy라는 의미로 복사량을 나타내고, 첨자 λ 는 파장을 의미한다.

14) BIPM-2019/05, Principles governing photometry, 2nd edition(2019), https://www.bipm.org/en/committees/cc/ccpr/publications

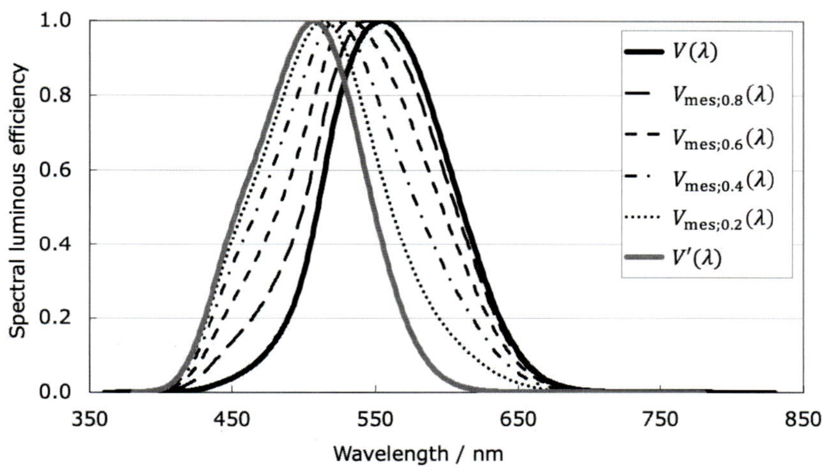

그림 A3-1 국제조명위원회(CIE)에서 정의한 다양한 표준관찰자의 분광시감효율함수(출처: BIPM-2019/05 Principles governing photometry, 2nd edition)

위 식에 따라 한 광량은 동일한 기하학적 조건에서 파장에 대한 함수로 측정한 분광복사량에 V(λ)를 가중치로 하여 파장에 대해 적분함으로써 얻을 수 있다. 광속은 분광복사속으로부터 계산하는데 분광복사속의 단위 W/nm는 파장에 대한 적분을 거쳐서 단위가 W로 되고 Km과 곱해지면서 W 단위가 lm 단위로 변환된다. 광조도는 단위가 W/(m^2·nm)인 분광복사조도로부터 계산되어 단위가 lm/m^2가 되고 이는 lx라는 단위와 동일하다. 광도는 단위가 W/(sr·nm)인 분광복사도로부터 계산되어 단위가 lm/sr가 되고 이는 cd라는 단위와 동일하다. 광휘도는 단위가 W/m^2·sr·nm)인 분광복사휘도로부터 계산되어 단위가 lm/(m^2·sr)가 되며 이는 cd/m^2(또는 nt)와 동일한 단위이다.

반면 복사량은 가중치 없이 관심이 있는 영역에서 파장에 대해 적분하여 계산한다. V(λ) 함수는 가시광 파장영역 밖에서는 값이 0이므로 자외선이나 적외선과 같이 눈에 보이지 않는 영역의 에너지는 광량에 전혀 영향을 주지 않는다.

다음은 각 광량에 대한 단위의 정의와 측정 방법을 요약하였다. 이후로는 조명분야의 일반적인 용어를 따라 광조도, 광휘도, 광선속을 각각 조도, 휘도, 광속으로 표기한다.

3.3 광도와 조도

광도(luminous intensity)는 광원에서 지정된 방향의 단위 입체각으로 발산하는 선속의 양이며 단위는 cd(= lm/sr)이다. 조도(illuminance)는 광원과 일정한 거리에서 빛을 검출할 때 단위 면적에 입사하는 선속의 양이며 단위는 lx(= lm/m²)이다. 광도는 광원의 고유한 특성이지만 특정 검출 위치에서 조도를 측정해야만 계산할 수 있기 때문에 이 두 광량은 함께 다루는 경우가 많다. 아래 그림은 광도 측정의 기하학적 조건과 측정식을 보여준다. 측정식에서 Iv는 광도, Φv는 선속, Ω는 스테라디안(steradian, 기호 sr) 단위로 나타낸 입체각, Ev는 광원과의 거리가 r인 검출 기준위치에서 조도이다.

$$I_v = \frac{d\Phi_v}{d\Omega} = E_v \cdot r^2$$

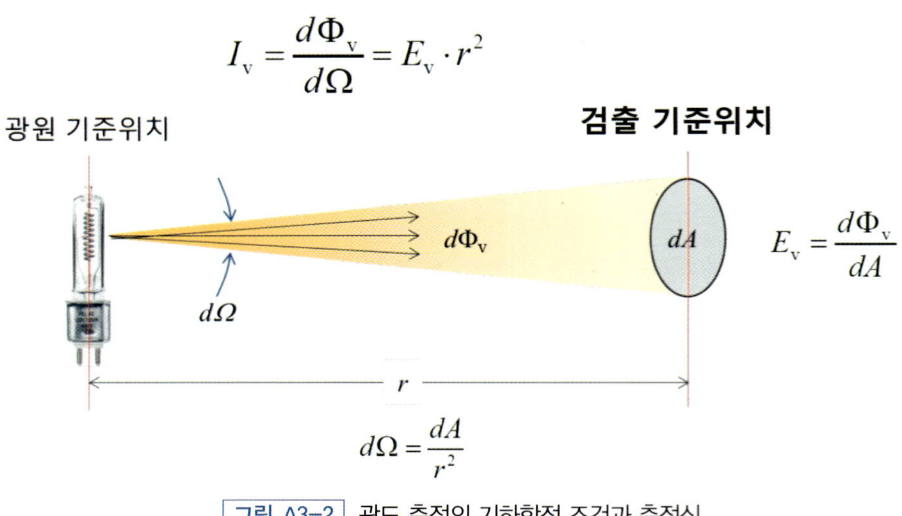

$$d\Omega = \frac{dA}{r^2}$$

그림 A3-2 광도 측정의 기하학적 조건과 측정식

위 그림과 식에서 알 수 있듯이 어떤 광원의 광도를 측정하기 위해서는 특정 위치에서 조도를 측정하고 그 위치에서 광원까지 거리도 알아야 한다. 광도는 점광원(point source)에 대해서만 유효한 개념이므로 크기가 큰 광원인 경우, 조도를 측정하는 거리를 충분히 크게 하여 점광원에 근사하게 해야 정확한 측정이 가능하다. 충분한 거리가 어느 정도인지는 조도가 거리의 제곱에 반비례하는 관계, 즉 거리 역제곱의 관계를 만족하는가를 기준으로 판단할 수 있다. 우주의 별과 같이 매우 큰 광원도 충분히 멀리 떨어져 있으므로 거리 역제곱의 관계를 만족하고 이에 따라 별의 광도를 정의하고 측정할 수 있다.

일상생활에서 광도는 자동차 헤드램프, 등대의 등명기, 도로교통 신호등 등과 같이 멀리서 보는 목적으로 사용하는 광원의 특성을 평가할 때 필요하다. 조도는 사진을 찍거나 책을 보는 등 밝기가 중요한 작업공간에서 조명환경이 적절한지를 평가할 때 측정이 필요하다.

실무에서 광도를 측정하기 위해서는 조도 측정 위치의 방향을 조절하여 거리를 측정할 수 있는 광도 벤치(photometric bench) 시설이 필요하고 조도를 측정할 수 있는 장비가 필요하다. 조도는 분광복사조도로부터 계산할 수 있으므로 이에 맞게 교정된 분광복사계(spectroradiometer) 장비를 사용하여 측정할 수 있다. 하지만 실무에서는 분광복사계보다 빠르고 경제적인 조도계(illuminance meter)를 사용하는 경우가 많다.[15] 조도계는 대부분의 경우 광다이오드 앞에 특수한 필터를 부착하여 분광감응도가 V(λ)와 유사하도록 만든 광검출기로 분광측정 과정 없이 출력 신호가 바로 lx 단위로 표시된다. 조도계의 수광면은 확산판이나 적분구로 되어 있는데 검출 면적과 위치가 정확하게 특정될 수 있도록 설계되어 있다.

일반적으로 광원의 광도는 빛을 방출하는 방향에 따라 달라진다. 광원의 광도가 방출 각도에 따라 달라지는 정도를 배광분포(angular distribution of luminous intensity)라고 하며 배광분포를 측정하기 위해서 광원의 방향을 조절할 수 있도록 만든 장치를 측각광도계(gonio-photometer)라고 한다.

3.4 휘도

휘도(luminance)는 광원에서 단위 면적이 지정된 방향의 단위 입체각으로 발산하는 선속의 양이며 단위는 cd/㎡ = lm/(sr·㎡)이다. 아래 그림은 휘도 측정의 기하학적 조건과 측정식을 보여준다. 측정식에서 L_v는 휘도, A와 A'는 각각 광원과 검출기(조사면)의 면적, θ는 광원 법선과 광원-검출기를 연결하는 광축이 이루는 각도이다. 나머지 기호의 정의는 앞의 광도 그림 A3-3과 동일하다.

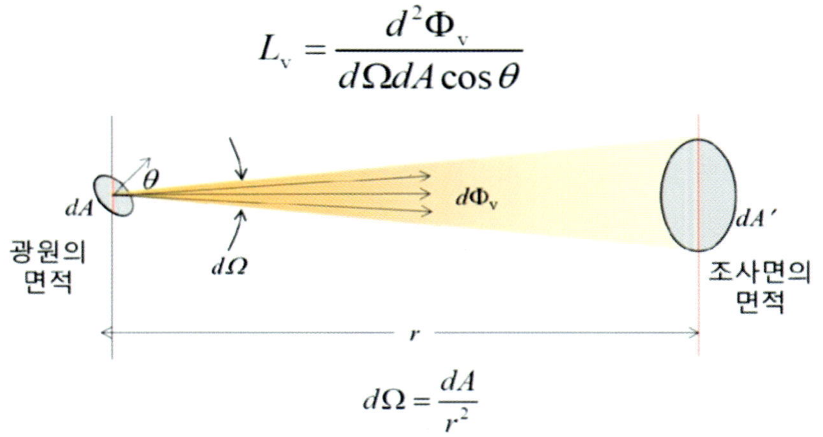

그림 A3-3 휘도 측정의 기하학적 조건과 측정식

휘도는 광원의 면적이 정의될 수 있는 광원에서만 사용할 수 있다. 따라서 디스플레이와 같은 면광원의 특성 평가에 중요하다. 또한 휘도는 렌즈를 사용하여 망막에 상을 만드는 눈에서 망막의 시신

15) 흔히 럭스미터(lux meter), 포토미터(photometer) 혹은 라이트미터(light meter)라고 불리기도 한다.

경에 모이는 광량과 비례하므로 사람의 눈이 감지하는 밝기 자극과 직접 연관이 있다. 눈을 모사하여 만든 카메라의 경우 이미지센서에 휘도의 공간분포를 기록한다고 할 수 있다. 휘도는 눈부심의 척도가 되므로 조명환경이나 빛공해(light pollution) 평가에서도 중요하게 사용된다.

광원의 광도가 각도 θ에 대하여 cosθ에 따라 변하는 특수한 배광분포를 가지는 경우 휘도는 각도에 따라 변하지 않고 일정하게 되어 어느 방향에서 보아도 같은 밝기로 보인다. 이러한 광원을 람베르트 광원(Lambertian light source)라고 한다. 람베르트 광원은 적분구(integrating sphere)라는 내부 표면이 높은 확산 반사율을 가지고 출사면적이 전체 면적보다 작은 특수한 장치를 사용하여 만들 수 있는데, 이러한 적분구 광원은 휘도 측정기기를 교정할 때도 중요한 역할을 한다.

휘도는 분광복사휘도를 측정할 수 있도록 교정된 분광복사계를 사용하여 측정하거나 V(λ)-필터를 사용하여 빠르고 간편하게 측정할 수 있는 휘도계를 사용하여 측정할 수 있다. 휘도계는 대부분 입사부에 카메라 렌즈가 부착되어 거리에 상관없이 촛점을 조절하여 휘도를 측정할 수 있도록 되어 있으나 렌즈가 없이 디스플레이 광원에 밀착하여 측정하도록 만든 장비도 있다. 어떤 경우에든 휘도계가 빛을 수집하는 시야각이 만드는 표적 크기보다 측정대상 광원의 면적이 충분히 넓고 그 면적에서 밝기가 균일해야 정확한 측정이 가능하다.

3.5 광속

광속(luminous flux)은 빛의 밝기를 lm 단위로 표시한 것으로 단위 시간당 입사 혹은 방출되는 광에너지에 해당한다. 조도 및 휘도는 모두 특정한 기하학적 조건에서 측정한 광속으로 정의되므로 선속만 분리해서 결과로 표시하는 경우는 기하학적 조건을 고려할 필요가 없는 특수한 상황에서만 필요하다. 대표적인 예가 광원이 모든 방향으로 방출하는 광속의 총량을 측정하는 경우이다. 이때는 전체 방향이라는 의미에서 "전(全, total)-"이라는 접두어를 붙여서 전광속이라는 명칭으로 구별해서 부른다.[16] 아래 그림은 전광속 측정의 기하학적 조건과 측정식을 보여준다. 측정식에서 Iv(θ, ϕ)는 극각과 방위각(θ,ϕ)로 특정한 방향에서 측정한 광도이다. 전광속 Φv는 모든 방향에서 측정한 광도를 입체각 4π(sr)의 구면에 대하여 적분한 양이다.

16) 관행에 따라 전광선속에서 접두어 "광-"은 생략하지 않는다. 영어의 경우 total 이라는 단어를 추가하여 전광선속을 total luminous flux라고 한다.

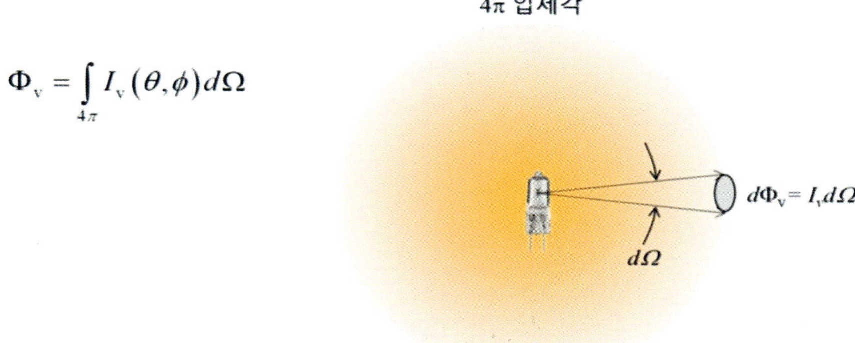

그림 A3-4 전광속 측정의 기하학적 조건과 측정식

전광속은 광원의 조명효율을 평가할 때 필요한 광량이다. 소비하는 전력이 몇 W일 때 방출하는 전광속이 몇 lm인지를 측정하여 lm/W 단위로 조명효율을 평가한다. 백열램프, 형광램프, LED 등 생활에 사용되는 모든 조명용 광원의 사양에는 전광속 혹은 조명효율이 표시된다.

광원의 전광속을 측정하는 방식은 두 가지로 구분할 수 있다. 첫째는 측각광도계를 사용하여 모든 극각 및 방위각에 대하여 광도를 측정한 다음 이를 입체각을 가중치로 하여 모두 더하는 방식이다. 둘째는 적분구광도계(integrating sphere photometer)라는 장비를 사용하여 전광속 기준값이 사전에 교정된 표준전구와 비교하여 측정하는 방식이다. 정확도 측면에서는 측각광도계가 유리하지만 실무에서는 공간 스캔을 하지 않아 측정시간이 빠른 적분구광도계가 많이 사용되고 있다.

CHAPTER 04

빛과 색채

4.1 조명의 색 특성과 CIE 표색계(Colorimetry)

시중에서 판매되는 백색 조명들을 보면 약간 푸르스름한 빛을 내기도 하고, 약간 노르스름한 빛을 내기도 한다. 그리고 눈으로 봤을 때는 동일한 색으로 보이는 조명이라 하더라도 분광분포는 전혀 다른 조명들의 경우 동일한 물체의 색도 조명에 따라 다른 색으로 보이게 된다. 예를 들어 눈으로 보기에는 똑같아 보이는 색을 갖는 조명 두 개가 있다고 할 때 한쪽 조명 하에서 붉은 색이 더 도드라져 보일 수 있다. 이렇게 조명에 따라 색이 달라 보이는 현상을 연색(컬러 렌더링, Color Rendering) 특성이라고 한다. 그렇기에 불이 켜졌을 때 조명 자체가 갖는 색이 어떤 색인지, 또한 조명의 연색 특성이 어떠한가는 조명을 사는 소비자들이 알아야 할 중요한 정보들이다.

조명의 색 특성은 국제조명위원회 CIE(Commission Internationale de l'Eclairage, International Commission on Illumination)에서 표준 및 기술문서로 제정하는 방법을 기반으로 측정 및 표기를 해야 한다. CIE 표색계(colorimetry) 시스템에 따라 조명의 색은 상관색온도(CCT, correlated color temperature)로, 조명의 연색 특성은 CIE 연색지수(CRI, color rendering index)로 표기된다. 이번 장에서는 상관색온도, 연색지수(CRI, color rendering index)를 이해하는 데 필요한 CIE 표색계의 기초 내용에 대해 설명하고, 상관색온도, 연색지수의 의미 및 계산 방법에 관해 설명한다.

표색계란 색을 측정하는 방법을 의미한다. 현재 ISO 국제 표준으로 사용되고 있는 색 측정 방식은 'CIE 15 Colorimetry' 기술 문서를 기반으로 하고 있다. CIE 15 문서는 1931년도에 첫 번째 에디션이 제정이 되었으며, 그 후 새로운 기술이 개발될 때마다 업데이트되어 2018년도에 출판된 네 번째 에디션이 가장 최근 문서이다.

4.2 CIE 삼자극치(tristimlus values) XYZ

색은 조명의 빛 혹은 조명의 빛이 물체 표면에서 반사되어 나온 자극을 사람이 보았을 때 사람의 시각 시스템이 인지하는 감각이다. 따라서 색을 측정 장비를 이용해 측정하고 숫자로 표현하기 위해서는 조명의 빛 혹은 물체에서 반사된 빛의 분광 스펙트럼을 측정하고 여기에 사람 눈의 시감 특성을 고려해 빛의 물리적 크기를 사람이 인지하는 감각의 크기로 변환하는 과정이 필요하다.

CIE 표색계에서 색은 삼자극치(Tristimulus values)라고 하는 X, Y, Z 세 개의 숫자로 표현되며, CIE 삼자극치 XYZ를 기반으로 상관색온도 및 연색지수가 계산된다. 수식(1)은 색 자극의 파장대별 값 φ(λ)를 계측기로 측정 후 사람 눈의 표준 시감 특성을 의미하는 2도 CIE 표준관찰자 함수, $\bar{x}(\lambda)$, $\bar{y}(\lambda)$, $\bar{z}(\lambda)$ 혹은 10도(°) 표준 관찰자 함수 $\bar{x}_{10}(\lambda)$, $\bar{y}_{10}(\lambda)$, $\bar{z}_{10}(\lambda)$를 이용해 CIE 삼자극치를 계산하는 과정을 나타낸다.

$$
\begin{aligned}
X &= k\sum_{380}^{780}\phi(\lambda)\bar{x}(\lambda)\Delta\lambda & X_{10} &= k\sum_{380}^{780}\phi(\lambda)\bar{x}_{10}(\lambda)\Delta\lambda \\
Y &= k\sum_{380}^{780}\phi(\lambda)\bar{y}(\lambda)\Delta\lambda & Y_{10} &= k\sum_{380}^{780}\phi(\lambda)\bar{y}_{10}(\lambda)\Delta\lambda \\
Z &= k\sum_{380}^{780}\phi(\lambda)\bar{z}(\lambda)\Delta\lambda & Z_{10} &= k\sum_{380}^{780}\phi(\lambda)\bar{z}_{10}(\lambda)\Delta\lambda
\end{aligned}
\qquad \text{(식 A4-1)}
$$

수식(A4-1)에서 k는 상수로 반사 혹은 투과색의 경우 반사율이 100 %인 색의 Y값이 100이 되도록 하는 값이며, 광원이나 자발광 표면색의 경우 Y값이 photometric quantity와 동일한 값이 되도록 맞춰주는 숫자이다.

4.2.1 CIE 표준 관찰자

그림 A4-1은 CIE 표준관찰자 함수를 나타내는 그래프로 '컬러 매칭' 실험의 결과로 얻어진 파장대별 사람의 시감 특성을 나타내는 함수이다. 사람 눈에는 색을 인지하는 세 개의 원추(cone)세포가 있고, 이 세포들로부터 생성된 세 개의 신호를 이용해 색인지가 발생한다. 그러므로 원추세포의 특성을 이용하면 색 신호를 계산할 수 있을 것이나 CIE 표색계가 처음 개발되던 1920년대에는 원추세포에 대한 정확한 정보가 없었다. 대신 색 측정 방법으로 색을 측정하고자 하는 샘플과 동일한 색으로 보이도록 빨강(Red), 초록(Green), 파랑(Blue) 빛을 섞은 후 RGB 빛의 양을 색 측정값 즉 색의 삼자극치로 사용하는 방식을 택하였다. 하지만 RGB 빛을 이용한 컬러 매칭 실험 결과로부터 얻어진 $r(\lambda), g(\lambda), b(\lambda)$ 함수 대신 표준 관찰자 함수로는 $x(\lambda), y(\lambda), z(\lambda)$ 라는 함수가 결정되었는데 이는 삼자극치 계산을 용이하게 하고, $y(\lambda)$ 함수를 $V(\lambda)$ 함수와 일치시키기 위해 $r(\lambda)$, $g(\lambda), b(\lambda)$ 함수를 변형시켜 만든 함수이다. 1931년 CIE 시스템이 만들어졌을 때는 2° 시야만 고려한 2도(°) 표준 관찰자 함수가 제정되었고, 1964년 10° 시야에 10도(°) 표준 관찰자 함수, $x_{10}(\lambda), y_{10}(\lambda), z_{10}(\lambda)$가 제정되었다.

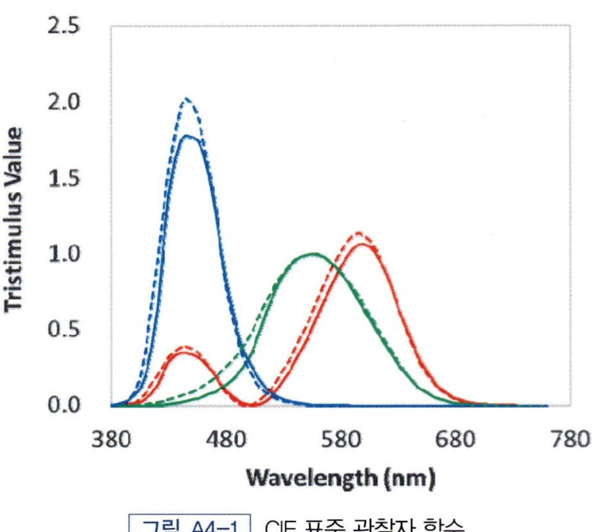

그림 A4-1 CIE 표준 관찰자 함수
(실선: 2도 관찰자, 점선: 10도 관찰자)

4.2.2 물체색 삼자극치 측정을 위한 CIE 표준 발광체(illuminant)와 표준 지오메트리(geometry)

물체에서 나오는 색은 광원이 물체 표면에서 반사 혹은 투과되어 나오는 색이므로 물체색 자극의 파장대별 값 $\phi(\lambda)$ 는 파장대별 광원의 파워 $S(\lambda)$와 물체의 반사율 $R(\lambda)$ 혹은 투과율 $T(\lambda)$의 곱으로 나타내진다.

CIE 표색계에서 광원은 발광 광원(light source)와 발광체(illuminant)로 나누어 구별한다. 발광 광원는 가시광선을 방출하는 실제 물리적인 물체를 말한다. 백열램프나 특정 순간의 하늘, 형광램프 등이 그 예가 된다. 반면 발광체는 광원의 상대분광분포(relative spectral power distribution)를 나타내는 수치들의 표를 말한다. 우리가 일반적으로 말하는 CIE 표준광원은 표준 발광체를 말하는 것으로 D65와 A 두 종류가 있는데, D65는 6,500 K 색온도를 갖는 평균 주광(daylight)의 상대분광분포를 의미하고, A는 온도가 2,855.5 K인 플랑키안 복사(planckian radiator)의 상대 분광분포를 의미한다.

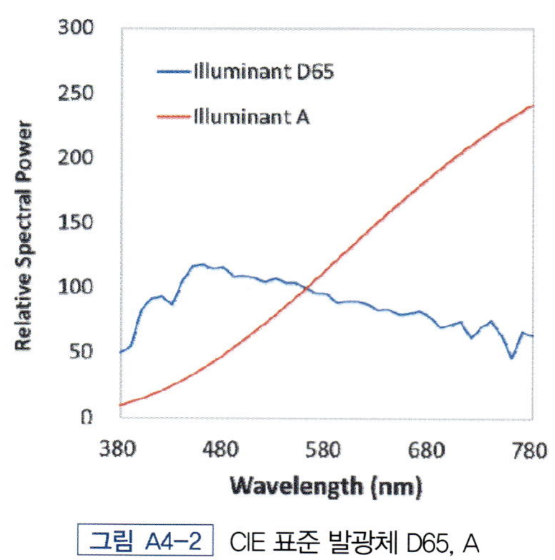

그림 A4-2 CIE 표준 발광체 D65, A

물체의 반사 혹은 투과색은 물체에 입사하는 광원의 위치나 색을 관찰하는 관찰자 위치에 따라서도 달라지기 때문에 CIE 표색계에서는 물체색을 측정하기 위한 광학적 기구 배치(지오메트리, geometry)를 표준으로 정하고 있다. 표준 기구 배치는 물체 표면을 기준으로 광원의 위치와 색을 측정하는 센서의 위치 간의 관계를 정리한 것으로, 어떤 기구 배치를 사용했느냐에 따라 측정값이 조금씩 달라질 수 있으므로 측정값 기록 시 측정에 사용한 장비가 어떤 기구 배치를 사용했는가를 반드시 같이 기록해야 한다.

4.3 CIE 색도 좌표(chromaticity coordinates)와 색도 다이어그램(chromaticity diagram)

CIE 삼자극치 XYZ 값으로부터 색도 좌표 혹은 색좌표(chromaticity coordinates, 표현 : x, y, z)를 수식(A4-2)를 이용해 계산할 수 있다. 이 식에서 x + y + z = 1이므로 x, y만으로도 색도 정보를 나타낼 수 있고, 이 두 값을 이용해 2차원 그래프 상에 색의 좌표들을 표시하는 다이어그램을 CIE 1931 색도 다이어그램(chromaticity diagram) 혹은 CIE(x,y) 색도 다이어그램이라고 한다.

$$x = \frac{X}{X+Y+Z},\ y = \frac{Y}{X+Y+Z},\ z = \frac{Z}{X+Y+Z} \qquad \text{(식 A4-2)}$$

그림 A4-3은 CIE 1931 색도 다이어그램을 나타내는 것으로 발굽모양의 곡선은 가시광선 영역 내 단파장광들의 색도 좌표들을 연결한 것으로 스펙트럼 궤적(spectrum locus)라고 부르며, 가장 짧은 파장과 긴 파장을 연결한 직선은 퍼플 라인(purple line)이라고 부른다. 사람들이 볼 수 있는 모든 색들의 색도 좌표들은 스펙트럼 궤적과 퍼플 라인을 연결한 영역 안에 존재한다.

10도 표준관찰자를 이용한 삼자극치로도 마찬가지 방법으로 색도 좌표 및 색도 다이어그램을 그릴 수 있는데, 이때는 각 기호에 10을 아래 첨자로 표시하고 CIE 1964 색도 다이어그램이라고 명명한다.

CIE 1931 색좌표는 현재도 많이 사용되고 있으나 색도의 좌표간 거리 차이가 사람이 인지하는 색의 차이와는 맞지 않는다는 문제가 있다. 즉 CIE 1931 색도 다이어그램에서 두 색의 간격이 같다고 해서 눈으로 봤을 때 같은 색차이를 보인다는 것은 아니다. 이 문제를 해결하기 위해 CIE에서는 수식 (A4-3)과 같은 좀 더 시각적으로 균일한 CIE 1976 균일 색도 척도(UCS, uniform chromaticity scale)을 제안하였다. 그림 A4-4는 u'v' 색도 다이어그램을 나타낸다.

$$u' = \frac{4X}{X + 15Y + 3Z},\ v' = \frac{9Y}{X + 15Y + 3Z} \qquad \text{(식 A4-3)}$$

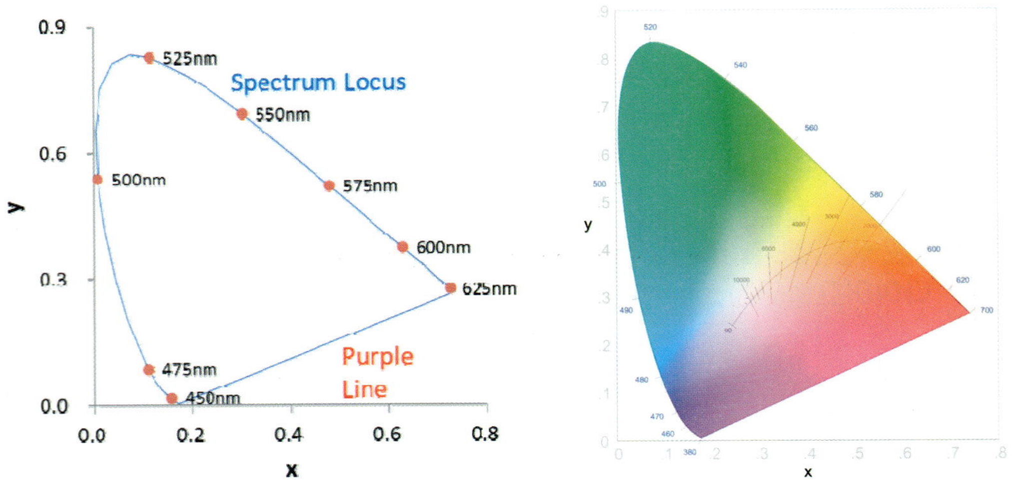

그림 A4-3 CIE 1931 색도 다이어그램(출처 : https://company235.com/tools/colour/cie.html)

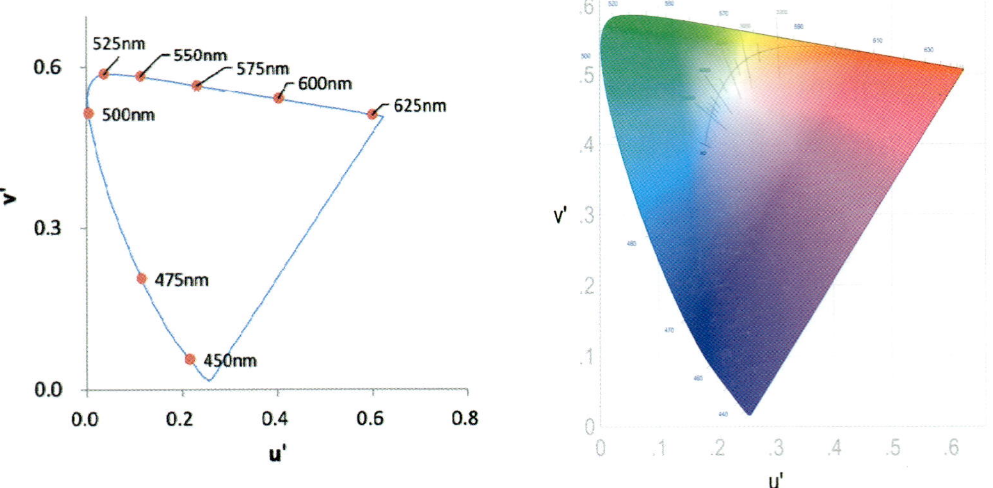

그림 A4-4 CIE 1976 UCS 다이어그램(출처 : https://company235.com/tools/colour/cie.html)

4.4 CIELAB과 CIELUV

(u',v') 좌표 상에서 두 점의 거리는 (x, y) 색좌표보다는 사람이 인지하는 색차와 더 유사하지만 밝기에 대한 정보는 빠져 있다. 색차를 수치적으로 예측하기 위해 CIE 1976 $L^*a^*b^*$ (CIELAB) 색공간, CIE 1976 $L^*u^*v^*$ (CIELUV) 색공간이라는 두개의 '거의 균일한 색공간' (approximately uniform color space)이 제안되었다.

두 색공간 모두 L^*는 명도(lightness)를 나타내는 스케일로 검정의 L^*는 0, 기준 백색의 L^*는 100으로 표현된다, a* 혹은 u*는 대략적으로 빨강-초록 정도의 스케일을, b^* 혹은 v*는 노랑-파랑 정도의 척도를 나타낸다. $(a^*, b^*) = (0, 0)$, $(u^*, v^*) = (0, 0)$ 좌표 즉 원점은 무채색을 나타내고 원점으로부터 떨어진 거리를 나타내는 C^*는 채도(chroma)에 대응하는 값이 된다. 색상(hue)은 각도로 표현한다. 또한 색공간에서 두 좌표 사이의 유클리드 거리(euclidean distance)는 ΔE^*ab 혹은 ΔE^*uv 로 표기하고 색차(color difference)의 의미를 갖는다.

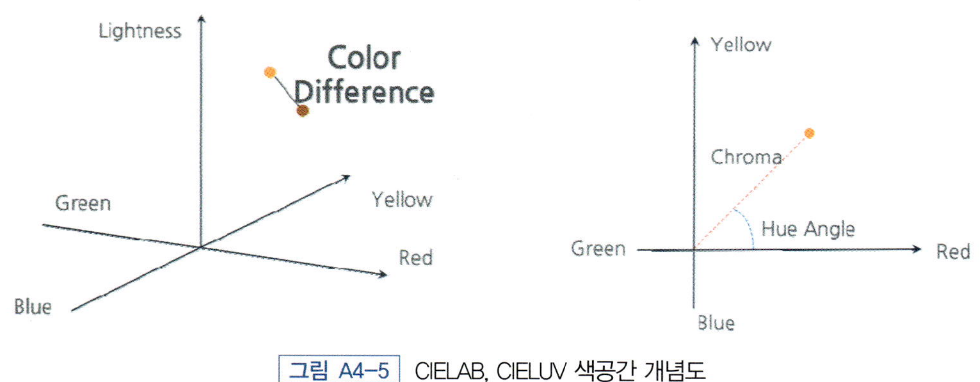

그림 A4-5 CIELAB, CIELUV 색공간 개념도

4.5 상관색온도(correlated color temperature)

눈에 보이는 조명의 색은 '상관색온도(CCT, correlated color temperature)'라는 것으로 표현한다. 색을 온도로 표현하는 것이며, 온도와 색의 연관성은 플랭키안 복사체(planckian radiator)라고도 불리는 흑체 복사(blackbody radiator)로부터 나온 것이다. 흑체란 자기에게 입사하는 모든 전자기 복사를 흡수하는 이상적인 물체로 사람의 눈에는 흑체의 온도에 따라 흑체의 색이 다르게 보이게 된다. 흑체에 가장 가까운 물체 중 하나가 바로 태양과 같은 별이다. 그렇기에 별의 색을 보면 그 별

이 뜨거운 별인지 차가운 별인지를 판단할 수 있다. 예를 들어 파랗게 빛나는 별은 빨간색으로 보이는 별보다 더 뜨겁게 타고 있는 별이다.

물론 우리가 집에서 사용하는 조명은 태양처럼 뜨겁지는 않지만, 눈으로 보았을 때 태양과 같은 색으로 보이게끔 다시 말하면 같은 색좌표를 갖도록 만들 수는 있다. 이럴 때 조명의 색을 동일한 색좌표를 갖는 흑체의 온도로 표현할 수 있는데 '색온도'(color temperature)라고 부른다. 조명의 색좌표가 흑체의 색좌표와 완전히 일치하지 않는 경우에는 (u', 2/3v') 좌표상에서 가장 가까운 거리에 있는 흑체의 색온도를 조명의 색으로 표현하며 이를 '상관색온도'라고 표현한다. 그림 A4-5에 표시된 곡선은 흑체복사 궤적으로 흑체의 온도별 색좌표들을 연결한 것이다. 여기에서 직선은 동일한 상관색온도를 갖는 색좌표들을 연결한 것이다.

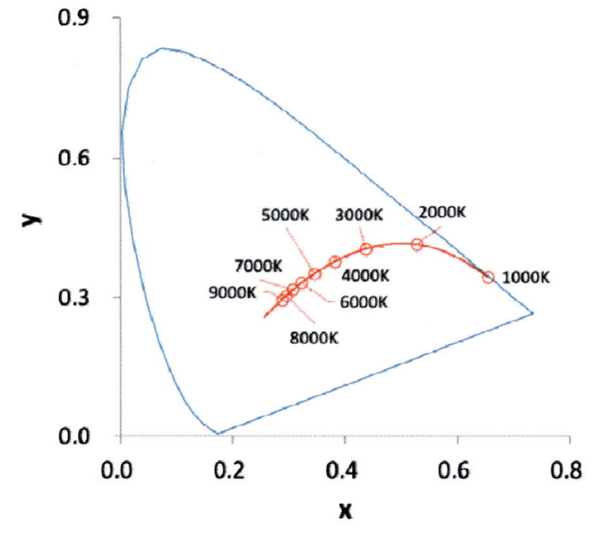

그림 A4-6 CIE xy 공간에 표현된 플랑키안 궤적과 동일 상관색온도 라인

상관색온도는 켈빈(K)이라는 절대온도 단위를 사용한다. 우리에게 익숙한 섭씨 온도(℃)에 273.15를 더하면 켈빈 온도가 된다. 백열램프와 같이 노르스름한 빛을 내는 조명은 약 3,000 K, 한낮의 태양광은 약 6,500 K에 해당한다.

켈빈 단위로 표현된 색온도가 조명의 색을 나타내는 기본량이지만, 전문가가 아닌 일반 사용자가 색온도를 이해하고 조명을 선택하는 것은 쉽지 않다. 그래서 KS 표준에서는 일반 소비자들을 위해 주광색, 주백색, 백색, 온백색, 전구색과 같이 색명을 이용하여 조명의 색을 표현하도록 하고 있다.

4.6 광원의 연색성

동일한 상관색온도를 갖는 광원이라 하더라도 분광 분포에 따라 실내의 색감이 크게 영향을 받기 때문에 이러한 연색 특성을 수치로 평가할 수 있는 방법이 필요하다. 광원의 연색성 정도를 'CIE 연색지수'(CIE Color Rendering Index, CRI)로 표현하는데, 상세한 계산 과정은 CIE 13 문서(CIE 013.3-1995 Method of measuring and specifying colour rendering properties of light sources)에 제시되어 있다.

CIE 연색지수 값은 기준 광원에서 시료 색상들의 CIELAB 색값들과 시험하고자 하는 광원에서 보여진 CIELAB 색값들 간의 색차를 계산하여 똑같은 색으로 보이면 100점을 주도록 하고 있다. 즉 점수가 높을수록 기준 광원에서 보는 것과 동일하게 색이 보이는 광원이라는 것을 의미하고 점수가 낮을수록 기준 광원 대비 색 왜곡이 많이 일어난다는 것을 의미한다.

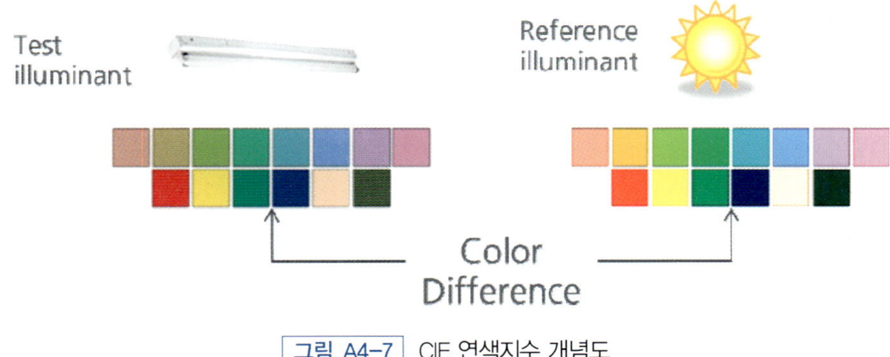

그림 A4-7 CIE 연색지수 개념도

CIE CRI값은 광원의 색 특성을 결정짓는 수치로 오랫동안 사용되고 있으나 계산 과정에서 사용된 수식들의 정확도가 떨어지고 시험 시료의 수가 적다는 단점이 있다. 이에 CIE에서는 최근 기존 수식의 단점을 보완한 '색 충실도 지수(color fidelity index)'라는 새로운 지표를 제시하였다. 구체적인 계산 과정은 CIE 224 문서를 참고 바란다.

CHAPTER 05

조명 계산

조명 설계과정에서 필요한 조도를 달성할 수 있으려면 몇 개의 조명기구를 사용하여야 할지 결정하여야 하며, 이때 이용할 수 있는 다양한 계산법이 있다. 각각의 계산법들은 적용에 어느 정도의 한계를 가지고 있으므로 설계자는 이러한 제한 사항을 명확하게 이해하고 계산을 수행하여야 한다.

실내조명에서는 원하는 조도를 얻을 수 있도록 조명기구 개수를 선정하여 배치하는 과정이 필요하고, 이때 조도 계산을 수행하게 된다. 도로나 터널조명의 경우 모든 관련 규격이 적절한 휘도값을 요구하고 있으며, 이는 실내면과 달리 도로에서는 노면의 반사 특성이 어느 정도 알려져 있다는 것을 전제로 하기에 가능하다. 휘도계산법은 국제 규격으로 계산 방법과 절차가 정해져 있고 KS 도로조명기준에도 계산법이 포함되어 있다.

다양한 조명기구, 설치 방법, 운용 방식, 제어시스템의 선택이 모두 조명시스템의 최적화에 영향을 미친다. 일반적으로 새로 개발된 조명기기나 시스템의 가격은 비싸고, 이를 선택하여 운영비와 보수비, 전기요금의 절감을 도모하여 이득을 얻으려고 하게 된다. 이러한 선택이 올바른지 확인할 수 있는 다양한 경제성 평가방법이 있으며, 이들도 역시 설계과정에서 이용하는 조명 계산법에 포함된다.

이 외에도 실내조명에서의 불쾌눈부심 지표(UGR) 계산, 도로조명에서의 불능눈부심 계산(TI) 등 다양한 계산이 있다.

5.1 조도계산

국제표준규격(ISO 8995) 또는 한국산업규격(KS-A 3011)에서 설정해 놓은 권장조도 기준에 적합한 밝기를 확보하고 시작업의 능률성과 경제성을 고려한 적절한 조명설계인가를 미리 예측하기 위하여 조도계산 과정이 필요하다.

실내에 있는 광원에서 나온 빛은 작업면에 직접 입사하는 성분(직접성분 조도)도 있지만, 작업면

이외의 다른 면에 먼저 입사하였다가 반사하여 작업면에 들어오는 성분(간접성분 조도)도 있다. 직접성분 조도는 거리역제곱 법칙을 바탕으로 하는 점조도 계산법을 이용하여 조명기구의 배광과 실내면의 구조를 알면 정확도 높게 계산할 수 있으나, 간접성분의 계산은 매우 어렵고 이를 정확하게 수행할 수 있도록 하기 위하여 많은 연구가 수행되었다.

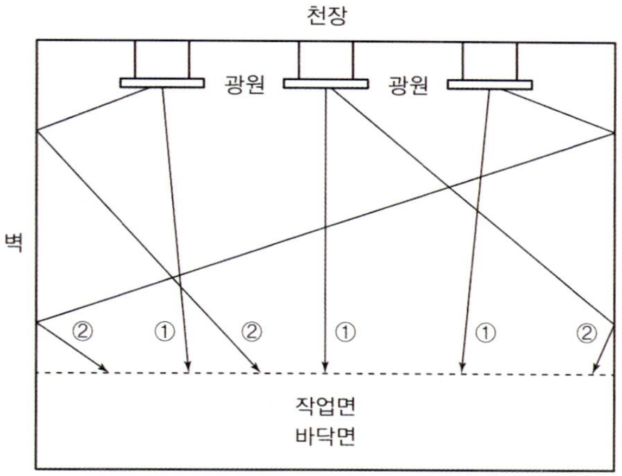

① 광원에서 직접 입사한 광속
② 반사를 거친 후 입사한 광속

그림 A5-1 직접조도와 간접조도

사용되는 조도계산법에는 여러 가지가 있으나, 계산법의 원리에 따라 분류하면 점조도계산법, 광속법, 해석적 방법, 광선추적법(ray tracing), Radiosity 등이 있다. 해석적 방법은 기하학적 공간에서 특정 배광분포를 가진 조명기구가 제공하는 광속의 전달 과정을 수식으로 풀어서 계산하는 것으로서 계산이 매우 복잡하고 단순한 직육면체 공간 외에는 계산이 거의 불가능한 단점이 있다. 일반적으로 조도의 직접성분은 거리역제곱의 법칙을 이용하여 계산할 수도 있고 간접성분을 포함하는 경우에는 컴퓨터 조명 시뮬레이션 프로그램을 사용한다.

광선추적법은 조명기구에서 나오는 빛을 입자로 생각하고, 그 입자의 경로를 추적하여 면에 도달하는 광속을 계산하는 방법이다. 각 입자가 최초 조명기구에서 출발하는 방향, 실내 면에 도달하여 흡수되는지 또는 반사되는지 여부, 반사되는 각도 등을 확률에 근거하여 계산한다. 이 방법은 매우 정확한 결과를 얻을 수 있으며 얻어지는 결과도 다양하여 응용의 범위가 크나 계산시간이 오래 걸리는 단점이 있어 조도계산 보다는 배광곡선의 예측, 광학계의 설계 등 특수 용도에 사용되는 경우가 많다.

여러 계산법 중에서 가장 간단하고 전 세계에서 보편적으로 사용되고 있는 계산법이 광속법이다. 광속법은 다른 계산법들이 실내면 전체 각 점에서 조도의 값들을 계산하는 데 비하여, 조도의 평균치만을 계산하는 방법으로서 조명기구의 특성에 따라 정해지는 조명률을 알면 간단히 계산할 수 있으므로, 실용적인 설계 도구로서 이용되고 있다. 또한 이를 바탕으로 조명에서 사용하는 에너지와 유지보수 비용 등의 계산도 가능하다.

5.2 점광원에 의한 점조도 계산법

조도를 계산할 때, 광원을 하나의 점이라 가정할 수 있고, 이 광원의 배광과 작업면의 기하학적 배치를 알면 작업면 각 위치에서의 조도를 계산할 수 있다.

5.2.1 거리 역제곱의 법칙

점광원으로부터 작업면까지의 거리가 점점 멀어진다면 빛이 비추어지는 면적은 거리의 제곱에 비례하여 늘어나고, 따라서 조도는 거리의 제곱에 반비례하여 낮아진다. 이것을 거리 역제곱의 법칙이라 한다. 작업면조도를 E라 하고, 광원으로부터 작업면 방향의 광도를 I (cd), 광원에서부터 작업면까지의 거리를 r (m)라 하면, 아래와 같은 관계가 성립된다.

$$E = \frac{I}{r^2} \quad \text{(식 A5-1)}$$

위 식의 의미는 그림 A5-2에서 보듯이 점광원에 의한 작업면의 조도는 광도에 비례하고 광원에서 점 P까지의 거리 r의 제곱에 반비례한다는 뜻이다. 광원에서의 거리가 2배로 되면(점 P2) 조도는 1/4로 감소하게 되고 거리가 절반으로 줄어든다면(점 P1) 조도는 4배로 증가한다.

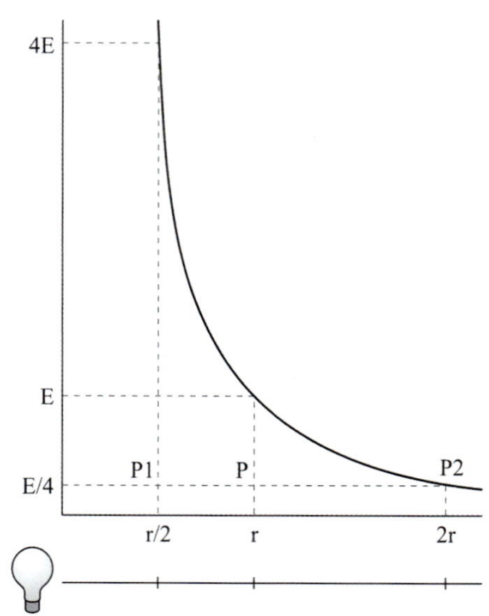

그림 A5-2 광원과 작업면 사이 거리에 대한 직접조도의 관계

5.2.2 입사각 여현의 법칙

일정한 거리에서 빛의 진행방향과 수직으로 만나는 면의 면적을 A (m^2)라 하고 입사한 총 광속을 F (ℓm)라 하면 조도 E (lx)는 다음의 수식으로 얻을 수 있다.

$$E = \frac{F}{A} \quad \text{(식 A5-2)}$$

그런데 이 면을 θ만큼 기울이면, 그림 A5-3에서 보이듯이 면적은 변화가 없으나 면에 입사하는 광속은 $\cos\theta$ 비율만큼 줄어든다. 따라서 빛의 진행방향에 대하여 기울어진 면의 조도는 $E_\theta = E \cdot \cos\theta$로 되고, "조도는 면에 세운 수직선과 빛의 진행방향이 이루는 입사각의 여현(코사인)에 비례한다"는 입사각 여현의 법칙이 성립한다.

$$E_\theta = \frac{F \cdot \cos\theta}{A} = E \cdot \cos\theta \qquad \text{(식 A5-3)}$$

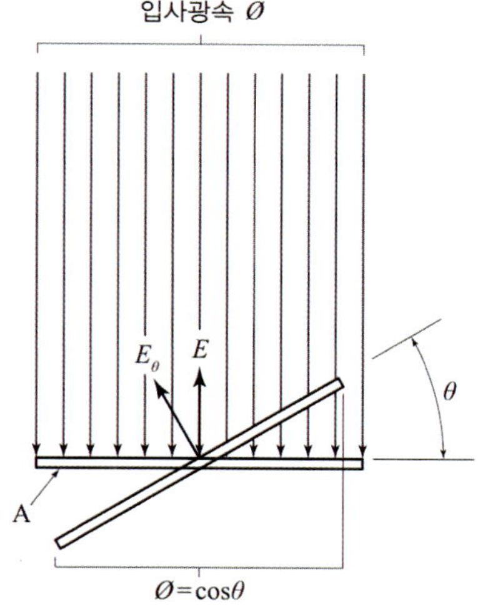

그림 A5-3 입사각 여현의 법칙

5.2.3 점조도 계산법의 응용

점조도 계산법(point method)에 의한 조도계산은 간접조도 성분이 없거나 이를 무시해도 실용상 지장이 없는 범위에서 사용 가능하다. 대표적인 예로 벽과 천장이 없는 옥외의 도로조명, 투광조명, 전시공간에서 전시물을 돋보이게 하는 목적의 스팟(spot) 조명, 고천장의 매우 넓은 공간으로 벽과 천장이 영향을 미치기 어려운 경우 등에 점조도계산을 한다.

일반적인 조명기구는 점광원으로 보기에는 너무 큰 것 같지만, 조명기구와 피조면사이의 거리가 조명기구 발광면의 크기(원형의 경우 직경, 직사각형의 경우 대각선의 길이)의 5배 이상 떨어져 있다면 1 %의 정도의 오차로 점조도 계산법을 적용할 수 있다. 발광면이 점광원으로 보기 어려울 정도로 크다면 발광면을 여러 개로 분할하여 계산하여야 한다. 조명기구와 피조면 사이의 거리가 발광면 크기에 비해 10배 이상 떨어져 있으면 오차는 0.25 % 이하로 거의 무시해도 좋다.

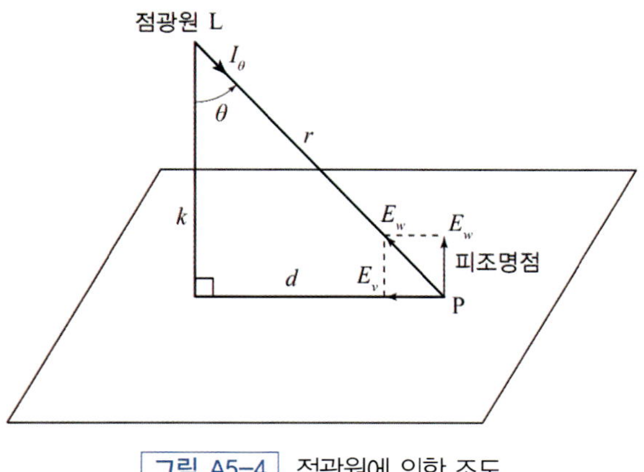

그림 A5-4 점광원에 의한 조도

그림 A5-4에서 점광원에 의한 점 P에서의 조도는 조도계를 어떤 방향으로 놓느냐에 따라 달라진다. 조도계를 점광원에서 나오는 빛의 방향에 수직하게 놓았을 때의 법선 조도 E_n은 거리역제곱의 법칙에 따라 다음과 같다.

$$E_n = \frac{I_\theta}{r^2} = \frac{I_\theta}{h^2} \cdot \cos^2\theta \quad \text{(식 A5-4)}$$

(I_θ는 θ방향의 광도임)

조도계를 지면에 수평으로 놓았을 때의 수평면조도 E_h와 조도계를 광원 방향으로 향하고 수직으로 놓았을 때의 수직면조도 E_v는 입사각 여현의 법칙에 따라 각각 다음과 같다.

$$E_h = E_n \cdot \cos\theta$$
$$E_v = E_n \cdot \sin\theta \quad \text{(식 A5-5)}$$

점광원에 의한 조도 계산의 개념을 확장하여 선광원, 면광원에 의한 조도 계산도 가능하다. 그러나, 이 계산은 복잡한 수식을 필요로 하고, 5실제에 있어서 조도 설계는 평균조도의 계산을 주목적으로 하므로 여기서는 생략한다.

5.3 광속법(평균조도 계산법)

5.3.1 광속법의 원리

광속법(lumen method)이란 실내 공간에 설치된 다수의 광원에서 발산되는 광속 중에서 작업면에 입사하는 성분의 비율을 찾아내고, 이를 이용하여 계산한 작업면 입사 광속을 작업면의 면적으로 나누어 평균 조도를 계산하는 방법이다.

광속법을 적용하려면 다음 사항에 유의하여야 한다.

(1) 작업면에 입사하는 광속의 비율(조명률, utilization factor)은 상대적으로 큰 공간에 다수 설치된 조명기구들의 평균값이라는 것이다. 같은 공간에 설치된 조명기구라도 벽 가까이 설치된 조명기구에서 나온 빛은 벽에 많이 입사하고 상대적으로 작업면에 입사하는 비율은 작다. 그에 비하여 방 한가운데 설치된 조명기구에서 나오는 빛은 대부분 작업면으로 가므로 조도에의 기여도가 높다. 또한 조명기구의 배광분포에도 영향을 받는다. 넓게 비추는 조명기구보다 좁게 비추는 조명기구에서 나오는 빛이 작업면에 더 많이 도달하게 된다. 조명률은 이러한 기여도의 차이를 평균 낸 값이므로, 소수의 조명기구가 설치된 공간에 광속법을 적용하면 안 된다. 다만 도로조명과 같이 모든 조명기구의 조명률이 똑같이 되는 배치에서는 광속법 적용이 가능하다.

(2) 또한 큰 방이라도 그 형태가 가늘고 긴 복도처럼 되어 있는 방과 정육면체에 가까운 일반 사무용 공간의 조명률은 서로 다르고, 이 때문에 복도와 같은 공간에서의 조도 계산에 광속법을 적용하려면 실지수(room index)에 해당하는 조명률을 얻을 수 있는지 주의해야 한다.

(3) 전통적인 광원을 사용하는 조명기구에서는 광속법을 적용할 때 램프 광속과 램프 개수를 기준으로 총발산광속을 계산하였다. 그러나 LED 조명기구를 적용하면서 램프에 해당하는 개별 LED의 광속을 알기 어렵게 되었으므로 광속법 식에서는 LED 개개의 광속이 아니라 조명기구의 개수와 광속을 사용한다.

광속법의 원리는 다음과 같다. 실내 전체를 균일하게 조명하는 전반조명에 의한 작업면의 평균조도 E는 다음 식으로 계산된다.

$$E = \frac{\text{조명기구 개수 } N \times \text{조명기구 광속 } F \times \text{조명률 } U \times \text{보수율 } M}{\text{작업면 면적 } A} \qquad \text{(식 A5-6)}$$

여기에서 작업면이란 여러 가지 작업을 하는 테이블, 작업대를 포함한 수평면을 말하며 보통 일반 사무실은 바닥 위 높이 (0.75 ~ 0.85) m, 한실은 (0.4 ~ 0.45) m로 본다.

위 식의 의미는 다음과 같이 생각할 수 있다. 식의 분자에 있는 조명기구 개수와 조명기구 광속의 곱은 그 공간에 설치된 전체 조명기구에서 나오는 총 광속을 의미한다. 이 값에 곱해지는 조명률은 총 광속 중에서 조도를 계산하려고 하는 작업면에 입사하는 광속의 비율을 나타내는 것이다. 즉, 조명률 U는

$$U = \frac{\text{작업면에 입사하는 광속}}{\text{전체 조명기구 총광속}} \qquad \text{(식 A5-7)}$$

의 의미가 있으며, 조명기구에서 나와서 작업면에 직접 입사하는 직접분 광속과 천장, 벽, 바닥에서 몇 번의 반사를 되풀이하는 중에 작업면에 입사한 간접분 광속을 모두 포함한다. 작업면에 입사하는 광속을 제외한 나머지는 조명기구, 천장, 벽, 바닥, 가구에 흡수되거나 창 밖으로 나간다.

따라서 총 광속에 조명률을 곱한 결과는 바로 작업면에 입사한 광속이 되며, 이 값을 작업면의 면적으로 나누면 작업면에서의 평균조도를 얻을 수 있는 것이다. 조명률의 값에 영향을 주는 요소는 여러 가지가 있으나 가장 중요한 것은 조명기구의 배광 형태, 천장, 벽 및 바닥에 사용된 마감재의 반사율, 방의 형태와 크기 등이다.

조명기구의 배광이 조명률에 가장 큰 영향을 미치는 요소이며 동일한 형태로 보이는 조명기구도

배광에는 큰 차이가 있을 수 있고 이에 따라 조명률도 차이가 나므로, 조명기구의 선정시 그 조명기구의 배광측정 결과에 따른 조명률을 참조할 수 있도록 제조업자에게 자료를 요구하여야 한다. 특히 LED 조명기구는 광학계의 설계에 따라 배광과 효율에 큰 차이가 있으므로 유의하여야 한다.

조명시설을 설치하면 초기에는 조도가 높지만 사용할수록 조도가 점점 낮아지며, 이 조도가 기준값보다 낮아지기 이전에 청소나 교체 등의 유지보수를 행하여야 한다. 광속법 수식의 분자에 있는 보수율(maintenance factor) M은 조명시설을 일정 기간 사용한 후 낮아진 작업면의 평균조도와 시설 초기의 평균조도의 비를 나타낸 값이다. 즉,

$$M = \frac{\text{조명기구의 청소나, 오래된 램프의 교환을 행하기 직전의 조도 } E_t}{\text{초기 조도 (신설시에 얻어지는 조도) } E_i} \quad \text{(식 A5-8)}$$

의 의미가 있다.

보수율을 계산에 넣는 이유는 조명설비를 시설한 초기의 조도가 시간이 경과함에 따라 점차 감소하여 어두워지므로, 시설을 청소하거나 램프 교환을 수행하기 직전의 가장 어두울 때라도 원래의 목표로 하는 조도(설계조도)를 유지하려는 것이다. 쉽게 말해서 보수율 값이 0.8이라면 위의 광속법 식에서 계산된 조도 값은 설비를 시설한 초기 조도의 0.8배의 값이 되며, 시설을 보수하기 직전의 최저의 조도인 것이다. 이와 같은 점에서 볼 때 한국산업규격(KS) 등에서 추천하고 있는 조도 값은 어느 작업을 수행하는데 있어 필요한 조도의 최소값이라는 것을 염두에 둘 필요가 있다.

조명시설의 조도가 감소하는 이유는 매우 많으며 일반적으로 설비의 사용기간이 경과하면서 램프 자체의 광속이 감소하는 것, 램프 중 일부가 소등되는 것, 먼지 등으로 인해 조명기구가 더러워지는 것, 천장, 벽, 바닥 등 실내면의 반사율이 저하하는 것 등 네 가지를 기본으로 산정한다. 따라서 보수율은 사용하려는 램프의 종류, 조명기구의 형상과 구조, 사용 환경, 램프 교환 및 청소 주기, 조명기구나 램프의 보수관리 사양 등을 고려하여 결정하여야 한다. 보수율 산정 방법은 ISO에서 표준화하고 있다.

한편, 광속법 식을 변형하면 원하는 조도를 얻기 위해 필요한 조명기구의 개수 N을 구할 수 있다. 즉,

$$N = \frac{\text{평균 조도 } E \times \text{작업면 면적 } A}{\text{조명기구 광속 } F \times \text{조명률 } U \times \text{보수율 } M} \quad \text{(식 A5-9)}$$

이다.

5.3.2 조명률과 보수율

이상과 같이 광속법의 원리를 살펴보면 계산의 정확도를 좌우하는 것은 조명률과 보수율을 얼마나 정확하게 산출하는가에 달려있다는 것을 이해할 수 있을 것이다. 최초 광속법의 원리는 1920년 미국의 Harrison과 Anderson이 모형에서의 실내조도를 측정하고 이를 응용하여 실내면에서의 조도를 계산할 수 있도록 실용화한 삼배광법에서 출발한 것으로서 조명률의 계산 방법이 실험에 근거한 것이라는 특징이 있다. 이들의 실험은 매우 제한된 공간에서 행하여졌으며, 따라서 이를 이용하는 과정에서 오차가 크다.

현재 각국의 조명학회와 국제조명위원회에서 여러 형태의 이론적, 실험적 개선을 가하여 정확도가 개선된 독자적 형태의 광속법을 확립하고 표준으로 제시하고 있다. 모두 기존의 광속법에서 조명률과 보수율 계산방법에 차이를 둔 것으로서 그 종류로는 최초의 삼배광법에 더하여 이를 개선한 북미조명학회(IESNA)의 구역공간법(Zonal Cavity Method, Z㎝), 영국구역법(British Zonal Method), 독일의 LiTg법, 프랑스의 UTE법, 국제조명위원회의 계산법 등이 있다. 대부분의 배광측정기에서는 조명기구 배광을 측정하고 나면 여러 가지 방법을 선택하여 조명률 표를 만들 수 있는 기능이 내장되어 있다.

앞에서 설명하였듯이 조명률에 영향을 미치는 요소는 조명기구의 배광, 천장, 벽, 바닥의 반사율, 방의 형태 및 크기 등으로서 광속법에서는 일반적으로 각 조명기구에 대하여 그 배광을 측정하고, 방의 형태 및 각 면의 반사율을 지표로하여 조명률을 산출한 표를 제시하도록 되어 있다. 형태를 나타내는 지표로는 방의 형태와 크기, 그리고 작업면에서 조명기구까지의 높이에 따라 결정되는 실지수 K를 사용하며 다음 식으로 계산된다.

$$\text{실지수 } K = \frac{\text{바닥 면적} + \text{천장 면적}}{\text{작업면에서 조명기구 사이의 벽의 면적}} \quad \text{(식 A5-10)}$$

$$= \frac{\text{방의 길이} \times \text{방의 폭}}{(\text{방의 길이} + \text{방의 폭}) \times (\text{작업면에서 조명기구까지의 높이})}$$

실지수 K는 방을 구성하는 실내면 중 수평면들의 면적의 합을 수직면들의 면적의 합으로 나눈 것이다. 바닥면적에 대하여 천장의 높이가 상대적으로 낮으면 실지수가 커지며, 넓은 방이므로 램프에서 나온 빛이 작업면으로 들어가는 비율이 높아져서 조명률도 크다. 반대로 천장의 높이가 상대적으로 높은 방은 실지수와 조명률이 작다.

보수율 계산에 대해서는 다음과 같은 방식이 추천되고 있다. 즉, 보수율 M의 구성요소를 아래의 4가지의 계수로 나누어 계산한다.

$$M = LLMF \times LSF \times LMF \times SMF \quad \text{(식 A5-10)}$$

LLMF(Lamp Lumen Maintenance Factor)는 램프 광속(출력) 유지 계수이며 조명기구 사용기간 중 광속이 어느 정도 저하할 것인지를 반영하는 값이다. LED 조명의 경우 제조사로부터 이 값을 제공받아야 한다. LSF(Lamp Survival Factor)는 램프 잔존 계수이며 램프 중 일부가 소등되는 경우 이를 몇 개나 방치할 수 있는지를 나타낸다. 대부분 실내조명에서는 고장 즉시 조명기구를 교체하므로 이 경우 LSF는 1로 볼 수 있으나, 고장 즉시 교체가 어렵고 주기적으로 교체하는 경우 이 값을 반영하여야 한다.

LMF(Lamp Maintenance Factor)는 조명기구 유지 계수로서 주위 환경과 청소 주기에 따라서 조명기구 외함이 오염되고 이로 인한 광속의 저하를 반영하는 것이며, SMF(Surface Maintenance Factor)는 표면 유지 계수로서 실내면 반사율의 저하를 반영하는 것이다. 이러한 값을 산정하여 계산된 M의 값은 LED 조명의 경우 0.8 이상으로 되도록 유지보수 프로그램을 작성하고 이를 조명시설 관리자에게 전달하여야 한다.

CHAPTER 06

조명 시뮬레이션

6.1 조명 계산과 조명 시뮬레이션

컴퓨터의 사용이 보편화되지 않았던 시기에 조도와 휘도, 그리고 균제도와 같이 조명 설계과정에서 확인이 필요한 조명 성능지표에 대한 계산은 대부분 수계산으로 이루어졌다. 이후 공학의 각종 분야에 컴퓨터의 사용이 보편화되면서 조명 계산 분야에도 조명을 계산하고 분석하는 범용의 소프트웨어들이 활용되고 있다. 조명설계 과정에서 이러한 소프트웨어들은 조명을 계산하고 설계안을 수정하는데 소요되는 시간을 단축시키기 위한 목적으로 가장 많이 이용되지만, 조명의 결과를 '시각화'하는 기능을 통해 보다 사실적으로 조명 설계의 결과물을 확인하기 위한 목적으로도 활용된다.

오늘날의 조명 설계는 대부분 이러한 소프트웨어들에 의해 공간을 구성하고, 조명의 배치에 의한 결과를 확인하는 과정으로 진행된다. '조명 시뮬레이션(lighting simulation)'은 조명 설계 과정에서 이러한 소프트웨어들을 이용하여 조명의 물리량을 포함한 성능지표를 계산하고, 광선추적법(ray tracing)의 결과로 생성되는 렌더링 이미지를 생성하는 조명의 시각화를 통해 설계 결과물을 확인하는 일련의 과정을 모두 포함한다. '조명 시뮬레이션' 과정에서 한 가지 유의해야 할 점은 조명 시뮬레이션 소프트웨어를 사용하는 가장 주된 목적은 조명 계산을 통한 성능지표의 확인이며, 도면 또는 스케치를 바탕으로 3D 그래픽과 조명의 시각화 이미지를 생성하는 것은 어디까지나 부가적인 기능이라는 점이다.

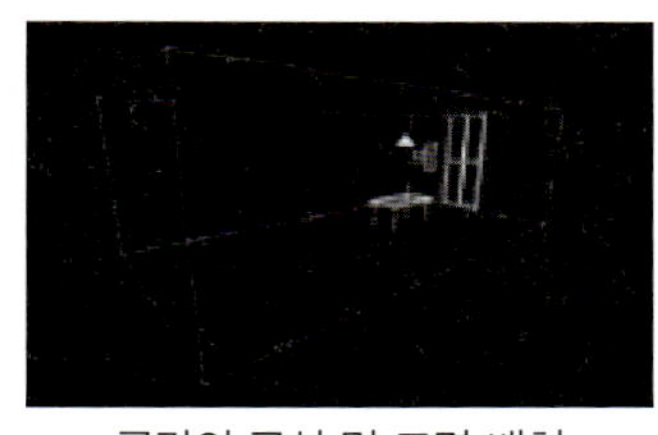

공간의 구성 및 조명 배치

조명 계산

빛의 시각화

그림 A6-1 조명 시뮬레이션 과정

6.2 조명 시뮬레이션 소프트웨어

조명 시뮬레이션 소프트웨어는 공간 구성 및 조명 배치, 조명 계산, 빛의 시각화 순으로 이루어지는 조명 설계의 과정을 수행할 수 있는 소프트웨어를 의미한다. 이러한 조명 시뮬레이션 소프트웨어의 종류는 매우 다양하며, 적용 가능한 분야와 설계 결과물의 형태를 고려하여 설계에 사용되는 소프트웨어를 선택할 수 있다. 아래에 국내 조명설계 환경에서 주로 사용되는 소프트웨어 몇 가지를 소개한다.

① Relux

Relux는 1998년 스위스 Relux Informatik AG에서 개발된 소프트웨어로 Relux, ReluxPro, ReluxSuite를 거쳐 현재는 리뉴얼 버전인 ReluxDesktop 버전으로 운용되고 있다. 실내·외조명, 주광조명, 도로조명 분야의 조명 설계에 무료 이용이 가능하며, 터널조명 설계와 사용자 측광 데이터파일의 편집 등 일부 기능에 대해 유료로 운영되고 있다.

② DIALux

DIALux는 1994년 독일 DIAL GmbH에서 개발된 소프트웨어로 현재는 리뉴얼 버전인 DIALux evo 버전으로 운영되고 있다. 실내·외조명, 주광조명, 도로조명 분야의 조명 설계에 무료 이용이 가능하며, 터널조명 시뮬레이션 기능은 제공하지 않는다.

③ AGI32

AGI32는 1984년 미국 Lighting Analysts Inc에서 MS-DOS 기반의 소프트웨어로 개발되었으며, 현재도 동일한 이름의 조명 계산 및 시뮬레이션 소프트웨어로 운영되고 있다, 실내·외조명, 주광조명, 도로조명, 터널조명 분야의 조명 설계 및 계산 기능을 제공하며, Relux, DIALux와 달리 모든 기능에 대하여 유료 라이센스 구매 후 이용이 가능하다.

④ LITESTAR

LITESTAR는 1990년 이탈리아 OxyTech에서 개발된 소프트웨어로 현재는 LITESTAR4D의 버전명으로 운영되고 있다. 실내·외조명, 주광조명, 도로조명, 터널조명 분야의 조명 설계 및 계산 기능을 제공하며, 모든 기능은 유료 라이센스 구매 후 이용할 수 있다.

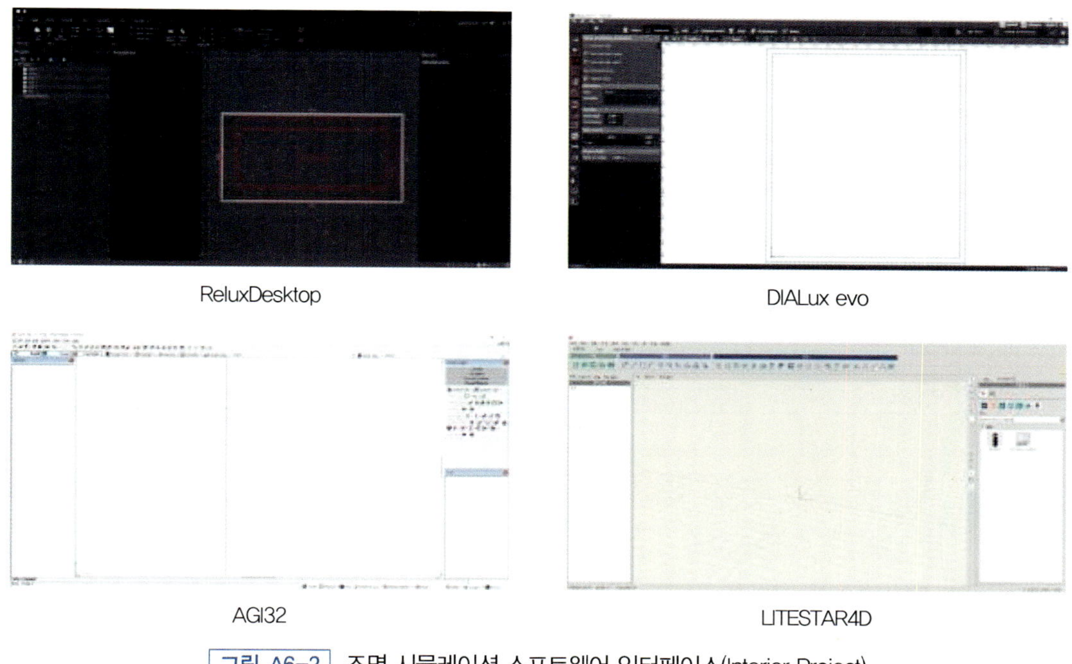

그림 A6-2 조명 시뮬레이션 소프트웨어 인터페이스(Interior Project)

6.3 조명 시뮬레이션 절차

소프트웨어별로 인터페이스와 세부 실행 과정에 약간의 차이는 있지만, 조명 설계를 포함한 시뮬레이션 절차는 조명기준 설정 – 공간 구성 – 조명 배치 – 조명 계산 – 조명 결과의 시각화로 이루어진다.

6.3.1 조명기준 설정

조명 시뮬레이션의 기본 목적은 조명환경에 대해 설계목표로 주어지는 성능지표의 계산이며, 계산된 조명 성능지표가 조명 설계가 이루어지는 해당 공간에 대해 주어지는 조명기준 만족 여부가 확인되어야 한다. 국내 조명 설계 시에 적용되는 대표적인 공간별 조명기준은 다음과 같다.

① 실내·외 공간 조명 – 한국산업표준 KS A 3011 조도기준
② 도로, 보행자도로 조명 – 한국산업표준 KS A 3701 도로 조명 기준
③ 터널 조명 – 한국산업표준 KS C 3703 터널 조명 기준

계산되는 조명 성능지표가 조명기준에서 주어지는 값을 만족하는지 확인하는 과정은 조명 설계에서 중요한 부분이기 때문에 대부분의 조명 시뮬레이션 소프트웨어는 해당 소프트웨어가 개발된

국가의 기준 또는 국제적으로 통용되는 기준을 시뮬레이션 과정에서 선택하도록 하고 있으나 위에 언급한 소프트웨어들은 모두 해외에서 개발된 소프트웨어로 국내 조명설계 환경에서는 국내 기준을 참고하여 설계 목표로 적용되는 기준값을 설정한 후 조명 시뮬레이션이 수행되어야 한다.

표 A6-1 한국, 미국, 유럽의 조명기준 비교(학교-강의실, 읽기와 쓰기 작업)

구분	한국(KS)	미국(ANSI)	유럽(EN)
조도(lx)	400 이상	400 이상	500 이상
균제도(Min/Avg)	-	0.5 이상	0.6 이상
UGR	-	-	19이하

학교의 강의실에 대한 조명설계를 진행하는 경우, 국내 조명기준에서는 조도에 대한 기준값이, 미국 기준에서는 조도와 균제도, 유럽기준에서는 조도, 균제도 외에도 눈부심(눈부심)에 대한 제한을 의미하는 UGR(Unified Glare Rating) 기준값이 추가적인 설계기준으로 주어진다. 이러한 조명기준은 주기적으로 성능지표 항목, 기준값에 대한 개정이 이루어지므로, 설계 시점에 적용되는 조명기준을 확인하여 설계목표를 설정해야 한다.

6.3.2 공간 구성

공간 구성은 설계 대상이 되는 실내·외 공간을 그리고(drawing), 공간의 구성요소를 배치(layout)하는 과정이다. 조명 설계에서 공간은 건설되었거나, 건설이 계획 중인 건축물 또는 구조물을 대상으로 하며, 일반적으로 공간의 드로잉과 공간 구성요소의 배치는 해당 건축물 또는 구조물, 시설물의 도면을 바탕으로 작업이 이루어진다.

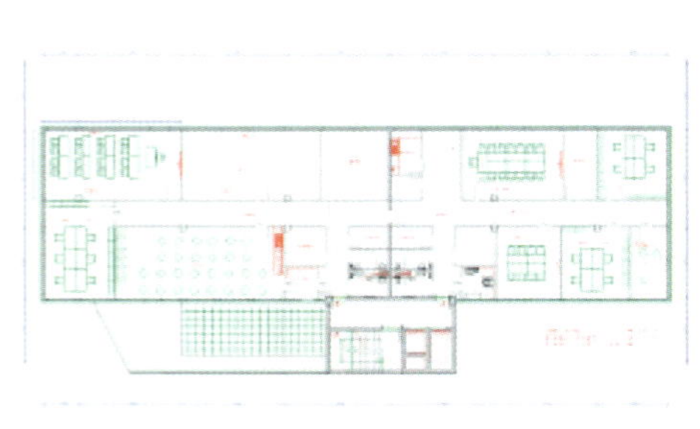
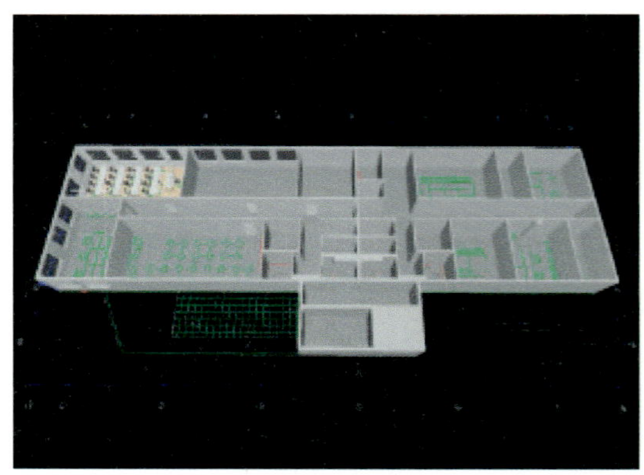

그림 A6-3 건물의 도면과 조명 시뮬레이션에 의한 공간 드로잉(도면 출처 : dialux.com)

공간의 구성요소를 배치하는 것은 공간 내에 위치하는 가구, 기기 등의 오브젝트(object)를 배치하는 과정과 천장, 벽, 바닥, 오브젝트 등의 표면 재료(material)를 지정하는 과정을 포함한다. 조명 시뮬레이션에서 공간 내 오브젝트의 배치는 빛의 경로에 영향을 미치며, 공간과 오브젝트의 표면 재료는 반사율 및 반사특성에 영향을 미치는 요소이다.

그림 A6-4 사무용 건물의 한 공간과 도로에 대한 공간 구성

6.3.3 조명 배치

조명의 배치는 도면 등을 바탕으로 재현된 공간에 설계 목표로 설정한 조명환경이 구현될 수 있도록 조명기구들을 선정하고, 배치하는 과정이다. 조명 시뮬레이션 공간에서 조명기구는 또 다른 하나의 오브젝트로 보이지만, 크기와 표면 재료 특성을 갖는 다른 오브젝트와는 달리 광속, 광도 등의 측정에 의한 데이터(photometry)를 포함하며, 이로인해 공간에서 조명의 효과를 예측할 수 있다. 조명 계산과 조명 시뮬레이션 과정에 사용하기 위해 조명기구의 광학 특성을 측정한 데이터를 기록한 파일을 '배광데이터 파일(photometric data file)'이라고 한다.

배광데이터 파일은 조명기구의 전기적, 광학적 성능과 관련된 여러 정보와 수직각, 수평각별로 측정된 광도값을 포함하고 있으며, 각각의 데이터들을 표시하는 표준 형식이 정해져 있다. 현재는 미국조명학회(IES)에서 제안한 표준 측광데이터 파일 형식(IES file format)이 가장 많이 사용되고 있다.

조명 시뮬레이션에서 조명의 배치는 공간에 밝기(조도, 휘도)를 제공할 수 있는 조명의 수량을 결정하고, 조명 계산을 반복하면서 균제도를 확보할 수 있도록 배치를 조정하는 과정이다.

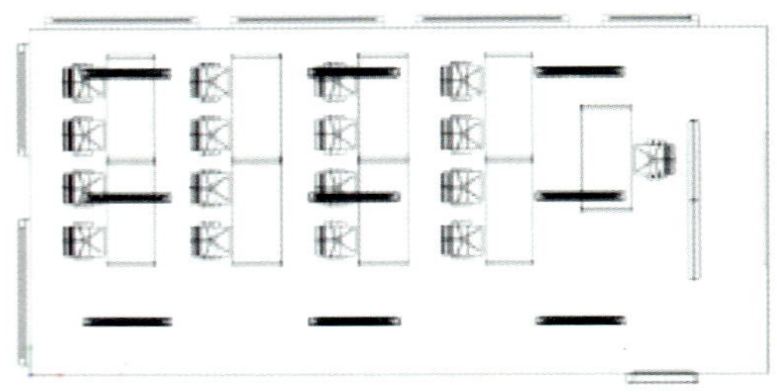

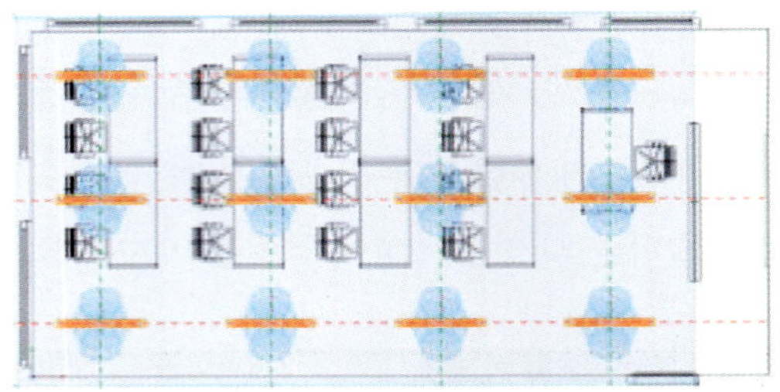

그림 A6-5 조명 수량과 배치의 조정

6.3.4 조명 계산

조명 계산은 조명환경에 대한 성능지표의 계산을 의미한다. 계산되는 성능지표는 조도, 휘도, 균제도, UGR, GR, TI 등 공간별로 적용되는 조명기준에 따라 달라진다. 조명 시뮬레이션 소프트웨어에서의 조명 계산은 점조도 계산, 평균조도 계산 이론을 바탕으로 이루어지며, 표면의 반사특성을 더해 휘도 계산이 이루어진다. 위에 소개한 시뮬레이션 프로그램에서는 모두 반사면을 완전 확산면으로 가정하여 휘도를 계산한다. 조도는 빛의 직접 성분에 상호반사 성분을 더해 계산된다. 직접 성분은 광원에서 직접 입사하는 광속으로, 상호반사 성분은 공간 내에서 빛의 다중 반사에 의해 표면에서 입사하는 광속으로 계산된다.

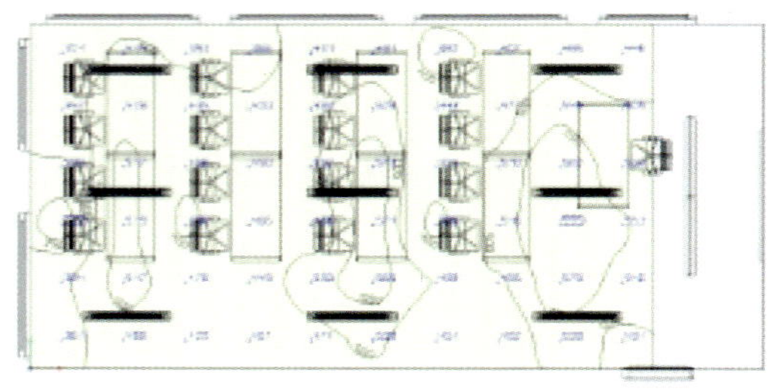

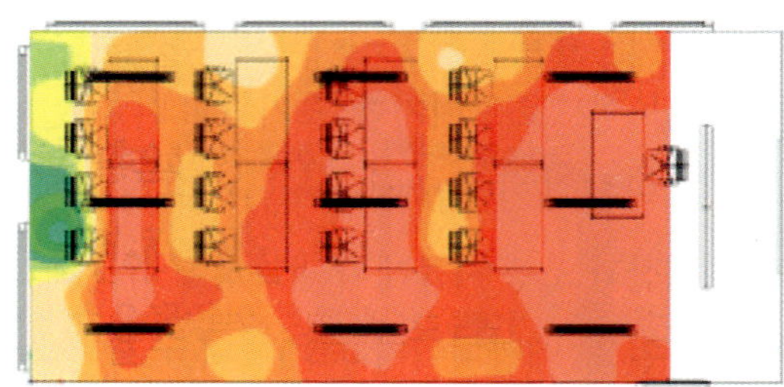

그림 A6-6 작업면(책상면) 조도의 계산

6.3.5 조명 결과의 시각화

조명 결과의 시각화는 공간을 구성하고 조명을 배치했을 때의 결과를 사실적인 화면 또는 이미지로 확인하는 과정이다. 조명 계산의 과정에서는 광원에서 표면에 입사하는 직접 성분과 상호반사 성분에 의해 조도가 계산되며, 이 과정에서 표면의 반사율이 계산에 영향을 미치게 된다. 조명 결과의 시각화는 이러한 조명 광원의 직접 성분과 상호반사 성분에 의한 표면의 조도를 시각화하여 소프트웨어에서 확인하는 과정이다.

실제 공간과 오브젝트의 표면은 반사율에 의해서만 정의되지는 않으며, 정반사, 확산반사와 같은 표면의 반사특성과 투과특성에 의해 보임이 달라지게 된다. 이러한 표면 재료의 특성을 반영하여 조명 결과를 시각화하는 과정을 렌더링(rendering)이라고 한다. 그림 A6-7은 조명 결과의 시각화와 렌더링 이미지를 동일한 뷰로 나타낸 것이고, 그림 A6-8은 부분적으로 확대된 조명 결과의 렌더링 이미지를 보여준다. 렌더링 이미지에서는 시각화 결과에서는 표현되지 않았던 표면 재질의 거칠기, 반사 등의 특성이 표현되는 것을 확인할 수 있다.

시각화 이미지

렌더링 이미지

그림 A6-7 조명 결과의 시각화와 렌더링 이미지

그림 A6-8 조명 결과의 렌더링 이미지

CHAPTER 07

LED 광원

LED(light emitting eiode, 발광 다이오드) 광원이라 함은 LED 칩(chip), LED 패키지(package) 또는 LED 모듈(module)을 광원으로 사용한 것을 일컫고는다. LED는 P형 반도체와 N형 반도체의 접합 구조를 활용하여 전기 에너지를 빛 에너지로 변환하여 전자장비의 표시등, TV 등 디스플레이 장치의 백 라이트 유닛(BLU, back light unit), 자동차의 헤드램프(head lamp)를 포함하는 전장등 및 실내외 조명 등에 활용되고 있다.

그림 A7-1 ED의 활용의 대표적 사례

LED를 광원으로 사용한 조명기구는 LED 칩(chip), 패키지(package), 모듈(module), 전원 공급 장치와 조명기구의 외형 구조물인 외함(하우징, housing)으로 이루어진다. 외형 구조는 방열을 위한 방열판, 설치를 위한 체결 구조, 외형디자인을 이루는 프레임, 최종 조명기구의 배광을 위한 확산판으로 구성된다.

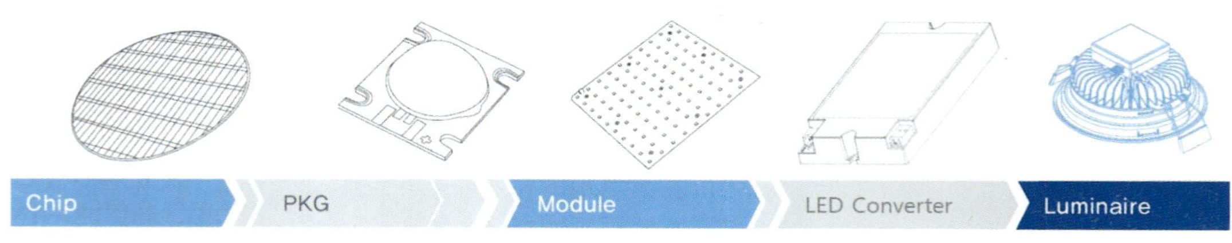

그림 A7-2 LED 조명기구의 구성요소

7.1 LED Chip, LED Package

LED는 P형 반도체와 N형 반도체의 접합 구조에 순방향으로 전압을 가하면 두 접합 구조의 접합면에서 P형 반도체의 양공(hole)과 N형 반도체의 전자가 결합하면서 빛 에너지를 만들어내는 발광 다이오드이고,[17] 이때, 발광 파장은 반도체 결정의 재료 및 농도 등에 의해 차이를 나타내어 빛의 색상이 달라진다. 이러한 LED 반도체를 칩(chip)이라고 부른다.

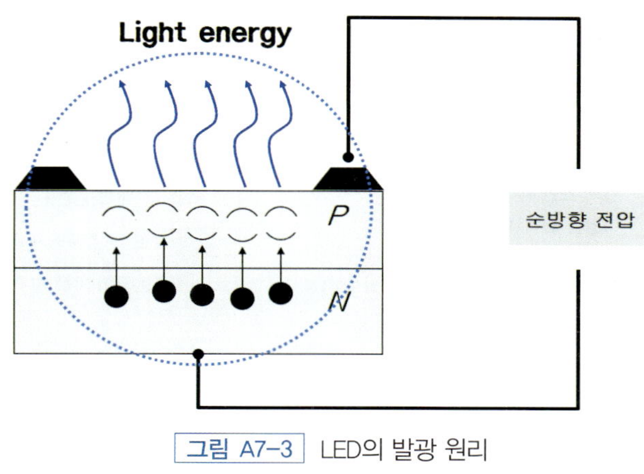

그림 A7-3 LED의 발광 원리

LED 칩은 음극에서 양극으로 일정 전압 가하여 전류가 흐르면서 발광하는데, 전압이 낮으면 전류가 거의 흐르지 않고 발광도 하지 않는다. 일정 전압이상에는 전류가 많이 흐르고, 전류의 양에 따라 발광량은 거의 비례해서 발생한다. 이러한 LED 칩은 구조가 복잡하지 않기에 대량생산이 가능하고, 백열램프의 필라멘트와 다르게 진동이나 충격에 대한 내구성이 강하고 수명이 길다.

LED의 역사를 살펴보면, 최초의 적색(red) 발광 다이오드는 1962년 GE 연구소의 닉 홀로니악에 의해 개발되었다.[18] 초기에는 전자장비의 표시등으로 사용되었고, 이후 녹색(green)과 청색(blue) LED의 개발로 비로소 빛의 삼원색을 구현하였고, 백색(White) LED는 청색 LED에 황색 발광 형광체를 도포하여 흰색 발광을 구현하였다. 이러한 LED의 발전으로 오늘날 TV, 자동차, 조명 등 다양한 분야에서 LED를 활용하고 있다.

LED를 활용하여 백색광을 구현하는 데에는 3가지 방법이 있으며, 빛의 삼원색인 적, 녹, 청 LED를 혼합하는 방식과, 청색 LED에 황색 또는 적색 발광 형광체를 도포하는 방식이 있고, UV(Ultra Violet) LED에 RGB 삼파장 형광체를 결합하여 백색광을 구현하는 방식이 있다.[19]

17) IESNA, Technical Memorandum on Light Emitting Diode(LED) Sources and Systems

18) IESNA, Technical Memorandum on Light Emitting Diode(LED) Sources and Systems

19) IESNA, Technical Memorandum on Light Emitting Diode(LED) Sources and Systems

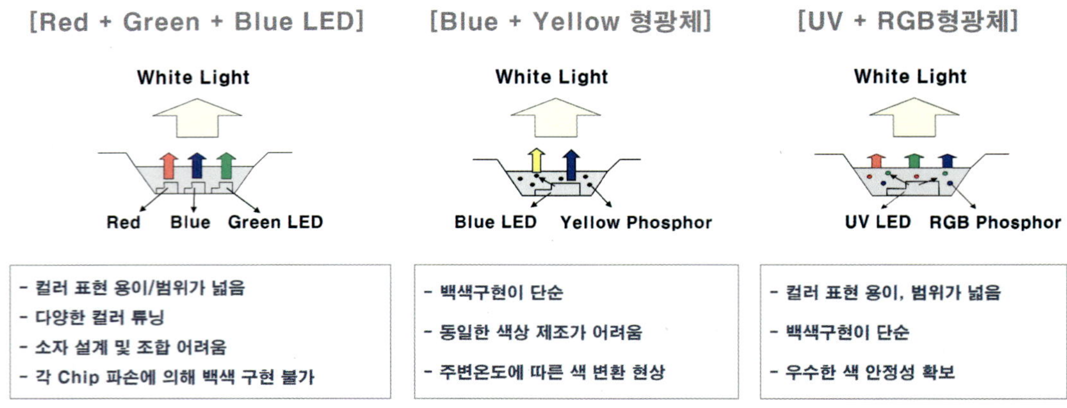

그림 A7-4 LED로 백색광을 구현하는 3가지 방법

LED 패키징 구조를 살펴보면, LED Die는 칩을 의미하고, 칩의 음극과 양극은 와이어 본딩을 통해 내부의 전극과 연결된다. LED 칩을 보호하고 색상을 제어하기 위해 형광체와 밀봉재를 충진하여 최종 세라믹 계통의 외함으로 LED 패키징을 완성한다.[20)]

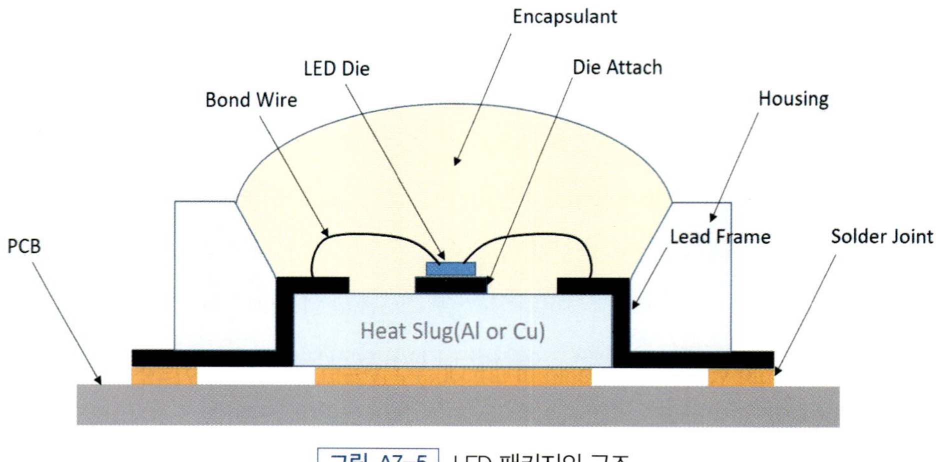

그림 A7-5 LED 패키지의 구조

LED의 패키지의 종류를 살펴보면, 웨이퍼 상태에서 한번에 패키지 공정 및 테스트를 진행한 후 절단하여 LED 패키지를 제작하는 방식의 웨이퍼 레벨 패키지는 크기가 작고 단결정의 실리콘(Si) 기판의 방열 특성을 활용할 수 있으며, 비용 저감의 장점이 있다. 기판에 LED 칩을 적층한 COB(Chip on Board) 패키지는 구조가 단순하고 방열 특성이 우수하여 발광효율이 높다.

20) 문철희, LED칩과 패키징 기술, 조명 · 전기설비학회논문지

일반적으로 조명, LED 백 라이트, 자동차 헤드라이트 등의 제조사들은 LED 칩이 아닌, LED 패키지 상태의 부품을 구매하여 응용제품을 만들고 있다. LED 부품을 생산, 판매하는 제조사는 칩에 방열 구조, 렌즈, 내구성을 위한 회로 등을 접합한 LED 패키지를 조명 제조사에 공급하고, 조명기구 제조사는 LED 패키지를 기판에 실장하여 모듈화하고, 전원장치에 연결하여 조명기구의 광원으로 활용한다. 아래는 LED 패키지의 다양한 사례를 보여준다.

그림 A7-6 LED 패키지의 예시(출처 : www.samsungled.com)

LED 패키지는 형광램프나 백열램프와 같은 전통적인 광원과 다르게 자외선이나 적외선을 포함하지 않는 빛을 구현할 수 있다. 발광하는 빛의 파장은 P형 반도체와 N형 반도체를 접합하는 소재에 따라 다양한 색을 구현하는데 인화갈륨(GaP)은 빨간색, 노란색, 녹색의 파장을 구현하고, 인듐 질화 갈륨(InGaN)은 녹색, 파란색의 파장을 구현할 수 있다.

7.2 LED 패키지의 세부 특성

LED 패키지를 응용제품화하는 제조사에서는 LED 패키지 제조사의 사양을 검토하여 응용제품에 적합한 LED 패키지를 선정한다. LED 패키지 제조사의 사양서(data sheet)를 살펴보면,[21] 소비전력 0.2 W급인 색온도 5,000 K의 LED 패키지는 25 °C의 상온 상태에서 정격 순방향 전압(rated forward voltage) 2.71 (V) & 정격전류 65 (mA) 전류를 흘릴 때, 실제 소비전력은 약 0.176 W이고, 이때의 광속은 38.8 lm, 광효율은 약 220 (lm/W)이다. 세부 LED 패키지 종류는 연색지수(CRI), 색온도, 광속에 따른 3단계 빈(bin)으로 범주화 되어, 각 LED 패키지의 사양을 보여준다.

21) LM301B CRI 80 데이터 시트, www.samsungled.com

Tech Spec

Wattage	Forward Voltage	Luminous Flux	Luminous Efficacy
0.2 W	2.71 V	38.8 lm	220 lm/W

Condition
5000K, 65 mA, 25°C

CRI	CCT	PART NUMBER	LUMINOUS FLUX (lm) @ 65 mA		
			BIN	MIN	MAX
70+	3000K	SPMWHD32AMD3XAV•S0	SJ SK SL	34 36 38	36 38 40
	3500K	SPMWHD32AMD3XAU•S0	SJ SK SL	34 36 38	36 38 40
	4000K	SPMWHD32AMD3XAT•S0	SK SL SM	36 38 40	38 40 42
90+	2700K	SPMWHD32AMD7XAW•S0	SF SG	28 30	30 32
	3000K	SPMWHD32AMD7XAV•S0	SF SG	28 30	30 32
	3500K	SPMWHD32AMD7XAU•S0	SG SH	30 32	32 34
	4000K	SPMWHD32AMD7XAT•S0	SG SH	30 32	32 34
	5000K	SPMWHD32AMD7XAR•S0	SG SH SJ	30 32 34	32 34 36
	5700K	SPMWHD32AMD7XAQ•S0	SG SH SJ	30 32 34	32 34 36
	6500K	SPMWHD32AMD7XAP•S0	SG SH SJ	30 32 34	32 34 36

그림 A7-7 LM301B 대표 사양(출처 : www.samsungled.com)

LED 패키지의 색온도 특성에 따른 파장을 살펴보면, 낮은 색온도에는 약 600 nm의 파장의 비율이 높고, 높은 색온도로 갈수록 약 450 nm의 파장이 상대적으로 높은 것을 알 수 있다. 이러한 LED 패키지의 파장은 형광체의 종류와 조합 및 도포된 비율에 의해 결정된다.

LED 패키지의 주요 특성 중 LED 패키지에 흐르는 순방향 전류에 세기에 따른 순방향 전압의 변화 특성, 순방향 전류 세기에 따른 상대적 광속의 변화에 관한 특성이 있다. 이는 LED 모듈 설계에 있어 주요한 특성이다. 그림 A7-9를 보면 순방향 전류가 증가할수록 순방향 전압은 상승하고, 순방향 전류가 증가할수록 광속은 증가한다. 그러나 LED 패키지에 흐르는 전류가 높아질수록 LED 패키지의 온도가 상승하고, 이에 따른 광속 저하가 발생하기 때문에 LED 패키지가 적용되는 조명기구의 방열 구조, 설치 환경 등 온도 특성을 고려한 적정 전류가 공급되도록 LED 모듈을 설계하여야 한다. 적합한 방열이 되지 않을 경우에는 수명이나 성능이 현저하게 저하되고, 화재가 발생할 수 있다.

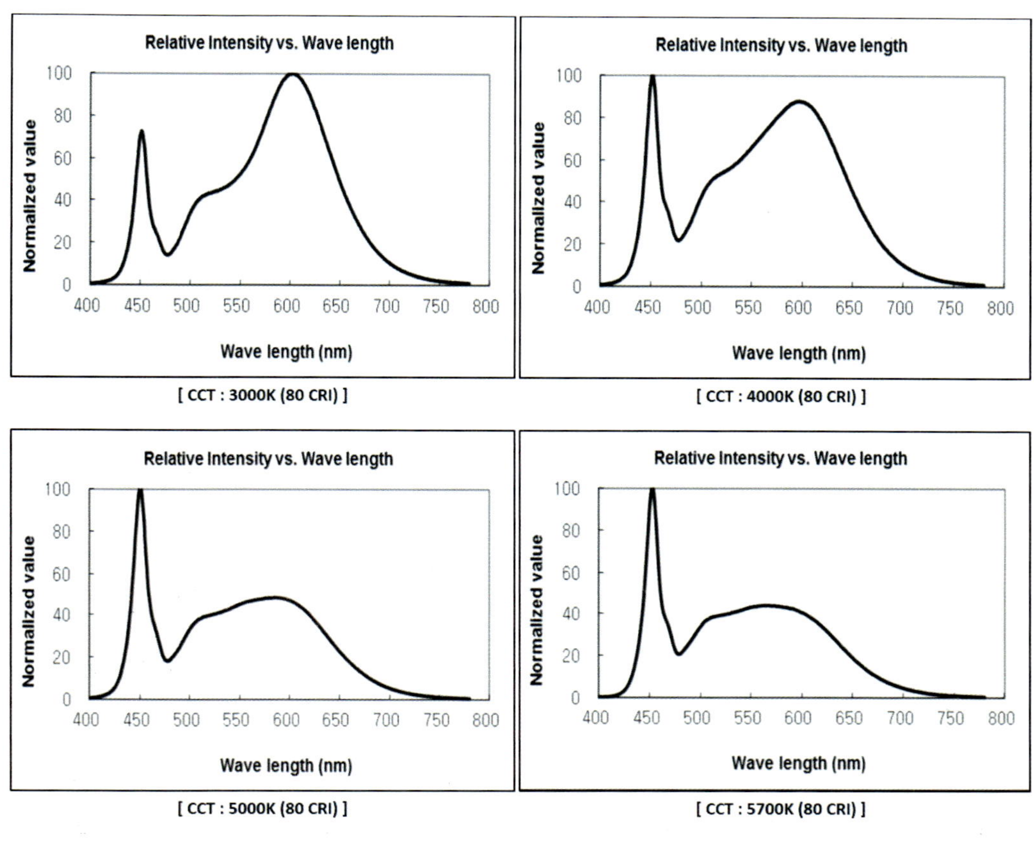

그림 A7-8 색온도에 따른 LED 파장(출처 : www.samsungled.com, LM301B 데이터시트)

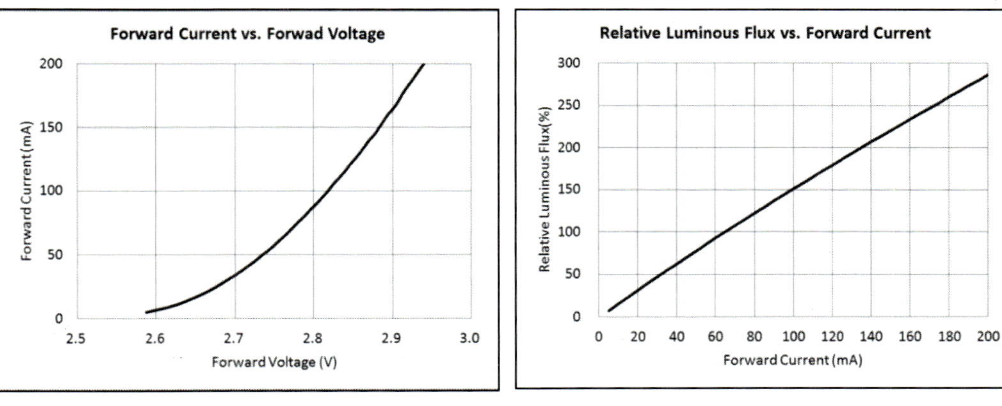

그림 A7-9 순방향 전류 특성(출처 : www.samsungled.com, LM301B 데이터시트)

조명기구 제조사가 LED 패키지를 선정하는 기준으로는 시간의 따른 성능평가 리포트를 참조한다. IESNA LM-80(이하 LM-80)은 미국 에너지부(Department of Energy, DOE)에서 승인된 LED

의 광속 저하를 측정하는 방법이다. LM-80은 LED 광원 즉, 패키지, 패키지 배열, 모듈의 광속 유지율을 측정하기 위한 방법으로 LED 전구나 조명기구의 광속 유지율을 측정하기 위한 방법은 아니다.[22)]

LM-80 LED 광원의 광속과 색온도 유지율을 온도별로 측정하는 방법이고, 최소 6천시간에서 1만시간의 테스트 시간을 거치며, 매 1천시간 마다 데이터를 수집한다. LM-80의 데이터는 조명제조사에서 LED 조명기구를 설계할 때, 조명기구의 적용된 LED 패키지에 가해지는 온도 특성을 기준으로 LED 패키지의 광속 유지율을 계산하여 목표하는 LED 조명기구의 설계 수명에 적합할 수 있도록 모듈 및 조명기구 방열 설계할 때 참고하는데, 이는 온도가 높을수록 시간에 따른 광속저하율이 높은 LED 패키지의 특성 때문이다.

[Case I. 100mA]

Life test condition			Summary of result		
Test condition	Current (mA)	Case temperature (℃)	Test duration (h)	Average lumen maintenance (%)	Maximum chromaticity shift (△u′v′)
1	100	55.0	10000	97.4	0.0012
2	100	84.9	10000	96.1	0.0022
3	100	105.0	10000	86.7	0.0042

[Case II. 180mA]

Life test condition			Summary of result		
Test condition	Current (mA)	Case temperature (℃)	Test duration (h)	Average lumen maintenance (%)	Maximum chromaticity shift (△u′v′)
1	180	55.0	10000	97.1	0.0012
2	180	84.9	10000	94.8	0.0014
3	180	105.0	10000	83.2	0.0038

그림 A7-10 LM-80 테스트 리포트 요약 사례

22) Understanding LM-80 to evaluate LEDs, EE Times

LED 조명 제조사가 조명기구 관련 국내외 인증을 취득하기 위해서 LM-80 테스트 리포트가 필요하고 이는 LED 패키지 제조사에서 제공한다. 아래의 LM-80 테스트 리포트의 요약 결과를 보면 주변 온도가 높고, LED 패키지에 공급되는 전류가 높을수록 점등 시간에 따른 광속 저하가 발생하고, 색좌표의 변화가 큰 것을 확인할 수 있다.

7.3 LED 모듈

LED 모듈은 인쇄회로기판(PCB, printed circuit board) 위에 사용 목적에 맞게 LED 패키지를 탑재하고, LED 패키지간 회로적으로 연결시켜 구성한 판이다. LED 모듈은 조명기구에 탑재되었을 때, 해당 조명기구의 광원이라고 할 수 있다. LED 모듈을 설계하기 위해서는 LED 조명기구에 필요한 광원으로서의 빛의 양과 소비전력, 그리고 조명기구의 형상이 고려되어야 하고, LED 패키지의 직렬, 병렬 회로 설계를 통해 최종 LED 모듈이 구현된다.

LED 조명기구를 만들기 위해 LED 모듈은 목표하는 LED 조명기구의 광속, 소비전력을 고려하여 회로 설계를 진행한다. 그리고 구성된 LED 회로에 적합한 LED 전원 공급 장치를 선정하는데, 이때 LED 전원 공급 장치의 출력전압, 출력전류, 출력전력, LED 패키지에 공급할 수 있는 정격 전류 등 다양한 변수를 고려하여야 한다.

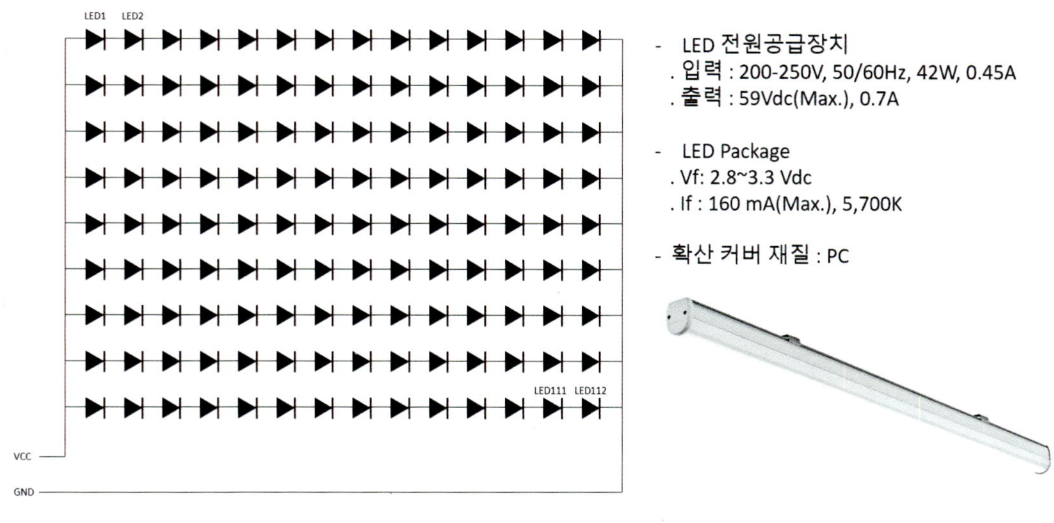

그림 A7-11 LED 회로설계 사례

위의 사례를 살펴보면, LED 전원공급장치의 최대 출력 전압은 59 (Vdc)이고, 전류는 700 (mA)이고, LED 패키지는 '14직렬 X 9병렬'로 설계된 모듈이다. '9병렬' 설계 기준으로 전원공급장치로부터 각 LED 패키지에는 약 78 (mA)의 전류가 흐르고, '14직렬', LED 패키지 전압 3 (V) 기준으로 LED 모듈의 전압은 약 42 (Vdc)이다. 그림 A7-7의 LED 패키지 사양을 기초로 Ra 90의 5,700 (K) 패키지는 65 mA의 전류를 공급할 때 약 34 lm의 광속을 발산한다. 126개의 LED 패키지로 구성된 모듈의 총 광속은 약 4,284 lm으로 확산 커버의 광학 효율을 93 %라고 가정하면 약 3,984 lm의 조명기구 광속을 예상할 수 있다. 이때의 계산 소비전력은 약 29.4 W이고, 예상되는 광효율은 약 135.5 (lm/W)이다. 실제 전원공급장치의 효율을 고려하면 소비전력은 상승될 수 있다.

LED 모듈은 조명기구 제조사에서 조명기구의 형상과 목적하는 광속, 소비전력 등의 사양을 기준으로 제작하는데, 정형화된 모듈을 이용하여 조명기구에 적용하기도 한다. 조명기구의 사이즈가 정형화된 원형 매입 다운라이트(3 inch, 4.5 inch, 6 inch, 8 inch 등)에 사용되는 모듈과 직관형 조명기구에 사용되는 모듈이 대표적으로 제조사에서는 기판제작 없이 모듈 설계가 된 제품을 활용하여 조명기구 개발 및 생산과정을 효율화 할 수도 있다.

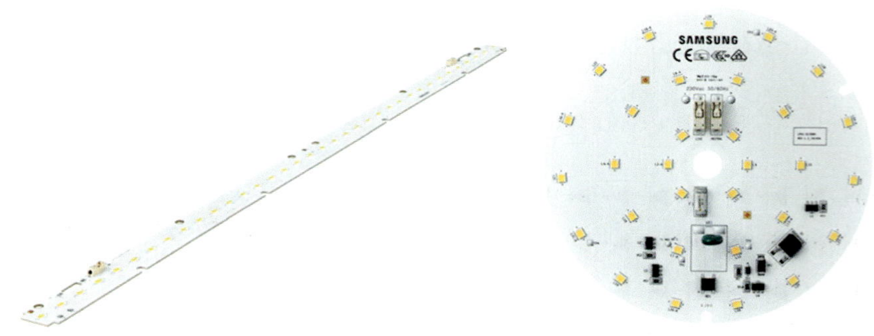

그림 A7-12 LED 모듈 사례(출처 : www.samsungled.com)

7.4 LED 전원 공급 장치

전원 공급 장치(power supply)는 전자기 기기 부하에 전력을 공급해주는 전기전자 장치로 입력 전력으로부터 필요한 출력 전력을 생성하는 전력 회로이다. 이러한 전원 공급 장치는 전자 기기 등에 안정적인 전원을 공급하기 위해 교류 전원(AC, alternating current)을 직류 전원(DC, direct current)

으로, 직류 전원을 교류 전원으로 특성을 변환시켜 공급한다.

일반적인 LED 조명의 전원 공급 장치는 SMPS(switching mode power supply) 방식의 전원 공급 장치를 많이 사용한다. SMPS는 가정에서 사용하는 상용 교류 전원을 스위칭 동작을 이용한 회로 장치를 통하여 LED 모듈에 필요한 직류 전원으로 특성을 변화시켜준다. LED 전원 공급 장치는 LED 조명기구의 수명과 안정적인 빛 발산을 지원하는 주요 장치이다.

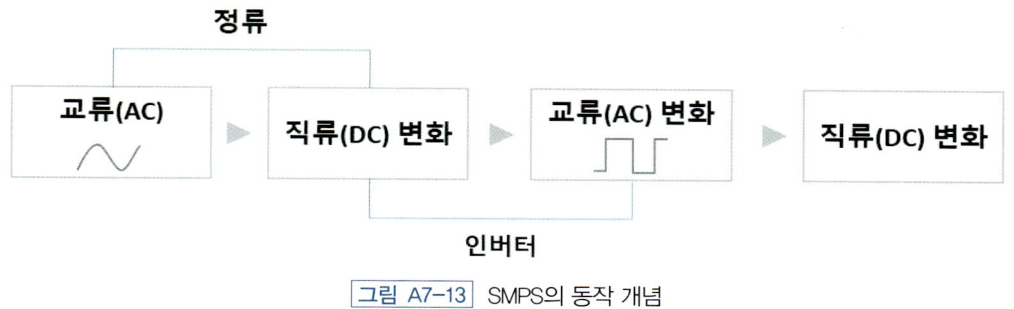

그림 A7-13 SMPS의 동작 개념

SMPS와 같은 LED 전원 공급장치는 안정적인 빛을 구현하기 위해 방열, 화재, 화학적 위험 등에 보호되고, 전기적으로 아래의 보호 회로를 통해 LED 전원 공급 장치의 안전성을 유지하여야 한다. 아래의 3가지 보호 회로는 오늘날 LED 전원 공급 장치에 요구되는 회로요소이다.

- 단락 보호(Short Circuit Protection) : 전원 계통 또는 부하 오류로 인한 단락 발생 시 과도한 전류가 흐르는 것을 방지하여 기기 보호
- 과전압 보호(Over Voltage Protection) : 입력 전압이 설정된 값을 넘어 과전압 상태일 때 전원을 차단하여 기기 보호
- 과부하 보호(Over Load Protection) : 과부하시 부하를 끊거나 출력을 저하시켜 기기 보호

CHAPTER 08

조명기구

8.1 조명기구의 구조

조명기구는 사용 환경에 적합한 내구성과 조형성이 있어야 하고, 목적에 맞는 적합한 배광을 갖추기 위해 광학적 기능을 지녀야 한다. 또한 상용 전기를 전원으로 사용하는 전자제품으로 전기적인 안정성을 갖춰야 한다. 따라서, 조명기구의 구조는 광학, 전기 그리고 기계적 측면의 세 부분으로 나뉘어진다.[23)]

조명기구의 광학적 측면은 빛의 양, 방향, 색의 조절을 의미하고, 이는 빛의 성질인 반사, 투과, 흡수에 의해 배광을 조절하고, 필요한 경우 빛의 파장을 조절하여 빛의 색을 제어하는 것이다. 전기적 측면에서는 전기에너지를 공급하기 위한 전원공급장치, 전원단자, 스위치, 전기적 안전장치 등 조명기구 제품과 사용자의 안전까지 고려해야 하는 부분이다. 그리고 마지막으로 기계적 측면에서 외부로부터 조명기구의 광학, 전기적 부분을 보호하고, 필요시 사용자인 인간에게 기계적 파괴에 의한 피해가 발생하지 않도록 조명기구는 보호되어야 한다.

8.2 LED 램프류

LED 램프류 중 벌브(bulb) 타입의 광원은 조명기구이면서 조명기구의 광원으로 사용된다. LED 벌브의 기구 구조를 살펴보면, 소켓이라고 불리는 에디슨(Edison) 타입의 베이스가 있고, LED의 열을 방출할 수 있는 모듈의 플레이트와 방열 면적을 넓히기 위한 알루미늄 코어, 그리고 코어를 둘러싼 외함이 있다. 외함과 방열 코어 내부에는 LED 모듈에 전원공급이 가능한 전원공급장치가 내장된다. LED 모듈은 방열 구조의 플레이트와 볼트로 접합되어 열을 전달하고, 벌브에 적합한 배광과 눈부심 등을 고려한 커버를 통하여 빛이 발산되는 구조이다.

23) 최안섭, Light and Lighting 빛과 조명, 문운당

직관형 LED 조명기구의 구조는 직류 전원이 입력되는 전원 캡, 기구 및 방열 구조, 내부의 정류 회로, LED 모듈, 확산커버, 그리고 형광램프 구조를 위한 기구적 캡으로 이루어진다. 국내에서 직관형 LED 조명기구는 별도 전원공급장치와 함께 조명기구에 장착되는 구조이다.

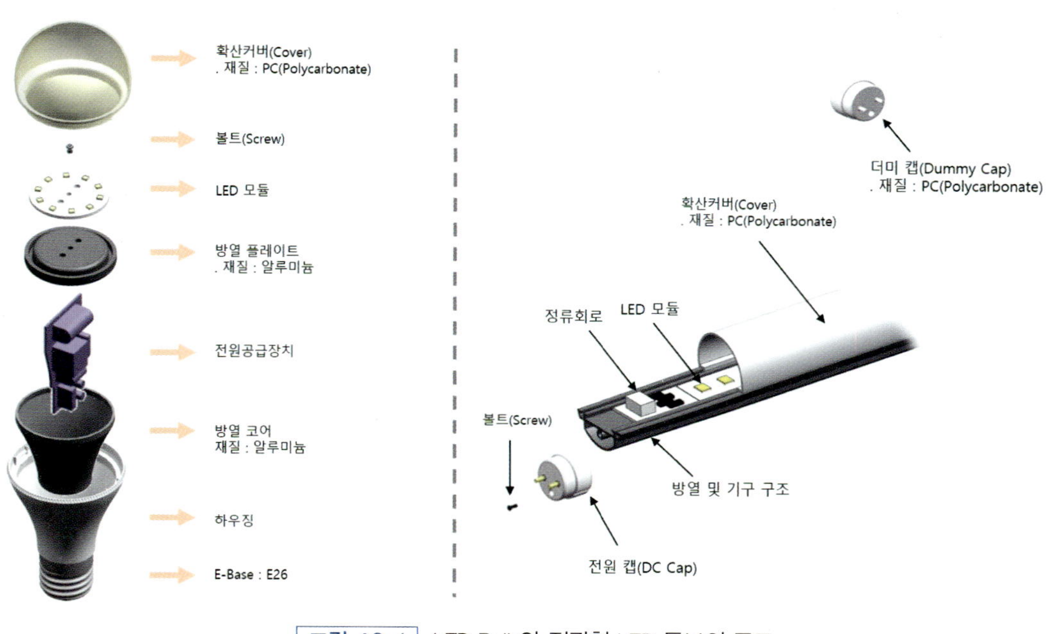

그림 A8-1 LED Bulb와 직관형 LED 튜브의 구조

8.3 LED 조명기구

사무공간, 상업공간에서 많이 사용되는 LED 면조명은 '평판조명'이라고 지칭한다. 이러한 조명기구는 LED 모듈의 위치에 따라, 직하형, 엣지(edge)형으로 나뉘는데, 최근에는 슬림한 엣지형 면조명을 많이 사용하고 있다. LED 조명기구의 구조는 LED 전원공급장치, 외함, 확산판이 주요 구조이며, 필요시 LED 전원공급장치나, 결선을 위한 상자구조가 포함된다.

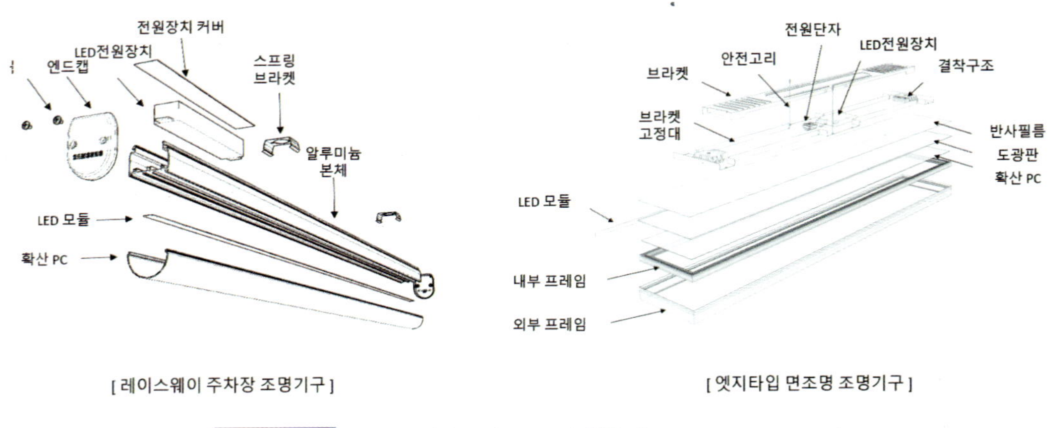

그림 A8-2 LED 조명기구의 구조 사례(출처 : www.maltani.co.kr)

8.4 조명기구의 종류

조명기구를 분류하는 방법은 형태, 용도, 구조 및 성능에 따라 다양하지만, 대표적으로 배광의 형태, 조명기구의 사용 용도, 조명 방식에 따라 분류된다. 배광에 따라 직접조명, 간접조명 등으로 분류하고, 사용 용도에 따라 방수, 방습, 방폭 등으로 분류되며, 조명 방식에 따라 매입형, 직부형 등으로 분류한다.

8.4.1 배광에 따른 분류

배광의 따른 분류는 조명기구에서 나오는 빛이 작업면에 직접 조사되거나, 간접적으로 조사되는 비율에 따라 CIE(국제조명위원회)에서 분류하는, 직접조명, 반직접조명, 전반확산조명, 반간접조명, 간접조명으로 5가지가 대표적이다.

① 직접조명(direct lighting)

직접조명은 광원에서 나오는 빛의 (90 ~ 100) % 정도가 직접 하향하는 방법으로, 전력 소모가 적고 조명기구도 간단하다. 직접조명의 대표적인 조명기구는 전등의 상부에 불투명한 반사갓을 씌우고, 갓의 반사면에는 알루미늄 반사판이나 법랑 등을 칠하여 대부분의 빛이 아래로 비추도록 만든다. 광원의 빛의 방향이 하향으로 벽이나 천장에 의한 반사 영향을 비교적 적게 주지만 기구의 구조에 따라서는 직접광 때문에 눈이 부시고, 물체에 강한 그림자가 만들어질 수 있다. 조명방법 중 가장 경제적이고 효율이 높아서 작업실, 사무실, 공장, 교실 등에 많이 쓰인다.

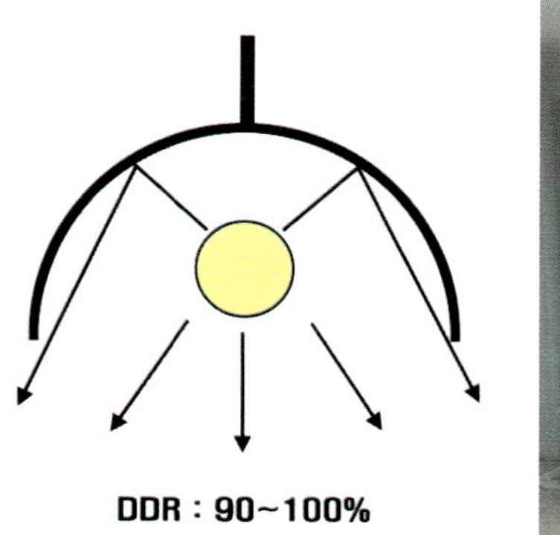

그림 A8-3 직접조명방식 및 사례

② 간접조명(indirect lighting)

간접조명은 광원에서 나오는 하향 광의 비율이 (0 ~ 10) %로 대부분의 빛이 반사광의 형태로 작업면에 도달한다. 간접조명기구는 전등의 하부에 불투명한 반사갓을 씌우고, 반사갓에는 연마한 금속재를 사용하여 빛이 대부분 천장면으로 반사되도록 만든다. 따라서, 간접조명은 천장이나 벽의 재질, 색조의 영향을 많이 받는다. 효율은 떨어지나 눈부심이 없고 조도가 균일하며 그림자가 없는 부드러운 빛을 낸다. 침실이나 병실 같이 휴식을 위한 공간에 적합하나 조명의 효율이 낮고, 기구의 설치가 복잡하며 먼지가 앉기 쉬우므로 조명률이 저하되는 단점이 있다. 또한, 조도가 너무 균일하여 입체감이 적어져 실내에 활기를 감소시킬 수 있다.

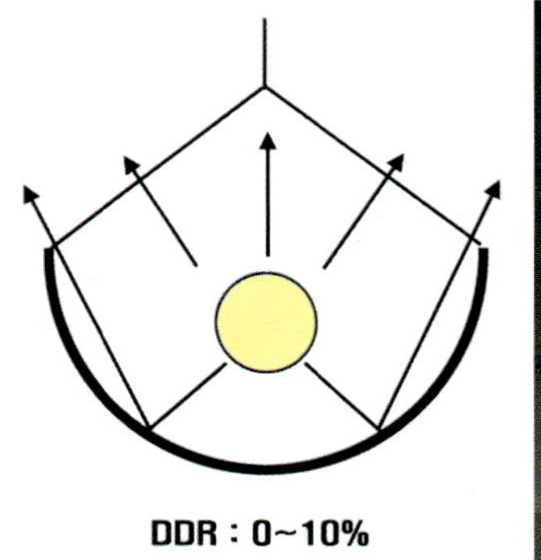

그림 A8-4 간접조명방식 및 사례

③ 반직접, 반간접조명(semi-direct lighting, semi-indirect lighting)

반직접조명과 반간접조명은 서로 비슷한 방법이나, 하향 광의 비율에 있어서 차이가 있다. 반직접조명은 하향 광이 (60 ~ 90) %로, (10 ~ 40) %의 빛은 천장으로 반사되어 내려오는 반사광이다. 반직접조명의 기구는 전등 상부에 반투명의 반사갓을 씌워 일부의 빛이 천장면에 비추는데 그 효과는 직접조명과 비슷하나 눈부심이 덜하고 효율은 떨어진다. 반간접조명은 하향 광의 비율이 (10 ~ 40) %이고, (60 ~ 90) %는 천장에 반사되어 내려오는 반사광이다. 반간접조명의 기구는 전등의 하부에 반투명의 반사갓을 씌우며, 효과는 간접조명과 비슷하다. 즉, 직접조명과 간접조명의 비율에 따라 반직접조명, 반간접조명이라고 칭한다.

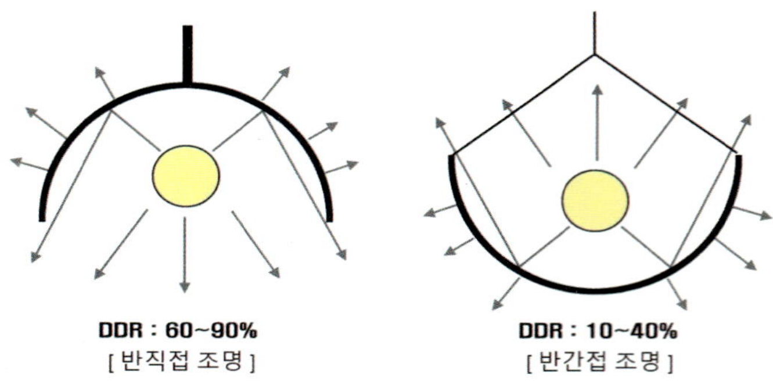

그림 A8-5 반직접·반간접조명방식 및 사례

4 전반확산조명(general diffusion lighting)

전반확산조명은 하향 광과 상향 광의 비율이 (40 ~ 60) %로 서로 비슷하고, 조명기구는 반사갓 대신에 광원에 글로브(globe)를 씌워 빛이 전체적으로 고루 퍼지게 한다. 전반확산 조명기구는 공원이나 아파트 단지 내 가로등으로 많이 사용되었으나 이 경우 천공으로 새어나가는 빛에 의하여 조명의 효율이 떨어지고, 주변에 광공해를 끼칠 우려가 있어 현재는 사용이 적어지고 있다. 따라서 전반확산 조명기구를 사용할 때는 주변 공간의 상황과 공간의 목적에 적합하게 사용해야 한다.

그림 A8-6 완전확산조명방식 및 사례

8.4.2 용도에 따른 분류

❶ 방수형, 방습형

물의 침입에 기능을 보호하는 조명기구로, 그 보호의 정도에 따라 방적형, 방우형, 방분류형, 내수형 등이 있다. 방적형은 수직으로부터 15° 의 범위로 떨어지는 물방울을 견딜 수 있는 기구이며, 방우형은 주로 옥외에 설치되는 기구를 우수로부터 보호한 것, 그리고 방분류형은 물의 직접 분류에 의한 세척에 견딜 수 있는 기구이다.

IP(ingress protection) 등급은 IEC 표준 60529 방진방수 등급으로 전자제품의 외부 구조에 대하여 먼지, 수분에 대항하여 제공되는 보호 등급을 분류하고 이를 점수화하여 표기한 것이다. IEC와 동일한 유럽의 표준은 EN 60529이다. 아래의 표를 기준으로 IPX0 등급은 방수 기능이 없고, IPX1 ~ IPX3등급은 약한 빗방울이나 습기 정도의 방수 등급이고, IPX4 ~ IPX6등급은 일반적인 생활방수 수준을 의미한다. IPX7 ~ IPX9K는 일정시간 또는 지속적으로 방수가 가능함을 의미한다.

방습형 조명기구는 상대습도가 90% 이상의 습기에도 사용될 수 있도록 만들어진 조명기구이다. 주로 욕실, 수영장 등에 사용된다.

표 A8-1 IP등급 숫자의 의미

숫자	제 1 숫자	제 2 숫자
	방진 보호정도	방수 보호정도
0	없음	없음
1	손의 접근으로부터 보호	수직으로 떨어지는 물방울로부터의 보호
2	손가락의 접근으로부터의 보호	수직에서 15° 범위에서 떨어지는 물방울로부터의 보호
3	공구의 선단 등으로부터의 보호	수직에서 60° 범위에서 떨어지는 물방울로부터의 보호
4	WIRE 등으로부터의 보호	전방향으로 비산되는 물로부터의 보호
5	분진으로부터의 보호	전방향으로 쏟아지는 물로부터의 보호
6	완전한 방진구조	파도 등의 강력하게 쏟아지는 물로부터의 보호
7	–	일정한 조건으로 물에 잠겨서 사용 가능
8	–	거의 완전한 방수구조
9K	–	고온, 고압의 쏟아지는 물로부터의 보호

❷ 방폭형

방폭형 조명기구는 폭발의 위험이 있는 장소, 먼지가 많이 쌓이는 장소 등에서 장시간 점등할 수 있도록 한 밀폐형의 조명기구로 램프를 보호함과 동시에 외부로부터 충격을 보호하는 역할도 함께 한다. 즉, 점화원이 발화인자와 만나지 못하게 하여 폭발을 방지하게 만든 조명기구이다. 이러한 방폭형 조명기구는 폭발에 의한 화재에 취약한 정유공장, 화학공장, 가스충전소 등에 필수적으로 사용된다.

국내에서 방폭형 조명기구는 KCs 방폭인증 기준을 획득한 제품을 사용하고, 의무안전인증 대상이다. 최근에는 방폭형 조명기구도 LED로 전환되었고, 특히 밀폐된 장소에서 사용하는 방폭형 조명기구는 고온이 발생하는 메탈핼라이드 램프, 나트륨(소듐) 램프 등의 광원 사용은 지양되고 있다.

방폭형 조명기구는 방폭 구조, 기기분류, 가스등급, 온도등급, 방진/방수 등급으로 표기하는데 예를 들어 'Ex d II B T6 IP65'는 내압 방폭, 산업용, 에틸렌 가스, 표면온도 85 ℃ 이하에서 사용 가능한 조명을 의미한다.

Ex d II B T6 IP65

방폭 구조	
분류	기호
내압	d
압력	p
안전증	e
유입	o
본질안전	Ia, ia
비점화	n

설비 등급		
분류		기준
산업용 II	가스증기	A
	가스증기	B
	가스증기	C
	분진	11
	분진	12
	분진	13

온도 등급	
분류	구분(℃)
T1	300 초과 450 이하
T2	200 초과 300 이하
T3	135 초과 200 이하
T4	100 초과 135 이하
T5	85 초과 100 이하
T6	85 이하

방진 방수 등급	
기호	기준
IP	⋮ 65 66 67 ⋮

- 가스 증기 A : 아세톤, 벤젠, 부탄, 프로판, 에탄올, 암모니아
- 가스 증기 B : 에틸렌, 부타디엔, 도시가스
- 가스 증기 C : 수소, 아세틸렌, 유화 탄소
- 분진 11 : 마그네슘, 알루미늄, 아연, 코크스, 고무, 염료, 페놀수지, 폴리에틸렌
- 분진 12 : 알루미늄 수지, 코코아, 리그닌, 쌀겨
- 분진 13 : 유황

그림 A8-7 방폭의 표기 및 의미

방폭구조 종류에 따라 내압방폭, 비점화 방폭, 분진 내압 방폭 등으로 구분되는데, 각 종류에 따라 사용할 수 있는 장소가 다르다. 국내의 폭발위험장소 구분은 한국산업표준에서 정하는 기준에 의해 위험장소를 설정하였다.[24] '0종 장소'는 폭발성 가스가 존재하는 장소를 의미하고, '1종

장소'는 폭발성 가스가 주기적 또는 간헐적으로 생성되기 쉬운 장소이고, '2종 장소' 폭발성 가스가 없거나, 생성된다고 하더라도 짧은 기간에만 존재하는 장소를 의미한다.

표 A8-2 폭발 위험 장소 구분

Zone(0종)	대부분 용기 배부장치,배관 내부 등의 장소나 인화성,가연성 가스,액체가 존재하는곳의 내부
Zone(1종)	상용 상태에서 위험 분위기가 존재하기 쉬운 장소,0종 장소의 근접 주변,송급통구의 주변 등
Zone(2종)	이상 상태에서 위험 분위기가 단시간 동안 존재할 수 있는 장소
Zone 20	과도한 분진층이 형성될 수 있는 지역(밀가루공장,시멘트 공장 등등)
Zone 21	분진운 생성 또는 우려 지역 중 0종 아닌 지역
Zone 22	분진운 생성 또는 우려 지역 중 1종 아닌 지역

3 기타

내약품형 조명기구는 화학약품을 취급하는 장소에서 조명기구가 부식될 수 있는 경우에 내약품성 재료인 봉납, 알루마이트, 합성수지, 스테인리스 등의 재료를 이용한 조명기구이다. 취급하는 화학약품과 조명기구의 재료의 관계에 의해 조명기구가 결정되어짐으로 설치장소에 적합한 조명기구 선정이 필요하다. 그 외 항공장애조명, 선박유도조명, 무대조명 등 특수 목적에 따른 조명기구로도 분류될 수 있다.

8.4.3 조명 방식에 따른 분류

1 매입형 조명(downlight, recessed light)

천장에 조명기구를 매입하는 형식으로 매입등 또는 다운라이트(downlight) 라고도 한다. 천장이 낮고 천장면과 슬라브에 공간을 활용하여 조명기구를 매입하는 방식으로, 천장에 조명기구가 돌출되지 않아 깨끗하게 처리할 수 있으며 부분조명과 전체조명으로 그 쓰임이 다양하다. 돌출되지 않고 직접 매입을 하는 조명이므로 실내에 쓰이면 효과적이다. 기구의 선택이 잘못되거나 위치를 이동해야 한다면 이미 천장은 손상되어 있어 수정하기가 어렵고, 천장마감과 그 상부층 슬라브 사이의 공간이 좁을 경우에는 시공이 어려울 수 있다. 매입형 조명기구는 시공과정에서 천장면을 타공하기 전에 반드시 조명기구 제조사 또는 판매사에 타공 크기를 문의하는 것이 좋다.

24) KS C IEC-60079-10-1:2015

그림 A8-8 매입형 조명기구 사례(출처 : www.maltani.co.kr)

❷ 직부형 조명(ceiling light)

천장면에 조명기구를 부착하는 형식으로 직부등 또는 실링라이트(ceiling light)라고 하며, 배광이나 조명효율은 좋으나, 직접 천장에 부착하기 때문에 조명기구가 돌출된다. 천장 위에서 공간 전체를 조사함으로 전반조명에 어울리며 조명기구 제품 디자인 역시 다양하고 일반적으로

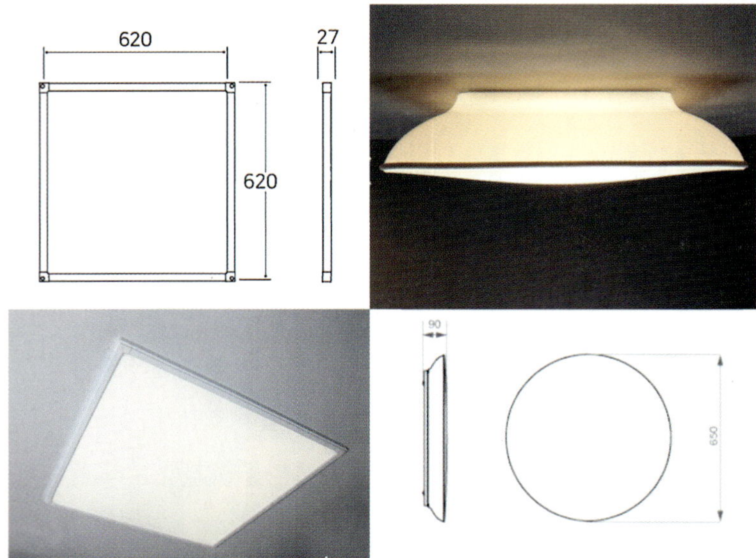

그림 A8-9 직부형 조명기구 사례(출처 : www.maltani.co.kr)

주택이나 오피스텔과 같은 주거공간에 사용된다. 현재는 LED 조명으로 변모하면서 직부 방식의 조명기구의 두께가 얇아져 매입형 조명기구와 같은 효과를 주는 조명기구도 많아지고 있다. 직부형 조명기구는 시공 과정에서 천장면 내부에 조명기구를 고정할 수 있는 구조물이 있어야 하고, 조명기구 연결을 위한 전기배선이 노출되어 있어야 한다.

③ 벽부형 조명(bracket)

조명기구를 벽체에 설치한 것으로 벽부형 조명(bracket)이라고 하며, 부착되는 위치가 사람의 시선 내에 있으므로 사용자의 눈부심을 최소화한 조명기구나 휘도가 낮은 광원을 사용한다. 또한 설치된 장소가 눈에 띄기 쉬우므로 공간에 알맞게 선택하는 것이 중요하다.

그림 A8-10 벽부형 조명기구 사례(출처 : www.maltani.co.kr)

④ 펜던트와 샹들리에 (pendant & chandelier)

천장에서 체인이나 파이프로 매달아 조명하는 방식으로 조명기구 자체가 인테리어의 요소가 되거나, 천장의 설비 배관 등의 간섭을 고려하여 설치할 때 사용하는 조명기구를 펜던트 방식이라고 한다. 일반적으로 식탁 위의 조명이나, 기계실 또는 주차장에서 많이 사용된다. 펜던트와 샹들리에 구분은, 기능적인 측면이 강조되면 펜던트 조명이라 하고, 장식적인 측면이 강

그림 A8-11 펜던트 조명기구와 샹들리에 사례(출처 : www.maltani.co.kr)

조되었을 때 샹들리에라고 한다. 펜던트 조명기구는 직부형과 마찬가지로 천장면 내부에 조명 기구를 지지할 수 있는 구조물이 있어야 한다. 샹들리에는 유리, 크리스탈 등으로 이뤄져 시공, 유지관리, 사용상 안전성을 고려하여 선택되어야 한다.

5 이동형 조명기구(stand light)

조명기구를 필요에 따라 자유로이 이동할 수 있으며 장식적, 기능적, 보조 조명등으로 다양하게 사용하게 사용할 수 있다. 이동형 조명기구로는 플로어 스탠드 및 테이블 스탠드 등이 있고, 국내에서는 주로 작업을 위한 보조 조명, 또는 분위기 조명으로 활용되고 있으나, 미국과 유럽 등 주거 양식에 따라 천장의 직부형 조명기구를 사용하지 않는 곳에서는 주조명으로 활용된다.

그림 A8-12 이동형 스탠드조명 사례(출처 : www.maltani.co.kr)

6 투광조명(flood light)

빛을 멀리 보내거나 넓게 조사하기 위한 조명기구로 '투광기' 라고도 부른다. 설치 장소에 따라 물류센터, 창고형 할인점 등에서 사용되면 '고천장 조명'이라 부르고, 골프장, 축구장, 야구장 등 스포츠 시설에 사용되면 '스포츠 조명'이라고도 일컫는다. 이러한 투광용 조명기구는 배광의 각도가 다양하고 옥외의 환경 즉, 눈, 비, 강풍, 직사일광 또는 먼지, 가스, 수분에 내구성을 발휘하는 구조와 재질로 제작된다.

그림 A8-13 투광용 조명기구 사례(출처 : www.samsung.co.kr)

7 등주조명(pole & bollard light)

공원, 아파트 단지의 보안등이나 도로의 가로용 조명이 등주 조명기구에 속하며, 주로 기둥형(pole) 조명기구이다. 볼라드(bollard)라고 불리는 낮은 형태의 조명기구는 공원이나, 차량 출입을 막기 위한 경계 구조로 사용되는 조명을 볼 수 있는데, 차량 진입 방지용 말뚝을 볼라드라 명칭하여 유사한 형태의 등주형 조명기구를 볼라드라고 일컫는다.

도로조명의 경우, 광원부는 방향성을 갖는 반사판을 이용해 도로면에 효율적인 배광으로 만들지만, 공원이나 정원 등은 특별한 배광의 기능보다 빛의 흐름과 주변 분위기에 어울리는 빛의 느낌을 중시하며, 공원의 구조물 또는 전경 디자인에 어울리는 형태를 사용한다. 또한 이러한 등주형 조명기구는 주로 외부에 설치되는 조명기구로 재료의 내구성이나 마감 도료의 내구성이 확보되어야 하고, 외부의 힘에 지탱하기 위하여 철근콘크리트의 기초를 만들어 등주형 조명기구를 고정한다.

북미조명학회(IESNA)에 따르면 등주조명기구의 경우 배광의 형태에 따라 크게 다섯가지(TYPE V는 VS 포함)로 구분되고, 이를 TYPE I ~ TYPE V로 분류한다. 이러한 배광은 형태에 따라 옥외 도로환경에 적합한 배광을 갖는 조명기구를 선정할 때 기준이 될 수 있다.

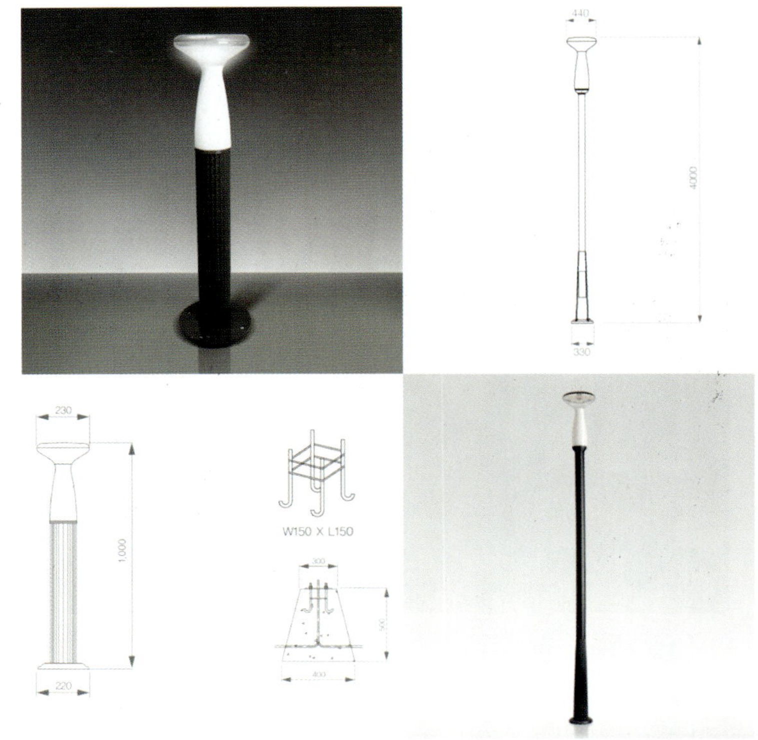

그림 A8-14 등주형 조명기구 사례(출처 : www.maltani.co.kr)

TYPE I : 좁고 대칭적인 조도분포

TYPE II : TYPE I 보다 좀 더 넓고 비대칭적인 조도분포

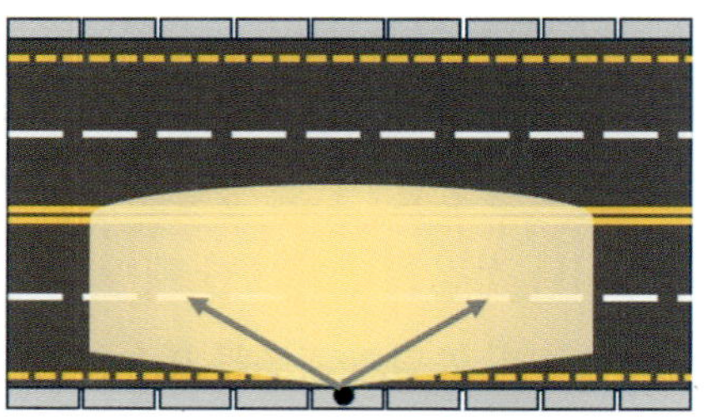

TYPE III : TYPE II 보다 넓고, 비대칭적인 조도분포

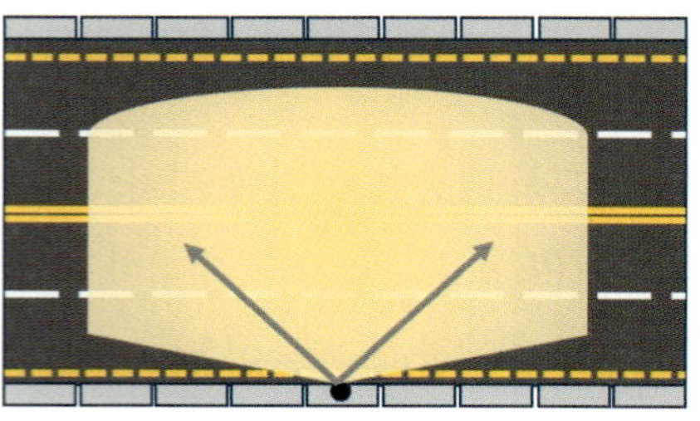

TYPE IV : 비대칭적이고 전면이 강조된 조도분포

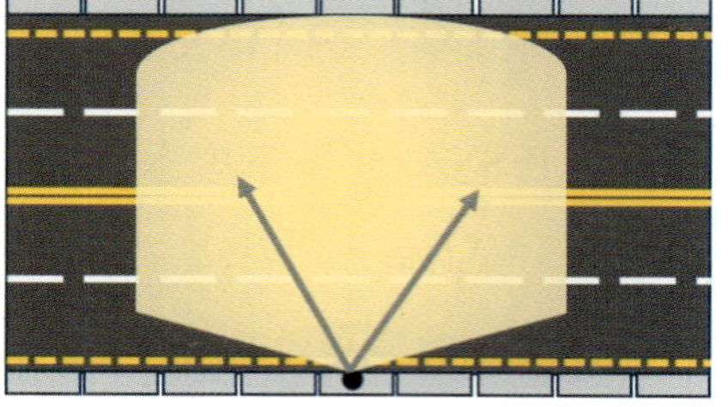

TYPE V : 대칭적인 원형 조도분포

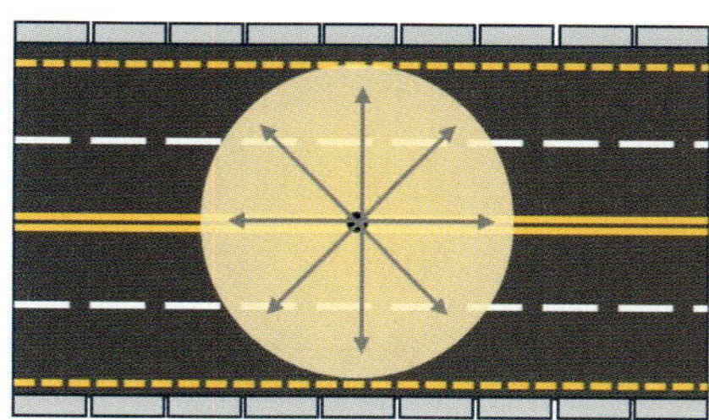

TYPE VS : 대칭적인 사각 조도분포

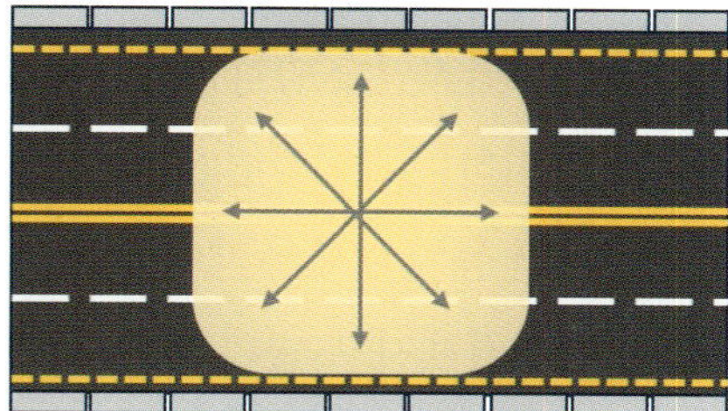

그림 A8-15 북미조명학회의 옥외조명기구 배광분류

8 스팟 조명(spot light)

스팟 조명은 어떠한 대상물이나 표현물을 강조하기 위하여 상대적으로 좁은 빔각(beam angle)의 배광을 갖는 조명기구를 말하여, 그림, 옷, 조형물 등을 비추어 원근감 및 입체적인 효과를 낼 수 있다. 피조물의 앞면과 뒷면 또는 옆면에서 비출 경우에 각각 그 느낌이 달라지므로 분위기를 잘 파악하여 배치해야 하며 전체 조명인 전반조명과의 조화를 염두하고 설치하는 것이 바람직하다. 스팟 조명은 특히 전시나 무대조명에 있어 그 비중이 크며, 일반적인 실내 공간에서는 트랙과 함께 사용되어 피조물 또는 전시물 변경에 따라 조명계획을 변경할 수 있도록 연출한다.

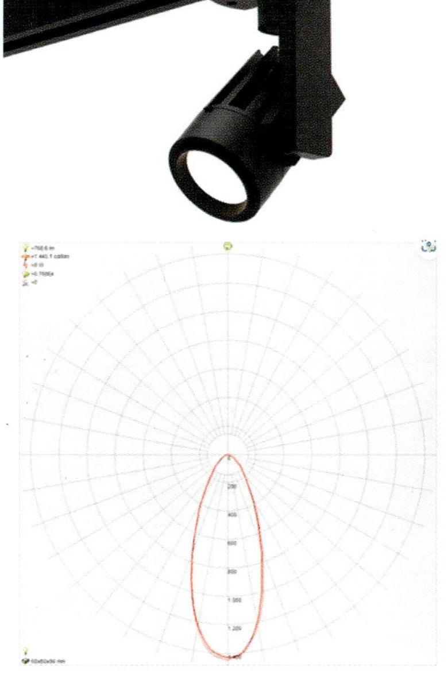

그림 A8-16 스팟 조명기구 사례(출처 : www.maltani.co.kr)

9 건축화 조명(architectural light)

앞에서 살펴본 일반적인 조명기구를 사용하지 않고, 천장·벽·기둥·보 등 건축구조체와 일체화하여 광원을 설치하는 조명방법이다. 이러한 조명방식은 건축 및 인테리어와 함께 계획된다. 주택 및 사무공간 등 실내에서 많이 사용되는 다운라이트 조명방식은 천장에 조명기구가 매입되어 천장면이 깔끔해지고, 빛의 분포가 고르다. 건물의 로비, 매장 등에 많이 사용되는 선방향 조명방식은 공간의 가구 및 집기 배치에 따라 공간 사용자에게 일체감을 줄 수도 있다. 코브조명은 광원을 천장면 또는 벽면 등에 숨기어 간접조명효과를 창출함으로써 사용자에게 편안한 느낌의 조명을 연출한다. 광천장 조명은 천장면에 발광 느낌을 주어 공간 전체를 밝게 비춰주는데, 유지관리 시 광천장 내부에 사용된 광원은 동일한 색온도와 광속을 유지하여 이질감이 없도록 연출해야 한다.

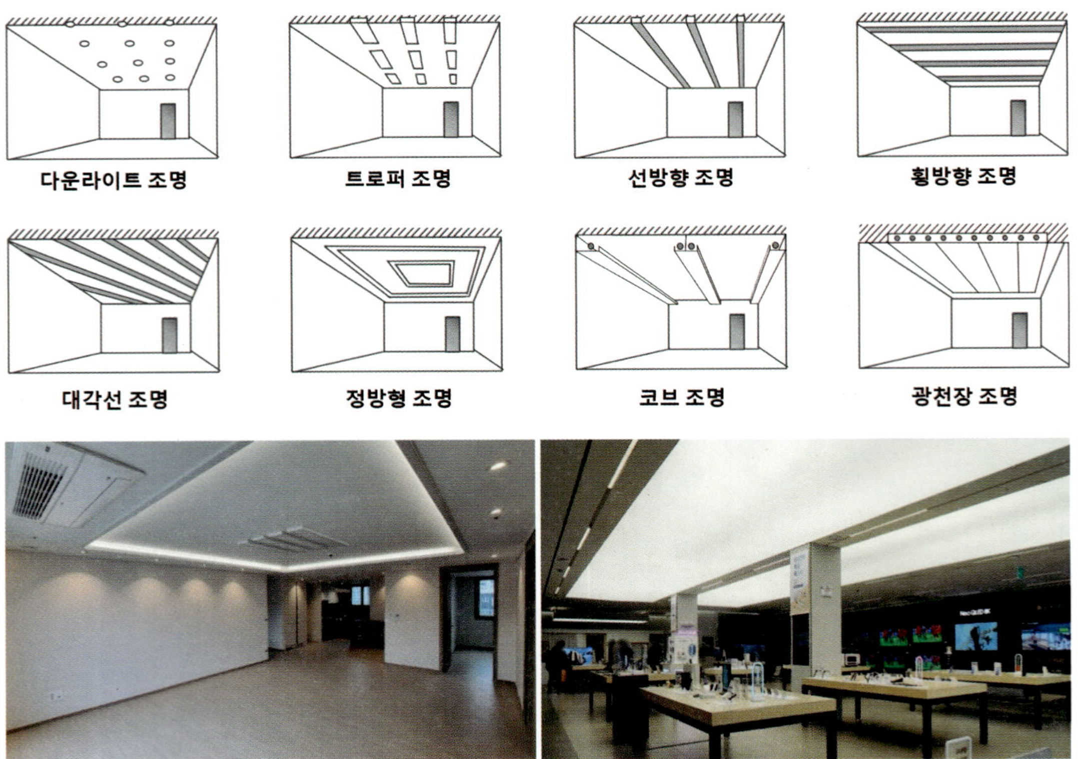

그림 A8-17 건축화 조명 방식 및 사례

8.5 조명기구 설계

조명기구는 내구성과 조형성이 있어야 하고, 전기적 안정성을 갖추는 동시에 목적에 맞는 적합한 배광을 갖추기 위한 광학적 기능을 지녀야 한다. 조명기구의 광학적 특성은 배광을 결정하는 가장 중요한 요소로 조명기구 설계에 있어, 광학 설계는 매우 중요하다. 조명기구의 배광을 결정하는 광학 설계의 기본개념은 반사, 굴절, 투과 등 빛의 성질을 이용하여 사용 목적에 적합한 배광을 갖는 조명기구를 설계한다.

전통적인 조명기구 설계에서는 백열램프, 형광램프 등 정형화된 광원을 중심으로 반사판 형상을 설계하여 목적하는 배광을 얻어냈다면, 오늘날 LED 조명은 모듈의 형태가 다양하고 LED 패키지의 일반적 빔각을 활용하여 배광 설계를 하기 위해 렌즈나 확산판을 통하여 목적하는 배광을 설계한다.

8.5.1 반사판

빛은 어떤 투과가 되지 않는 물체의 표면에 도달하면 일부는 물체 자체에 흡수되기도 하지만 대부분 반사된다. 물체의 표면이 거울이나 금속판의 표면과 같이 매끈한 경우, 빛이 물체 표면으로 입사되는 각과 같은 크기의 각의 방향으로 반사되어 광선이 서로 평행하게 진행하게 되고 이를 정반사라 한다. 물체의 표면이 거칠거나 고르지 못한 경우에는 빛이 도달하면 서로 다른 여러 방향으로 흩어져 반사하게 되며, 이런 경우를 난반사라고 한다.

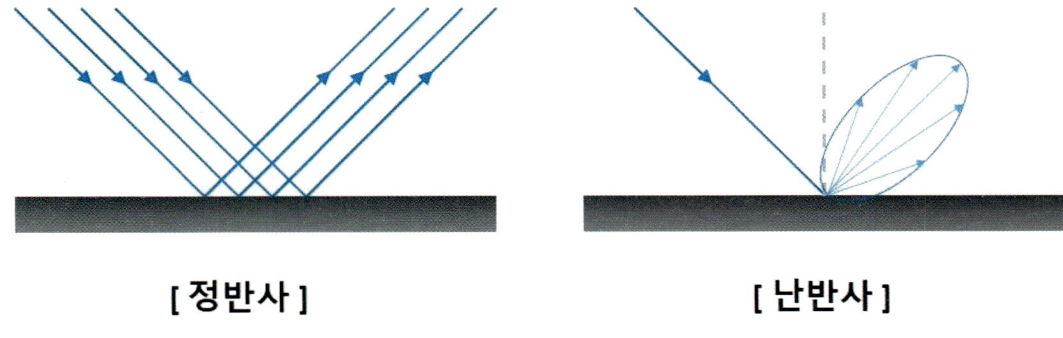

그림 A8-18 빛의 정반사와 난반사

반사판은 반사법칙에 의해 입사각에 의해서 반사각이 결정되며, 반사된 빛은 외부로 방사되어 조명기구의 배광곡선을 결정한다. 반사판의 형상은 광원의 위치와 반사판의 반사율 등에 따라 배광

곡선과 조명기구의 효율이 결정되며, 조명기구의 눈부심과 연계된 컷오프 각도가 결정된다.

볼록거울에 입사된 빛은 거울의 각도에 따라 빛의 방향이 확산되고, 오목거울에 입사된 빛은 빛이 내각으로 반사되어 촛점을 형성한다. 오목거울의 촛점에 광원이 위치하게 되면 빛은 반사되어 평행 진행될 것이다. 이러한 빛의 기본 성질을 응용하여 반사판 설계를 할 수 있다.

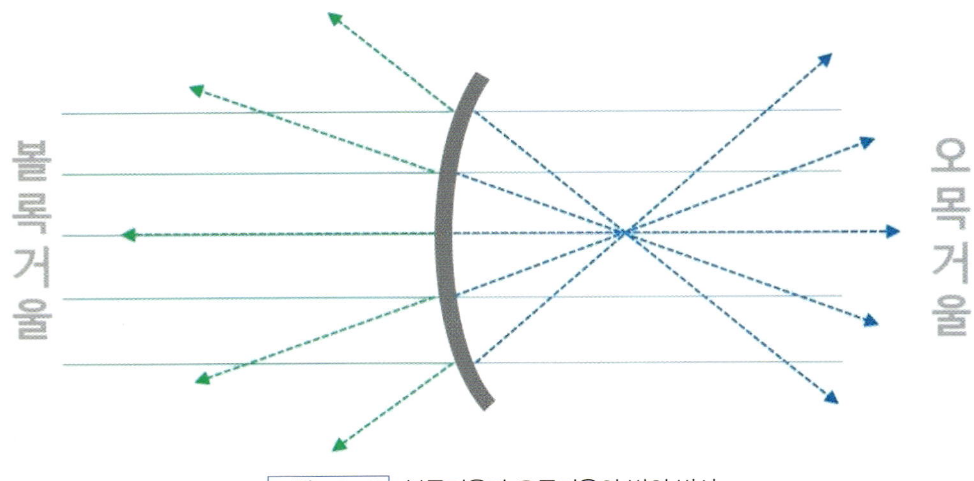

그림 A8-19 볼록거울과 오목거울의 빛의 반사

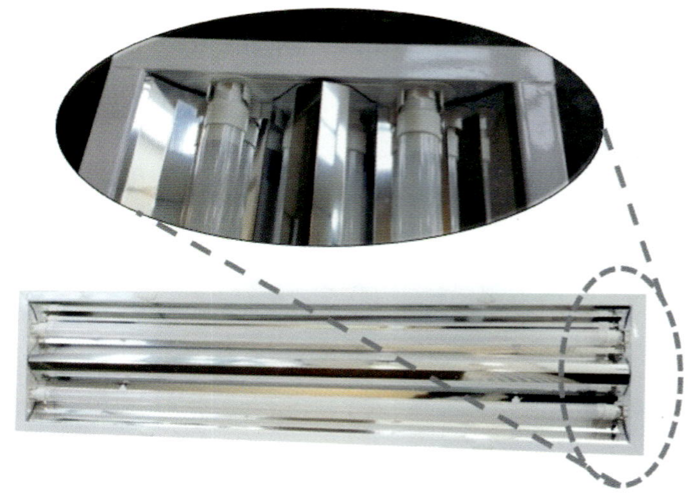

그림 A8-20 빛의 확산을 위한 반사판 설계가 적용된 조명기구 사례

오목거울의 사례와 같이, 반구 형태의 반사판은 하나의 촛점을 갖고 있으며, 촛점에 광원이 위치할 경우 반사된 빛은 다시 광원으로 돌아가기 때문에 효율의 손실일 발생할 수 있다. 따라서 광원의 위치와 반사갓의 크기 등을 고려한 설계가 이루어져야 한다. 포물선 형태의 반사판도 하나의 촛점을 갖는다. 촛점에 광원이 위치하게 되면 빛은 평행하게 반사되어 좁은 배광의 빛 분포를 만들어 낼 수 있다. 타원형 형태의 반사판은 두 개의 촛점을 갖는다. 첫 번째 촛점에 광원이 위치하게 되면 두 번째 촛점에 반사된 빛이 모이게 된다.

8.5.2 렌즈

빛은 공기와 유리 같은 투명한 물체를 통과할 때 서로 다른 매질의 경계면에 도달하면 빛의 일부는 반사되고, 나머지는 매질 속으로 들어가게 된다. 이때 빛은 투과되면서 수직이 아닌 각으로 입사하는 광선이 방향을 바꾸어 투과되는 현상을 굴절이라고 한다. 볼록렌즈와 오목렌즈는 빛을 모으거나 분산시키는 역할을 한다.

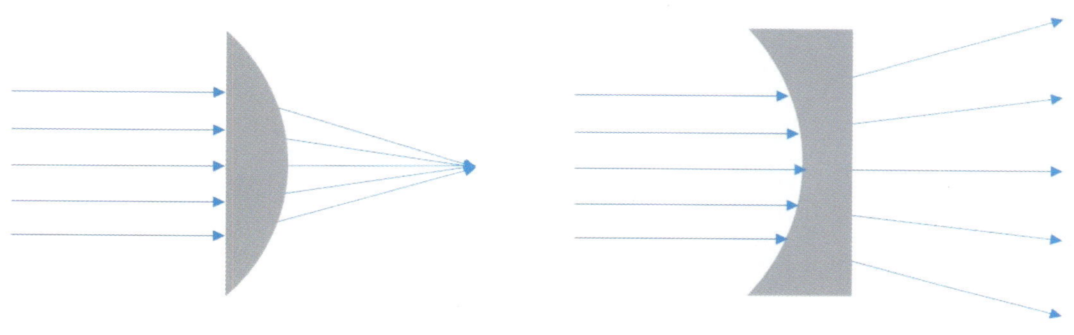

그림 A8-21 볼록렌즈와 오목렌즈의 빛의 굴절

조명기구에 사용되는 렌즈는 굴절을 이용하여 다양한 형태로 적용되고 있고, 특히 LED 조명기구에서는 LED 패키지에 렌즈를 적용하여 배광을 조절하기도 한다.

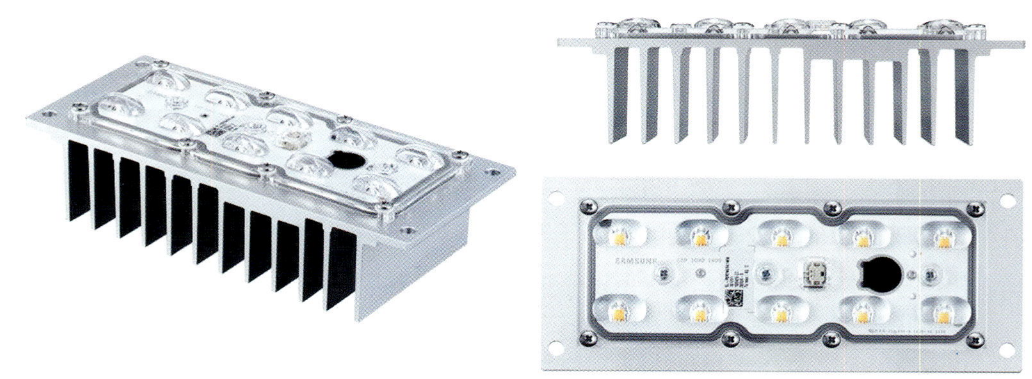

그림 A8-22 LED조명의 렌즈 적용 사례(출처 : www.samsungled.com)

8.5.3 확산판

빛은 확산 물체의 매질의 종류에 따라 투과되거나 부분적으로 확산 또는 전반 확산되는 경우로 나뉜다. 예를 들어 LED 조명기구의 커버가 투명한 유리일 경우, 빛의 대부분은 투과되고, 사용자는

LED 패키지를 직접 바라보게 되어 눈부심을 느낄 것이다. 불투명한 조명기구 커버를 사용할 경우, 눈부심을 줄어들지만 조명기구의 광량 또한 줄어들 수 있다. 이는 확산 물체의 특성에 따라 조명기구의 배광 특성이 결정되는 것을 의미한다.

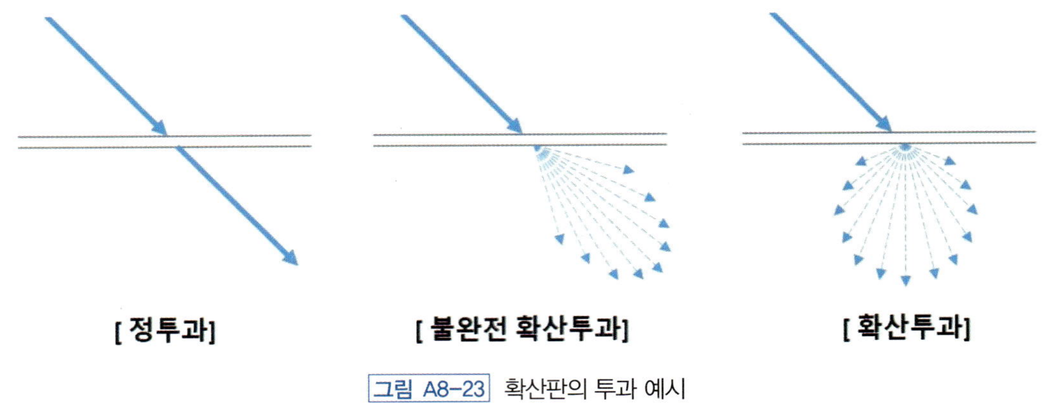

그림 A8-23 확산판의 투과 예시

조명기구에서 확산판은 광원의 눈부심을 줄여주고, 조명기구의 발광면이 고르게 빛을 낼 수 있게 한다. LED 조명 모듈의 LED 패키지를 직접 응시하게 되면 매우 눈이 부신다. 이는 LED 패키지의 발광 빔각이 좁기 때문이다. 따라서 LED 조명기구에 확산판을 이용한 조명기구 설계가 많이 이뤄지고 있고, 확산판의 투과율과 형상에 따라 조명기구의 효율과 배광 등 조명기구의 특성이 결정된다.

8.5.4 배광데이터

광원 또는 광원 일체형 조명기구의 중심을 통과하는 각 방향에 대한 광도의 분포를 배광(luminous distribution)이라고 한다. 배광곡선(luminous distribution curve)은 광원의 중심을 통과하는 각 각도의 광도 분포를 표시한 것으로 조명설계 시 조명기구의 빛의 분포를 예측하고, 제조사에서 제공하는 배광곡선 파일(IES 파일)은 조명시뮬레이션 소프트웨어에서 활용한다.

배광곡선은 데카르트 좌표 표기법과 극좌표 표기법으로 표현한다. 데카르트 표기법을 살펴보면, 수평 축을 사용하여 빔의 투영 각도를 표기하고 세로 축으로 광도를 표기하는 방법이다. 극좌표 표기는 광원의 중심으로 각 각도의 광도를 벡터로 표기하고, 각 광도의 최상 값을 연결한 배광 곡선 표기법이다.

하기의 매입형 다운라이트의 극좌표 표기를 살펴보면, 약 2,292 lm의 광속을 갖고, 최대 광도는 약 978 cd이며, 소비전력은 20 W의 조명기구임을 확인할 수 있다. 빔각의 경우 최대 광도의 중간값을 기준으로 산정하는데, 데카르트 표기법과 극좌표 표기법을 확인해보면 약 -45°~ +45°로 약 90 ° 빔각을 보유한 제품으로 읽혀진다.

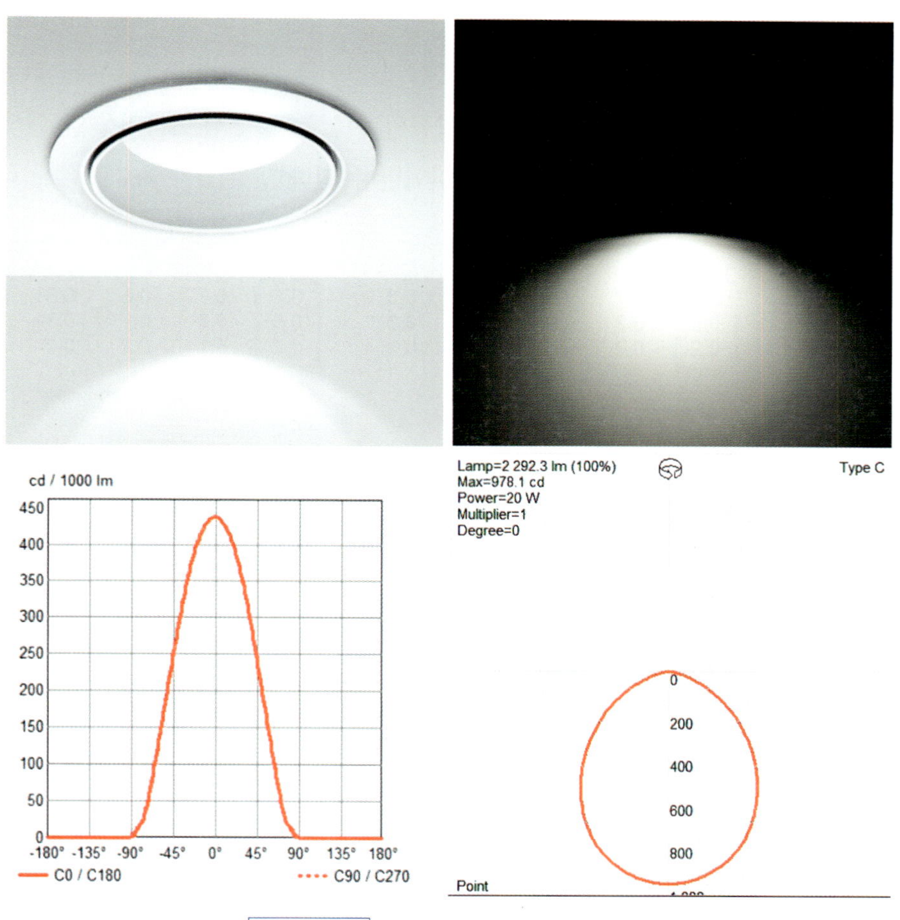

그림 A8-24 조명기구의 배광곡선 예시

IESNA에서 배광데이터에 대한 표준 양식을 만들어서 사용하는데, 이것을 'IES file format data'라 지칭한다. 이 IES file format data는 배광데이터 뿐만 아니라 조명기구의 정보를 포함하고 있고, 조명시뮬레이션 소프트웨어를 통하여 조명기구의 다양한 정보(예를 들어 광원의 개수, 광원의 광속, 조명기구의 폭과 길이, 조명기구의 높이 등)를 확인할 수 있다. 또한, Relux, DIALux, AGI32 등 조명시뮬레이션 소프트웨어를 통해서 조명 설계에 중요한 요소인 사용자가 느끼는 불쾌눈부심을 확인할 수 있으며, 국제표준기구(International Organization for Standardization, ISO) 기준으로 채택된 UGR(unified glare rating)을 배광데이터의 입력으로 그 수치를 가늠할 수 있다.

아래의 조명기구는 Relux 소프트웨어에 IES 배광 데이터를 적용시켜 UGR 표를 산출한 결과이다. 조명기구의 설치 위지가 3.2 m 높이이고, 사용자의 눈높이가 1.2 m 라는 가정으로 아래 표의 'H'의 값을 산출하면 2 m이고, 조명이 적용되는 공간의 크기를 가로 4 m, 세로 8 m라 가정하면 가로는 2 H, 세로는 4 H임을 알 수 있다. 이때 천장, 벽, 바닥면의 반사율을 각 70 %, 50 %, 20 %로 가정하면 해당 조명기구의 길이가 긴면의 UGR값은 '19.3'이고, 길이가 짧은 면의 UGR값은 '21.6'임을 알 수 있고, 이는 불쾌눈부심 평가기준에 의거 '받아들일 수 없는' 눈부심 이하임을 알 수 있다. 이와 같이, 배광데이터를 통하여 조명기구의 특성을 파악할 수 있다.

Reflectance of											
Ceiling		0.7	0.7	0.5	0.5	0.3	0.7	0.7	0.5	0.5	0.3
Walls		0.5	0.3	0.5	0.3	0.3	0.5	0.3	0.5	0.3	0.3
Floor Cavity		0.2	0.2	0.2	0.2	0.2	0.2	0.2	0.2	0.2	0.2
Room dimension		Viewed crosswise					Viewed endwise				
x	y										
2H	2H	17.1	18.8	17.4	19.1	19.4	18.2	19.9	18.6	20.2	20.6
	3H	18.7	20.2	19.0	20.5	20.9	20.4	22.0	20.8	22.3	22.7
	4H	19.3	20.8	19.7	21.1	21.5	21.6	23.0	22.0	23.4	23.8
	6H	19.8	21.1	20.2	21.5	21.9	22.7	24.1	23.1	24.5	24.8
	8H	19.9	21.2	20.3	21.6	22.0	23.2	24.5	23.6	24.9	25.3
	12H	20.0	21.2	20.4	21.6	22.0	23.5	24.8	24.0	25.2	25.6
4H	2H	18.1	19.5	18.5	19.9	20.2	18.9	20.4	19.3	20.7	21.1
	3H	19.8	21.1	20.2	21.5	21.9	21.4	22.6	21.8	23.0	23.4
	4H	20.6	21.8	21.1	22.2	22.6	22.7	23.8	23.1	24.3	24.7
	6H	21.2	22.2	21.6	22.6	23.1	24.0	25.0	24.5	25.5	25.9
	8H	21.4	22.3	21.9	22.8	23.2	24.6	25.5	25.1	26.0	26.4
	12H	21.5	22.4	22.0	22.8	23.3	25.1	26.0	25.6	26.4	26.9
8H	4H	21.3	22.2	21.7	22.6	23.1	23.0	24.0	23.5	24.4	24.9
	6H	22.0	22.8	22.5	23.3	23.8	24.6	25.4	25.0	25.8	26.3
	8H	22.4	23.1	22.9	23.6	24.1	25.4	26.0	25.9	26.6	27.0
	12H	22.6	23.2	23.1	23.7	24.2	26.0	26.6	26.5	27.1	27.6
12H	4H	21.4	22.3	21.9	22.8	23.2	23.1	24.0	23.6	24.4	24.9
	6H	22.4	23.1	22.9	23.6	24.0	24.7	25.4	25.2	25.9	26.4
	8H	22.7	23.3	23.3	23.8	24.3	25.5	26.1	26.0	26.6	27.1

① H 찾기 : H= 등기구 높이 – 사용자 눈높이, ex. 3.2m – 1.2m = 2m

② 공간 사이즈 적용 : 공간사이즈 가로 4m X 세로 8m, 가로 = 2H, 세로 = 4H

③ 천정, 벽, 바닥반사율 : 천정(70%), 벽(50%), 바닥(20%)

④ UGR 찾기 : 19.3(Crosswise), 21.6(Endwise)

그림 A8-25 조명기구의 UGR 데이터 활용

PART
C

조명제어시스템과 스마트 조명

CHAPTER 01

조명제어 개요

1.1 조명제어의 개념

조명제어는 광량, 조도, 색온도, 조명 패턴 등 조명의 적절한 제어를 통해 다양한 목적과 사용자의 요구사항에 맞춰 원하는 조명환경을 구현과 동시에 불필요한 조명사용을 줄여 에너지 비용을 절감하는 효율적인 조명환경 구현 기술이다.

효율적인 조명제어는 에너지 소비를 줄이고 환경에 대한 부담을 완화할 수 있으며, 사용자의 편의를 높이고 생산성을 향상시킬 수 있으며, 안전 및 보안 요구사항을 충족시킬 수 있어 조명제어는 현대 건축 및 인테리어 디자인에서 중요한 역할을 담당하고 있다.

1.2 조명제어 방식

조명제어 방법은 크게 사용자가 직접 조작을 해야 하는 수동제어 방식과 자동제어 방식으로 크게 구분할 수 있으며, 대표적인 수동제어 방식은 스위치 제어와 조광기(디머, dimmer) 제어가 있다.

1.2.1 수동제어

스위치 조명제어는 간단하고 저렴한 방법으로 기본적인 조명제어만 필요한 경우 유용한 방법이다. 스위치 제어방식은 스위치를 누르거나 끄는 것이 매우 간단하고 직관적이어서 별다른 학습이나 기술적인 지식이 없어도 사용자가 조명을 켜거나 끄는데 어렵지 않으며, 비용이 저렴하고 설치가 간단한 효율성과 스위치 조작에 대한 신뢰성 및 일관성이 높은 장점이 있는 반면, 주로 켜고 끄는 기능에 한정되며, 복잡한 조명 효과와 밝기 조정, 시간 일정에 따른 자동제어 등이 불가능한 한계가 있다. 또한 사용자의 행동이나 주변 조도 등을 고려하지 않고 일괄적으로 조명이 제어되기 때문에 에너지 비효율과 사용자가 일일이 스위치를 조작해야 하고, 복잡한 조명 시나리오 구현은 불가능하다.

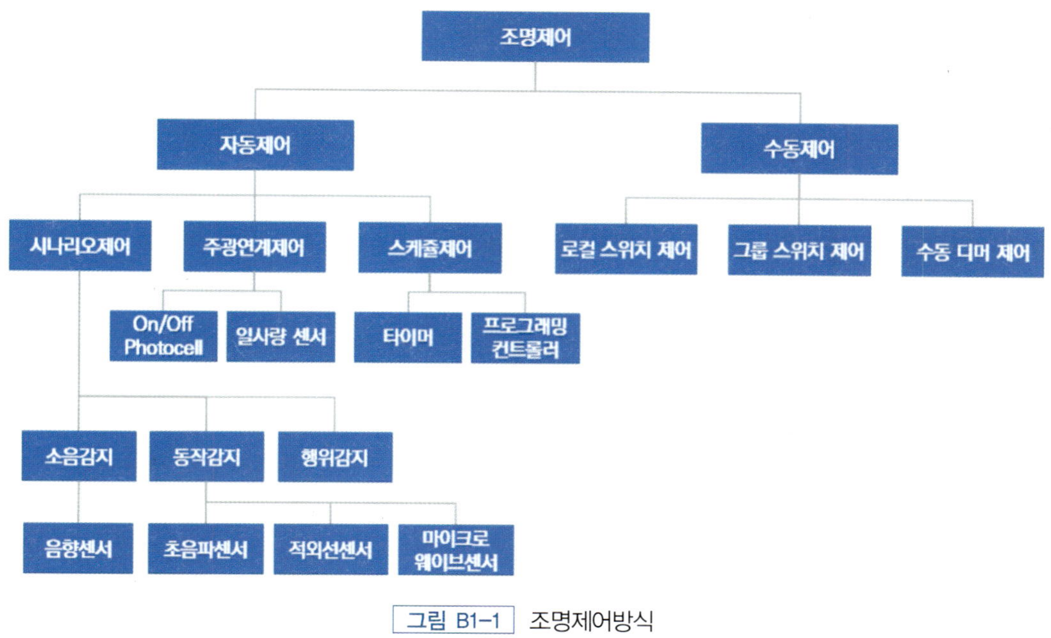

그림 B1-1 조명제어방식

이러한 스위치 제어의 단점을 일부 보완하는 방법으로 조광기 스위치를 사용하기도 한다. 조광기 제어는 조광기를 사용하여 조명의 밝기를 조절할 수 있기 때문에 스위치 제어에 비해 비교적 다양한 조명환경을 구현할 수 있으며, 조명의 밝기를 필요에 맞게 조절할 수 있어 에너지를 효율적으로 사용할 수 있는 장점이 있다. 그러나 조광기 시스템과 조명기기 간의 호환성 문제와 스위치에 추가적으로 설치해야 하는 번거로움과 제어의 복잡성, 조광 과정에서 발생할 수 있는 소음 발생 등의 단점을 가지고 있다. 일반적으로 조광기 스위치는 전압조절형(권선형), 전류조절형(저항강하형), 반도체형 방식 등이 있으며, 최근에는 다이액(diac), 트라이액(triac), MOSFET 등의 다양한 반도체 소자를 이용하는 방식이 주로 이용되고 있다.

1.2.2 자동제어

자동제어 방식은 스케줄 제어, 센서 제어, 네트워크 제어 및 스마트 조명제어 등이 있다. 스케줄 제어는 사용자가 직접 조명을 제어할 필요없이 정해진 시간에 따라 조명이 자동으로 켜지거나 꺼지도록 제어하는 방식으로 생활 패턴에 맞춰 조명을 제어가 가능하며, 불필요한 조명 사용을 줄여 에너지를 절감할 수 있다. 또한 스케줄에 따라 조명을 자동으로 켜는 기능을 활용하여 안전 및 보안강화 효과를 기대할 수도 있다. 하지만 미리 정의한 스케줄로만 조명을 제어하기 때문에 예상치 못한 상황이나 특별한 요구사항 또는 여러 이용자의 다양한 요구사항을 모두 대응하기 어려운 점과 주기적인 유지보수 필요성 등이 단점이다.

센서 조명제어는 환경 조건이나 사용자의 동작 등을 감지하여 조명을 제어하는 방식으로, 조도 센서를 이용하여 주변 밝기에 따라 자동으로 조명을 조절하거나 움직임 센서를 활용하여 사용자가 특정 공간에 접근할 때 조명을 자동으로 켜는 등의 기능을 구현할 수 있다. 스케줄제어와 마찬가지로 에너지절감, 사용자 편의, 안전 및 보안강화 등의 장점이 있다. 하지만 상대적으로 높은 초기 설치비용, 센서의 선택, 배치 및 연결 등 복잡하고 전문적인 조명설계가 반드시 필요하며, 센서의 오류로 인한 오작동 문제와 정확성과 신뢰성을 유지하기 위한 시스템의 주기적인 유지관리가 필요한 단점이 있다.

네트워크를 활용한 조명제어는 조명 장치들을 하나의 네트워크에 연결하여 중앙에서 통합적으로 제어하는 방식이다. 네트워크 조명제어는 모든 조명 장치를 하나의 중앙 제어 시스템에서 통합적으로 관리할 수 있어 사용자가 모든 조명장치를 제어하고 모니터링할 수 있는 편리함을 제공한다. 또한 새로운 조명 장치를 추가하거나 기존 장치를 제거하거나 조명 구성을 변경하는 등의 확장성이 높고, 스케줄제어나 시나리오 제어가 용이한 장점이 있다. 또한 네트워크 조명제어를 통해 조명을 필요한 시간에만 동작시켜 최적의 에너지효율성을 기대할 수 있다. 하지만 네트워크 연결과 중앙 제어 시스템의 설정 및 구성에 필요한 초기 비용 및 설치 복잡성, 네트워크 장애나 인터넷 연결의 문제로 조명제어가 제한될 수 있어 네트워크 안정성 확보와 해킹으로부터의 보호 등 보안 필요성 등 네트워크 의존성이 단점으로 지적되고 있다.

1.3 조명제어의 필요성

조명은 현대 생활에서 매우 중요한 역할을 수행하고 있다. 우리는 조명을 통해 환경을 밝게 비추고 안전을 보장하며 상황에 맞는 분위기를 연출할 수도 있으며, 적절한 조명제어를 통해 에너지를 절약하고 이를 통해 에너지 비용을 절약할 수 있다. 또한 조명을 통해 생체리듬과 집중력 향상, 휴식과 수면 등 건강과 웰빙에 도움을 줄 수도 있다. 따라서 현대 생활에서 조명을 효율적이고 효과적으로 제어하는 것은 매우 중요한 일이다.

① 에너지절감

조명제어는 에너지 효율성을 향상시키고, 환경을 보호하는 데에 큰 역할을 한다. 전체 전력 소비의 약 20 %는 조명으로 소비되고 있으며, 조명제어시스템은 불필요한 조명의 사용을 줄이고 조명을 필요한 때에만 사용하도록 제어함으로써 에너지 낭비를 줄일 수 있다. 자동 조명제어시스템은 센서를 사용하여 사람의 존재를 감지하고, 조명을 적절하게 켜거나 끄는 등의 조절 작업을 수행한다. 이를 통해 에너지 절약과 지속 가능한 에너지 사용을 실현할 수 있다.

2 환경 보호

조명제어시스템을 통한 에너지 효율성 향상은 화석 연료 소비를 감소시켜 온실 가스 배출을 줄일 수 있으며, 태양광, 풍력에너지 등 신재생에너지와 연계하여 사용할 수 있어 친환경적인 조명시스템을 구축할 수 있다.

3 비용 효율성

적절한 조명제어를 통해 조명을 필요한 곳과 시간에만 사용함으로써 전력의 소비를 줄이고 에너지 효율성을 향상시켜 소비자의 에너지 비용 부담을 줄이는 데에도 도움을 준다. 또한, 자동 조명제어시스템은 미리 설정된 상황과 시간에 조명을 자동으로 켜고 꺼지도록 설정할 수 있어, 불필요한 조명으로 에너지 낭비를 방지하는 데 도움을 주어 개인, 가정, 기업 등 모든 사용자에게 이익을 제공할 수 있다.

4 사용자 편의성

조명제어는 사용자의 편의성을 높이고, 조명을 효과적으로 관리할 수 있는 기능을 제공한다. 조명제어시스템은 조명을 자동으로 켜고 끌 수 있으며, 조명의 밝기와 색상을 조절할 수도 있다. 예를 들어, 휴식을 취할 때는 조명을 부드럽고 편안한 색상으로 조절하여 휴식의 품질을 향상시킬 수 있으며, 조명제어시스템은 사용자가 원격으로 제어할 수 있는 기능을 제공하여 휴대폰이나 스마트 기기를 통해 조명을 조절할 수도 있어 사용자는 편리하게 조명을 관리하고 원하는 조명환경을 조성할 수 있다.

5 안전과 보안 강화

조명제어는 건물의 안전과 보안을 강화하는 데에도 도움을 줄 수 있다. 조명제어시스템은 센서와 연동하여 주변 환경의 변화를 감지하고 조명을 제어함으로써 보안과 사용자의 안전에 기여할 수 있다. 예를 들어, 건물 주변에 센서를 설치하여 사람의 접근을 감지하면 조명을 자동으로 켜거나 경보 시스템과 연동하여 경보를 작동시킬 수 있다. 이는 외부 침입자의 방지와 사고 예방에 가장 비용 효율적인 방법 중 하나이다.

⑥ 분위기 조성과 생산성 향상

조명제어시스템은 조명의 밝기와 색상을 조절하여 다양한 분위기를 조성할 수 있다. 예를 들어, 작업 공간에서는 밝고 활기찬 조명을 사용하여 집중력을 높일 수 있고, 회의나 휴식 공간에서는 부드러운 조명을 사용하여 편안한 분위기를 조성할 수 있다. 적절한 조명은 사용자의 감성을 높이고 창의성을 향상시키며, 생산성을 높이는 데 도움을 줄 수 있다.

⑦ 건강과 웰빙(well-being) 촉진

적절한 조명제어는 건강과 웰빙(well-being)을 촉진하는 데 도움을 주기도 한다. 일상생활에서 자연광을 모방하는 조명으로 인공조명을 조절하면 생체리듬을 조절할 수도 있으며, 높은 조도와 색온도를 높여 활동과 집중력을 증가시킬 수 있으며, 반대로 낮은 조도와 색온도는 휴식과 수면을 유도할 수 있다. 그뿐만 아니라 빛의 비시감적 요소를 이용하여 심리/정신과적 치료에 적극 활용하기도 한다.

⑧ 유연한 시스템 통합

조명제어시스템은 자동화와 다른 시스템과의 통합이 비교적 유연하다. 조명제어시스템은 자동화시스템과 연동하여 조명을 자동으로 제어하고, 홈 오토메이션 시스템이나 스마트폰 시스템과 연동하여 조명을 휴대폰이나 태블릿을 통해 제어하거나 가전제품과 연동하여 제어할 수 있다. 또한, 조명제어시스템은 건물관리 시스템이나 건물에너지관리 시스템과 연동하여 전체 건물의 조명 상태를 모니터링하고, 관리자가 효율적으로 조명을 제어할 수 있으며, 에너지를 효율적으로 이용할 수 있는 기능을 제공한다.

⑨ 유지 보수 용이성

조명제어시스템은 유지보수 및 장애 관리를 용이하게 해준다. 조명제어시스템은 조명 장치의 상태를 모니터링하고 조명의 수명, 고장 등을 실시간으로 감지할 수 있으며, 이를 통해 조명 장치의 유지보수가 필요한 경우 조기에 인지하여 필요한 조치와 장애가 발생한 경우에도 신속하게 대응할 수 있는 기능을 제공한다.

1.4 조명제어의 적용 분야

조명제어시스템은 주거건물, 상업건물, 산업건물, 실외공간 등 대부분의 건물에 적용되고 있으며, 의료시설, 교육시설, 전시 및 이벤트시설을 비롯해 식물재배시스템에 이르기까지 다양한 분야에 활용되고 있다.

① 주거 공간

주택이나 아파트에서 조명제어는 주거 환경의 편리성과 편안함을 증진 시킬 수 있으며, 조명을 조절하여 활동에 맞는 조명환경을 조성할 수 있으며, 절전 효과와 편의성을 제공한다. 예를 들어, 움직임 센서를 사용하여 방에 사람이 없을 때 자동으로 조명을 꺼지게 하거나, 자연광이 충분한 경우 자동으로 조명을 조절하거나. 다양한 색상, 밝기, 조명 패턴을 활용하여 원하는 분위기를 연출하고, 음성 제어, 모바일 앱, 원격 제어 등을 통해 조명을 손쉽게 조절하는 등의 편의를 제공한다.

② 상업 및 사무 공간

조명제어는 상점, 사무실, 호텔, 레스토랑 등의 상업 및 사무 공간에서 많이 사용되며, 조명을 조절하여 고객 경험을 개선하거나 작업 환경을 최적화하는데 이용되고 있다. 예를 들어 센서를 사용하여 사람의 움직임을 감지하고 조명을 자동으로 제어하여 에너지를 절약하거나, 작업 영역에 필요한 조명환경을 조성하여 생산성을 높이고, 상품을 강조하기 위해 조명의 강도와 방향을 조절하거나, 색상 변화를 통해 상품의 시각적인 효과를 극대화하는 방법으로 활용되고 있다.

③ 산업 공간

공장, 창고, 제조 시설 등의 산업 시설에서도 조명을 효율적으로 제어하여 안전성을 개선하고 작업 환경을 최적화할 수 있다. 예를 들어 작업 영역의 밝기, 색온도, 조명 방향을 최적화하여 작업자의 시야를 개선하고 작업의 정확성과 안전성을 향상시키고, 조명제어를 활용하여 위험 구역에 대한 경고 시스템을 구축할 수도 있으며, 원격 모니터링을 통한 조명시스템의 동작 상태를 실시간으로 확인하고 필요한 조치를 취할 수 있도록 하고 있다.

④ 공공 및 도시 공간

공공 및 도시 공간에서의 조명제어는 안전성, 보안, 에너지 효율성 및 시각적 효과를 향상시키기 위해 다양하게 활용되고 있다. 도로환경에서 조명제어는 움직임 센서를 사용하여 도로나 보행로에 사람이 다가올 때 조명을 자동으로 켜거나, 차량이 지나갈 때 적절한 밝기로 조절하여 운전자와 보행자에게 안전한 환경을 제공하며, 도시의 랜드마크인 건물들은 조명제어를 통해 시각적인 효과를 극대화 등 도시의 환경을 더욱 안전하고 매력적인 공간으로 만드는 데 기여할 수 있다.

5 의료 시설

병원, 클리닉, 실험실 등의 의료 시설에서도 조명을 조절하여 환자의 편안함을 증진 시키고, 의료진의 작업 환경을 최적화하는 등 조명제어가 중요한 기능을 하고 있다. 조명제어를 통해 입원실의 적절한 밝기와 색온도를 통해 편안한 환경을 조성하여 환자의 휴식과 회복을 돕고, 수술실, 검사실, 치료실 등의 작업 영역에서는 적절한 시야와 조명환경을 제공하여 의료진들이 정확하고 안전하게 처치할 수 있는 환경을 조성하는 데 활용된다.

6 실내 식물재배

식물재배시스템에서의 조명제어는 광합성 활동, 성장 및 생산성을 최적화하기 위해 다양한 방법으로 활용된다. 광량을 조절하여 적절한 광합성 활동을 유지와 식물의 성장과 발아를 조절하며, 스펙트럼 및 일주기 조절을 통해 광주기별로 식물의 광합성 활동, 생장 및 개화를 조절하여 식물의 생육주기를 최적화하고 수확량과 품질을 향상시키는 데 활용된다.

이 외에도 교육 시설, 스포츠 시설, 전시 및 이벤트 공간 등 다양한 분야에서도 조명제어를 통해 에너지 절약, 편의성 향상, 안전성 강화 등 다양한 이점을 얻을 수 있다.

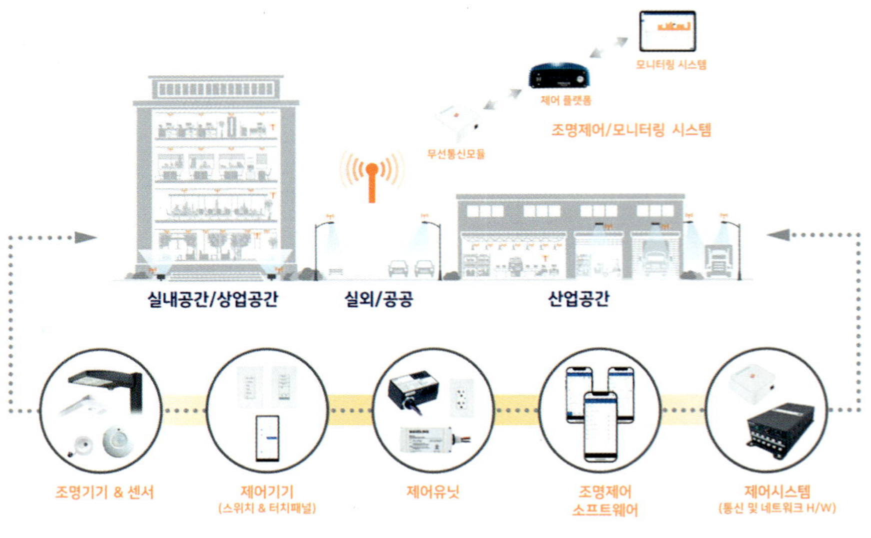

그림 B1-2 조명제어의 적용 분야

CHAPTER 02
조명제어 구성요소

빛을 내는 반도체 LED의 등장으로 기존 할로겐램프, HID, 형광램프, 백열램드 등이 빠르게 LED로 대체 되면서 LED의 디지털 제어를 통해 에너지절감, 색제어 등이 가능해 짐으로써 스마트 조명(smart lighting)이라는 새로운 개념이 등장하게 되었다.

스마트 조명이 기존의 조명기술과 크게 다른 점이 있다면, 기존의 조명과 달리 디지털 제어가 가능하여 다양한 전자기기 및 네트워크와의 연동을 통한 높은 기능적 확장성에 대한 부여가 가능하게 된 것이다. 이는 2000년대 이후에 시작된 인터넷 등 유·무선 네트워크의 보급과 확대로 큰 전환을 맞이하게 되었으며, 최근에는 IoT의 한 분야 기술로 자리 잡게 되었다.

여기에서는 스마트 조명시스템의 세부적인 기술들을 살펴보고, IoT기반의 스마트 조명이 가정-빌딩-스마트 시티로 진화해가는 단계에서 각각 요구되는 제어 기술들을 설명한다.

스마트 조명이 일반조명과 가장 크게 다른 점은, 다음 4가지의 기능적 요소이다.

* 일반 조명과의 차이점에 따른 필요 공통 제어기술

1. 원격 제어(remotely control)
2. 데이터 통신(data communication)
3. 자동 색상 변경(automatic color change)
4. 다기능 동작(multi-functional performance)

이러한 통신기반의 제어기술을 바탕으로, 편안한 조명환경과, 건강한 조명환경, 에너지절감, 기타 특수 기능들의 구현이 가능하도록 다양한 부가적인 기술을 활용하여, 목적에 맞는 조명을 구현해 내고 있다.

스마트 조명은 실내(가정, 오피스, 상가, 공공빌딩 등)에 적용되는 분야와 옥외(가로등, 공장등, 기타 특수적용)분야로 나누어지며, 각 분야별로 IT, IoT의 많은 기술들을 차용하여, 진화 발전하고 있다.

스마트 조명은 그 연결성의 복잡성과 성숙도에 따라서, 여러 가지 관점에서 볼 수가 있다. 가장 큰 범위에서는 도시 단위의 스마트 시티에서 가로등 및 보안등을 포함한 옥외(outdoor) 조명과 공항, 항만, 터미널들 공공인프라에 적용되는 조명들이라 할 수 있겠다. 좀 더 작은 단위로는 각 건물 및 빌딩 단위의 에너지 절약 관점의 스마트 조명이 있으며, 작게는 각 호실 단위 및 가정 내에서의 인간 중심(human centric) 조명의 관점에서 스마트 조명이 있다.

다음은 현재 디지털 시대의 스마트 조명의 기술적인 접근과 그 세부 내용에 대하여 소개한다.

그림 B2-1 스마트 시티, 스마트 빌딩, 스마트 홈에서의 스마트 조명예시

2.1 스마트 조명에 적용되는 기술

2.1.1 스마트 조명용 유 · 무선 통신 기술

많은 유·무선 통신 기술과 프로토콜(protocol)들이 IoT 기반의 스마트 조명제어에 적용되고 있으며, 주로 유선통신은 신뢰도가 높고, 제어하고자 하는 범위가 넓고 동시 제어가 필요한 기술에 적용되고 있다. 그리고 비용 부담보다는 기능적 구현과 안전성 등에 촛점이 맞추어져 있으며, 대표적인 유선통신 방식으로 DALI, DMX, PLC(power line communications), PoE(power over ethernet) 등이 적용되고 있다. 최근에는 저가에 구현이 가능한 ZigBee, Bluetooth LE 및 Wi-Fi 등의 무선통신 기술이 보다 넓은 범위의 스마트 조명에 사용되고 있다.

유선		무선
유선 디지털 통신 • **DALI** : 주소할당이 가능한 조명 인터페이스로 소유권이 없는 프로토콜임. 조명용 유선 통신으로 가장 많이 사용하며, 0-10V 로 조명제어 시스템에 적용된다. • **DMX** : 시리얼 통신으로 단방향 프로토콜로서, 무제조명 제어나, 특별이벤트를 위한 효과에 주로 사용됨 • **PLC** : 설치되어 있는 전력선에 통신신호를 실어 보내는 방식으로, 옥외 가로등조명이나, 산업용에 주로 사용되며, 데이터 전송량은 낮음. • **Power over Ethernet** : CCTV등에 주로 사용되는 방식으로 이더넷 통신선에 데이터와 통신을 같이 수신하는 방식임	• **아날로그 제어 0-10V** : 초기 단순 조명제어 시스템이며, 단선을 이용한 컨트롤 방식으로 설치 비용 및 케이블링 비용이 높음	**무선 디지털 통신** • **ZigBee** : Point-to-Point 방식으로 메쉬 아케텍쳐가 가능함 • **블루투스 LE** : 저 에너지 소모 프로토콜로서 다양한 Point-to-Point통신에 적용됨 • **Wi-Fi** : IEEE 802.11 Mac& PHY로서 높은 데이터 전송량의 스타네트워크 구조임 • **6LoWPAN** : IEEE 802.15.4기반으로 스타&메쉬 방식의 구조로 다량의 주소와 디바이스 할당이 가능함 • **EnOcean** : 건물 자동화 시스템에서 주로 사용되는 에너지 수확 무선 기술이며, 스마트 홈 솔루션도 사용함 • **Li-Fi** : Point-to-Point 방식으로 LED의 On-Off로 통신을 전달함 • **Thread** : 최근 등장한 표준으로, 6LoWPAN에 메쉬 구조를 강화한 표준

그림 B2-2 Popular Lighting Protocols(출처 : Connectivity Protocols for Smart Lighting Systems)

스마트 조명의 통신방법을 선정하기 위한 간략한 기준을 살펴보면 다음과 같다.

1. **설치하고자 하는 스마트 등기구수** : 설치하고자 하고자 하는 등기구수가 증가할수록 중앙 집중식 유선 제어방식은 등기구 및 통신 연결 설치비가 높아, 설치 수량에 따른 설치 유지보수 가격 민감도를 반영하여 설치해야 함.
2. **연결 및 호환성** : 등기구가 다양한 기능(예, 온도, 습도 등의 환경모니터링)을 포함해야 하는 경

우 센서 등의 업데이트 등이 가능한 유연한 운영체제를 선택해야 함.

3 **통신 거리** : 최대 통신거리, 보안 중요도, 간섭 등으로 인한 데이터 손실 등을 고려한 통신거리 선정

4 **확장성** : 초기 설치될 수 개~수십 개의 스마트 조명이 수백 개까지, 추가로 확장될 때에 높은 미래 기술에 대한 수용성이 있는 방법을 선택함.

5 **보안성** : 요구되는 데이터의 보안성 정도에 따른 프로토콜 선정

6 **등기구 매니지먼트** : 유·무선 등 다양한 필요한 프로토콜 중 선택

7 **설치 및 유지보수비** : 스마트 조명은 초기 투자비용이 높은 만큼, 에너지절감에 따른 유효도 및 가격수용 가능 정도에 따라 적절한 통신법을 선택

2.1.2 무선 제어용 스마트 조명제어 기술 트랜드

대부분의 스마트 조명은 크게, Beacon, Zigbee, Bluetooth, Wi-Fi 등을 통해서 무선 제어 솔루션을 제공하고 있다. 주요 제공하는 기능은, 밝기 제어, 색온도 제어, 컬러 제어, 타이머, 프로그램 시나리오, 그룹 제어 등의 기능을 제공하고 있다. 이러한 무선 제어의 기능들의 주요한 기술적 추이를 요약해 보면 다음과 같다.

1 No-Code Development

별도의 코딩 없이 SW GUI를 통해 빠르게 네트워크상에 등록하여, IoT 기기의 기능을 제공

2 SoC 솔루션화

System on chip (SoC) solution으로 단 1개의 IC와 부가적인 회로 부품만으로 독립된 기능을 수행할 수 있게 기술적으로 진화

3 직관적 제어

앱에 설치와 동시에 네트워크상에 인식이 되면 바로 장치와 앱이 연동되어서 사용이 가능 기술로 진화

4 저가격화를 위한 높은 양산성 기술

대단위 생산을 통해 제조시간이 15분 이내인 자동화된 생산과 일정한 품질 유지 기술

5 무료 SW 솔루션

수 개~수십 개의 개별 스마트 조명장치가 게이트웨이 없이 한꺼번에 제어되는 S/W 기술

6 높은 수준의 안정화된 서비스

글로벌하게 구축된 클라우스 상에서 평균 20 ms 이내 수준으로 동작할 수 있는 연결성을 제공하고, 접속 단절이 적고, 다양한 기기와의 연동에 대한 검증이 가능한 기술로 진화하고 있다.

2.1.3 스마트 조명제어기술의 H/W 구성 및 기능

과거의 스마트 조명은 구글 스마트 홈 등이 대두되기 이전부터 에너지 절약의 관점에서 큰 관심을 모았으며, 많은 기초 기술들이 개발되었으나, 현재의 스마트 조명은 IoT의 중요한 중심으로 자리 잡았으며, 이러한 관점에서 기술적 이해가 필요하다.

물론, 기존의 스마트 조명이 가지는 본연의 목적인 에너지 절약, Well-Being, 커넥티버티 중심의 스마트 시티화의 기능은 그대로 가지고 있다.

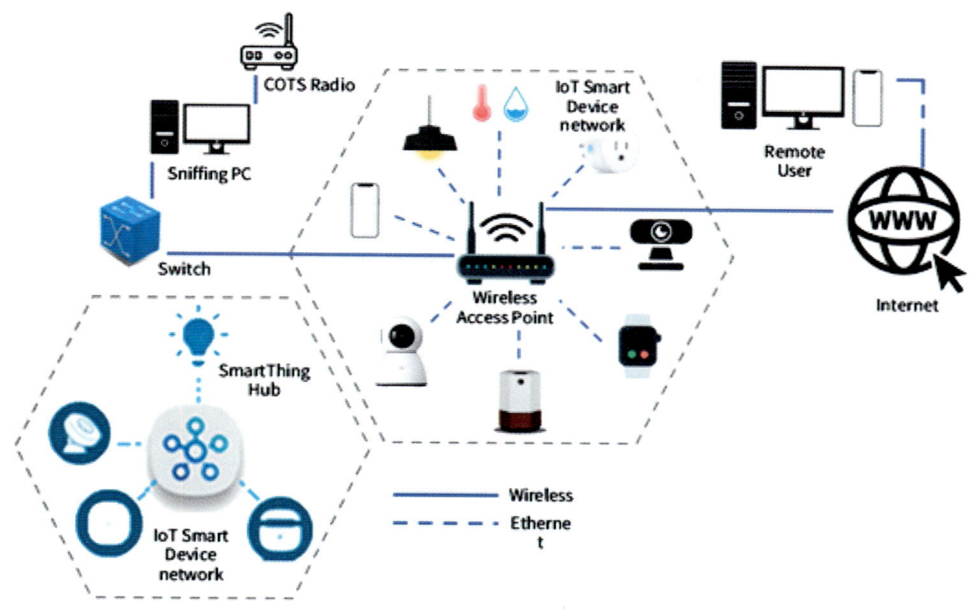

그림 B2-3 유·무선 기반의 IoT 구성 및 셋업(출처 : Ricardo A. Calix et al., Cyber Security Tool Kit (CyberSecTK): A Python Library for Machine Learning and Cyber Security, Information, Vol.11, No.2, 2020. Feb.)

최근 IoT 기술의 플랫폼화와 스마트 조명의 가격경쟁력화를 위해 많은 반도체 칩 제조사들이 IoT 기능을 내장한 반도체들을 생산하고 있으며, 이 제품들이 스마트 조명에 장착되어, 개별적으로 개발된 기술들이 모두 통합화되어 진화하고 있다. RGB colour sensors는 스마트 조명의 색을 인지하며, 가시광통신(VLC, visible light communication) 등을 위한 포토다이오드와 조도를 측정하기 위한 포토셀 등의 다양한 환경 인지 센서들이 적용되고 있으며, 이와 같은 센서류들이 임베디드화 되고 있다.

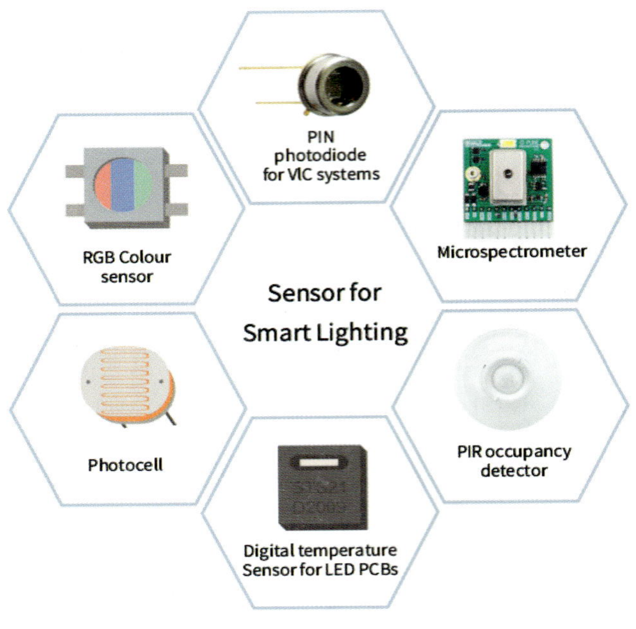

그림 B2-4 Sensor technologies embedded in smart lighting

과거에 사용되었던, PIR 센서류들의 단점인 슬림 디자인 적용의 어려움, 미세 움직임 감지율 저하, 낮은 감지 영역 등의 문제를 극복하기 위해, 빠르게 Radar 센서로 대체되고 있고, 일반사무실 미팅룸 등에 적용되어서 바르게 적용되고 있다. 특히 이러한 임베디드 플랫폼들은 건물관리시스템(BMS, building management system)과 연동하여 높은 에너지 효율을 추구하고 있다.

이러한 칩셋들은 Linux, Android, and RTOS등의 운영체제로 구동이 되며, 자체 개발한 소프트웨어와 개발자 킷트(SDK)를 통해서 제품개발을 지원하고 있다.

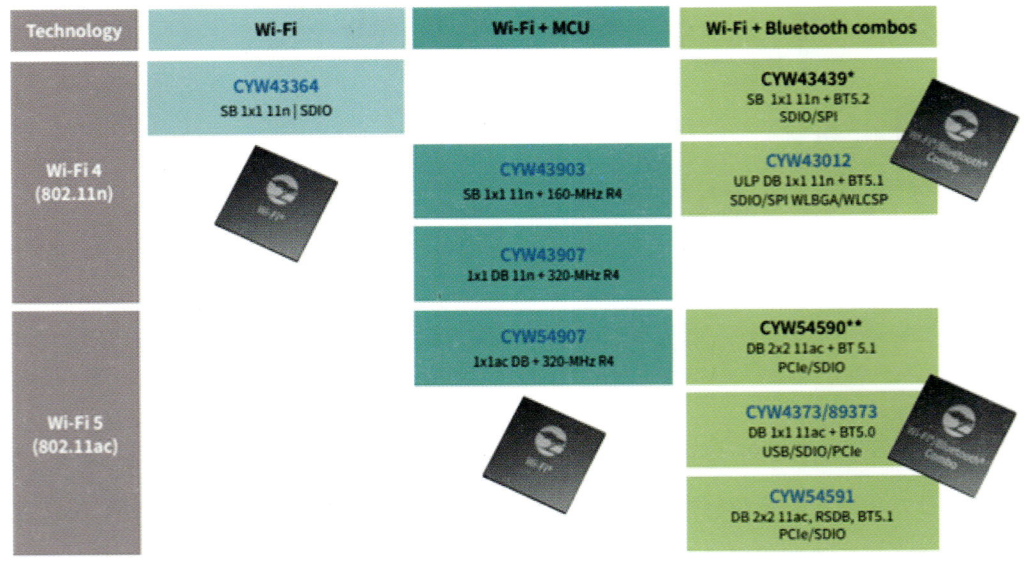

그림 B2-5 Infineon사에서 개발한 조명용 IoT 칩셋(출처 : www.infineon.com/lighting)

Bluetooth® Mesh 방식은 대기전력 소모가 낮고 제조 원가가 낮으며, 기술의 발전으로 보다 많은 노드 포인트들을 연결할 수가 있어서 최근 스마트 조명에 가장 널리 적용되는 기술이다. 특히 지역적 조명제어(local control)의 장점을 가지고 있으며, 데이터의 상호교환과 메시로의 연결성이 용이해 많이 적용되고 있다. Wi-Fi와 연동하여 최대 30,000 네트워크 노드까지 구성이 가능하여, 병원, 대형빌딩, 대학캠퍼스 등에 적용되고 있다. 최근에는 이러한 연결성을 활용하여, 클라우드 기반에서 운용하면서, 데이터 분석을 통한 기업의 사내 네트워크망과 연결되어 에너지 절약효과를 극대화하고 있다. 또한, 많은 개발자와 엔지니어들이 많이 사용하고 있으며, 진입장벽도 낮아 더욱 그 사용이 확대되고 있다.

스마트폰, 테블릿 등과 광범위하게 연동할 수 있게 개발되고 있으며, 게이트웨이를 통한 제어로, 일반가정, 상업용 건물, 제조공장 등에서 광범위하게 적용되고 있다. 이러한 고도로 디지털화된 조명의 동작들이 IoT 기반의 클라우드 서비스와 인공지능이 연결되어 보다 높은 만족도의 스마트 조명제어 서비스가 지원되고 있다.

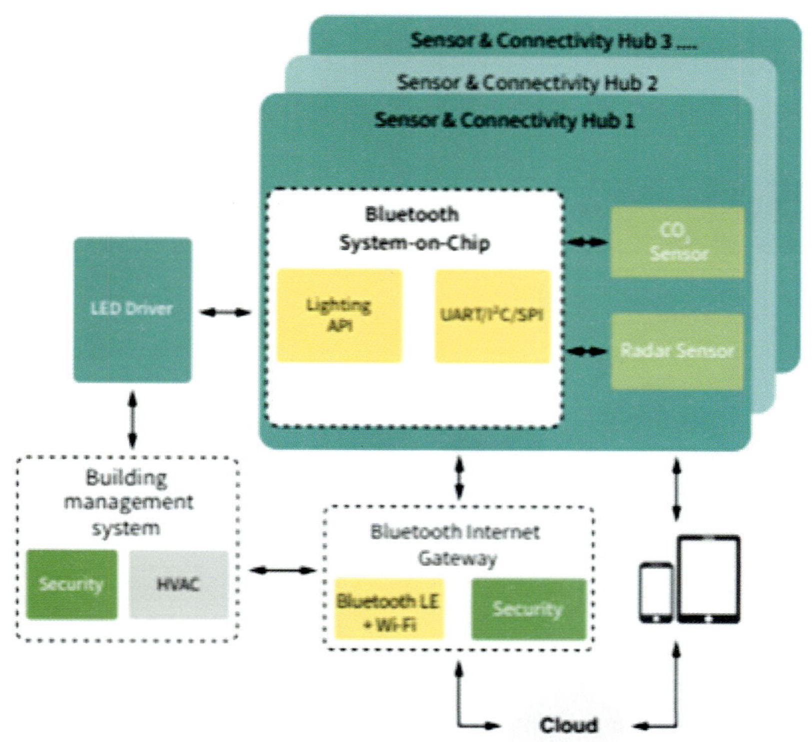

그림 B2-6 System diagram: Connected and smart lighting(출처 : www.infineon.com/lighting)

인공지능 기반의 스마트 조명 솔루션은 자동화된 동작과 에너지 효율화, 조명 사용자의 만족도를 최대화하기 위해서 진화하고 있다. 이는 스마트 조명에서 사용된 많은 센서류의 데이터들이 사용자의 행동, 조명환경, 에너지 소비 등 많은 정보들을 내포하고 있으며, 이러한 정보들을 바탕으로 조명자체의 에너지절감과 재고 물품관리정보, 물류정보까지 예측 할 수 있게 진화하고 있다.

특히 PIR센서들이 많은 카메라를 활용한 영상 데이터들로 변환되어 학습함으로써 사용자의 부재정보와 함께 행동 패턴까지 인식하며, 상황에 따라 다양한 조명 시나리오를 연출하고 있다. 이를 통해 작업자의 생산성과 시각적 안정화를 사용자 만족감 증대와 이에 따른 작업 생산성 향상과 에너지절감까지 모두를 만족할 수 있는 이상적 최적화가 가능한 장점이 있다. 특별히 기존에 다양하게 사용되는 모션 센서를 카메라로 대체하면서 설치비용을 상당히 경감 할 수 있다. 더불어 많은 작업자들(영국의 경우 40 % 정도)이 기능적으로 부족한 스마트 조명이나, 잘못된 조명환경에 노출되어 낮은 생산성을 드러내고 있다고 NHS 연구결과 등에서 보여주고 있다.[25)]

이러한 인공지능 기반의 스마트 조명은 간략한 스테레오 비젼으로 구성되어, 사람의 위치정보 및 움직임 정보를 영상기반으로 파악 예측하며, 그 결과를 Bluetooth 통신을 통하여 전달하여, 조명제어기기에 On/off 정보를 전달할 수 있다. 최근에는 사람의 지정된 행동을 입력신호로 받아서, 터치스크린과 앱(app)의 입력 기능까지도 담당할 수 있도록 개발되고 있다.

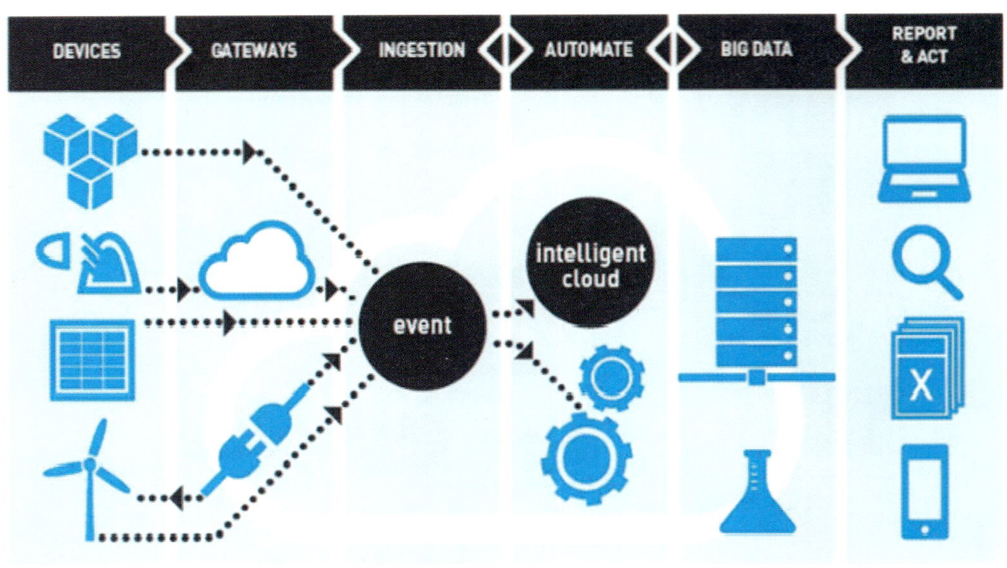

그림 B2-7 Internet of Things (IoT) Value Chain (출처: www.pinterest.co.uk)

25) https://wfamilymedicine.com/health-problems/

2.1.4 구성품별 기술적 기능

스마트 조명 제품을 검증하기 위해서는 크게 하위 IoT 기기의 연결성을 테스트하는 층과 중앙시스템과의 IoT 기기의 연결성을 보는 게이트웨이 테스트층, 그리고 응용단의 테스트의 3가지 계층으로 구분하여 각각 기술개발이 진행되고 있다.

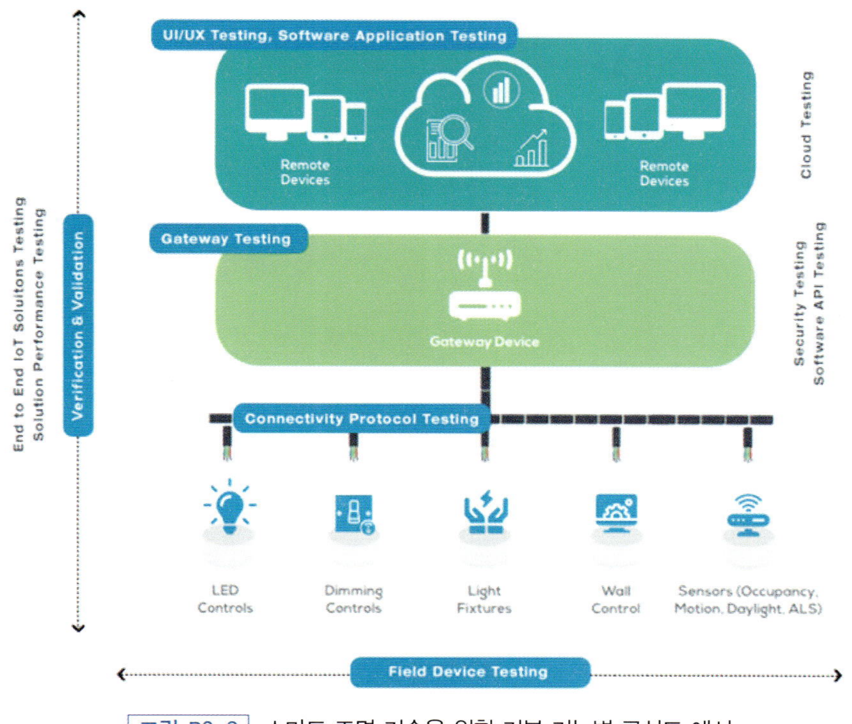

그림 B2-8 스마트 조명 기술을 위한 기본 기능별 구성도 예시

각 구성품들은 크게 게이트웨이, 센서, 무선제어기, 조명제어기, 전원 및 드라이빙, 응용 SW로 나누어지고 있다. 스마트 조명에 적용되는 각 구성품들의 기능적 역할을 세부적으로 분류하고, 해당 에너지절감, 시각적 감성, 연결성의 3가지 측면에서의 그 세부적인 역할을 재분류하면 다음 그림과 같은 특징을 지니고 있다.

최근의 센서 및 조명기구의 동향은 지적한 바와 같이 저가격화를 위한 플랫폼화로 이루어 지고 있으며, 영상기반의 인공지능적용 등을 통해서 더 많은 기능들을 저가격에 제공하기 위해 기술개발이 이루어지고 있다.

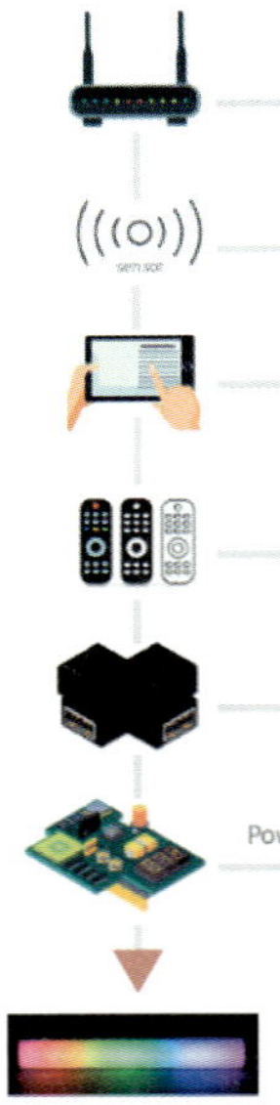

	기본기능	Energy	감성/Color	IT
u-lighting Gateway	• IP기반 원격제어/모니터링 서비스 • Home/Building Auto, IBS등 NW등 연동 서비스 지원	• USN 연동에너지 관리/절감 알고리즘	• 감성/컬러제어 시나리오	• 센서융합 상황인지 조명 • 광대역 IP망 연동
Sensor	• 조도/동작, 환경, 감지통한 자동/감성조명 제어 지원 • 각종 센서를 통한 다양한 USN 연동형 서비스 지원	• 조도/동작 센서 이용 에너지 절감	• 컬러센서 연동 감성조명	• 보안 영상 센서의 조명 IT 시스템 연동
Scene Controller	• Home/Office 영역의 시나리오 제어 • 유무선 조명 제어 지원 • 다양한 Zone제어, Dimming제어	• Dimming을 통한 조명밝기 최적화	• 감성/컬러제어 시나리오	• 유/무선 조명 제어 I/F • Wall-PAD 연동
Remote Controller	• GUI 기반 공간제약을 받지 않는 원격 제어 • Home/B- Auto 연동 엔터테인먼트 서비스 지원	• 설정된 Scene에 따른 에너지 절감 최적화	• 감성/컬러제어 시나리오	• 네트워크 기반 조명 가전 연동 • Home Auto 연동
u-lighting Controller	• ZigBee 무선 제어 서비스 • Anal & digital Dimming: • 에너지 절감 & 감성조명	• 조명 전력 모니터링 통신 • 디밍 기능	• PWM 컬러제어 • 디밍 기능	• ZigBee 센서 네트웍
u-lighting Smart Power & LED Driver	• 유/무선 연결 고효율 LED 조명특화 Power • 안정적이며 세밀한 LED 조명특화 Drivinng 지원	• 고효율, 장수명 SMPS	• PWM 컬러제어 • LED Driver IC 연동	• 유/무선 조명 제어 I/F 지원

그림 B2-9 스마트 조명에 사용되는 모듈의 기능 및 목적별 역할

2.1.5 게이트웨이 및 네트워크 구성의 단순화

각 조명기기 혹은 Local Manager가 게이트웨이(Gateway)를 통해서 중앙제어 센터와 연결되어, 전체 BMS 혹은 Governing System Manager의 제어하에 각 스마트 조명기기들에 제어되기 위해서 사용되고 있다.

최신 스마트 조명제어 기술은 클라우드기반으로 스마트 IP 제어를 사용하고 있으며, 게이트웨이와 DALI(Digital Addressable Lighting Interface)를 통해 S/W적으로 원하는 조명을 센싱기반의 스마트 솔루션으로 제어하고 있다. DALI-2는 업그레이드 버전으로 기존 DALI에 속하지 못한 다양한 디바이스들이 더 많이 결합 될 수 있도록 확장성을 넓힌 시스템이다.

대부분의 IoT 기기들은 연결성, 데이터 및 신호교환을 위해서 주로 일반적인 게이트웨이를 사용하고 있으나, 최근 IoT 기술의 급속한 발전과 새로운 표준들의 채택으로 게이트웨이를 거치지 않고 운용이 가능한 시스템들을 개발하고 있다.[26] 그 대표적인 예가, 블루투스 메쉬시스템인데. 게이트웨이는 접하고 있는 등기구 및 센서의 수가 늘어남에 따라 많은 데이터 부하량이 있어서, 최근에는 운용 드라이버, 스위치, 센서, IoT 조명 컨트롤러 등이 모두 내장된 non-IP BLE Mesh gateway를 통

26) https://www.ledsmagazine.com/

해서, 사용자의 요구도에 맞는 빠르고, 유연한 시스템들이 개발되고 있다. 이 기술은 빠르고 간편하게, 많은 조명기기를 연결하면서도 높은 보안 수준을 지니고 있다. 또한 클라우드를 통해서 Wi-Fi/Ethernet/LTE 망으로 연결되며, IoT, IIoT(industrial IoT) 기기에 대한 지원을 하고 있다.

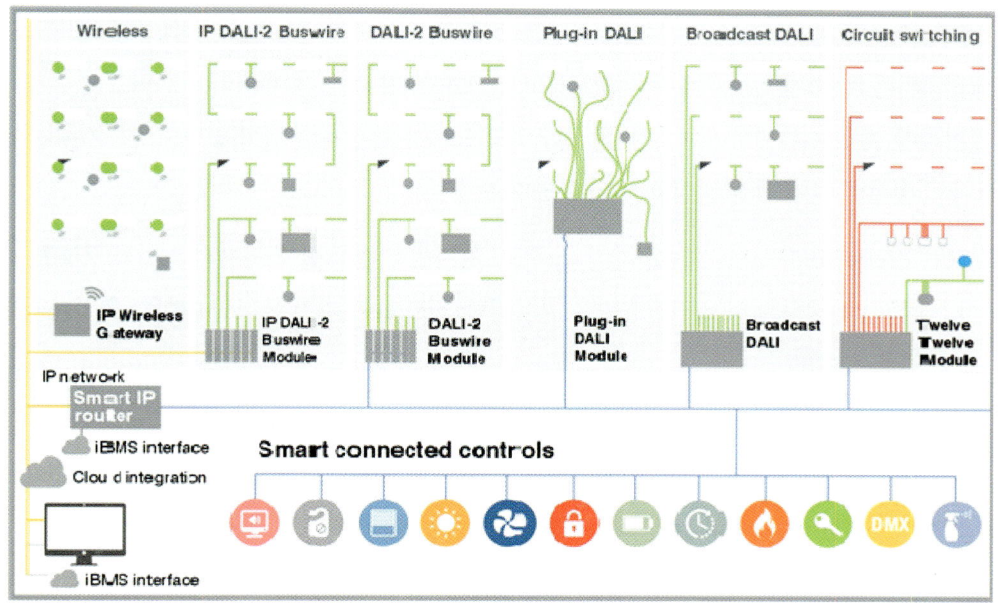

그림 B2-10 BMS기반의 네트워구성도 예시 및 조명용 게이트웨이(출처 : https://delmatic.com/)

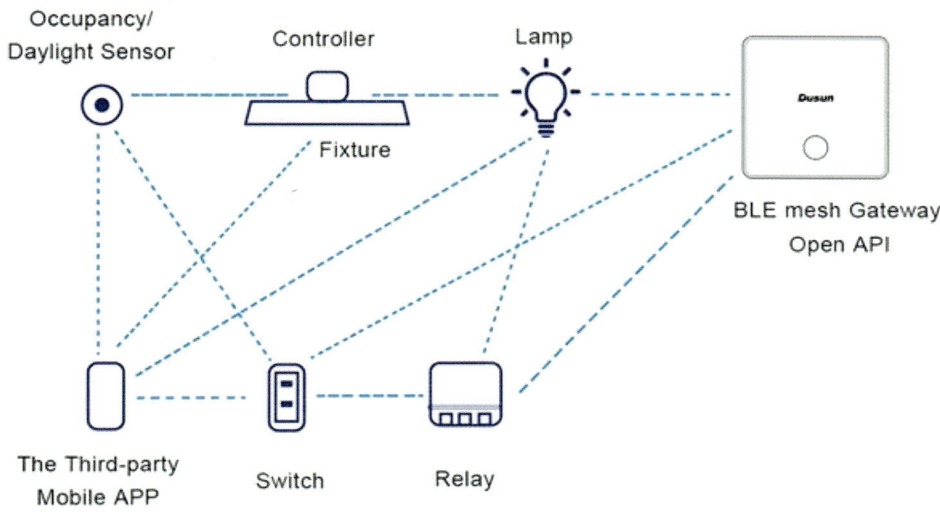

그림 B2-11 BLE Mesh Light System Block Diagram
(출처 : https://www.dusuniot.com/solution/ble-mesh-lighting-control-solution/)

2.1.6 스마트 조명 데이터 통신 기술 트렌드

스마트 조명 기술에 가능 널리 적용되는 무선통신 기술은 ZigBee, Z-Wave, Wi-Fi, Thread, Bluetooth Low Energy, 6LoWPAN 및 EnOcean 등이 있으며, 이는 IoT 장치로서의 특징 안에서 세계적 표준을 따르고 있다.

ZigBee 통신은 IEEE 802.15.4 표준에 근거하고 있으며, 사용사 설정 기준의 네트워크에 주로 사용되며, 이러한 이유로 특별한 사용료는 없으나, 보안등의 취약점을 지니고 있다. 또한, ZigBee 통신은 스마트 홈 솔루션에 가장 널리 사용되고 있다.

Z-Wave는 ZigBee와 유사한 기능을 가지며, 주로 홈 자동화 솔루션에 사용되고 있다. ZigBee보다 속도가 느리고, 더 낮은 데이터 전송용량을 지니지만, ZigBee가 가진 단점인 데이터 유실과 데이터 지연 문제를 해결한 기술이다.

Wi-Fi는 많은 기술표준을 포함하는데, 802.11a, 802.11b, 802.11g, IEEE 802.11n, and 802.11ac를 포함한다. 주파수 밴드는 주로, 2.4 ㎓ and 5 ㎓를 사용하며, 100 m 반경에 적용 가능하다. IP를 기반의 프로토콜이 각 스마트 조명 클라이언트를 제어한다.

표 B2-1 Summary of specifications of the IoT-enabled communication protocols in an Smart Lighting System(SLS)

	ZigBee	6LoWPAN	WIFI	PLC	DALI
Reference Standard	IEEE 802.15.4	IEEE 802.15.4	IEEE 802.11b/g	IEEE 1901/1905, Home Plug AV	IEC 62386 /60929
Main Application Area	Control	Control and Application	Broadband	Home natworking	Home Lighting
Max. Supported Nodes	1024	10000	32	-	64
Bandiwidth	20-250 kbps	250 kbps	11/54 Mbps	Up to 500 Mpbs	1200 baud
Range (m)	100 m	200 m	100 m	Up to 1500 m	300 m
Security schemes	AES-128	AES-128	WPA	WEP	None

6LoWPAN 통신은 IEEE 802.15.4에 기반하여, IPv6 데이터 패킷을 송수신한다. 6LoWPAN 통신 기술은 IPv6 network 레이어와 802.15.4 링크레이어를 스마트 조명 IoT 장치까지 끌어오는 기술이며, 저전력과 낮은 데이터 전송에 쓰이는 용도로 개발되었다. 가정, 사무실, 공장 등 모든 스마트 조

명장치에 적용되고 있다. JenNET-IP는 IEEE 802.15.4 기반의 저전력 구동 방식으로서 6LoWPAN의 업그레이드 버전으로 보다 많은 조명(500개이상)을 등록할 수 있다.

Thread는 산업용에 주안점을 두고 6LoWPAN에 기반을 두어 개발한 기술이며, 10 m 반경 이내에 정확한 데이터를 전송해야 하는 기술에 적용되며, 주로는 공장자동화 및 공장용 스마트 조명에 적용되는 기술이다.

Bluetooth Low Energy 기술은 기존의 블루투스 기술과 동일하지만, 에너지 소모를 줄인 기술로서, 240 m 이내의 WPAN 망에서 스마트 조명장치들이 서로 서버와 클라이언트가 되어 통신을 주고받는 기술이며. 매우 낮은 에너지 소모의 장점이 있다.

EnOcean 기술은 에너지 수집기능을 가진 무선통신 장치로서, 초절전 파워 전자장치와 무선센서, 스위치, 컨트롤러를 사용하여, 배터리 없이 통신이 가능하며, 수집된 에너지로 구동한다. 주로 산업용, 운송, 물류, 스마트 홈 등에 사용되며, 빌딩 내에서는 30 m, 개방형 공간에서는 300 m 까지 데이터 전송이 가능하다.[27)]

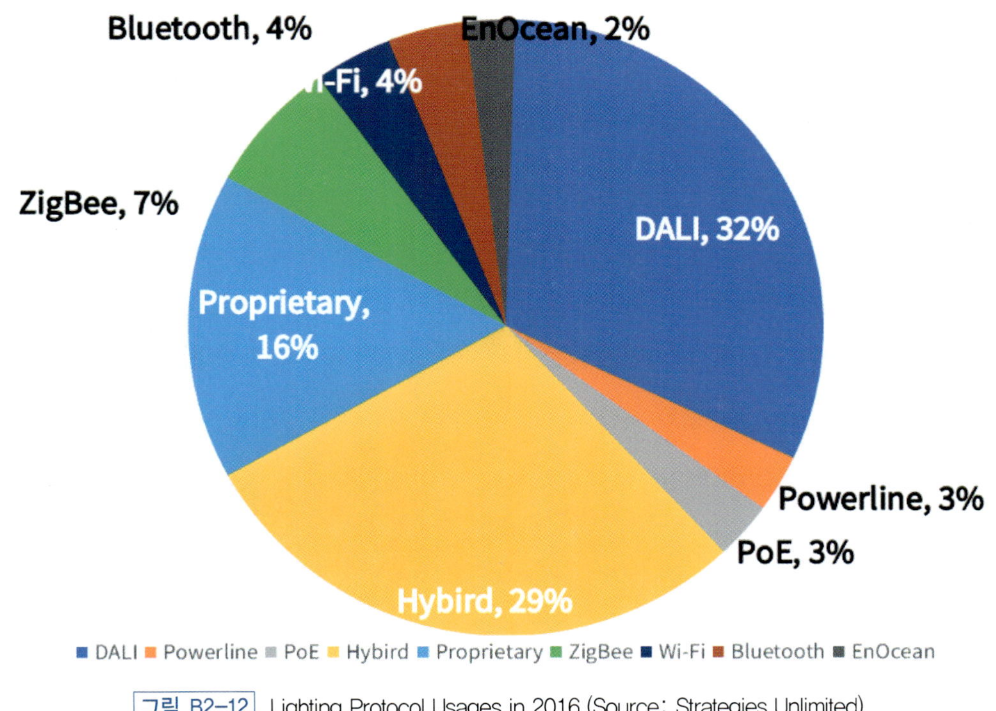

그림 B2-12 Lighting Protocol Usages in 2016 (Source: Strategies Unlimited)

27) https://en.wikipedia.org/wiki/EnOcean

최근 일어나고 있는 스마트 조명에서의 통신의 변화는 기존 대부분의 IP기반 제어를 담당하던 DALI가 무선기반의 다양한 프로토콜의 발전으로 그 주도권을 잃어가고 있다는 점이다. 더불어 Wi-Fi, ZigBee, Bluethooth가 높은 확장성으로 성장을 가속화하고 있다. 이러한 유·무선 통신 기술이 결합 된 기술들은 매우 복잡한 형태의 스마트 조명을 제어하기 위해서 개발되고 있다.

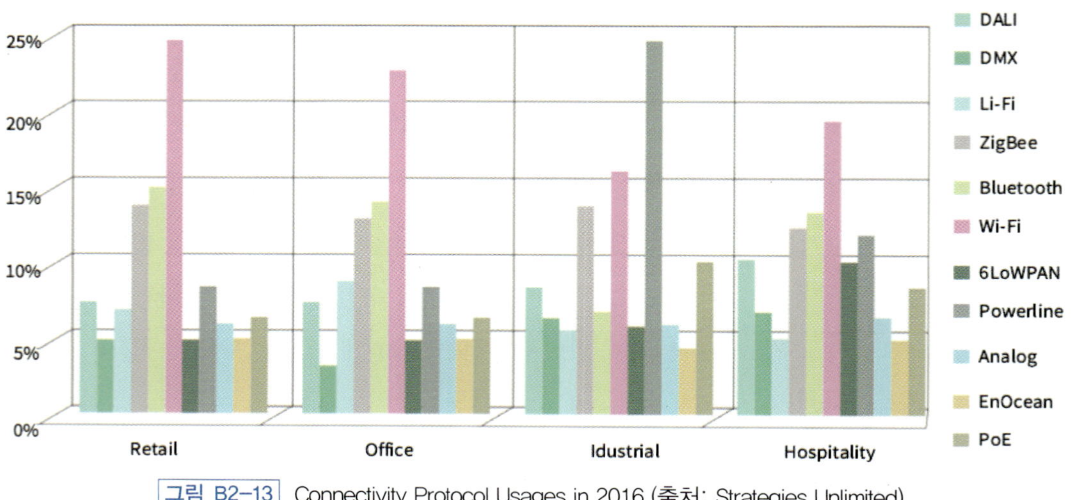

그림 B2-13 Connectivity Protocol Usages in 2016 (출처: Strategies Unlimited)

2.1.7 스마트 조명 시스템의 보안 기술

조명이 스마트화되고 네트워크 시스템에 연결되면서, 여러 측면에서의 보안 문제가 대두되고 있으며, 특히 최근 영상기반의 인공지능 기술이 적용되면서 더욱 보안의 중요성이 강조되고 있다. 이러한 보안 표준 기술은 기본적으로 IoT 기술 표준의 통신 및 S/W 보안기술을 따르고 있으며 스마트시티-스마트빌딩-스마트홈 등이 연계된 스마트시티 기준의 표준으로 제정되어 있다.

대표적으로는 IEEE P1912(스마트 시티에서 IoT 장치와 서비스의 사이버 보안 및 개인 정보 보호에 대한 표준이 있으며, IEEE P1686(지능형 전자 장치(IED)의 사이버 보안 기능에 관한 표준이 있다.[28]) IED의 접근, 운영, 구성, 펌웨어 수정 및 데이터 검색에 관한 보안을 다루고 있다.)가 있다. 특히, 스마트 홈 등에서는 ETSI TS 103 645(소비자 IoT 보안에 대한 최초의 국제 표준)을 제정하였으며, IoT 장치 제조업체들이 따라야 할 최소한의 보안 요구사항을 제시하고 있으며, 고유한 비밀번호 설정, 취약점 보고 체계 구축, 소프트웨어 업데이트 지원 등에 따른 사이버 보안 표준을 제시하고 있다.[29]

28) https://ieeexplore.ieee.org/

이러한 네트워크 표준 이외에도 미국 에너지부은 스마트 조명과 관련된 보안의 취약도를 분석하여 등급화하고 스마트 조명의 기능을 가진 조명을 중간 이상의 보안등급 조명으로 규정하고 있으며, 각 스마트 조명에 부착하는 모듈들에 대한 보안등급들을 표기하고 있다[8].

이러한 통신 네트워크상의 보안 이외에도 편의성을 가지면서도, 보안성과 실행력이 높은 방법들이 개발되고 있는데 대표적인 예가 음성인식을 통한 보안성 확보와 동시에 실행성 확보이다. 특히, 일반적인 스마트 음성 제어기 (Amazon Alexa, Apple Siri, OK Google) 등을 통해서, 스마트홈에 연결된 조명을 제어하는 기술이 개발되고 있다. 이는 사용자의 음성자체가 개인식별화가 가능하고 지문과 유사한 차별성을 갖고 있기 때문이다. 스마트홈에서의 조명기기가 가지는 보안문제가 더욱 중요한 문제로 인식되는 이유는 스마트한 조명의 구동은 개인정보와 사생활 보호가 동반되기 때문이다.

2.2 목적에 따른 스마트 조명 기술

2.2.1 에너지 절약(energy saving)

최근 고유가 및 고에너지 가격으로 인해 스마트 조명을 통한 에너지 절약에 많은 기업과 가계들이 관심을 가지고 있으며, 높아진 전기료로 인해 많은 공공기관도 스마트 조명제어를 통한 에너지절감에 관심을 돌리고 있다.

세계적으로 약 10 ~ 15 % 정도의 에너지가 조명으로 소비되고 있으며, 상업용 빌딩의 경우는 냉동 및 공조를 제외하고 최고 40 %에 이르는 에너지를 조명에 소비하고 있다. RE100(Renewable Electricity 100%)을 필두로 하는 세계적인 저탄소화/탈탄소화로 인해 기업은 선택 할 수 있는 몇가지 선택지 중에 스마트 조명이 높은 대안으로 주목받고 있다. 빌딩의 경우 사용하고 있는 모든 조명을 100 % 디지털로 전향하고 스마트 조명화할 경우 최대 60 % 정도의 에너지절감이 가능한 것으로 보고되고 있다.

최근 연구된 스마트 조명의 에너지절감에 관한 연구는 주로 사무실 및 빌딩을 대상으로한 연구 내용이 많으며, 주로 재실감지센서(occupancy sensor)와 행동 패턴인지, 하루 중 태양 고도에 따른 실내로 유입된 주광 활용 등으로 60 % 정도의 에너지절감을 나타내었다. 기존 형광등기구 대비 LED

29) ttps://www.etsi.org/deliver/etsi_ts

조명제어 시스템으로의 교환이 에너지절감율에 가장 큰 영향을 미쳤으며, 주광 정도 및 행동패턴 등은 평균수준의 에너지절감율을 나타내었다.30)

시야의 안락함, 시작업 향상 및 시각 이외의 조명 효과 등을 강조한 가정 내에서의 웰빙(well-being) 조명의 에너지절감은 주로 모델링 베이스에서 연구되었으며, 보다 안락한 목적으로 스마트 램프(bulb)를 사용하고 있다. 최근 Gerhardsson et al. 연구 그룹에서는 스웨덴 가정에서의 가정 내 스마트 조명 소비패턴에 대한 연구를 진행하였으며, 시각적 편안함이나, 안정감과 안전 목적으로 사람이 부재중에도 전원을 공급하는 조명들을 포함하여 에너지 소비를 연구하였다.

에너지 절약을 위한 앱을 위한 스마트 조명제어 기술은 앱, 무선제어, 모션, 음성 등 다양하게 개발되었으며, 특히 홈 에너지 절약과 자동화를 위해서 Hey Google, Apple Siri, Samsung SmartThings, Amazon Alexa 등으로 연동되어 사용되고 있다. 에너지절감을 위한 스마트 적용에 있어서 가장 중요한 부분은 사용자의 동작 패턴과 시나리오이다. 이러한 관점에서 에너지 최적화 기능에 따른 세부적 기능과 필요한 요소기술을 분류하면 다음과 같다. 이러한 시나리오에 바탕을 둔 스마트 조명의 에너지절감율은 매우 높게 나타내고 있다.

전략	정의	예시	평균 에너지 절감율
재실감지	조명 지역의 재실자 유무에 따른 조도 레벨의 조정	재실감지센서, 스케줄 제어, 에너지 관리 시스템	24%
개인 맞춤 제어	조명환경에 맞는 개별적 선호 조도레벨의 조정(예) 개인사무실, 작업장, 오픈오피스, 학교)	무선 On/Off 제어, 조광제어, 컴퓨팅계산 제어, 조명공간내의 사람들의 이동/작업 씬	31%
일(日) 중 태양광 유입	외부 천공광의 유입을 통한 자동적 조명 밝기의 조절	조도센서, 스케줄 제어	28%
각 빌딩별 제어	1) 각 빌딩의 운영 정책과 특별한 목적에 맞는 기술을 적용한 조도레벨 수정 2) 그룹(공간)별 재실감지센서 또는 제어시스템 스위치의 사용여부, 업무별 제어, 광속유지율	그룹 및 공간전체의 조광을 위한 조광제어용 안정기, On/Off, 조광제어 스위치	36%
다중 전략	2개 이상의 전략으로 구성할 경우		38%

그림 B2-14 Average Energy Savings by Employing Lighting Control Systems with Sensors 1

30) Haq, M.A.U. Hassan, M.Y. Abdullah, H. Rahman, H.A. Abdullah, M.P. Hussin, F. Said, D.M., A review on lighting control technologies in commercial buildings, their performance and affecting factors. Renewable Sustainable Energy Reviews, Vol.33, pp.268-279. 2014. May

표 B2-2 에너지절감을 위한 스마트 조명의 세부 기능별 필요 요소기술

목적	기능	세부 기능	요소기술
조명 스스로 제어	센서 인지 판단	사람이나 사물 동작에 따라 제어	동작에 대한 감지 통합 제어 기술
			동작 및 행동 패턴에 따른 음성 감지 기술
			멀티모달 인체 감지 센서(움직임 없는 사람 구별 기능)
			위치와 거리에 따른 인지/판단 기술
		스마트기기내 센서 및 동작에 따라 제어	스마트기기 동작 감지 및 정보 교환 통신 기술
		공간의 환경 상태(조도, 온도, 습도 등)에 따라 제어	온도, 습도, 조도, 공간 상태 등 통합 센서 모듈화 및 저가격화 기술
			외부환경 정보센싱기술
	원격 서버 제어	스케줄(TOP)에 의해서 제어	서버 제어프로토콜 연구
			용도별 공간별 스케줄 제어 최적화 기술
		건축물 제어시스템과 연동	기구별 공간별 건물별 에너지 사용량 모니터링 및 최적 제어 기법
			건축물 전기 및 공조/방범/스마트기기 등 제어시스템과 연동 기술
	상황 인지 판단	공간 형태 및 사용자 행위 변화에 대응	인지 센서(음성, 영상 등)의 컴팩트화 및 저가격화 기술 및 최적화 기능 구현
			인지 센싱 및 최적화 기능 구현 기술
			공간 사용 변화(파티션, 가구 이동 등) 조명제어 기술
		자가진단(현조명기상태, 효율성등)을	조명기구 동작 상태 인지 및 조절 기술
			조명기의 자가진단 ASIC칩 기술 개발
			조명환경에 따른 조명자가 제어 기술
			상황 인지판단 통합보드 개발
	조명 광품질 조절 기능	광원및 기구부를 개별및 모듈별, 종합별제어	광원 및 기구부의 이동축 및 tilt 기능 추가 기술
		광량, 스펙트럼, 배광 제어가 가능해야	최적화 조광(dimming) 제어 기술
			고분해능 스펙트럼 제어 가능 광원 및 제어기술
			다배광 구현 광학계 설계 및 제조 기술
		고연색성 및 자연광 구현이 가능해야	자연광 실현 풀스펙트럼 구현 광원 및 제어 기술
			풀스펙프럼 혼합광 광학 설계 및 제어 기술

<table>
<tr><th>목적</th><th>기능</th><th>세부 기능</th><th>요소기술</th></tr>
<tr><td rowspan="28">유 · 무선
네트워크로
기기간
정보
교환</td><td rowspan="10">조명
기기간
정보
교환</td><td rowspan="4">조명 기기간 유선 통신</td><td>DALI 유선 통신 기술</td></tr>
<tr><td>DMX-512 유선 통신 기술</td></tr>
<tr><td>Ethernet 유선통신 기술</td></tr>
<tr><td>PLC(Power Line Communication) 통신 기술</td></tr>
<tr><td rowspan="4">조명 기기간 무선통신
고연색성 및 자연광 구현이
가능해야</td><td>ZigBee 무선통신 기술</td></tr>
<tr><td>Wi-Fi 무선통신 기술</td></tr>
<tr><td>Bluetooth, 기타 RF 무선통신 기술</td></tr>
<tr><td>가시광통신 네트워크 기술</td></tr>
<tr><td rowspan="2">최적 조명 공간 실현용
실시간 상황 정보를 교환</td><td>조명기기 동작 상태 인지 및 통신 기술</td></tr>
<tr><td>조명기기 연동 최적 조명 설계 기법 및 연동 제어 기술</td></tr>
<tr><td rowspan="10">타기기간
정보
교환</td><td rowspan="3">LED 빛으로 가시광 무선통신
통신</td><td>IEEE 802.15.7 VLC-PHY 기술</td></tr>
<tr><td>DMX-512 VLC E1.45 통신 기술</td></tr>
<tr><td>IEC TC 34 ISL위치 통신 기술</td></tr>
<tr><td rowspan="4">master-slave기능을 갖는다</td><td>상호인터페이스기술</td></tr>
<tr><td>가시광통신 네트워크 기술</td></tr>
<tr><td>PLC(Power Line Communication) 통신 기술</td></tr>
<tr><td>Zigbee, Wi-Fi 등 무선통신 기술</td></tr>
<tr><td rowspan="3">건축물과 통합 제어 및
실시간 상황 정보를 쌍방향
통신 교환</td><td>조명기기 및 타기기간 동작 상태 인지 및 통신 기술</td></tr>
<tr><td>조명 통신 등 쌍방향 통신 표준화 및 저가격화 기술</td></tr>
<tr><td>IP 자동할당 및 무선기반 통합서버 기능 구현</td></tr>
<tr><td rowspan="8">스마트앱
정보
교환</td><td rowspan="5">스마트앱 서버와 단말간
유/무선 통신</td><td>유선통신 기술 (DALI, DMX-512, Ethernet 등)</td></tr>
<tr><td>무선통신 기술 (ZigBee, Wi-Fi, Bluetooth, 기타 RF 등)</td></tr>
<tr><td>유 · 무선 통합 기술</td></tr>
<tr><td>실시간 앱 서버 원격/예약제어 기술</td></tr>
<tr><td>인터넷 연계기술</td></tr>
<tr><td rowspan="3">앱에 의해 일반인이 편리하고
자유롭게 제어해야</td><td>스마트기기 연동 기술</td></tr>
<tr><td>스마트앱 호환화 기술</td></tr>
<tr><td>스마트앱 개발 프로그램 기술</td></tr>
</table>

최근 다양한 분야에서 인공지능이 적용되면서, 스마트 조명의 에너지절감 분야에도 적용이 이루어지고 있다. 특히 중앙집중식 명령식 조명제어방식에서 네트워크 내에서 빠르게 의사 결정을 함으로써 건물관리시스템(BMS, building management system), 난방환기조절시스템(HVAC, heating, ventilation and air conditioning)의 데이터 처리를 용이하게 하고 있다. 가장 널리 적용되는 분야는 인공지능기반의 카메라 영상처리 및 학습이며, 개인정보보호법에 대한 저촉이 우려되지만, 일부 국가에서는 적용을 서두르고 있다.

스마트 조명분야에 인공지능 시스템이 적용되고 있는 가장 큰 이유는 조명시스템이 더욱 복합해지면서도 유연한 성능을 요구하고 있기 때문이며, 전문가 중심의 엔지니어링 기술적 요구도가 점차 증대되고 있기 때문이다. 이러한 현상은 산업용 조명 (특히, 창고)분야에 더욱 중요한 이슈로 대두되고 있다.[31)]

인공지능을 활용한 조명디자인 분야에서는 통상적인 조명 설계과정의 일들이 클라우드 베이스의 학습을 통해서 자동으로 이루어질 수 있으며, 유사한 조명디자인들의 추천이 가능해진다. 스마트 조명 설치 시에는 인공지능이 클라우드 서비스를 통해 보다 빠르게 설치되면, 설치자의 별도의 셋팅 없어, 작업자 실수가 현저히 감소 될 것으로 보인다. 현재 직접적으로 인공지능을 적용하고 있는 솔루션은 Helvar's ActiveAhead® solution이며, 공간점유와 행동 패턴들을 인식하고 최적화된 조명 기술을 적용하고 있다. 특히 통신선 등을 배제하여 무선 최적화된 기능을 선보이고 있다.[32)]

보다 진보 된 인공지능기반의 스마트 조명을 위해서는 데이터 수집을 위한 파이프라인이 필수적이며, 각 서버에서 생성된 이 데이터들이 클라우드 기반하에 수집되어 학습되어야 한다. 서버 혹은 클라우드 기반에서 모인 데이터들을 학습하여 각 빌딩 및 위치별로 최적화된 모델들을 형성해 맞춤형 스마트 조명서비스 제공이 가능하다.

인공지능이 보다 진화된 단계로 이어진다면, 단순히 에너지절감만이 아닌 사용자가 원하는 방향(에너지절감, Well-Being) 의 최적화된 조명서비스를 제공할 것으로 판단되며, 이러한 조명제어는 모두 난방환기조절시스템과 연결되어, 최적의 솔루션을 제공할 수 있을 것으로 예상된다.[33)]

31) Marc Füchtenhans, Smart lighting systems: state-of-the-art and potential applications in warehouse order picking, International Journal of Production Research, Volume 59, 2021 - Issue 12

32) https://helvar.com/helvar-activeahead-generation-2-wireless-lighting-solution-launched/

33) https://www.led-professional.com/resources-1/articles/ai-lighting

2.2.2 스마트 홈 & 웰빙

COVID-19 팬데믹 이후 글로벌 주거/업무문화에 많은 변화가 초래되었으며, 일부는 예전과 같은 일상으로 돌아갔지만, 일부는 새로운 사회통념으로 자리 잡아 우리의 삶의 근간을 바꾸어 놓았다. 특히, 많은 근로자들의 재택근무가 활성화되었으며, 사무공간의 필요성이 현저히 낮아졌으며, 대면과 비대면 업무 및 회의가 정착되어, 홈 스마트 조명도 편의성과 가격 효율성이 중요하게 대두되었다.

거주자가 업무를 마치고, 업무 장소에 대한 소등을 잊어버리거나, 업무 및 휴식 형태에 따른 색온도 제어, 실내 온도에 따른 밝기 및 색온도 제어 등 다양한 형태의 스마트 제어 기술이 적용되고 있다. 또한 가정 내에서 쉽게 스마트폰과 같은 스마트 기기 허브에 접속되어 프로그램된 형태에 따라 자동으로 에너지 절약 및 밝기, 색온도 제어가 가능한 기술이 적용되고 있다.

이러한 가정용 스마트 조명시스템에서는 편의성과 가격 경쟁력이 가장 중요한 기술개발의 핵심 요소가 되었으며, 태양광 유입 효과를 극대화 적용하여, 에너지절감을 가져오고 있으며, 부재중 전원 off를 통하여 에너지절감을 만들어 내고 있다.

보통 가정 내 사용 중인 스마트 벌브의 수명을 15,000 ~ 50,000시간으로 가정한다면, 백열램프가 750 ~ 2,000시간(수명 1년) 사용하므로, 하루 평균 3 ~ 4시간을 사용한다면, LED 조명은 15 ~ 25년간 사용할 수 있다. 따라서 가정 내에 한 번 설치된 조명은 대체 및 교환 유발 효과가 낮아 많은 거주자가 스마트 조명을 사용하고자 한다. 그러한 이유로 스마트 조명은 무엇보다도 설치 및 사용이 용이하도록 할 수 있는 기술이 적용되고 있다.

가정용 스마트 조명의 목적은 거주자 혹은 사용자의 안락함과 편의성, 안전성을 만족하기 위한 시스템으로 적용되었다.[34)][35)] 이러한 가정 내 스마트 조명의 제어는 파장, 공간분할, 시간분할의 기술적 의미를 지닌다. 이래 표는 가정용 스마트 조명의 목적에 따른 기능과 요소기술을 정리한 것이다. 이러한 가정용 스마트 조명은 주로 ZigBee, Wi-Fi, Bluetooth Low Energy (BLE) 등의 통신 기술이 적용되고 있다.[36)][37)]

34) Solaimani, S.; Keijzer-Broers, W.; Bouwman, H. What we do—And don't—Know about the Smart Home: An analysis of the Smart Home literature. Indoor Built Environ. 2013, 24, 370-383.

35) Rossi, M. LEDs and New Technologies for Circadian Lighting. In Research for Development; Springer: Cham, Switzerland, 2019; pp. 157-207

36) Alobaidy, H.A.; Mandeep, J.; Nordin, R.; Abdullah, N.F. A Review on ZigBee Based WSNs: Concepts, Infrastructure, Applications, and Challenges. IJEETC 2020, 9, 10.

37) Van Bommel, W.J.M. Interior Lighting: Fundamentals, Technology and Application; Springer International Publishing: Berlin/Heidelberg, Germany, 2019

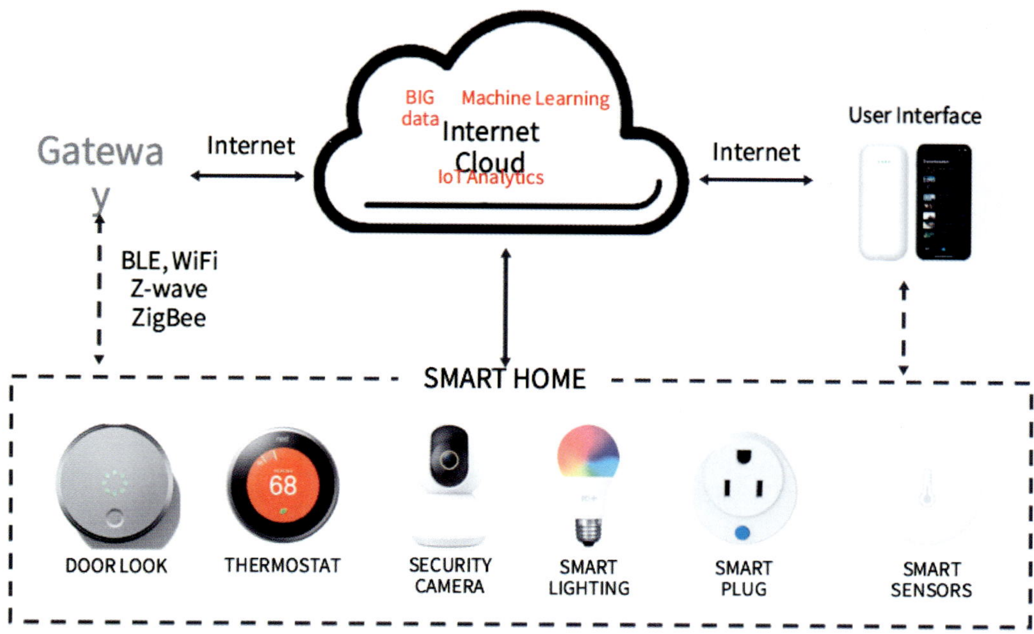

그림 B2-15 스마트홈의 데이터 네트워크 연동

표 B2-3 인간중심의 웰빌을 위한 스마트 조명의 세부기능별 필요 요소기술

목적	기능	세부 기능	요소기술
조명환경 최적화	사용자 환경 최적화	사용자의 조건(연령, 성별, 인종, 테라피 등)에 따라 최적화	사용자 조건(연령, 성별, 인종 등)에 따른 조명환경 최적 기술 및 실증화
			체질 및 치료, 감성 데이터에 맞는 조명제어 프로그램화 기술 및 실증
		활동인원수에 따라 자동 조절	자동조광기술, 인체감지 및 위치, 동작감지 센싱기술
			활동 인원수에 따른 조명제어 기법 및 실증
		작업 조건에 따라 조명 조건을 정의	다기능 작업 공간 최적 자동 조명 조절 기술 및 실증
			사용자 작업 맞춤형 조명 설정 기능
			작업장(학교, 정밀작업, 교도소, 스키장 등) 특수성에 따라 상황 조명제어 기술 및 실증
		장소 및 시간에 따라 최적 자동 조절	장소/용도별 시간에 따른 조명제어 기법 및 실증화
			지역별 계절 및 날씨에 따른 조명 기법 및 실증화
			태양광 등 외부 환경 정보 센싱 연동 조명제어 기술
			스마트폰 기상 어플 연동 기술, 취침 연동 기술 등

목적	기능	세부 기능	요소기술
	광생물 학적 안전성	눈 및 시신경에 영향 방지	안전영역 스펙트럼 제어 및 인식 대처 기술
			안전영역의 밝기 및 색온도 변화 상황 인식 대처 기술
			플리커 제거 전원 및 구동회로 기술
		광생물학적 안정성 평가	광생물학적 안정성 평가 기술
		빛공해 및 눈부심을 방지	눈부심 및 빛공해 방지를 위한 조명기구 광학계 설계 및 제조
	사용자 상호 교감	사용자의 요구에 반응	사용자의 오감에 의한 조명 자동 제어 기술
			사용자의 요구 동작에 따른 자동 제어 기술
		사용자의 동작 및 행위에 따라 자동 반응	인체감지, 위치, 동작감지 센싱기술
			동작 및 상태에 따른 조명제어 기술
		사람의 체온, 맥박수 등을 체크하여 최적 조명환경을 제공	인체 상태(체온, 맥박수 등) 센싱 및 최적 조명제어기술

이러한 스마트 기능을 사용할 수 있으면서도 낮은 가격으로 공급해야 하는 이유로, 최근 개발되고 있는 스마트 홈 조명은 높은 가격 경쟁력을 가지기 위해 IoT-Enabled 스마트 조명으로 진화하고 있다.

최근 에너지 가격 인상에 따라 그 적용을 더 높이고 있으며, 스마트폰으로 자동조정 및 동작, 소리 인식 등이 통합보드 안에서 인식이 되게 구성되고 있다.

다음 그림 B2-16은 진화된 형태의 스마트 홈과 IoT 기기의 연결을 보여준다. 서버역할을 하는 LAN(local area network)이 각 기기들을 제어하고, 로그인을 담당하며, 각 쿼리 요청에 대한 적합한 명령들을 관장한다. 보다 진화된 형태로는 클라우드 기본의 IoT 연결홈과 연결되어서 다양한 서비스를 제공할 수 있다. 거주자의 차량 부재 여부와 주방기기들의 사용 유무, 도어의 여/닫힘 등을 자동으로 인식하여, 스마트 조명을 제어할 수 있게 개발되고 있다.

가정용 스마트 조명시장의 가장 큰 기술적 난제는 보안에 대한 취약성이다. 스마트 홈 IoT가 개인의 프라이버시와 매우 높은 관련성을 지니고 있으며, 초기에는 단방향의 SHA 256 기반의 암호화를 사용하다가 최근에는 양방향 암호화인 RSA(Rivest-Shamir-Adleman)방식을 사용하고 있다.

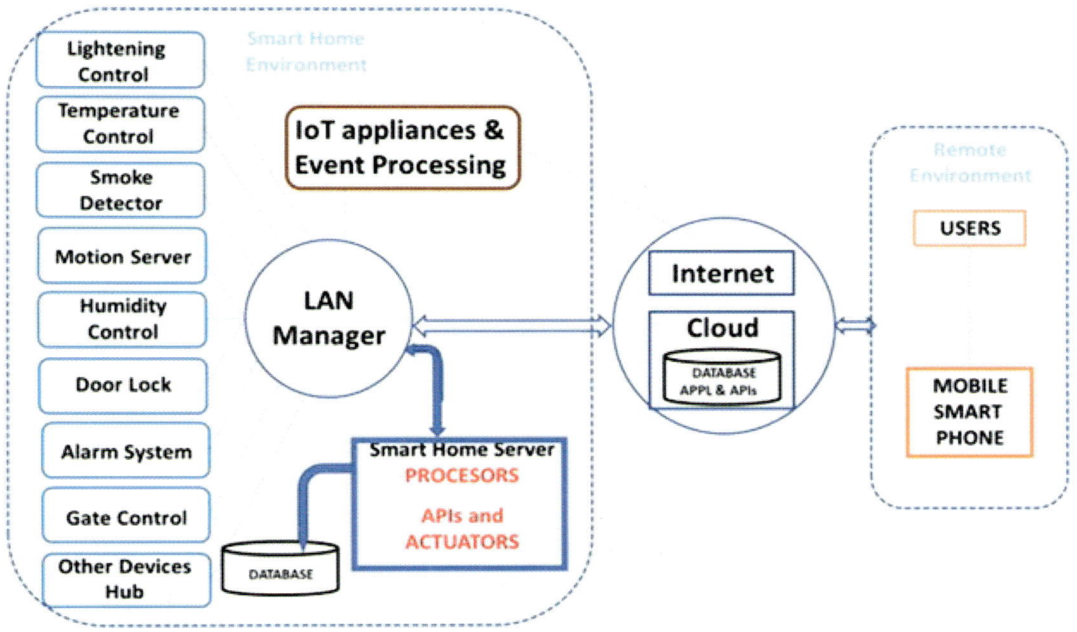

그림 B2-16 Advanced smart home—integrating smart home, IoT and cloud computing(출처 : Menachem Domb, Smart Home Systems Based on Internet of Things, CHAPTER METRICS OVERVIEW, 2019. Feb.)

2.2.3 스마트 시티(smart city)

스마트 시티(smart city)란 정보 및 통신 기술(ICT)과 사물 인터넷(IoT)이 도시기반의 네트워크로 연결되어, 도시 운영의 효율성을 높이고, 도시민의 삶의 질을 지속적으로 개선되는 지능형 최적화 도시 모델이다. 이러한 도시 모델에 적용되는 조명은 크게 4가지 핵심 기능들을 제공해야 한다.

첫 번째는 IoT 기반의 조명제어의 데이터 분석을 통한 스마트화 혹은 인공지능화되어야 하며, 데이터 분석을 통해, 대중교통, 도로의 빛 환경을 에너지 효율적이면서도 밝은 도시환경을 지원해야 할 것이다.

두 번째는, 이러한 스마트화를 위해서는 네트워크가 넓은 확장성을 가져야 한다. PLC, DALI, Zigbee, LOWPAN, Jet-NetIP, Wi-Fi, Ethernet, GPRS, WiMax, 3/4/5G등 다양한 통신 프로토콜이 어느 노드점에서도, 어떤 통신 모듈로도 손쉽게 Plug-In이 가능해야 할 것이다.

세 번째는 이러한 스마트화의 근복적인 목적은 보다 안전하면서도, 이용자 편의성을 높여야 한다는 것이다. 개별 조명이 전체 네트워크상에서 이상동작 유무 및 밝기 정도의 모니터링, 에너지 소모량 누적 확인이 가능해 해당 조명의 유지보수 유무를 관리자에게 알려주어야 한다.

네 번째는, 이러한 모든 활동 및 기능들이 CO_2 배출량을 줄이고 에너지 효율을 증대시키는 방향으로의 기능이 제공되어야 한다. 전체 스마트 시티형 조명관리 시스템은 도시 내의 총 옥외 소비량과 절감량을 알려주는 정량화된 기능이 반드시 수반되어야 한다. 더불어 각 가구의 조명에너지 소비량이 적절한 프로토콜로 전체 시스템에 업로드가 가능하게 됨으로써, 도시 내의 조명에너지 소비량이 최대한 정량화되어 실시간으로 측정되는 기능이 제공되어야 한다.

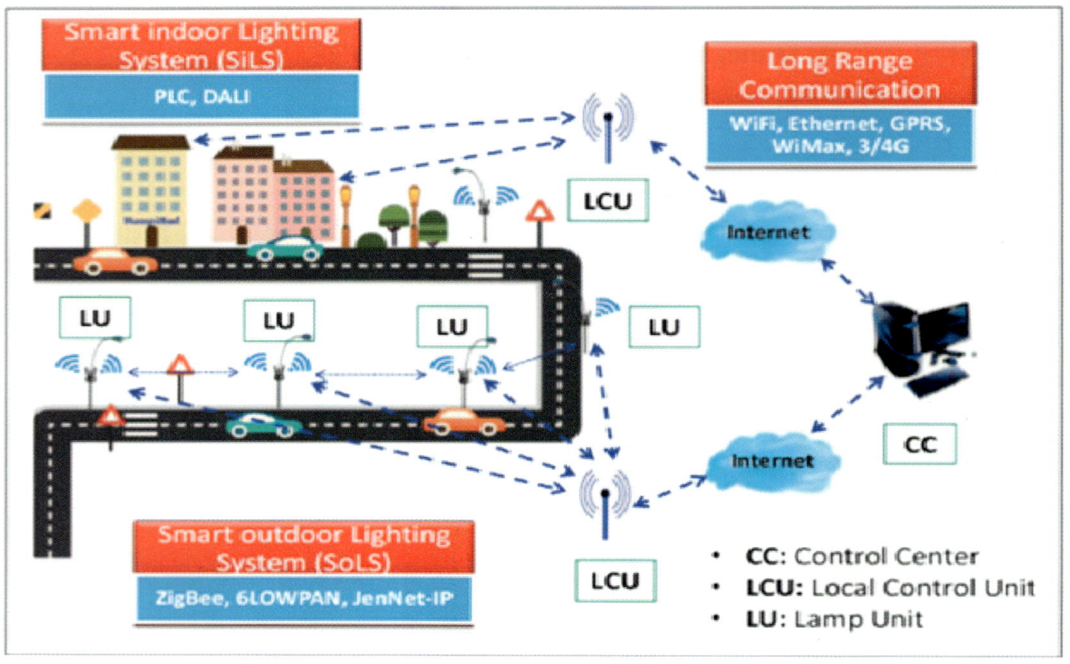

그림 B2-17 Overview of Smart Lighting Systems in a Smart City environmen (출처: Dankan Gowda .V, Arudra Annepu, Ramesha. M, Prashantha Kumar K and Pallavi Singh, IoT Enabled Smart Lighting System for Smart Cities, Journal of Physics: Conference Series, Vol. 2089, pp.15-16, 2021. Sep)

2018년 이후 글로벌 가로등 조명공급 기업들은 앞다투어 중앙집중방식의 시티 조명을 선보였으며, 각 조명 자산 관리 소프트웨어를 사용하여 원격으로 장애를 감지하고, 성능을 최적화하며, 에너지 사용을 모니터링하고, 관리하는 제품들을 개발하였다. 대표적인 예는 캘리포니아주의 헌팅턴비치시에는 200개의 스마트 퓨전 가로등이며, 원격 조명 관리, 에너지의 효율적 관리뿐만 아니라 교통 흐름, 응급 상황 알림 서비스, 음향 감지, 대기 품질 모니터링 및 자율 차량 내비게이션과 같은 디지털 기능까지 제공하는 스마트 시티향 가로등 시스템이다.[38)]

38) https://www.interact-lighting.com/ko-kr/case-studies/los-angeles

이러한 스마트 시티형 가로등 기술에서는 ZigBee 통신이 매우 유용하게 사용되고 있는데, 250 kbps 속도와 1 ㎞의 전송거리가 큰 장점이다. ZigBee 보다는 100 Kb/s로 전송속도가 떨어지지만, 최대 232개의 노드가 가능한 Z-Wave 또한 RF 네트워크 프로토콜로 주목받고 있다. 특히 주파주 대역이 900 MHz로 적은 간섭을 보여, 다른 2.4GHz 대역보다 유리한 장점이 있다.

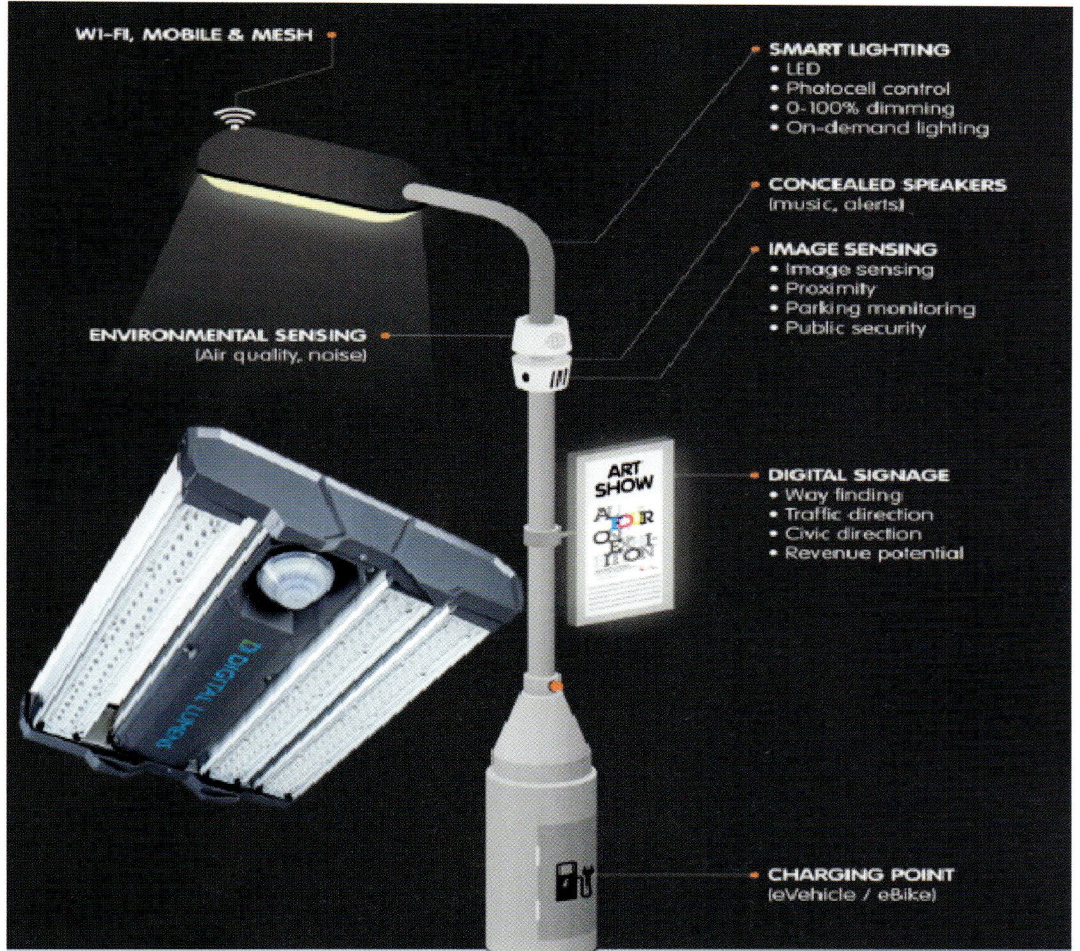

그림 B2-18 Street Lighting for Smart City(출처 : https://www.interact-lighting.com/ko-kr/case-studies/los-angeles)

IoT 기반의 무선 프로토콜은 IEEE 802.15.4 (Low Rate wireless personal area network) 표준을 따르고 있으며, 그림 B2-18과 같은 레이어로 구성되어서 저전력으로 IoT 조명기기 작동하도록 구성되어 있다.

기술적으로는 LCU(local control unit) 가 데이터를 모아 단거리 통신(예를 들어 ZigBee, 6LoWPAN

및 BLE 등의 IEEE 802.15.4 프로토콜 기반 통신 etc.)으로 데이터를 전송하고, 메시네트워크를 형성해 중앙 관제 센터로 데이터를 전송하게 된다.

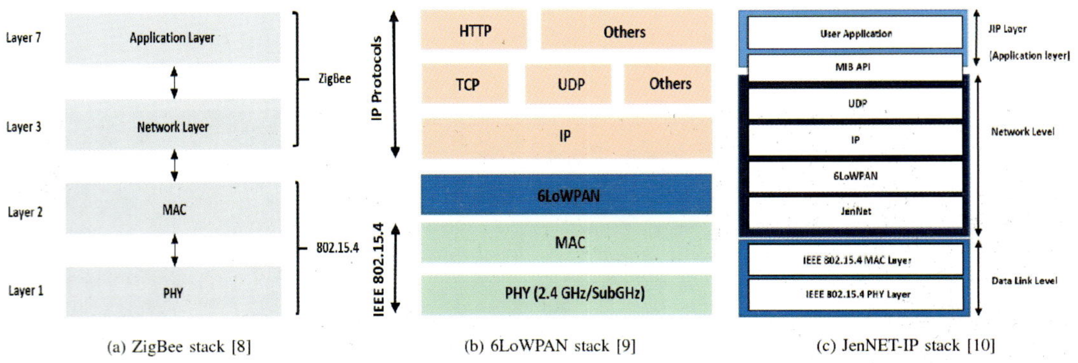

(a) ZigBee stack [8]　(b) 6LoWPAN stack [9]　(c) JenNET-IP stack [10]

그림 B2-19 IEEE 802.15.4 based wireless protocols for the short-range SLS in smart city

CHAPTER 03

스마트 조명

3.1 스마트 조명의 정의

스마트 조명이란 유선 또는 무선 네트워크로 연결되어 센서, 제어기기 등의 정보의 입출력과 제어를 통해 조명의 품질을 만족하면서 주변 환경(외부의 빛, 움직임)이나 사전 설정(시간, 밝기) 등에 따라 변경이 가능한 조명시스템을 의미한다. 최근에는 스마트빌딩 및 스마트 시티의 보급 확대와 연계하여 다양한 에너지 관리 플랫폼(스마트홈, xEMS 등) 또는 스마트 시티 서비스 플랫폼과 상호 호환이 가능한 형태로 발전하고 있다.

스마트 조명의 주요 구성요소는 그림 B3-1에서처럼 다음과 같이 구분할 수 있다.

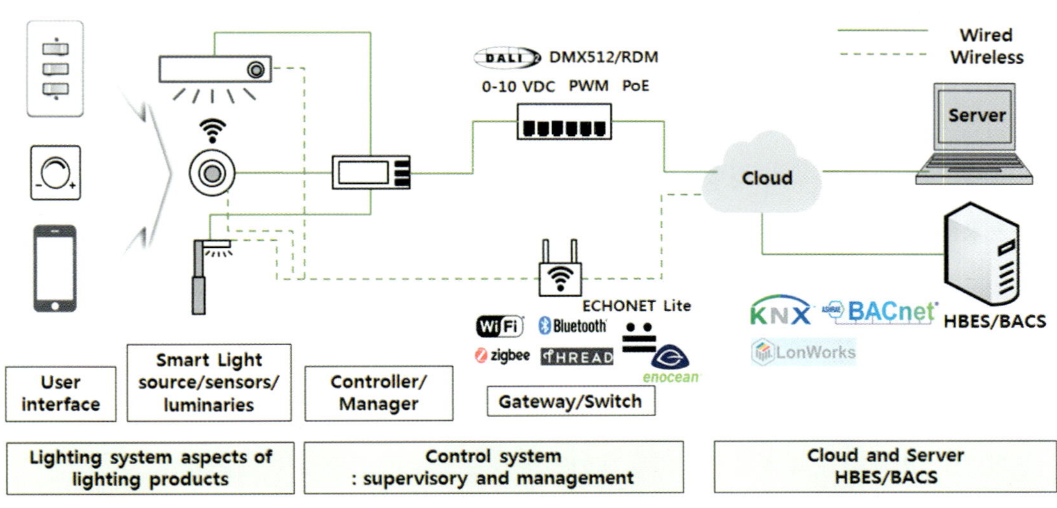

그림 B3-1 스마트 조명의 개요 및 구성요소

- 입력장치를 구비한 조명기구부 : 기존 램프 및 등기구 등 조명기구 이외 입력을 제어할 수 있는 사용자 인터페이스(스위치, 조광기 및 앱)와 다양한 환경 정보 취득을 위한 센서로 구성됨
- 제어부 : 유·무선 통신을 위한 게이트웨이 및 스위치와 각 조명기구와 센서류 등을 제어하기

위한 컨트롤러로 구성
- 클라우드/서버부 : 클라우드를 통해 데이터와 제어신호를 전송하며 이를 관제하고 타 시스템과의 연계를 위한 서버로 구성

일반적으로 가장 간단한 스마트 조명의 구성은 ① 램프 또는 등기구로 이루어진 조명부 (센서 및 제어 하드웨어 포함하며 경우에 따라 램프 또는 등기구의 내부에 실장 가능), ② 사용자가 램프 또는 등기구를 조작하기 위한 제어 소프트웨어를 포함하는 사용자 인터페이스 부 (휴대 단말 또는 벽부 패널 형태), ③ 그리고 마지막으로 이러한 부분 등을 연동시켜 주는 유·무선 통신 인터페이스로 구성된다.

❶ 램프 또는 등기구

- 스마트 조명용 램프와 등기구는 상관색온도 또는 광량 등을 미리 설정한 수치에 맞추어 가변할 수 있는 기능이 내장되어 있음
- 특히 상관색온도의 가변 범위는 제품에 따라 full color spectrum (R/G/B)과 white tuning (2,700 ~ 6,500 K) 등으로 구분

❷ 사용자 인터페이스

- 현재 스마트 조명을 위한 대부분의 사용자 인터페이스는 앱 형태로 개발되어 휴대폰과 노트북/탭과 같은 휴대 단말에 다운받아 사용하는 형태이거나, 해당 프로그램이 내장된 벽에 부착하는 형태의 패널을 사용 중
- 제어 가능 항목은 광속(디밍), 색분포 및 상관색온도가 일반적임
- 제품에 따라 상황별 상관색온도 및 광속 (영화, 독서, 학습, 휴식 등), 전화수신 연동 등 세부적인 응용에 따른 제어 모드 추가 제공

❸ 유 · 무선 통신 인터페이스

- 현재 스마트 조명을 위한 통신 인터페이스로는 ZigBee와 WiFi가 전체 시장의 40 %를 차지하나 나머지 60 %는 다양한 프로토콜이 각축 중
- 또한 시장에 지배적인 프로토콜의 부재하여 각 컨소시엄별 다양한 프로토콜 사용 중
- 스마트 조명의 빠른 보급과 활성화 촉진을 위해서는 유·무선 인터페이스 프로토콜의 표준화가 필수적임
- 전송 거리 및 노드(node) 수 등 서로 다른 요구 특성에 의해 필요시 실내/외 용도에 따라 다른 방식의 표준화 가능

3.2 스마트 조명의 필요성

최근 온실가스 감축 등의 친환경 정책 선언과 RoHS(restriction of hazardous substances directive) 등과 같은 환경 규제 제도의 시행으로 에너지절감/기후변화가 크게 이슈화되고 있어 에너지절감에 대한 관심이 크게 증가하고 있으며, 이에 따라 조명산업의 패러다임도 크게 변화하고 있다.

특히, 조명분야는 전체 전력 소비량의 약 20 % 정도를 차지할 정도로 에너지절감 영향력이 큰 산업 분야이다. 조명을 위한 여러 가지 광원 기술 중 반도체 기반의 LED 광원은 성능이 큰 폭으로 향상되었고 수명이 길며 수은 등 인체에 유해한 물질을 사용하지 않아 친환경적이라는 점 때문에 전 세계 광원을 빠르게 대체하고 있다. 국제에너지 기구(IEA: International Energy Agency)에 따르면 그림 B3-2와 같이 2019년 기준 조명 시장 점유율은 LED 광원이 46 %, 형광램프 45 % 순이며 2030년 기준 LED 광원의 조명 시장 점유율은 90 % 이상이 전망된다. 조명 시장 점유율은 90 % 이상이 전망된다.

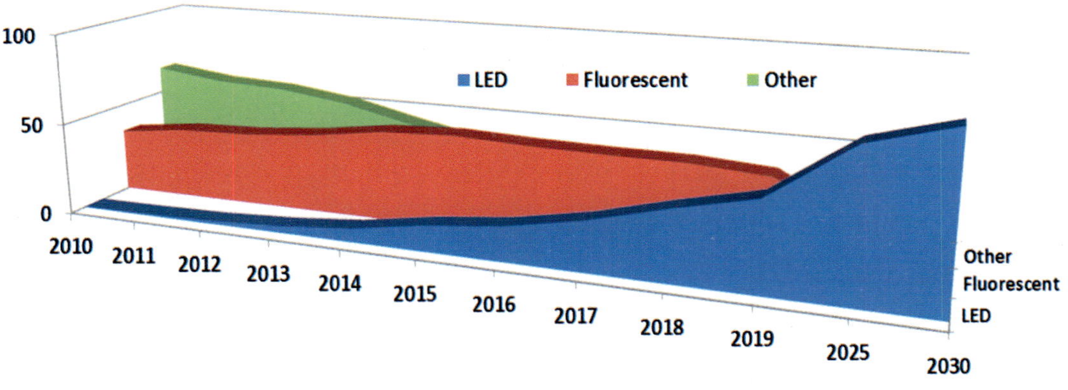

그림 B3-2 광원별 조명 시장 점유율 전망 (출처: international energy agency, 2022)

LED 조명의 경우 조명에 소요되는 에너지를 큰 폭으로 절감할 수 있지만 상대적으로 LED 광원의 광효율 향상폭은 기술적 한계에 다다름에 따라 감소하고 있다. 실제 LED 조명의 광효율은 2018년 기준으로 기존 형광램프의 광효율 돌파(100 lm/W)했으며 현재 수준에서 가장 효율이 우수한 조명이지만 그림 B3-3과 같이 점차로 광효율이 포화되어 2025년 기준 150 lm/W에서 2030년 160 lm/W로 향후 LED 조명만으로는 에너지절감에 한계가 있는 상황이다.

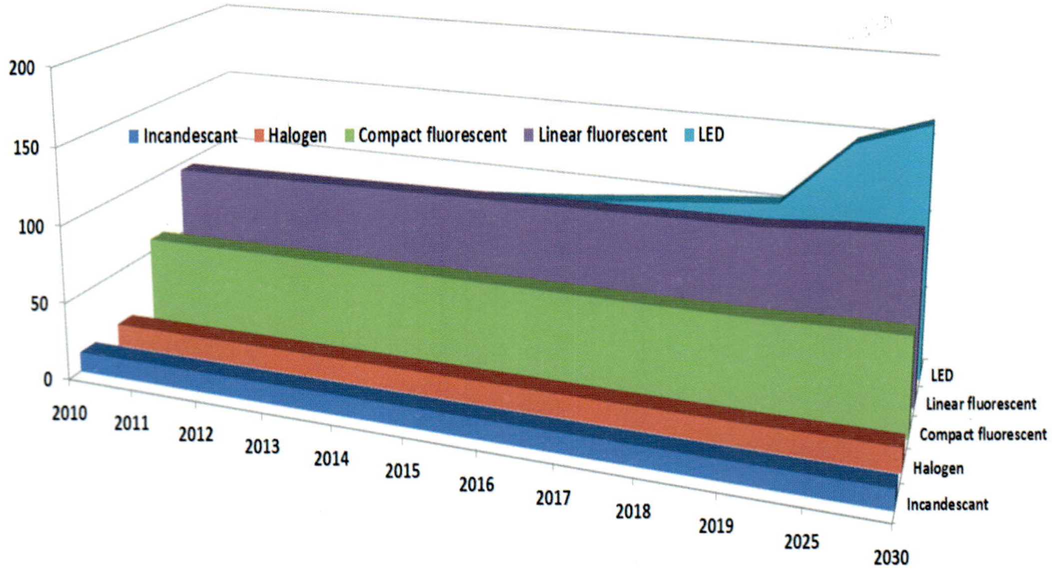

그림 B3-3 광원별 조명 광효율 향상 전망, IEA (international energy agency, 2022)

따라서 LED 조명에 센서, 유·무선 통신 및 제어 기술을 융합하여 새로운 가치를 창출하는 스마트 조명이 큰 관심을 받고 있다. 스마트 조명은 LED 조명의 한계를 넘어 추가적인 에너지절감은 물론 최적의 빛환경을 제공함으로써 다음과 같은 다양한 편익을 제공할 수 있다.

- (인간/환경 친화) 단위공간에서 인간의 감성 중심의 최적의 환경을 제공하며, 사용자의 선호도 및 심리상태에 최적화되도록 설계된 조명시스템
- (편리/기능) 사용자/물체의 위치 및 동작에 반응하거나, 광학특성의 가변으로 시각능력을 향상시키고, 유·무선 네트워크 솔루션을 이용하여 감시, 편리 기능을 탑재한 조명시스템
- (에너지절감) 환경의 변화, 재실 여부, 행동 감지 상태를 반영하여 조명의 점·소등을 최적 및 능동적으로 제어함으로써 조명으로부터 소모되는 에너지를 절감시키는 조명시스템

스마트 조명은 전·후방산업(하드웨어, 소프트웨어, 서비스)이 대·중·소기업으로 구성되어 산업 파급효과가 크고, 상호 연관관계가 중요한 산업으로 기존 조명 산업과는 달리 조명기구 제조사, 조명시스템 판매 및 네트워크 사업자, 홈넷 또는 BEMS와 연동하여 대·중·소기업 협력 사업 모델 발굴이 필요하다.

- 단순 조명기구 산업에서 벗어나서 스마트 조명 솔루션 사업으로 전환하여 스마트홈시티 및 제로에너지빌딩과 연계한 융·복합 산업에 파급

- 스마트 조명 플랫폼과 S/W 및 콘텐츠 사업 중심으로 비즈니스 패러다임 이동
- 제품 단위가 아닌 시스템 개념으로의 접근으로 다양한 상황 및 환경, 시공간에 따른 성능 실증, 표준화 및 수요자 맞춤형 보급정책 필요

3.3 에너지절감과 각국의 조명 관련 정책

조명에 의한 에너지 사용은 글로벌 에너지 소비량의 약 15 %(2,900 TWh)에 해당하며, 이는 전체 탄소배출의 약 5 %를 의미한다.

- 실내조명은 건물에너지 부문의 약 15 %, 실외조명은 공공 에너지 소비의 약 50 % (IEA, 2019)
- 향후 20년간 조명 에너지 수요는 인구 증가와 이머징 국가 수요로 인해 50 % 증가 전망 (UNEP, 2019)

따라서 고효율 조명의 보급·확산은 에너지 및 온실가스 저감에 있어 가장 효과적인 수단중의 하나이며 이를 위해 UNEP와 IEA 등의 국제기구에서 조명 에너지 규제(MEPS, 에너지라벨링) 강화를 권고하고 있다. 예를 들어 IEA의 온실가스 절감을 위한 Sustainable Development Scenario에 따르면 에너지 효율 향상은 탄소 배출 절감량의 37 %를 기여하며, 가장 효율적인 수단이다.

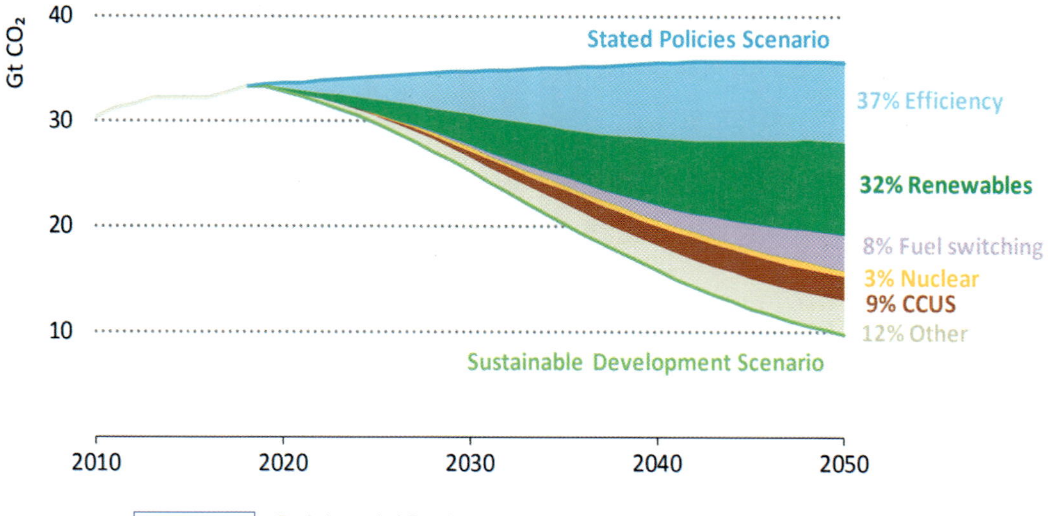

그림 B3-4 온실가스 저감을 위한 Sustainable Development Scenario (IEA, 2019)

기후변화에 효과적으로 대응하여 환경을 보호하기 위하여 주요 국가는 다양한 정책을 추진하고 있으며 대표적인 정책 중의 하나가 백열램프 퇴출 정책이다.

- 유럽, 미국, 일본을 포함하는 주요 국가는 효율 향상을 위해 백열램프 퇴출 프로그램을 추진하여 현재 동남아와 아프리카를 제외한 대부분의 국가에서 퇴출 완료

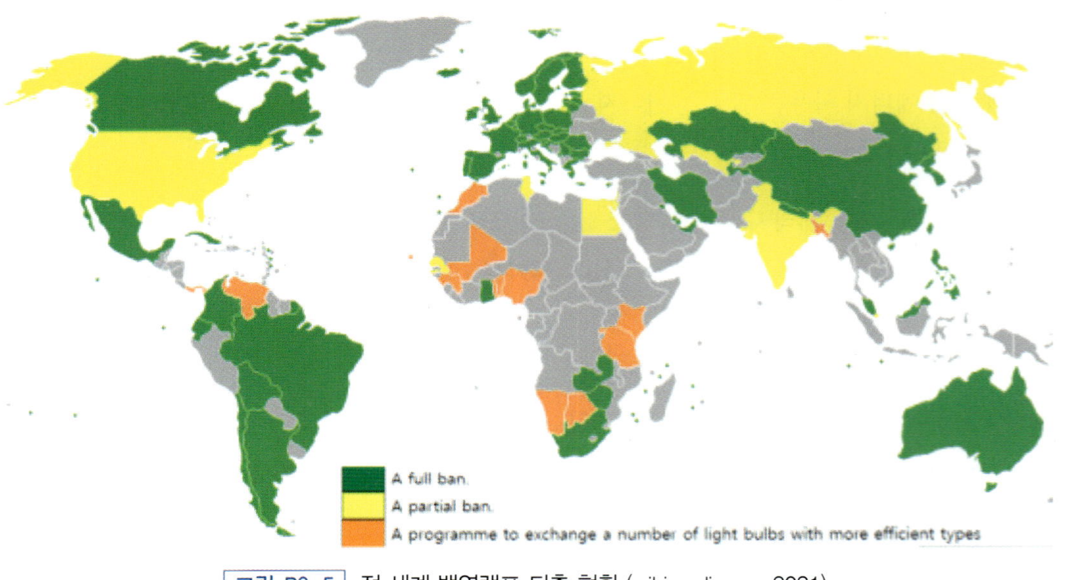

그림 B3-5 전 세계 백열램프 퇴출 현황 (wikimedia.org, 2021)

탄소배출 저감을 위한 저효율 조명 퇴출 정책의 또 다른 사례는 형광램프 퇴출 정책이다. 형광램프에 대한 퇴출은 점진적인 최소 광효율 기준 상향과 미나마타협약에 따른 수은에 대한 엄격한 규제를 통해 점진적으로 이루어지고 있다.

- 유럽, 미국 및 일본은 최저 효율규제를 통한 점진적 형광램프 퇴출 추진 중
- 형광램프의 글로벌 조명시장 점유율은 2019년 46 % → 2025년 24 % → 2030년 12 % (IEA, 2020)

우리나라도 저효율 조명의 퇴출과 관련하여 관계부처 협동으로"에너지효율 혁신전략(2019년 8월)"과 산업통상자원부 주도의"제3차 에너지 기본계획(2019년 6월)"을 통해 점진적인 형광램프 퇴출을 통한 탄소중립 정책을 추진 중이다.

- (형광램프 퇴출) 형광램프의 최저효율 기준을 한계치까지 단계적으로 상향해 '27년 이후 신규제작·수입 형광램프의 시장 판매 금지

- 최저효율기준 강화를 통해 백열램프 성공 퇴출(2008년 정책발표 → 2014년 시장 퇴출)
- 고효율에너지기자재 인증 품목 추가, 신축 공공건물 설치 의무화 등을 통한 스마트 조명 보급 확대

국가	미국	유럽	일본
프로그램	ENERGY POLICY AND CONSERVATION ACT (DoE)	Ecodesign Directive Energy Labelling Directive	Act on the Rational Use of Energy(METI)
관련 자료	8626 Federal Register / Vol. DEPARTMENT OF ENERGY 10 CFR Parts 430 and 431 [EERE-2017-BT-STD-0062] RIN 1904-AD38 Energy Conservation Program for Appliance Standards: Procedures for Use in New or Revised Energy Conservation Standards and Test Procedures for Consumer Products and Commercial/Industrial Equipment 최소 효율 FEDERAL TRADE COMMISSION 16 CFR Part 305 [3084-AB15] Energy Labeling Rule AGENCY: Federal Trade Commission ("FTC" or "Commission"). ACTION: Final rule. 에너지 라벨링	5.12.2019 EN Official Journal of the European Union COMMISSION REGULATION (EU) 2019/2020 of 1 October 2019 laying down ecodesign requirements for light sources and separate control gears pursuant to Directive 2009/125/EC of the European Parliament and of the Council and repealing Commission Regulations (EC) No 244/2009, (EC) No 245/2009 and (EU) No 1194/2012 최소 효율 244/2009 and 874/2012 : Domestic lighting; incandescent, halogen, LED and CFL 245/2009: Linear and CFL 에너지 라벨링	최소효율 Energy Saving Label (Top Runner Program) 에너지 라벨링
개정일	February 14, 2020 (최소효율) November 29, 2019(라벨링)	May 12, 2019 (최소효율, 라벨링) 2021년 9월 1일 시행	April 12, 2019 (최소효율)

그림 B3-6 미국, 유럽 및 일본의 형광램프 관련 규제 현황

3.4 조명산업 패러다임의 변화

Lighting Europe 등 각국의 주요 조명기구 제조자 협회의 협의체인 GLA(Global Lighting Association)는 그림 B3-7과 같이 2040년까지의 스마트 조명산업 로드맵을 발표했으며 이에 따르면 글로벌 조명기업은 IoT 기술을 융합한 스마트 조명 기반 고부가가치 산업으로 패러다임 이동 중이다. 즉, 센서, IoT, 네트워크 및 AI 기술 등을 접목하여 에너지절감, 인간중심 융합 기능 등을 실현하는 방향으로 조명산업 전체의 패러다임이 변화하고 있다.

스마트 조명산업 생태계는 다음과 같은 측면에서 기존의 조명 산업 생태계와 구분될 수 있다. 가장 큰 특징은 기존 광원, 기구, 시스템의 수직계열화 밸류체인에서 센서, IoT 및 AI가 연결되는 다차원적인 수평적 구조에 소비자가 참여하는 능동적 구조라는 점이다. 기존의 단순 조명기구 산업에서 벗어나서 스마트홈/빌딩 솔루션 사업으로 전환하여 스마트 홈/시티 및 제로에너지빌딩과 연계한 융·복합 산업에 파급효과가 매우 크다.

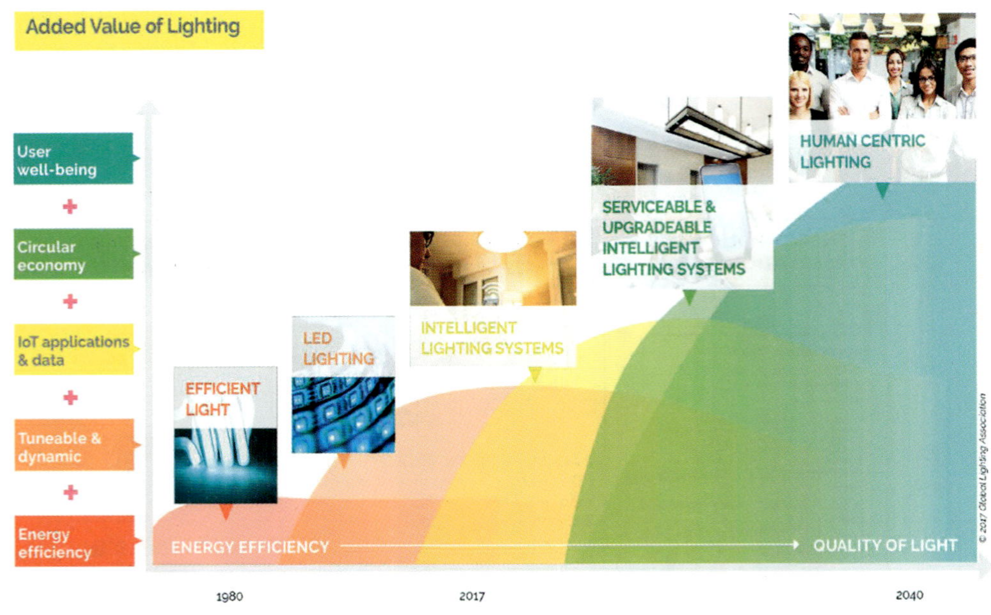

그림 B3-7 조명산업 로드맵 (GLA, 2018)

- 전통 조명(G1) : 광원, 등기구 등 특정 소수 기업의 수직통합형 생태계
- LED 조명(G2) : LED 부품과 등기구 Supply Chain의 단순 생태계
- 스마트 조명(G3) : LED 부품, 등기구, 컨텐츠 및 빅데이터가 연결되는 다차원적인 수평적 밸류체인에 최종 수요자가 참여하는 융복합 생태계로 진화

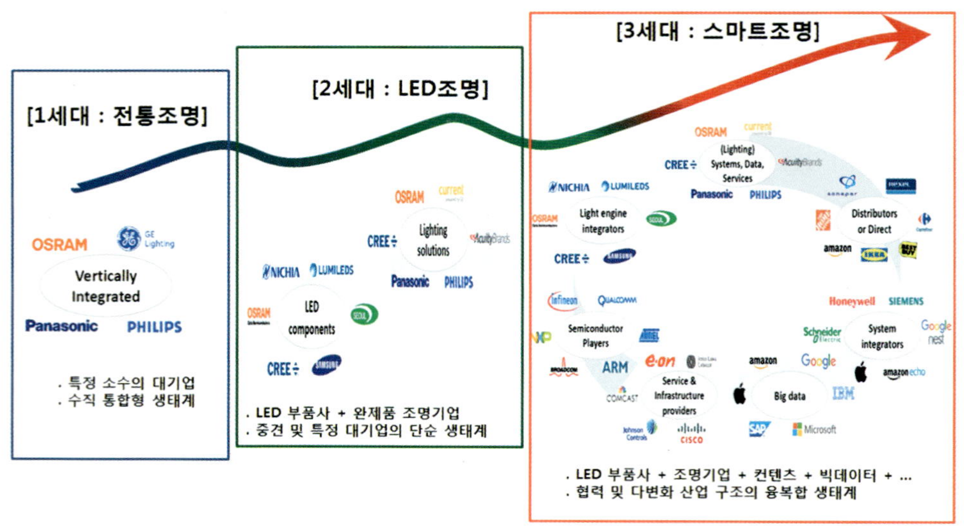

그림 B3-8 조명산업 생태계 변화: 독점/집중 구조에서 협력/다변화 구조로의 생태계 변화

3.5 스마트 조명의 분류

스마트 조명은 시스템 구조에 따라 독립형 등기구로 구성된 조명시스템, 자율형 조명시스템 및 중앙 제어가 가능한 조명시스템과 같이 크게 세 가지 범주로 분류할 수 있다.

① 독립형 등기구로 구성된 조명시스템

조명제어속성(예: 켜기/끄기, 조광) 설정 또는 정보 교환을 위해 다른 조명기구 또는 중앙 컨트롤러와 통신하지 않고 독립적으로 동작하는 조명의 형태로 하나의 독립형 등기구로 구성된 조명시스템

② 자율형 조명시스템

자율 조명시스템은 조명기구의 조명 속성을 조정하기 위해 서로 통신할 수 있는 두 개 이상의 조명기구로 구성되며 등기구 네트워크는 중앙 제어 가능성이 없다는 특징이 있음. 이러한 조명기구는 조명 속성을 제어하기 위해 조명기구 간에 정보를 교환하도록 의도된 하나 이상의 통신 네트워크를 가지고 있음.

③ 중앙 제어가 가능한 조명시스템

중앙에서 제어가 가능한 조명시스템은 중앙 컨트롤러와 통신할 수 있는 하나 이상의 조명기구로 구성되며 여러 조명기구의 경우 자율 조명시스템에서와 같이 조명기구 간에 직접 통신할 수 있는 기능이 있음

조명시스템의 적응형 조명제어 및 기능 구현은 애플리케이션의 목적 및 환경 조건에 따라 달라질 수 있으며 조명시스템의 각 범주에 대한 기능 및 특성의 예는 표 B3-1과 같다.

표 B3-1 스마트 조명 분류별 대표적인 기능 및 특성 예시

구분	독립형 등기구로 구성된 조명시스템	자율형 조명시스템	중앙 제어가 가능한 조명시스템
Timer based light control	가능	가능	가능
Sensor based light control	가능	가능	가능
Group based light control	–	가능	가능
Centrally controllable light control	–	–	가능
Systems configurable in field	가능	가능	가능
Data exchange on request locally	가능	가능	가능
Data exchange automatically to central controller	–	–	가능
Data exchange with external system	–	–	가능 (optional)

3.6 스마트 조명의 네트워크 연결성 및 프로토콜

스마트 조명시스템의 구현을 위해서는 네트워크에 연결되어야 하며 이 경우 다양한 형태의 네트워크 토폴로지 및 통신 프로토콜이 사용될 수 있다.

3.6.1 네트워크 토폴로지

스마트 조명에 주로 사용되는 네트워크 토폴로지의 종류와 스마트 조명의 대표적인 적용 사례는 다음과 같다.

① 점대점 토폴로지(point to point topology)

점대점 토폴로지는 고정된 두 노드가 한 줄로 직접 연결되는 토폴로지로 네트워크에서 두 노드를 연결하는 가장 간단한 형태임

- 스마트 조명 및 조명과 연계된 시스템의 적용 예 : 블루투스, ISO/IEC14543-4-3(ECHONET Lite), IEEE802.3(이더넷)

❷ 버스형 토폴로지(bus topology)

버스 토폴로지는 복수의 각 노드가 한 버스에 연결되는 토폴로지의 한 유형으로 버스 토폴로지에 새로운 연결을 하려면 단순히 새 노드를 연결하기만 하면 된다는 장점이 있어 소규모에서 비교적 큰 시스템까지 비교적 경제적인 방식으로 구성할 수 있음

- 각 노드의 오류는 네트워크의 다른 부분에 영향을 미치지 않지만 버스의 오류는 전체 네트워크에 영향을 미침
- 스마트 조명 및 조명과 연계된 시스템의 적용 예: IEC 62386 series (DALI®), IEC 60929 (0-10 VDC, PWM), ISO/IEC 14543-3-1X series (KNX), ISO 16484-5 (BACnet), ISO/IEC14908 (LonWorks) and ISO/IEC14543-4-3 (ECHONET Lite)

❸ 데이지 체인형 토폴로지(daisy chain topology)

데이지 체인 토폴로지는 하나의 노드가 체인의 다음 노드에 연결되는 토폴로지 유형으로 예를 들어 노드 A는 노드 B에 연결되고 노드 B는 노드 C에 연결되는 형태임

- 스마트 조명 및 조명과 연계된 시스템의 적용 예: IEC 62386 series (DALI®), DMX, ISO 16484-5 (BACnet), ISO/IEC14908 (LonWorks) and ISO/IEC14543-4-3 (ECHONET Lite)

❹ 링형 토폴로지(ring topology)

링 토폴로지는 각 노드가 인접한 두 노드에 연결되어 폐루프 또는 고리 모양을 형성하는 토폴로지 유형으로 간단히 서로의 노드에 대한 폐루프를 형성할 수 있지만 단방향 연결의 경우 각 노드의 오류가 전체 네트워크에 영향을 미침

- 스마트 조명 및 조명과 연계된 시스템의 적용 예: ISO 16484-5 (BACnet), ISO/IEC14908 (LonWorks) and ISO/IEC14543-4-3 (ECHONET Lite)

❺ 스타형 토폴로지(star topology)

스타 토폴로지는 각 노드가 하나의 중앙 노드에 연결된 토폴로지 유형으로 중앙 노드가 전체 네트워크를 담당하며 유선 및 무선 연결에 스타 토폴로지를 사용할 수 있음

- 이 토폴로지는 근거리 통신망(LAN)에서 가장 널리 사용되는 토폴로지 중 하나로 특정 노드에 장애가 발생하더라도 네트워크의 나머지 노드는 정상적으로 작동한다는 장점이 있으나 중앙 노드의 오류는 전체 네트워크에 영향을 줄 수 있음

- 스마트 조명 및 조명과 연계된 시스템의 적용 예: IEC 62386 series (DALI®), ISO/IEC 14543-3-1X series (KNX), ISO 16484-5 (BACnet), ISO/IEC14543-4-3 (ECHONET Lite), ISO/IEC 14908 series (LonWorks), IEEE 802.3 (Ethernet) and WiFi.

⑥ 메쉬형 토폴로지(mesh topology)

메쉬 토폴로지는 네트워크의 모든 노드가 다른 노드와 완전히 연결된 토폴로지 유형으로 직접적인 물리적 연결 대신 논리적 연결을 가지는 무선 기술에서 주로 사용됨

- 이 토폴로지는 스타 토폴로지와 비교하여 덜 효율적이고 덜 경제적일 수 있으나 네트워크의 모든 노드는 그물처럼 다른 노드에 연결되어 있으므로 노드의 오류는 네트워크의 다른 부분에 영향을 미치지 않음
- 스마트 조명 및 조명과 연계된 시스템의 적용 예: ISO/IEC14543-4-3 (ECHONET Lite), Zigbee, Bluetooth mesh, Z-wave, Thread, ISO/IEC 14543-3-1X series (EnOcean) IEEE 802.15.4 and VEmesh

⑦ 하이드리드형 토폴로지(hybrid topology)

하이브리드 토폴로지는 위에서 언급한 둘 이상의 토폴로지를 결합한 형태로 특정 환경에서 다양한 네트워크 토폴로지의 이점을 극대화하는 데 사용됨, 스타와 링과 버스가 결합된 토폴로지는 하이브리드 토폴로지의 예임

- 스마트 조명 및 조명과 연계된 시스템의 적용 예: EC 62386 series (DALI®), IEC 60929 (0-10 VDC), ISO/IEC 14543-3-1X series (KNX), ISO 16484-5 (BACnet), ISO/IEC 14908 series (LonWorks) and ISO/IEC14543-4-3 (ECHONET Lite)

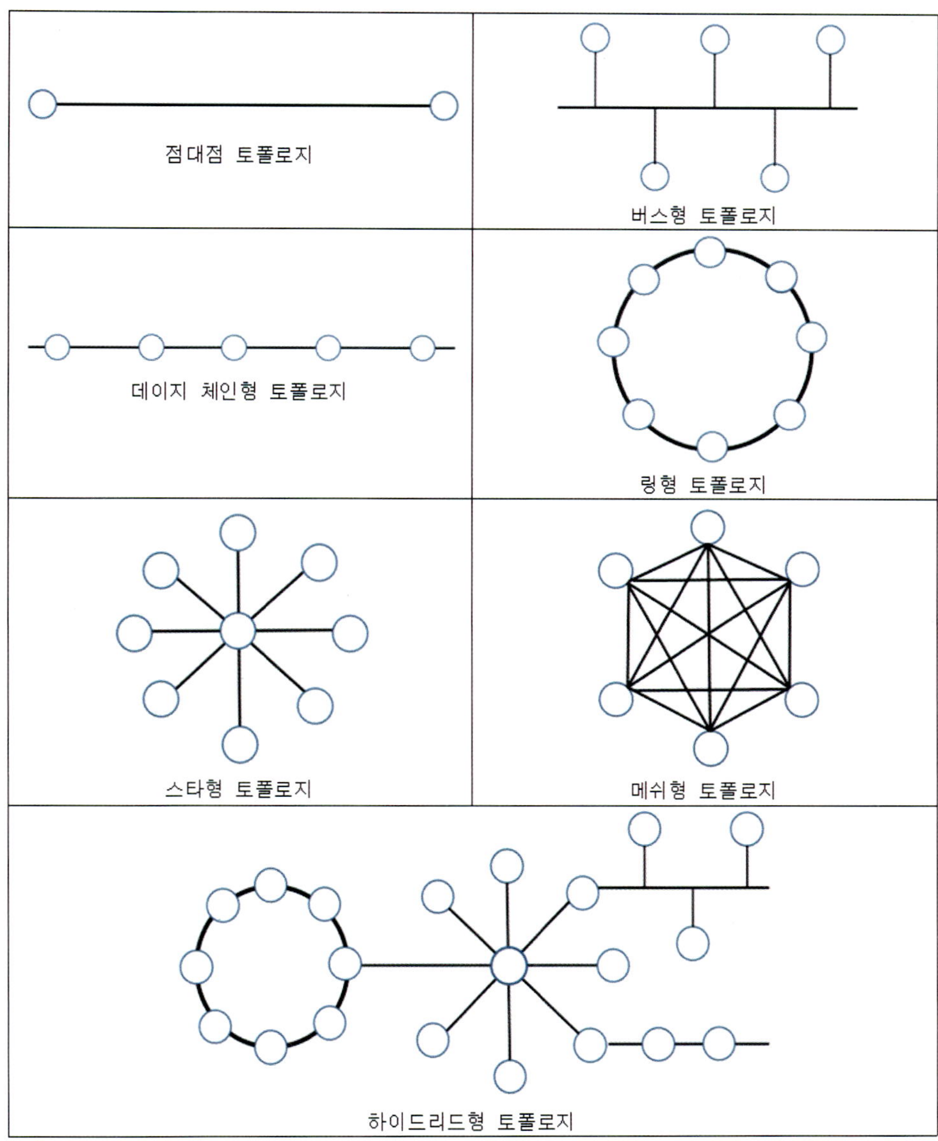

그림 B3-9 네트워크 토폴로지 종류 및 개략도

3.6.2 네트워크 레이어

스마트 조명시스템은 사용 목적과 환경에 따라 다양한 네트워크 레이어를 사용할 수 있으며 표준 OSI 모델에서 물리적 레이어에서 전송 레이어까지의 하위 섹션에 일반적으로 사용되는 레이어는 다음과 같다.

1 IEEE 802.3(10BASE-T, 100BASE-T and 1000BASE-T, Ethernet)

스마트 조명시스템의 사용 예: 이더넷의 일반적인 사용 사례는 중앙 컨트롤러(백본)에 대한 통신, 다른 빌딩 시스템에 대한 연결 및 스트리밍 CAN(sACN), Art-Net을 사용한 무대조명 애플리케이션과 같은 실내 애플리케이션을 포함한 상업용 유선 조명시스템에 주로 사용됨

2 IEEE 802.11(wireless local area network (WLAN), WiFi)

스마트 조명시스템의 사용 예: Wifi의 일반적인 사용 사례에는 상업용 및 주거용 무선 조명시스템이 있으며 사무실 및 가정 조명과 같은 실내 응용 프로그램과 중간 거리 범위 내의 실외 응용에도 일반적으로 사용됨

3 IEEE 802.15.1(저속 무선 개인 통신망(LR-WPAN), 블루투스)

스마트 조명시스템의 사용 예: 블루투스의 일반적인 사용 사례는 근거리 범위 내의 사무실 및 가정용 조명 애플리케이션과 같은 실내 애플리케이션을 포함한 상업용 및 주거용 무선 조명시스템이 있음. 또한 블루투스 기술은 실내조명 인프라를 활용할 수 있는 실내 자산 추적 및 실내 위치 지정과 같은 용도로 가능 가능함

4 IEEE 802.15.4(저속 무선 개인 통신망(LR-WPAN), ZigBee 및 스레드)

스마트 조명시스템의 사용 예: IEEE 802.15.4의 일반적인 사용 사례는 근거리 범위 내의 사무실 및 가정용 조명 애플리케이션과 같은 실내 애플리케이션을 포함한 소형 상업용 및 주거용 무선 조명시스템이 있음

5 IEC 62943(VLC and Li-Fi, IEEE 802.15.7)

스마트 조명시스템의 사용 예: VLC 기술은 포지셔닝 또는 통신 서비스를 위해 클라우드 또는 다른 큰 시스템에 연결된 시스템과 함께 사용됨

3.6.3 통신 프로토콜

스마트 조명시스템에는 다양한 유·무선 통신 프로토콜이 사용될 수 있으며 통신 프로토콜은 저마다의 특성을 가지고 있다. 따라서 적용 대상이나 환경에 따라 다양한 통신 프로토콜이 사용될 수 있으며 대표적인 응용사례는 다음과 같다.

❶ BACnet

빌딩 자동화 및 제어 시스템(BACS, building automation & control system)에 특화된 프로토콜로 서로 다른 제품이 함께 작동할 수 있도록 여러 전송 네트워크를 정의함으로써 시스템 배치에 있어 더 많은 유연성을 제공하므로 서로 다른 제품 간의 원활한 통신이 가능함

- BACNet의 일반적인 사용 사례로는 상용 빌딩 자동화 시스템, 빌딩 관리 시스템(BMS) 및 네트워크 조명시스템 및 자동화된 HVAC 시스템과 같은 에너지 관리 시스템(EMS)이 있음. 일반적으로 연결된 조명시스템은 BACNet 프로토콜을 사용해서 데이터를 전송하여 상위 EMS/BMS 시스템에 연결됨

❷ IEC 62386(디지털 주소를 가진 조명 인터페이스, DALI)

IEC 62386은 견고하고 확장 가능하며, 유연한 조명 네트워크를 쉽게 설치 할 수 있는 디지털 조명제어 전용 프로토콜이며 IEC 62386 시리즈에 지정되어 있음

- DALI Alliance로 알려진 DiiA(Digital Illumination Interface Alliance)는 디지털 주소를 가진 조명 인터페이스의 사양, 인증 등을 담당함
- 디지털 주소를 가진 조명 인터페이스는 IEC 62386-2xx 시리즈의 다양한 조정 장치 유형 및 기능(예: 조광, 비상)과 IEC 62386-3xx 시리즈의 다양한 입력 장치(예: 센서, 신호 스위치 등)에 대한 특정 표준을 가지고 있음
- 디지털 주소를 가진 조명 인터페이스 네트워크는 64개의 조정 장치와 64개의 입력 장치로 제한되며 전체 조명제어 네트워크는 최대 64개의 조명 장치로 구성된 여러 네트워크로 분할될 수 있기 때문에, 이러한 제한은 수천 개의 조명 장치가 있는 건물에서의 사용에 있어 방해하지 않음
- DALI의 일반적인 사용 사례는 유선 디지털 네트워크가 있는 사무실 및 가정용 조명 등의 실내 애플리케이션을 포함한 상업용 및 주거용 조명시스템임

❸ Zigbee

소비자 및 빌딩 자동화용 저속, 저비용, 저전력 무선 네트워크와 양방향 통신을 기반으로 하는 무선 센서 네트워크에 일반적으로 사용되며 Dotdot 규격을 통해 네트워크 커미셔닝, 네트워크 관리(장치 및 서비스 검색) 및 리치 애플리케이션 의미를 정의함

- Zigbee의 일반적인 사용 사례는 근거리 범위 내의 사무실 및 가정용 조명 애플리케이션과

같은 실내 애플리케이션을 포함한 소형 및 중형(최대 수백 대의 장치) 규모의 상업용 및 주거용 무선 조명시스템임

④ Dotdot

스마트 객체를 위한 애플리케이션 프로토콜로 ON/OFF 제어, 레벨 제어, 색상 제어, 점유 감지, 에너지 측정, 침입자 경보 시스템, 진단 등 하나의 애플리케이션 범위에 초점을 맞추고 전용 명령 및 속성 세트와 관련 장치 동작을 정의하며 이를 통해 특정 공급업체의 조도 센서가 다른 공급업체의 조명 장치의 조명 레벨을 제어할 수 있음

- Dotdot의 일반적인 사용 사례는 가정 및 건물 자동화, 보안 및 안전 시스템 및 에너지 관리 시스템과의 통합을 포함하여 조명시스템의 다양한 장치에 대한 공통 데이터 모델을 제공하는 것임

⑤ ECHONET Lite

ECHONET Lite는 새로운 배선이 필요 없고 기존 가정에 설치할 수 있는 안정적이고 저렴한 홈네트워크를 위한 프로토콜로 조명 장치 객체는 IEC 62394에 명시되어 있으며 통신 미들웨어는 ISO/IEC 14543-4-3에 정의되어 있음

- ECHONET Lite의 일반적인 사용 사례는 조명기구 및 조명시스템 제어를 위한 5개의 조명 클래스를 구성하는 것으로 단순 조명 클래스, 일반 조명 클래스, 조명시스템 클래스, 확장 조명 클래스, SSL 클래스 등이 있음

⑥ EnOcean

EnOcean은 자체 동력(배터리 없는) 무선 스위치, 센서, 제어 장치를 기반으로 네트워크를 구축하기 위한 프로토콜로 EnOcean 표준(ISO/IEC 14543-3-10/11)을 기반으로 상호운용성과 유지보수가 필요 없는 검증된 환경 시스템을 제공함

- EnOcean의 일반적인 사용 사례는 빌딩 자동화, 스마트 홈 및 IoT 네트워크를 포함한 실내조명시스템임

⑦ KNX

KNX는 네트워크 빌딩 자동화 시스템을 위한 프로토콜로 ISO/IEC 14543-3-1X 시리즈에 정의되어 있으며 무선 및 유선 물리 레이어를 통한 HVAC, 조명, 보안 시스템 및 모니터링 시스템과 같은 빌딩 관리 및 자동화에 초점을 맞추고 있음

- KNX의 일반적인 사용 사례는 주거용 및 상업용 조명시스템에 대한 것으로 HVAC, 보안, 원격 접속, 블라인드, 셔터 제어 시스템 등의 기능을 결합한 건물 자동화에도 활용할 수 있음

8 LonWorks

조명 및 HVAC 시스템을 포함한 빌딩 자동화를 위한 프로토콜로 ISO/IEC 14908-2에 정의되어 있음

- LonWorks의 일반적인 사용 사례는 주거용 및 상업용 조명시스템뿐만 아니라 다른 HVAC 및 제어 시스템이 있는 건물 및 가정용 자동화에도 적용될 수 있음

각 통신 프로토콜은 시스템에서 관리할 수 있는 데이터 속도, 커버리지 및 최대 노드 등 고유한 특성을 가지고 있다. 표 B3-2는 조명시스템에 대한 각 통신 프로토콜의 일반적인 특성을 보여준다. 이러한 특성을 고려하여 적용 대상, 주변 환경 및 목적에 따라 적절한 통신 프로토콜이 고려되어야 한다.

표 B3-2 스마트 조명시스템에 사용되는 통신 프로토콜의 대표적인 특성

통신 프로토콜	데이터 속도	커버리지 (범위, m)	토폴로지	OSI 레이어	주파수 대역(GHz)
BACnet	9.6 kb/s~ 100 kb/s	500 / 1,500	daisy chain, star	OSI 1~3, 7	–
DALI®	1.2 kb/s	300	bus, star	OSI 1~7	–
ECHONET Lite (over Ethernet)	1/10/100 Gb/s	100	bus, star	OSI 1~7	–
EnOcean	125 kb/s	30	p-t-p	OSI 1~3	1
KNX	1.2 kb/s 1.2/2.4 Mb/s	500 / 1,000	bus, star	OSI 1~4, 7	–
LonWorks	9.6 kb/s~ 1 Gb/s	500 / 2,700	daisy chain, star	OSI 1~7	–
Ethernet	1/10/100 Gb/s	100	bus, star	OSI 1~4	–
WiFi	450 Mb/s	100	star, mesh	OSI 1~2	2.4 / 5
Bluetooth	2/24 Mb/s	50	p-t-p, star, mesh	OSI 1~2	2.4
Thread	250 kbps	30	mesh	OSI 3	2.4
Zigbee	250 kbps	30 / 100	mesh	Network and application	2.4

3.7 스마트 조명의 주요 제어 기능

스마트 조명은 다양한 제어방식을 통해 LED 광원의 동작 전류 등을 조절하여 다음과 같은 조명의 특성을 제어할 수 있다.

- **광 출력 조절(조광)**: 조광 제어를 통해 연속적인 범위에 걸쳐 광출력을 제어하거나 하나 이상의 사전에 결정된 단계로 변화시키는 등 스마트 센서 또는 사용자 입력장치와 연동하여, 또는 프로그램에 의하여 광 출력을 단계별로 조절하는 기능
- **광 스펙트럼의 조절(색상 및 상관색온도 제어)**: 광 스펙트럼 제어를 통해 색상이나 상관색온도를 제어하는 기능
- **사용자 선호 제어**: 공간 내에 개별적 사용자가 자신의 선호에 맞게 특정 조명환경을 제어하는 기능
- **과전력 제어**: 지정된 전력 이상의 소비전력 발생 시 부하 감축에 의한 전력 절감을 위하여 스마트 조명을 제어하는 기능
- **그룹 제어**: 사용자가 임의로 스마트 센서 및/또는 스마트 조명 또는 제어기 또는 게이트웨이를 그룹으로 지정하여 제어하는 기능
- **스케줄링 제어**: 시간을 기반으로 스마트 조명의 광출력 및/또는 상관색온도 및/또는 색상을 제어하는 기능
- **시나리오 제어**: 시간과 제조사에서 표시한 특정 상황을 기반으로 스마트 조명의 광출력 및/또는 상관색온도 및/또는 색상을 제어하는 기능
- **주광 제어**: 공간 내로 유입되는 주광량에 대응하여 조명 전력을 조절하기 위해 사용하는 장치나 시스템으로 다수의 단계별로 또는 연속적으로 조명을 조절하는 기능
- **최대 밝기 재설정**: 스마트 조명 설치 후 제조사에서 표시한 최대 광 출력을 재설정 할 수 있는 기능

또한 조명에 대한 제어신호 이외에 고장 감지 또는 장치 상태 모니터링, 광 출력 수준, 원격 모니터링 또는 재실 정보 및 에너지 소비 모니터링 상황 등의 다양한 정보를 제공할 수 있다.

- **에너지 사용량 감시**: 스마트 조명시스템의 구성 요소들이 자신이 사용한 에너지 사용량을 측정하여 스마트 조명 네트워크를 통하여 관제장치 또는 에너지 사용량 감시기능을 가지는 장치에 전송하는 기능
- **원격 감시**: 조명제어 시스템의 구성 요소들에 대한 동작 기능 이상 유무 및 고장 판별을 원격지

에서 감시하는 기능

- **재실/움직임 감지**: 스마트 조명을 제어하기 위한 공간 내 사용자의 출입 및/또는 존재/움직임 여부의 확인할 수 있는 기능
- **타 시스템과의 연동 기능**: 빌딩 에너지 관리 시스템(BMS/EMS, Building or Energy Management Systems), 냉난방(HVAC, Heating Ventilation and Air Conditioning) 또는 다른 조명제어 시스템과의 데이터 교환이 가능한 기능

3.8 주요 국가의 스마트 조명 관련 현황 및 실증 사례

세계 스마트 조명시장은 미국, 유럽 및 일본에서 중점적으로 추진하고 있는 차세대 조명시장으로서 각 국가에서는 정부 지원 프로그램을 통해 스마트 조명의 보급·확산을 가속화하고 있다.

① 미국

에너지 효율향상 의무화 제도(EERS : energy efficiency resource standard)를 강력하게 추진하여 2020년까지 에너지 소비를 15 % 감소 목표로 45 lm/W 제품의 생산·수입·판매 금지와 백열, 할로겐, 저효율 삼파장램프·형광램프의 단계적 철수 방침

- 2035년까지 스마트 조명 보급률을 59 %로 확대하고 기존 조명 대비 75 %의 에너지절감을 목표로 추진 중임
- 이를 실현하기 위해 2015년부터 DOE는 산업계 이해관계인들과 함께 6개의 중점목표(에너지절감량 모니터링, 시스템 단위의 에너지 성능, 시스템의 상호운용성, 고부가가치 기능, 정보보안 강화 및 전기적 안전성)를 바탕으로 스마트 조명 기술 향상 및 산업 활성화를 추진하고 있음

② 유럽연합

'2030 기후·에너지 일괄 정책'을 통해 2030년까지 1990년 대비 온실가스 40 % 의무 절감, 최종 에너지 소비량 중 재생에너지 비율 27 % 확대, 에너지 효율 27 % 향상을 위해 LED 조명 보급 확산

- 현재 정부 차원에서 스마트 조명 기술 및 시장 활성화에 대한 지원과 보급확산을 위해 시장 및 경제성 분석을 완료하였으며, 현재 유럽 정부 및 협·단체 주도의 소비자 및 산업계 가이드 보

급을 통해 스마트 조명시스템의 인증기준을 수립하고 있음

- 특히 공공조명 실내 LED 조명 및 LED 가로등 조달기준에 조명제어 기능, 대기전력, 에너지 소비량 미터링 항목을 추가하여 인증기준 수립 및 활성화를 위해 노력 중

③ 일본

2009년 '에너지절감법'을 개정해 LED 조명 보급과 응용제품 개발을 적극 지원하고 '신성장 전략 Basic Policy'를 통해 2030년까지 LED 조명 보급 100%를 목표로 함

- 2030년까지 스마트 조명 보급률을 40 %로 확대하고 기존 조명 대비 60 %의 에너지절감을 목표를 발표

이러한 목표를 달성하기 위한 보급 활성화를 위해 단위공간 또는 건물 수준의 다양한 실증 연구가 이루어지고 있으며 주요 사례는 다음과 같다.

- 미국의 경우, GSA(General Services Administration) 혹은 LBNL(Lawrence Berkeley lab.)과 같은 국립 연구기관이 및 DLC(DesignLights Consortium)나 Building Energy Exchange와 같은 비영리 단체에서 스마트 조명의 에너지절감 효과 분석을 위해 실증 연구를 수행 중임
- 실증 연구 결과, 단순 LED 조명 교체시 평균 약 44 %의 에너지절감이 이루어졌으며, 추가로 조명제어 적용 시 총 59 %의 에너지가 절감되는 것으로 나타남

표 B3-3 LED조명 및 스마트 조명(조명제어) 실증 연구 사례

수행 기관	프로젝트 명	개요	수행기간	에너지절감량	실증 대상
DLC (DesignLights Consortium)	Advanced Lighting Control System Performance: A Field Evaluation of Five Systems	Cree 조명을 이용한 의료시설 실증	2016 ~ 17년	LED 교체시 29% 조명제어시 총 62% 절감	의료시설 (빌딩)
		Current 조명을 이용한 대형쇼핑센터 실증	2016 ~ 17년	LED 교체시 30% 조명제어시 총 66% 절감	대형 쇼핑센터
		Digital Lumens 조명을 이용한 양조장 실증	2016 ~ 17년	LED 교체시 50% 조명제어시 총 66% 절감	양조장
		Enlighted 조명을 이용한 대학교 실증	2016 ~ 17년	LED 교체시 43% 조명제어시 총 70% 절감	대학교
		Philips 조명을 이용한 다용도 빌딩 실증	2016 ~ 17년	LED 교체시 64% 조명제어시 총 67% 절감	다용도 빌딩
Building Energy Exchange	Living lab : Lighting the Future	스마트 조명제어 절감분석(리빙랩)	2017년	조명제어시 총 60% 절감	오피스건물
	Lighting the Way Upgrading lighting systems for commercial offices	사무용 오피스 스마트 조명 절감분석	2017년	LED 교체시 50% 조명제어시 총 75% 절감	오피스건물
	New York Botanical Garden	뉴욕 식물원 절감분석	2018년	조명제어시 50% 절감	식물원
	Chrysler Building Spire Lighting Retrofit	크라이슬러 빌딩 리트로핏 절감분석	2015년	조명제어시 55% 절감	오피스건물
	Related Companies Office Lighting Retrofit	타임워너센터 조명제어 절감분석	2014년	조명제어시 56% 절감	오피스건물
	Fashion Institute of Technology	Fashion Institute of Tech. 절감분석	2018년	조명제어시 50% 절감	학교
	Infosys: Daylight Hour In Daylit Buildings	Infosys 빌딩 주광제어 절감분석	2015년	1시간 주광유입에 따른 조명제어로 4% 에너지절감	오피스건물
	MechoSystems HQ Renovation	Mecho Systems HQ 절감분석	2015년	조명제어시 38% 절감	공장
	New York Power Authority : Daylight Hour Strategies & Outcomes	뉴욕전력회사 주광제어 절감분석	2016년	조명제어시 30% 절감	전력회사

수행 기관	프로젝트 명	개요	수행기간	에너지절감량	실증 대상
GSA (General Services Administration)	Wireless Advanced Lighting Controls Retrofit Demonstration	스마트 조명제어 절감분석	2018년	조명제어시 43% 절감	다양한 규모의 연방정부건물
	Integrated Daylighting Systems	Daylighting Harvesting 절감분석	2014년	Day light harvesting 27% 절감	연방정부 및 법원청사
	Downlight LED Lighting Form-Factor Assessment	LED Downlihgt 절감 분석	2016년	LED 교체시 40~50% 절감	다양한 규모의 연방정부건물
	Responsive Lighting Solutions	재실감지 기능에 따른 절감분석	2012년	LED 교체시 27~63% 절감	다양한 규모의 사무실
	Linear LED Lighting Retrofit Assessment	직관형 L-tube 절감분석	2016년	조명제어시 27~29% 절감	다양한 규모의 연방정부건물
	Wireless Advanced Lighting Controls Retrofit Demonstration	Wireless 스마트 조명제어 절감분석	2015년	조명제어시 78% 절감	다양한 규모의 연방정부건물
	Retrofit Demonstration of LED Fixtures with Integrated Sensors and Controls	센서를 포함한 리트로핏 절감분석	2015년	LED 교체시 41% 조명제어시 총 69% 절감	다양한 규모의 연방정부건물
ACEEE (American Council for an Energy-Efficient Economy)	Smart Buildings: Using Smart Technology to Save Energy in Existing Buildings	기축 건물 스마트 조명 절감분석	2017년	조명제어시 총 45% 절감	-
Lawrence Berkeley lab.	Demonstration of Energy Efficient Retrofits for Lighting and Daylighting in New York City Office Buildings	뉴욕시 오피스 빌딩 절감분석(리빙랩)	2017년	주광 활용한 조명제어시 74% 절감	뉴욕시 대형 오피스 빌딩
	PG&E's Emerging Technologies Program	직관형 L-tube 및 조명제어 절감분석	2016년	조명 교체시 65% 절감	샌프란시스코 오피스 빌딩

3.9 스마트 도로조명의 개요와 발전방향

스마트 도로조명이란 기존의 도로조명을 기반으로 센서, 제어 및 통신 장치를 통해 주변 환경(외부의 빛, 움직임) 또는 설정 조건(시간, 밝기)에 따라 다양한 기능의 제어가 가능하고, 더불어 스마트 시티 서비스 플랫폼과 상호 연계 및 호환이 가능한 도로조명시스템을 의미한다. 스마트 도로조명은 여러 센서와 기기를 통합하여 그 자체만으로도 다양한 기능의 제공이 가능하며 도시 관리 시스템과 연계하면 도시 전체의 자원 관리 및 운용에 활용할 수 있다.

① 스마트 도로조명 기능

환경 센서를 활용한 환경/대기 질 모니터링, 교통량 센서를 활용한 교통량 및 혼잡수준 모니터링, 소음 감지 센서를 활용한 소음 및 사고음 감지, 전기차 충전 서비스, 날씨 정보 및 공공 메시지 전달 기능, 교통량 및 보행자 상황에 따른 자동 디밍 서비스, 전력량 모니터링 및 고장 등 유지보수 서비스 등 제공 가능

② 스마트 시티 연계 기능

교통량 및 혼잡 수준 모니터링을 통한 교통 신호체계 제어, 차량 감지 센서를 이용하여 주차 가능 지역의 확인 및 운전자에게 이를 안내하여 불필요한 통행량을 줄이고 효율적인 주차 자원 관리 서비스, 폐기물 적재량 센서 데이터를 활용한 폐기물 회수 경로 최적화 서비스 등 도시의 자원 모니터링 및 최적화가 가능한 스마트 시티 연계 서비스 기능 등

기존 조명에서 스마트 도로조명으로의 발전 단계는 다음과 같이 3단계 진화 과정을 거쳐 시장에 보급되고 있다.

① 1단계 : LED 조명으로 전환

- (조명 수명 연장) 기존 조명의 경우 3 ~ 6 년에 불과한 수명에 비해 LED 조명은 일반적으로 10 ~ 20 년의 수명을 제공하여 유지보수 비용 감소, 광원 교체 감소 및 물리적 모니터링 감소 등의 장점을 확보
- (검증된 건강 및 안전 개선 효과) LED 조명은 야간 시인성을 향상시키고, 효율적 배광제어를 통해 주거용 건물에 대한 빛공해를 저감하는 한편 차량 사고와 범죄를 줄이는 데 효과적임
- (유지보수 비용 절감) 에너지 사용량 감소, 에너지 가격 상승에 대한 보호, 낮은 유지보수 및 검사 비용으로 인해 전반적인 운영비용 감소

② 2단계 : 스마트 도로조명

- (2단계 전환 필요성) LED 조명으로만 전환하는 것만으로는 도시의 에너지 소비 및 비용 절감 목표를 달성하기에 미흡하며, 상호운용 가능한 스마트 도로조명 솔루션이 필요함
- (주요 기능) LED 조명은 기본적으로 제어에 용이하며 중앙 제어 시스템(CMS)에 연결되어 IoT 및 통신 기술을 통해 제어가 가능한 솔루션을 제공함
- (주요 기능 : 광량 제어) 운영자는 중앙 제어 시스템을 사용하여 날씨 상태와 연계하여 도로조명의 광량 제어가 가능하며, 예를 들어 안개나 비로 인해 자연광 조사 수준이 낮을 때 광량을 높여 시인성을 확보하거나 반대로 보행자나 차량 통향량이 적을 때 불필요한 광량을 낮추어 에너지절감이 가능함. 또한 공공 안전 담당자가 사고 또는 긴급 상황이 발생한 위치에서 조명 수준을 높이거나 LED 조명을 깜박여 사고를 저감할 수 있음
- (주요 기능 : 원격 모니터링) 중앙제어시스템을 통해 각 도로조명의 상태를 모니터링하고 특정 도로조명에 문제가 있을 때 이를 감지하고 서비스 경고를 발생시켜 유지보수 비용을 줄일 수 있으며 전력 사용량을 보다 정확하게 측정하고 효율적인 운영을 통해 약 80 % 이상의 에너지절감 효과를 기대할 수 있음

③ 3단계 : 스마트 시티 연계 서비스 제공

- (3단계 전환 필요성) 적지 않은 스마트 시티들이 스마트 도로조명을 설치 중이며, 설치된 스마트 도로조명을 스마트 시티 인프라 플랫폼으로 활용하여 센서 및 카메라와 같은 데이터 수집 장치의 통합을 통해 다양한 서비스 제공을 추진 중임
- (스마트 도로조명의 인프라 활용 장점) 전원 공급 장치에 연결되어 있으므로 연결된 디바이스에 전원 공급이 가능, 민감한 장치를 지상 높이에 배치할 수 있으며 수집된 데이터를 전송이 가능, 대부분 공공재이므로 지자체 등에 의한 설치/개선 등 의사 결정이 용이하며 도시 어디에나 위치하여 도시를 연결하고 보행자/운전자/대중교통 사용자가 활용함
- (주요 서비스) 환경 모니터링, 운송 최적화 (교통 관리 및 주차), 공공 안전, 전기 자동차 충전, Wi-Fi 및 시티 인터넷 제공, 디지털 사이니지 및 공공 커뮤니케이션 등

3.10 스마트 조명과 인간중심조명

최근 조명산업계에서 스마트 조명과 인간중심조명(human centric lighting)이란 용어가 혼재되어 사용되면서 이에 대한 명확한 구분이 필요하다.

- 스마트 조명이란 조명기기와 센서, 유/무선 통신, 운용 소프트웨어 등이 결합되어 요구되는 광 품질과 성능을 만족시켜 주고, 주변 환경이나 미리 정의된 조건(광속, 색온도 등) 또는 사용자의 요구 사항에 따라서 제어가 가능한 조명을 의미함
- 인간중심조명은 인간의 생체리듬, 활동과 각성, 수행, 수면의 질, 건강 등 신체·정신적인 부분 등 시감적인 요인 이외에 비시감적인 부분에 빛이 미치는 영향을 고려하여 인간에게 유익한 조명을 의미함

조명은 인간의 행동에 다음과 같이 시각적/비시각적으로 영향을 미치며, 두 가지 영향은 각각 다음과 같은 영향을 보인다.

① 시각적 효과(visual effect)

- 시각적 작업을 할 수 있는 능력에 미치는 영향이며, 밝기(조도)나 눈부심(눈부심) 등과 같은 조명 요소에 영향을 받음
- 고령자는 시각적 지각과 신체의 노화로 인하여 시각적 수용 능력이 떨어지며 이러한 점을 개선하기 위하여 시각적 특성을 고려한 빛의 밝기와 주변 환경의 색채 계획 등으로 가시성 향상이 필요

② 비시각적 효과(non-visual effect)

- 인간을 비롯한 모든 생명체에 감성적·생체적인 부분에 주는 영향이며, 특히, 생체리듬(멜라토닌 호르몬)에 영향을 미치며, 색온도나 색상, 빛의 스펙트럼 등과 같은 조명 요소에 영향을 받음
- 신체리듬이 불균형해지는 고령자, 특히 치매 노인의 생활 패턴에서 빛을 이용하여 불면증이나 우울증 완화를 위한 수단으로서의 가능성 대두됨

따라서 스마트 조명은 기본적으로 에너지절감을 추구하면서 시감적인 요소에 중점을 두며 인간중심조명은 비시감적인 요소를 함께 고려한다는 차이점이 있다. 인간중심 조명에 대한 인식은 4차 산업혁명 시대와 맞물려 발전하고 있는 스마트 조명의 기술 개발 속도와 시장 인지 수준에 비해 아직 부족한 것이 사실이지만, 궁극적으로 인간의 시각적·비시각적 요구를 충족시키기 위한 인간중심조명으로 산업 흐름이 발전할 것으로 전망된다.

독일의 조명제조협회인 Licht은 인간중심조명에 대한 가이드를 발표하고 인간중심의 정의와 유즈케이스 등 응용사례에 대하여 자세한 가이드를 제공하고 있다.

- 인간중심조명의 개념은 빛의 시감적 효과, 생물학적효과 및 감성적 효과의 교집합임
  - 시감적 효과 : 적절한 빛 환경 내에서 일의 효율이 증가하므로 DIN EN 12464-1 "실내 작업장 조명" 등의 규범적이고 법적인 프레임 워크에 조명 설계시 용도에 따른 최소 조도가 제시됨
  - 생물학적 효과 : 일주기 빛에 대한 생물학적 영향을 분석하고, 적절히 제어되면 더 많은 생산성과 충분한 휴식을 취하는 것이 가능하며, DIN SPEC 5031-100, DIN SPEC 67600 등에 빛의 비시감적 영향 및 참고/권장 사항이 포함되어 있음
  - 감성적 효과 : 단순한 물리적인 환경에서의 빛의 시각적 요인이외에 빛이 우리에게 주는 심리적인 경험과 사용자의 감성 등을 고려하면 웰빙과 인간의 감정을 더 고려한 빛 환경의 제공이 가능
- 인간중심조명의 정의를 고려한 단계별 설계 프로세스와 관련 지침, 그리고 설계 요소 등을 가이드
- 계절의 변화에 따른 일광 스펙트럼 및 주기의 변화와 이를 보완하기 위한 인공조명의 최적 시나리오 등을 사례로 제시
- 사무실, 학교, 산업용도 및 가정용도의 물리적 환경 및 이에 따른 인간중심조명의 설계 및 제어방안 등을 사례로 제시

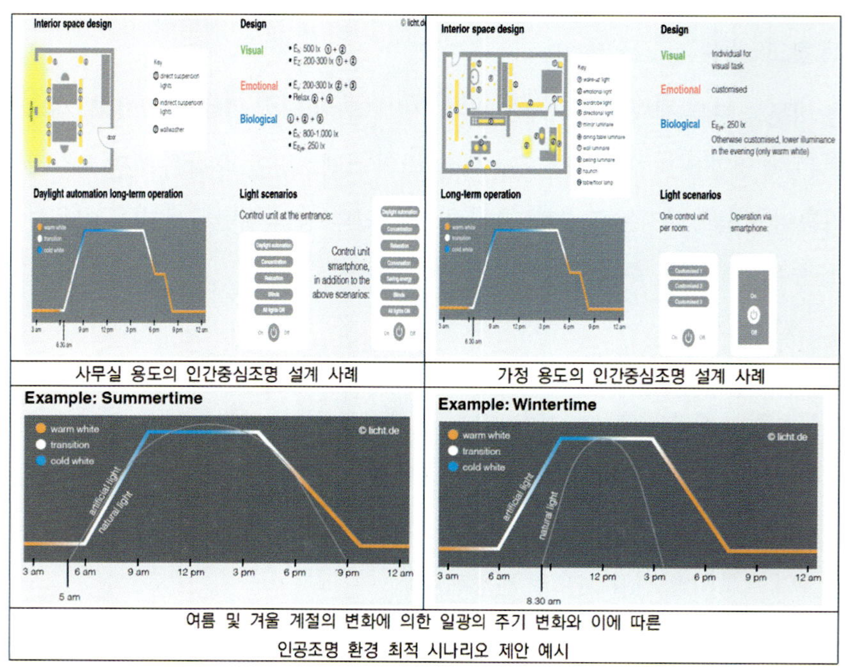

사무실 용도의 인간중심조명 설계 사례

가정 용도의 인간중심조명 설계 사례

여름 및 겨울 계절의 변화에 의한 일광의 주기 변화와 이에 따른 인공조명 환경 최적 시나리오 제안 예시

그림 B3-10 인간중심조명 관련 Licht의 보급 활성화 가이드

3.11 해결해야 할 과제

스마트 조명은 기존 조명 기술 이외 시스템 레벨의 센서/ICT 기술 융합 및 타 시스템과의 연계 기술이 필요하며 향후 사이버(cyber) 보안도 이슈로 부각 중이다. 특히, 현재 시장을 독점하는 통신 프로토콜의 부재로 통신 프로토콜 간 및 타 시스템과의 호환성이 이슈화 되고 있는 상황으로 통신 인터페이스는 WiFi, ZigBee, NBIoT, Bluetooth 등 제조사별, 제품별 다양한 통신방식이 혼재되어 있다. 또한 스마트 조명 부품 및 시스템간 상호 호환성 및 확장성 보장을 위한 표준화된 통신방식과 제품 표준 인증체계 부재로 사용자 편의성 및 안정성을 위해 이기종 통신 데이터 호환이 가능한 시스템이 요구되나, 제품 가격이 상승하는 문제가 발생할 수 있다.

또 다른 이슈는 테스트 베드 및 대규모 실증을 통한 track record 확보에 대한 부분으로 스마트 조명의 특성상 높은 도입 비용으로 인해 실증을 통한 track record 수요가 높으며 핵심 단위 기능 검증을 위한 소규모 테스트 베드는 물론 대규모 실증을 통한 실제 에너지절감 검증 및 사용자 경험을 통한 환류 체계 검증이 필요하다. 스마트 조명은 수평적인 산업 생태계 특성 및 사업모델 마련을 위해 수요자, 개발자, 평가자 등 이해관계자 모두가 참여하는 리빙랩(living lab.) 개념의 실증 필수적이며 다양한 상황, 환경, 시공간에 따른 대규모 실증(사용자 참여 리빙랩) 에 의한 성능검증 데이터가 확보된다면 스마트 조명에 대한 보급 활성화도 앞당겨질 전망이다.

그림 B3-11 다양한 용도별 스마트 조명 테스트베드 및 대규모 실증 현황

CHAPTER 04

인간중심조명(HCL : human centric lighting)

4.1 인간중심조명의 이해

4.1.1 인간중심조명의 개념

인간중심조명(human centric lighting)이라는 단어는 사실 크게 의미가 없는 말일 수도 있다. 조명은 인간의 삶 속에서 어둠을 극복하기 위해 만들어진, 그 자체가 인간중심적인 장치이다. 그럼에도 불구하고 최근에 조명산업에 인간중심이라는 단어가 쓰이기 시작되면서 관심이 높아진 것은 조금 더 복잡한 이유가 있다. 바로 인간의 건강과 웰빙에 상당한 역할을 짊어지고 있기 때문이다. 빛은 인류의 시작과 생명을 의미한다. 그리고 더 나아가 인간의 삶을 아름답고 쾌적하게 살아갈 수 있도록 직·간접적으로 돕는 역할을 한다. 최근 과학자들은 빛과 인간의 상호작용에 관한 생물학적 반응의 경로를 규명해냄에 따라 그 중요성이 더욱 객관화되고 있으며, 이에 인간중심조명이라는 조명산업에 새로운 기회가 펼쳐지고 있다.

과거 에디슨에 의해 발명된 백열램프를 시작으로 조명은 야간에 빛을 제공하며 24시간을 온전히 생활할 수 있도록 해주는 혁신적인 제품이었다. 이는 생산성 향상, 일자리 창출 등 산업과 경제에 급격한 변화를 가져오며 전 인류의 발전을 가속화 하는 촉매재로 작용하였다. 열대우림과 산악지역 등 오지를 제외하고는 실내외 할 것 없이 조명이 설치되지 않은 곳이 없을 정도로 우리 생활에 밀접하게 사용되고 있는 필수재이다. 아침 일찍 집에서 나와 하루 중 80 ~ 90 %를 실내에서 보내고 해가 진 뒤 집으로 퇴근하는 모습은 현대인들의 일상적인 생활 패턴이다. 실내 생활이 증가하면서 충분히 햇볕을 쬐지 못해 비타민 D의 결핍이나 수면장애 및 우울증 등 다양한 질병에 쉽게 노출되고 있으며, 해가 짧은 겨울철에는 이와 같은 증상을 호소하는 사람들이 더 증가한다.

우리나라는 언제부터인가 미세먼지로 신음하는 나라가 되었다. 공기의 질(미세먼지 농도 등)을 알 수 있는 각종 지표를 인터넷이나 스마트폰 어플리케이션에서 쉽게 찾아볼 수 있으며, 그에 따라 마스크와 공기청정기의 판매량도 크게 증가하고 있다. 반면 빛의 질(light quality)에 대해서는 모르거나 관심이 높지 않다. 빛은 에너지를 가지고 있으며 우리의 눈과 피부에 직접적으로 닿아 매일 전달하고 있다. 그 에너지를 잘 활용한다면 건강하고 쾌적한 삶에 도움이 되기도 하고, 반대로 악영향을 미칠 수도 있다. 그만큼 실내에서 빛을 담당하는 조명은 우리 삶에 매우 중요한 요소이다. 본 장에서는 '인간중심조명'이 무엇이며, 이러한 빛 특성에 대한 개념과 어떻게 측정하고 확인할 수 있는지 그 방법에 관해 설명하고자 하였다.

4.1.2 인간중심조명의 정의

2021년 북미 수명장애학회에 최근 발표된 케빈 하우저(Kevin W. Houser)의 논문에서는 인간중심조명은 관용적 표현으로서 인간의 시각(visual)에 뿌리를 둔 전통적인 조명 품질 요소를 고려하는 동시에 빛의 비시각적(non-visual) 효과에 대한 새로운 통찰력을 바탕으로, 이를 통합하는 조명 솔루션이라고 제시하였다. 최근 인간중심조명이라는 새로운 화두는 바로 비시각적 효과에 대한 과학적 검증으로부터 시작하였다. 이전의 시각적, 즉 눈으로 보고 인지되는 빛을 넘어 보이지 않는 생물학적 반응에 대한 영향까지 고려하여 최적화된 빛을 구현하는 것을 의미한다고 볼 수 있다. 중요한 것은 조명의 사용 목적이 어둠에서 벗어나기 위한 기능적 요소에 국한된 것이 아니라 건강, 웰빙 등 삶의 질을 높이는 매개체로 확장되어가고 있다는 사실이다. 더 넓게는 IoT 기술로 조명을 연결하여 사람이 없을 때 자동으로 조명을 제어하여 에너지절감을 극대화하거나 교환·호환성을 높여 재사용, 재활용성을 강화하는 등 탄소를 줄이는 노력을 함께 포함하는 것이 진정 인간에게 모든 촛점을 맞춘 인간중심조명이라고 말할 수 있을 것이다.

4.2 인간중심조명의 인지 구조

4.2.1 시각적(visual), 비시각적(non-visual) 시스템

인간은 빛을 크게 시각적(visual), 비시각적(non-visual) 두 가지 통로로 받아들인다. 시각적 시스템은 우리가 일상적으로 인지하는 빛의 밝기와 색, 그리고 그에 따른 직감적인 인지 수준을 나타내며, 비시각적 시스템은 인간의 생물학적 반응에 의한 것으로서 빛이 눈에 들어와 광수용체를 자극하여 멜라토닌 호르몬 분비에 영향을 주는 것을 말한다. 시각적, 비시각적 시스템에 미치는 영향을 그림 B4-1에 나타내었다. 시각적 시스템 관점에서 보면, 빛을 눈으로 보았을 때 눈부심이 적으며 가시성이 높고 색채감이 우수하거나 그러한 상태에서 느껴지는 긍정적 감성인자 유발과 같은 이로운 빛이 존재하며, 그와 반대로 눈부심으로 인해 불쾌감을 유발하거나 물체의 색채감을 저해하고 시각적 피로감을 가중시키는 빛도 존재한다. 비시각적 시스템 관점에서 하루 일주기 동안 필요한 빛의 양과 최적화된 스펙트럼을 통해 규칙적인 생체리듬을 유지하도록 돕는 것을 이로운 빛으로 말할 수 있으며, 반대로 황반변성, 피부노화 및 생체리듬 이동으로 인한 숙면 방해 등 해로운 빛도 존재한다.

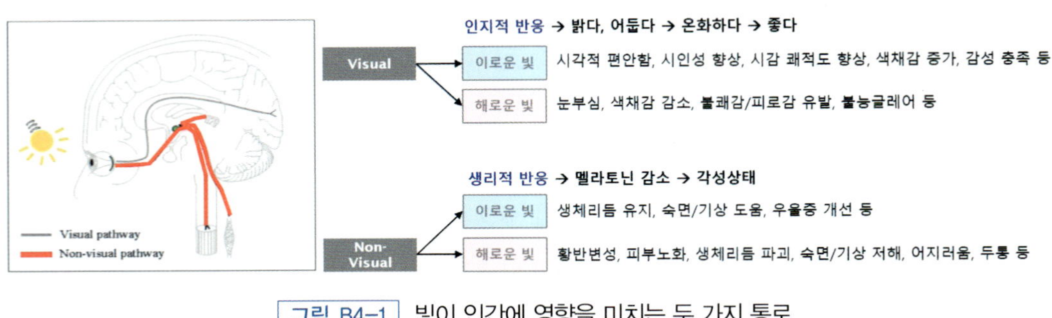

그림 B4-1 빛이 인간에 영향을 미치는 두 가지 통로

4.2.2 인간중심조명에 대한 시각적 영향

일상적으로 생활하기 위해서는 반드시 빛이 필요한데, 빛의 강도, 색, 방향 등 여러 특성에 의해서 우리에게 이로울 수도 또는 해로울 수 있다. 적절한 밝기의 조도는 시인성을 높여 물체의 식별을 용이하게 하며 쾌적감을 느낄 수 있게 해준다. 그러나 너무 밝은 빛은 불쾌감을 높일 수 있으며 낮은 연색성은 사물의 색채감을 떨어트려 심미감을 저하시키는 등 좋지 않은 영향을 준다.

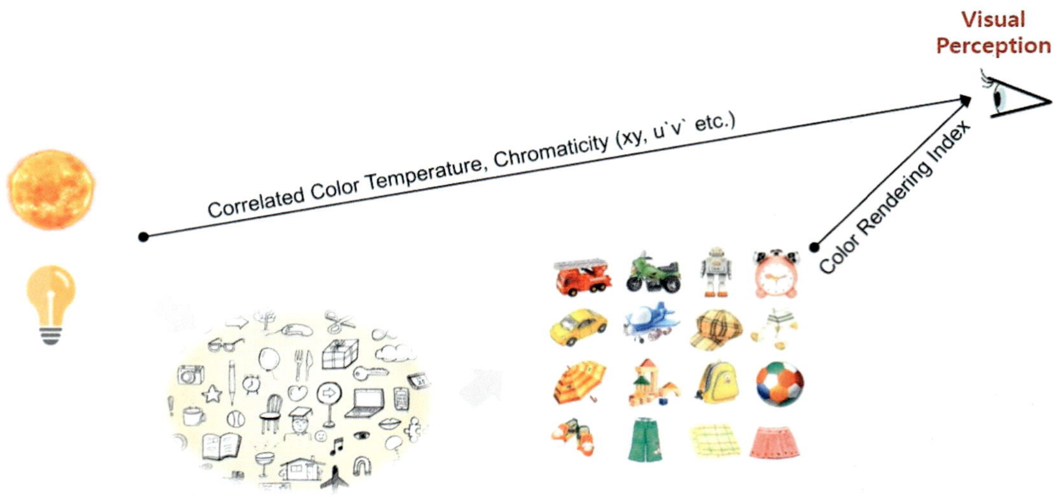

그림 B4-2 인간의 시각적 인지에 따르는 상관색온도와 연색지수

상관색온도와 연색지수는 조명의 색을 평가하는 주요 지표이다. 이러한 지표는 모두 태양 빛을 기준으로 개발되었다. 그러나 최근 인간의 감성적요소를 반영하여 인간의 선호도를 반영하기 위해 노력하고 있다. 우리나라의 KS, 고효율 인증에서 2,700 K는 가장 낮은 상관색온도 평가 기준인데, 미국의 LED 조명 색도 평가 기준인 ANSI C78.377에서는 북미지역 사람들의 선호도를 고려하여 2,200 K가 가장 낮은 상관색온도로 설정되어 있다. 앞으로도 이와 같이 인간의 선호도를 고려하여 기존 지표들을 개선하거나 새롭게 개발하고자 하는 노력이 더 많이질 것으로 예상된다.

4.2.3 인간중심조명에 대한 비시각적 영향

1 비시각적 시스템 반응경로

인간은 오랜 기간 낮과 밤의 주기에 동기화되어 약 24시간 주기로 생체시계가 형성되어 있다. 이것을 일주기 리듬(circadian rhythm)이라고 하며, 이 주기에 따라 규칙적으로 우리 몸의 생리적 반응이 일어나고 있다. 낮과 밤의 주기와 우리 몸의 생체시계가 일치되지 않으면 고혈압, 비만, 당뇨, 인지기능 저하, 우울증, 암, 감염위험 증가 등 다양한 질병 발생의 원인이 되기도 한다. 이 이외에도 특정 파장의 강한 빛은 망막 또는 피부에 광생물학적 손상을 유발할 수 있으며 깜박임으로 인해 어지러움이나 두통이 발생할 수도 있다.

멜라토닌 수치는 일주기 리듬을 평가할 때 주로 사용되는 지표이며 혈액 또는 타액, 소변 등 비침습으로도 분석할 수 있기 때문에 널리 사용된다. 일정한 주기로 심부체온(CBT), 심박수 리듬 및 코르티솔 호르몬 등 다양한 생리적 반응이 주기적으로 일어나고 있으나, 상대적으로 멜라토닌 수치보다 정확도가 높지 않다. 멜라토닌 분비 시점을 DLMO(dim light melatonin onset)라고 하며 이를 통해 생체리듬의 시점과 주기를 파악할 수 있다. 빛은 멜라토닌의 생성과 억제에 직접적인 매개체로서, 인간의 건강과 웰빙에 직접적인 영향을 미치고 있으므로 조명 설계자 또는 디자이너는 광학적 복사에 의한 인간의 생물학적 반응경로를 이해하는 것이 중요하다.

2 비시각적 반응과 제3의 광수용체

사실 ipRGC(intrinsically photosensitive retinal ganglion cell)를 발견하기 이전에 많은 연구자들은 원추세포, 간상세포의 반응성이 멜라토닌 억제와 상관성이 없다는 것과 청색 계열의 가시광 파장에서 멜라토닌 분비의 억제 효과가 뚜렷하게 나타나는 것을 차례로 확인하며, 멜라토닌 분비와 관련된 제3의 광수용체가 있다고 확신하였으나 정확히 무엇인지 알지는 못했다.

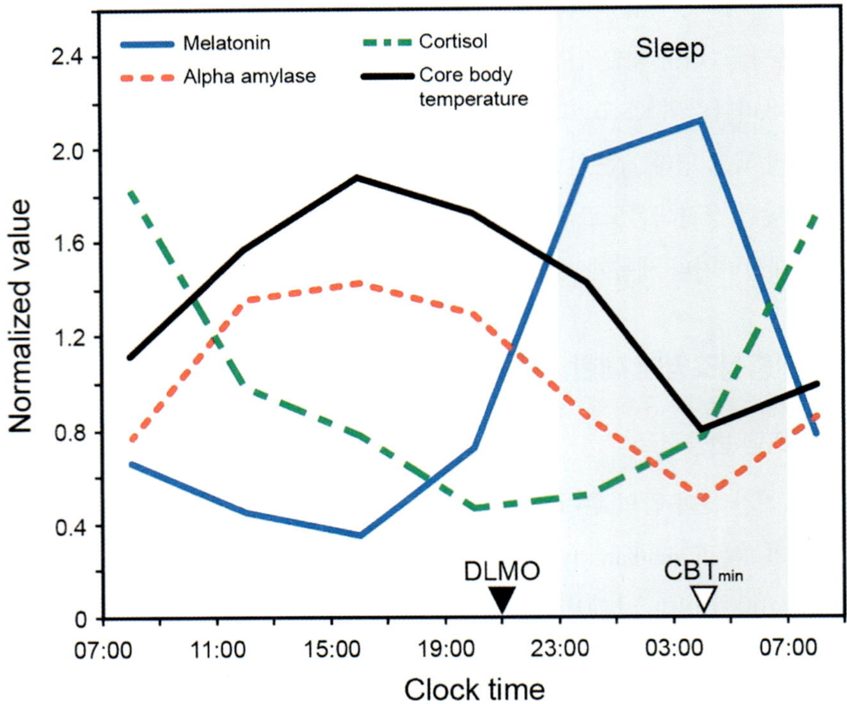

그림 B4-3 인간의 24시간 생체시계에 따르는 생리적 반응

CBT : Core Body Temperature, DLMO = Dim Light Melatonin Onset(참조: Mark S. Rea, Rohan Nagare, Andrew Bierman and Mariana G. Figueiro, The circadian stimulus–oscillator model: Improvements to Kronauer's model of the human circadian pacemaker, Sec. Sleep and Circadian Rhythms, Volume 16 (2022))

이와 관련하여 미국의 브레나르드 교수는 피험자 실험(여성 37명, 남성 35명, 평균연령 24.5세)을 통해 이러한 사실을 증명하고자 하였다. 440 nm에서 600 nm 사이 8개 파장을 일정한 시간에 안구에 피험자마다 동일한 빛에 노출될 수 있도록 하였으며, 일정한 주기에 혈액을 채취하여 멜라토닌 분비량을 모니터링을 하였다. 실험 결과, 460 nm를 기준으로 3.1 μW/㎠ 이상에서 멜라토닌 억제가 시작되었으며 빛의 세기가 증가할수록 그 효과도 같이 증가하는 사실과 더불어 (446 ~ 480) nm 사이의 파장에서 가장 강력한 멜라토닌 억제 효과를 확인할 수 있었다. 인간의 일주기 및 신경 내분비 반응에 제3의 광수용체가 존재한다는 가정을 합리적으로 증명해 낸 연구이다.

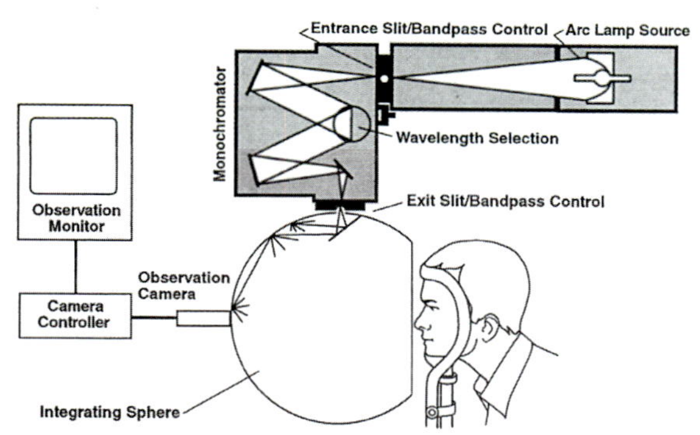

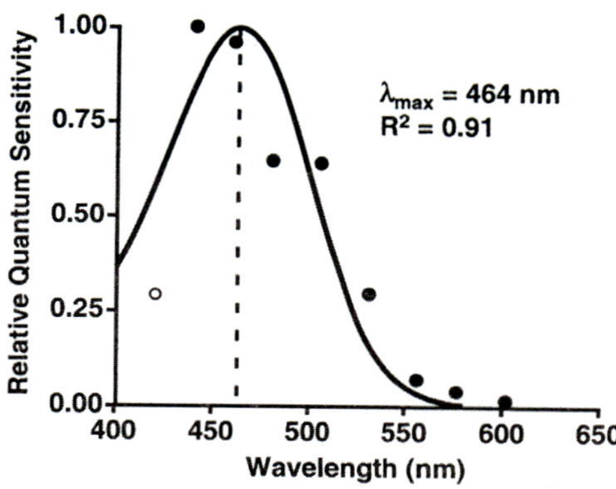

그림 B4-4 인간의 24시간 생체시계에 따르는 생리적 반응

CBT : Core Body Temperature, DLMO = Dim Light Melatonin Onset(참조: G C Brainard 1, J P Hanifin, J M Greeson, B Byrne, G Glickman, E Gerner, M D Rollag, Action Spectrum for Melatonin Regulation in Humans: Evidence for a Novel Circadian Photoreceptor , Journal of Neuroscience 15, (2001))

이후 미국 브라운대 신경과학과 데이비드 베르슨 교수에 의해 멜라놉신(melanopsin)이라는 새로운 광수용체가 발견되었다. 멜라놉신은 인간의 비시각적 반응을 담당하고 있는 옵신(opsin)기반 광수용체이며, 이를 포함하고 있는 신경절세포를 '감광망막신경절세포(ipRGC)'라고 한다. ipRGC는 주로 빛에 의해 신경내분비 반응에 관여하며, 청색 계열의 가시광선인 약 (460 ~ 480) nm 부근에서 반응성이 가장 크다. 빛이 ipRGC에 전달되면 망막-시상하부경로(RHT, retinohypothalamic tract)를 지나 시교차상핵(SCN, suprachiasmatic nuclei)에 전달된다. 시교차상핵은 뉴런의 집합체로 인간의 생체시계를 조율하는 핵심적인 역할을 하며, 멜라토닌 생성·분비에 관여하는 송과선(pineal gland)에 신호를 보내어 24시간 주기의 외부 빛과 어두운 환경에 의해 생체시계를 빠르게 재설정하고 신경내분비 및 행동반응에 영향을 미친다.

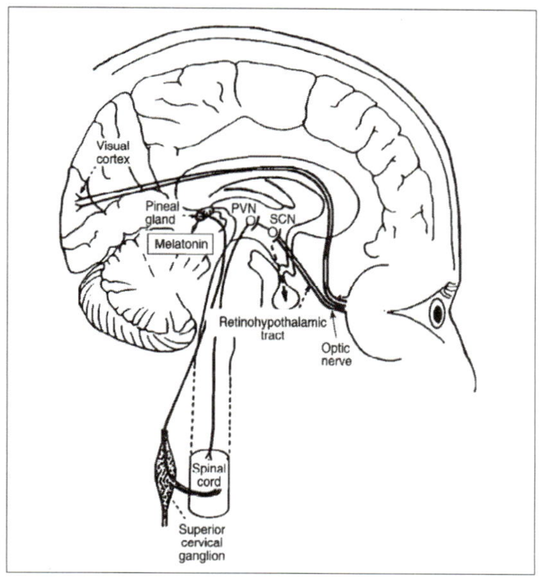

그림 B4-5 광 복사에 의한 신경반응 경로(참조: IESNA Lighting Handbook 10th)

4.2.4 비시각적 영향에 대한 측정

지금까지 조명환경을 측정할 때 단위면적에 입사되는 빛의 양은 조도(lux)로 알 수 있으며, 이는 사람이 시각적으로 인지할 때의 밝기를 나타낸다. 그러나 그것으로는 인간의 생리적 반응에 기초한 비시각적 영향을 알 수 없다. 따라서 비시각적 영향을 측정하고자 하는 노력이 지속되어 왔으며, 이와 관련된 인간의 일주기 리듬에 대한 새로운 측정 단위를 살펴보고자 한다.

1 CLA(circadian light)와 CS(circadian stimulus)

미국 Rensselaer Polytechnic Institute의 조명 연구 센터에서 2005년에 발표된 측정 방법으로 망막에 도달하는 빛의 자극이 SCN에 의한 멜라토닌 억제 등 일주기 시스템에 미치는 영향을 정량화한 지표이며 원추세포(L, M, S cone)와 간상세포, 멜라놉신(ipRGC) 등 5가지 광수용체를 고려한 비시각적 반응모델을 기초로 하고 있다. 각막에 입사되는 빛을 인간의 일주기 리듬에 영향을 미치는 유효 광(CLA)으로 측정·변환하고, 그 강도가 생체신호로 전환되어 시상하부경로를 통해 SCN을 자극(1시간 기준)할 때의 임계값을 일주기 자극(CS)으로 표현하였다.

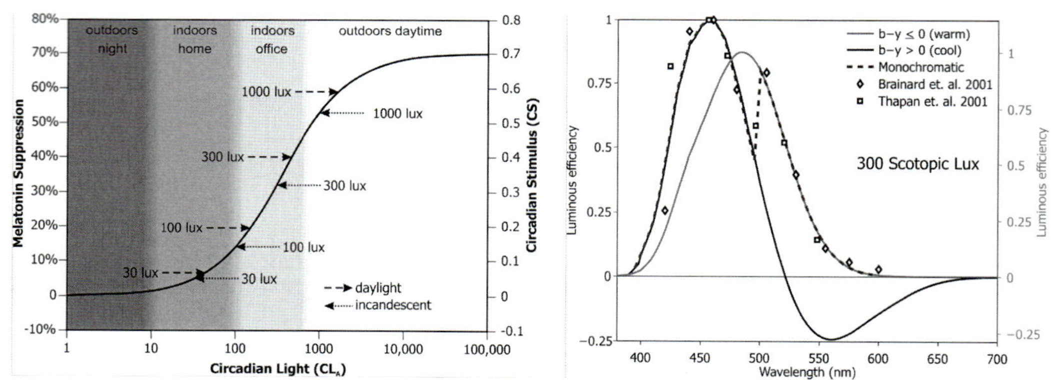

그림 B4-6 인간의 24시간 생체시계에 따르는 생리적 반응
좌 : 따뜻한 색, 차가운 색 광원 별 일주기 감도 곡선 / 우 : 따뜻한 색, 차가운 색 광원 별 멜라토닌 억제율과 CS지수 비교 예시(참조: Mariana Figueiro, Disruption of Circadian Rhythms by Light During Day and Night, Current Sleep Medicine Reports, (2017))

CLA는 두 가지 가중함수에 의해 결정되는데, 따뜻한 색(warm)을 나타내는 광원과 시원한 색(cool)을 나타내는 광원을 구분하여 계산된다. 멜라놉신의 분광 감도는 460 nm에서 가장 민감하나 SCN에 의한 멜라토닌 억제에 관여하는 것은 480 nm에서 가장 민감하게 나타나는데, 이러한 원인은 멜라놉신 뿐만 아니라 원추, 간상세포 등 망막 내 광수용체도 일부 SCN의 반응 분

광분포에 영향을 미치기 때문이다. 여기서 CLA 1000 lux는 CIE 표준광원 A를 기준으로 2,859 K의 흑체 복사속일때 1000 lux에 정규화 되어 설계하였다. b의 daylight는 차가운 광원, incandescent는 따뜻한 광원을 예시로 일반적 조도에서 멜라토닌 억제율이 어느 정도 인지 참고할 수 있도록 표현되어 있다. CLA만으로는 빛에 의한 인간의 생리적 영향과 임계치를 정확하게 추정할 수 없음에 따라 CLA를 기반으로 1시간 동안 노출되었을 때 멜라토닌 억제율을 아래와 같은 식을 통해 CS 지수로 변환하도록 설계되었다.

$$CS = 0.72 - \frac{0.75}{1 + \left(\frac{CL_A}{215.75}\right)^{0.864}} \quad \text{(식 B4-1)}$$

다시 말해 야간에 멜라토닌 분비량을 최대 기준값으로 하였을 때, 1시간 동안 특정 빛의 자극으로 인해 멜라토닌 분비 억제량을 상대적으로 비교한 수치로 볼 수 있다. CS는 0과 0.7 사이의 값으로 표현되며 멜라토닌의 억제율을 나타낸다. 생리적 반응을 기준으로 0.1 이하는 영향이 없다고 볼 수 있고 0.3 이상의 값은 멜라토닌 억제가 실질적으로 반응하는 임계치로서 UL 디자인 가이드 표준에 기준으로 사용되고 있다.

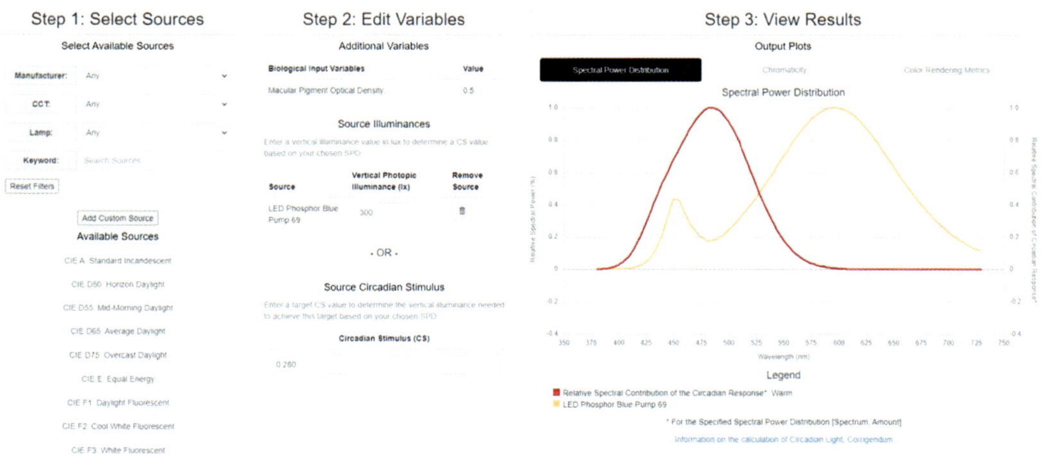

그림 B4-7 인간의 24시간 생체시계에 따르는 생리적 반응(참조: https://www.lrc.rpi.edu/cscalculator/)

Rensselaer Polytechnic Institute의 조명 연구 센터에서는 웹기반 CS지수 산출 계산 프로그램을 제공하고 있으며, 측정된 분광 데이터를 적용하여 직접 산출해 볼 수 있다.

2 EML(Equivalent Melanopic Lux)

2014년 맨체스터 대학의 루카스(Lucas)에 의해 제안된 평가방법으로 멜라놉신 분광 효율함수를 시감도(photopic)와 동일한 방법으로 계산하고 이를 멜라노픽 조도(melanopic lux)로 표현하였다. 멜라놉신 반응에만 촛점을 맞추고 있어 5가지 광수용체 모두를 고려한 CLA와 차이점이 있다. 2019년 IWBI(International WELL Building Institue)는 WELL 인증 요구사항에 건물 내 빛이 인간에게 생물학적으로 미치는 영향을 평가하기 위한 방법으로 멜라노픽 조도 개념을 바탕으로 멜라노픽과 시감도를 동등한 스케일로 비교하는 등가 멜라노픽 조도(equivalent melanopic lux)를 추가하였다.

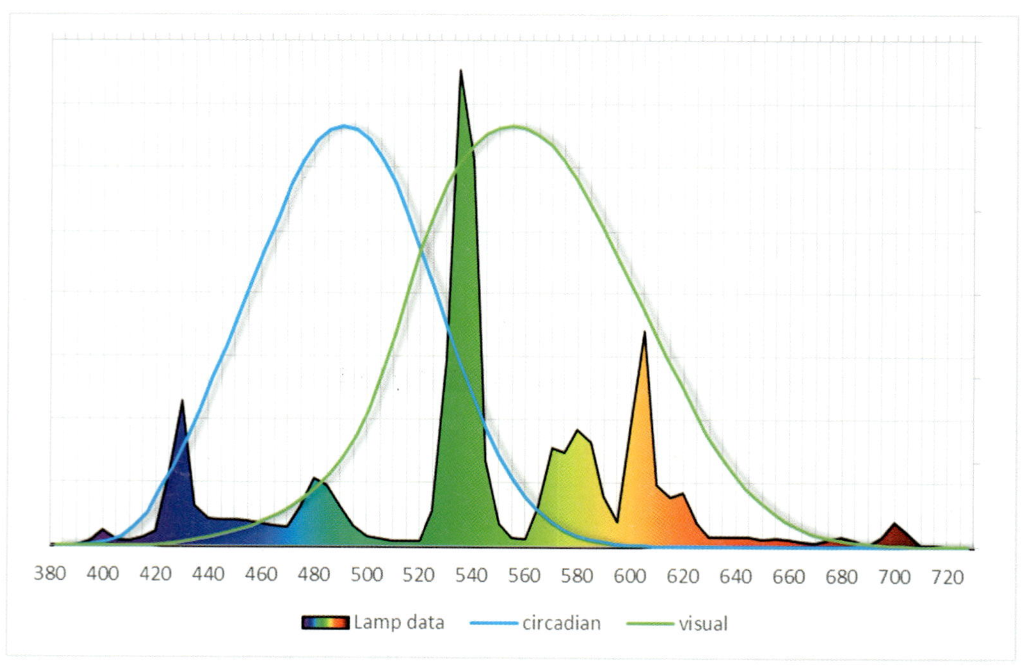

그림 B4-8 IWBI에서 제공하는 EML 계산이 가능한 엑셀파일 예시
(참조: https://cdn.wellcertified.com/static/resources/Melanopic+Ratio.xlsx)

위 그림 B4-8은 IWBI에서 EML을 계산할 수 있도록 무료로 제공하는 엑셀파일이며 490 nm에서 가장 민감한 멜라놉신 반응 분광효율 함수로 계산된 조도를 시감 반응 분광효율 함수로 계산된 조도로 나누고 멜라노픽 조도를 시감 반응효율 크기와 동등하게 맞추기 위해 CIE 표준 광원 E에 대한 등가 에너지 상수 1.218을 곱하여 멜라노픽 비율(melanopic ratio(R))을 계산한다. 표 B4-1은 광원과 상관색온도에 따르는 멜라노픽 비율이며, 동일 상관색온도 일지라도 광원 고유

의 분광특성에 따라 R 값에 차이가 있는 것을 알 수 있다. EML = lux*R 로 표현할 수 있으며, WELL 인증에서는 재실자의 눈 높이 수직면에서 측정된 일정수준 이상의 EML을 요구하고 있다. 상관색온도가 높을수록 R 값이 높을 수 있으나 광원 고유의 분광특성에 따라 동일한 상관색온도라 할지라도 R 값에 차이가 있으므로 상관색온도로 멜라토닌 억제율을 평가하는 것은 완벽하지 않을 수 있다.

표 B4-1 상관색온도 및 광원 별 멜라노픽 비율 비교

CCT(K)	광원	Melanopic Ratio(R)
2700	LED	0.45
2800	백열램프	0.54
4000	형광램프	0.58
4000	LED	0.76
5000	CIE 표준광원 D50	0.94
5450	CIE 표준광원 E	1.00
6500	CIE 표준광원 D65	1.10
7500	형광램프	1.11

3 MDER(melanopic daylight efficacy ratio), MEDI(melanopic equivalent daylight(D65) illuminance)

MDER은 국제조명위원회(CIE, International Commition on Illumination)에서 CIE S 026/E:2018 문서를 기초로 자연광 대비 일주기 효과를 정량적으로 평가하기 위해 개발되었다. 이 문서는 비시각적 효과를 NIF(non-image forming) 효과로 명칭하고 380 nm에서 780 nm까지의 파장 범위에서 5가지 광수용체를 자극하는 광학 복사의 유효성을 설명하기 위해 알파옵틱(α-optic) 개념을 도입하여 분광감도 함수 및 계산 방법을 정의하였다.

MEDR은 CIE표준광원 D65를 기준으로 광원의 반응 효율성을 비교한 수치이며, MEDI는 앞서 EML과 같은 개념으로서 CIE 표준광원 E가 아닌 D65를 적용한다는 차이점 이외에 동일한 방법으로 계산된다. 다만 서로 다른 가중치의 적용으로 결과에 일부 차이가 발생한다. MDER은 D65를 기준으로 정규화하여 값이 1일 경우 자연광과 동일한 수준의 멜라토닌 억제 능력을 나타내며, 낮을수록 일주기 효과가 낮음을 나타낸다.

MEDI는 MDER를 조도값으로 변환하여 표현한 것이다. 이러한 예시로, 목표 조도가 500 lux일 경우 측정된 광원의 MDER이 0.8이면 해당 광원이 설치되었을 때 625 lux에 도달할 수 있도록

하여야 MEDI를 1로 맞출 수 있다. 상관색온도 및 분광분포를 가변 제어할 수 있는 조명일 경우 더 효율적으로 MEDI를 1로 맞출 수 있을 것이다. 향후 인간중심조명 관점에서 일주기 효과를 극대화하는 동시에 에너지 효율성을 고려한 분광분포를 찾고 관련 제품을 개발하기 위한 노력이 많아질 것으로 예상된다.

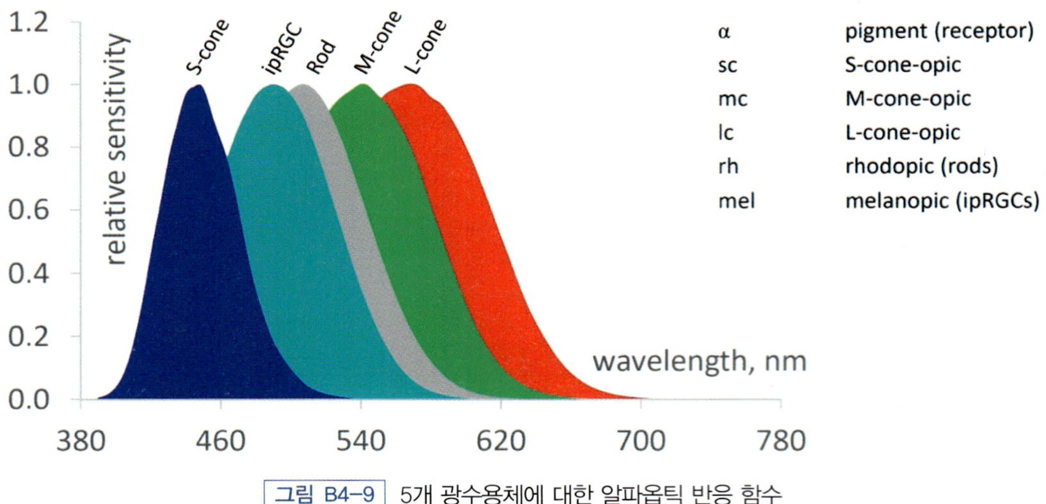

그림 B4-9 5개 광수용체에 대한 알파옵틱 반응 함수
(출처 : Userguide to the Equivalent Daylight (D65) Illuminance Toolbox, CIE 2019)

CIE에서는 조명산업 전반에 비시각적 영향에 대한 성능이 객관적으로 평가될 수 있도록 MDER, MEDI 등 알파옵틱 기반 주요 지표를 계산할 수 있는 엑셀 툴박스와 가이드라인을 무료로 배포하고 있다.

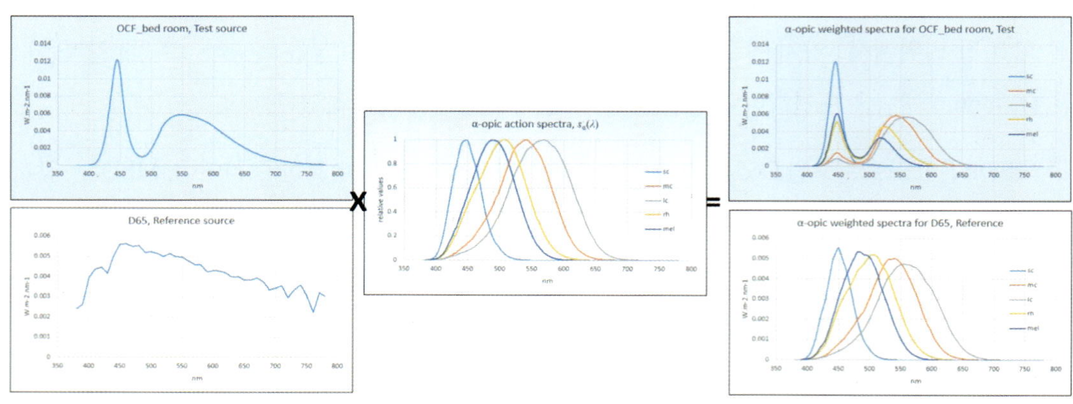

그림 B4-10 CIE에서 제공하는 알파옵틱 계산 툴박스 예시
(출처 : https://files.cie.co.at/CIE%20S%20026%20alpha-opic%20Toolbox.xlsx)

4.3 인간중심조명의 환경 디자인

앞서 빛이 인간의 생물학적 반응에 미치는 객관적 사실이 하나씩 밝혀지면서 이와 관련된 정량적 평가에 대한 다양한 방법이 제시되었다. 이후 이러한 정량적 지표를 활용하여 인간에게 최적화된 빛 환경을 구현하기 위한 설계 표준개발이 이어져 왔다. CS, EML 등 각 지표별 평가 방법의 정확성, 유효성에 관한 논란이 있긴 하지만 근본적으로 빛이 인간에게 미치는 영향을 고려하여 더 나은 건강과 웰빙에 도움이 된다는 사실에는 의심할 여지가 없으며, 이를 적용하고자 하는 노력은 매우 중요하다고 볼 수 있다. 본 장에서는 인간중심조명과 관련된 표준과 설계 방향에 대해 살펴보고자 한다.

4.3.1 WELL 인증 요구사항

WELL 인증은 인간의 건강과 웰빙 관점에서 건축물이 갖추어야 할 공기 및 물의 품질, 조명설계, 소음제어 등 10가지 주요 항목별 요구사항 평가를 통해 IWBI(International WELL Building Institute)에서 인증을 부여하고 있다. IWBI는 건물 내 건강과 웰빙을 촉진하기 위한 표준을 개발하고 인증하는 2014년에 설립된 국제 비영리 기관이다. 인간중심조명환경 관점에서 2019년에 세계 최초로 인간의 일주기 조명설계에 관한 비시각적 요구사항을 추가하였다. IWBI는 자체적인 연구 활동뿐만 아니라 인간의 일주기 리듬과 관련된 객관적 자료를 바탕으로 인간의 건강과 웰빙 측면에서 빛의 결핍이나 과다 노출에 따르는 문제점을 고려하여 지속적으로 표준을 개정하고 있다. 표준 요구사항은 빛에 대한 인간의 일주기 반응은 눈에 들어오는 빛에 따라 달라지므로 빛의 분광 특성, 밝기 수준, 지속 시간 및 노출 시간과 같은 요소들이 포함되었으며, 조명 수준은 사용자의 눈에 들어오는 빛을 시뮬레이션하기 위해 거주자의 눈높이에서 수직면을 기준으로 평가된다. 주거공간과 주거 이외 공간에 대한 요구사항으로 구분되며 낮에 4시간 동안은 최소 150 EML(136 MEDI(D65))이 요구되며 275 EML(250 MEDI(D65)) 달성 시 추가점수가 부여된다. 주거공간인 경우에는 조광 기능이 포함되어야 하며 저녁 8시 이후에는 자동으로 어두워지도록 설계되어야 한다.

4.3.2 UL DG(Design Guideline) 24480

UL DG 24480(Design Guideline for Promoting Circadian Entrainment with Light for Day-Active People)은 미국의 민간 인증기관인 UL(Underwriters Laboratories)에서 2019년 12월에 개발한 디자인 가이드라인 표준으로서 주간 근로자를 중심으로 일주기 리듬을 유지하기 위한 조명설계 요

구사항을 다루고 있다. 미국 내 LRC(Lighting Research Center)에서 개발한 CS 지수를 주요 지표로 사용하며, 낮에 0.3보다 높고 2시간 이상 유지하여야 하며, 저녁 8시 이후에는 0.1보다 낮게 유지되도록 요구하고 있다.

4.3.3 DIN TS 67600

독일 국가표준 기구인 DIN(Deutsches Institut für Normung)에서 2013년에 DIN SPEC 67600으로 개발한 표준으로서 조명에 의한 인간의 생물학적 효과를 고려한 조명설계 디자인 가이드라인 표준이다. 이후 2021년 DIN TS 67600(Complementary criteria for lighting design and lighting application with regard to non-visual effects of light)으로 개정되며 멜라노픽 효과와 관련된 DIN/TS 5031-100 및 CIE S 026에 적용된 용어, 기호, 반응 분광함수 등 주요 내용과 일치화하여 조명설계 또는 등기구 적용 시 비시각적으로 고려해야 할 요구사항을 제시하고 있다. 주간 작업 공간에서 작업자의 앉은 상태와 서 있는 상태의 높이에서 앞, 뒤, 좌, 우 수직면 기준 최소 4시간 동안 평균 250 MEDI를 제공하도록 규정하고 있다.

4.3.4 ISO/CIE TR 21783

ISO/CIE TR 21783(Integrative lighting - Non-visual effects)은 ISO TC 274(Light and Lighting)에서 개발한 표준으로, 조명 응용 분야에서 고려해야 할 ipRGC 영향과 반응과 관련하여 최신기술을 기반으로 분석 및 평가 방법에 대해 제시하고 있다. 비시각적 경로에 대한 과학적 증거를 바탕으로 ipRGC 반응으로 인한 이점과 주의할 요소를 제시하였으며, 건물 내 조명설계 시 시각적 반응에 의한 심리적, 감성적 효과와 더불어 ipRGC 기반 비시각적 인체 영향을 동시에 고려해야 하므로 다소 어렵고 복잡할 수 있어, 이러한 요구사항을 정확하게 이해하는 전문가에 의해 설계되는 것이 필요하다고 제안하였다.

4.3.5 ISO/TR 9241-610

ISO/TR 9241-610(Impact of light and lighting on users of interactive systems)은 ISO TC 159/SC4(Ergonomics of human-system interaction)에서 2022년에 발간한 표준으로 ISO TC 274(Light and Lighting) 및 CIE와 협력하여 개발되었다.

'Light & Health'라는 주제로 조명 및 광원의 디자인은 인간의 건강과 연계하여 고려되어야 하며 수면, 행동, 호르몬 분비, 혈압 및 체온유지 등에 도움이 될 수 있도록 설계되어야 함을 강조하고 있다. 아래 그림은 각 시간 주기별로 인체의 영향을 다음과 같이 설명할 수 있다.

추가로 야간에 사용하는 디스플레이는 9,300 K 수준의 높은 상관색온도를 방출하기 때문에 조명환경 설계 시 MEDI와 같은 비시각적 요구사항에 대한 조명과 디스플레이의 통합적 검증이 필요할 것을 권고하고 있다.

그림 B4-11 일주기 리듬에 따르는 신체의 생리적 반응
a. 최상의 조화 b. 가장 빠른 반응시간(민첩성) c. 가장 높은 체온 d. 가장 높은 혈압 e. 멜라토닌 분비 f. 깊은 수면 상태 g. 가장 낮은 체온 h. 코르티솔 분비 i. 가장 빠르게 혈압 증가 j. 가장 높은 각성상태
(출처 : ISO/TR 9241-610)

4.4 인간중심조명의 설계 고려사항

최근 인간중심조명에 대한 글로벌 조명산업의 관심이 집중되면서 일부 검증되지 않은 사실이 다양한 제품의 마케팅에 사용되는 등 부작용도 같이 나타나고 있다. 현재 인간중심조명은 이제 시작되는 초기 단계로서 빛으로 더 나은 삶을 구현하는 솔루션 관점에서 바라볼 필요가 있으며, 더욱 확실하고 명확한 개념을 바탕으로 접근하는 것이 중요하다.

초기 장수명을 강조하며 시장에 등장한 형광램프 대체형 LED 램프는 확실한 호환성 검증이 되지 않은 채 기존 형광램프 안정기에 바로 연결할 수 있다는 마케팅을 통해 판매하였는데 형광램프보다도 먼저 고장이 발생하거나 교체되는 수모를 겪으면서 LED 조명에 대한 신뢰도 저하로 외면받으며 교체가 더디게 진행되었다.

다행히 에너지절감에 대한 지속적 정책과 사회적 노력이 수반되며 현재 대부분의 건축물에서 LED 조명을 볼 수 있지만, 이러한 실패 사례가 반복되지 않도록 더욱 확실하게 검증 후 시장에 적용될 수 있도록 관련 업계와 기관, 정부의 노력이 필요한 시점이다. 본 장에서는 주요 연구에서 제시하고 있는 다양한 사례를 바탕으로 앞서 제시된 다양한 평가 방법을 연결하여 인간중심조명 설계 방향에 관해 설명하고자 한다.

4.4.1 빛과 인간 반응 사이의 관계

다음 그림 B4-12는 시각적 반응과 비시각적 반응을 도식적으로 세분화하여 빛과 인간 반응 사이의 관계에 대한 개요를 나타낸다. 시간적 패턴은 빛 자극에 대한 노출 시간과 주기와 관련이 있으며, 공간분포는 3차원 공간에서 빛의 방향을 의미하고, 빛의 분포는 광 스펙트럼을 나타낸다. 이 네 가지 요소는 빛 자극에 의한 인간의 시각적 인지, 생리적 반응에 영향을 미친다. 또 하나 중요하게 고려해야 할 요소로 인간의 연령에 따라 눈과 신체적 노화의 차이로 인해 시각적, 생리적 반응이 달라지므로 조명설계 패턴을 적절하게 설계해야 한다.

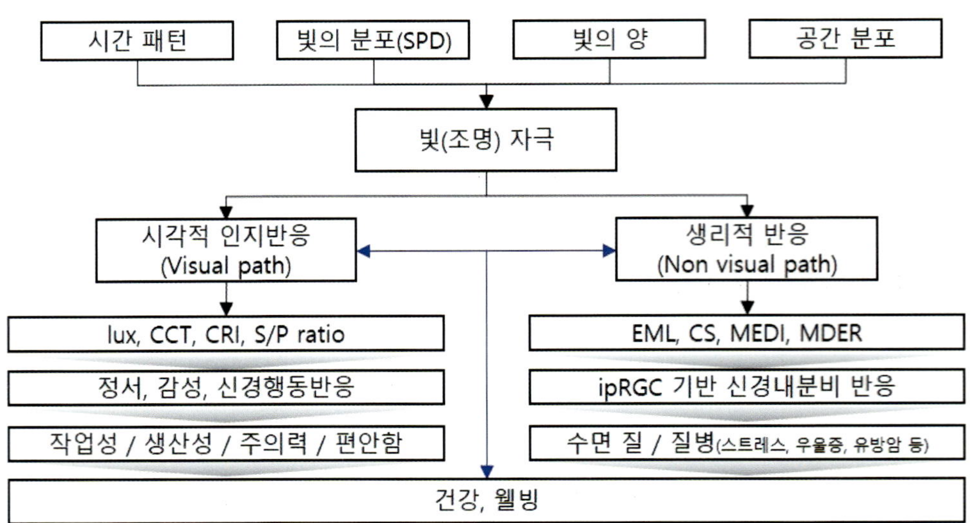

그림 B4-12 빛의 자극에 의한 인간의 건강, 웰빙의 연결관계
(출처 : Kevin W. Houser, Tony Esposito, Human-Centric Lighting: Foundational Considerations and a Five-Step Design Process, Front. Neurol., 27 (2021)을 바탕으로 재작성)

빛의 일정한 시간 패턴은 일주기 리듬에 매우 중요한 요소이다. 빛에 의해 우리 몸의 생체시계가 작동하기 때문이다. 밝고 어두움의 주기와 생체시계가 동기화될 때 건강한 생활을 유지할 수 있다. 그러나 야간근무자와 같이 낮과 밤이 바뀌어 빛의 시간적 패턴이 생체시계와 동기화될 수 없는 경우 수면장애 등 건강에 좋지 않은 영향을 준다.

빛의 분포(SPD)와 빛의 양(광속)은 ipRGC라는 새로운 광수용체의 등장으로 멜라토닌 분비 등 생리적 반응에 효과적으로 대응할 수 있도록 기존 555 nm에서 가장 민감한 시감도 함수 기반 조도와 다르게 평가되어야 한다. 앞서 멜라놉신 반응 스펙트럼에 민감한 영역은 단파장으로서 상대적으로 낮은 상관색온도보다 높은 상관색온도에서 더 민감하게 반응한다고 볼 수 있다.

다만 이는 대체로 그렇다고 볼 수 있는 것이지 정확하다고 말할 수는 없다. 최근 토니(Tony Esposito)와 케빈하우저(Kevin Houser)는 상관색온도와 CS, EML, MEDI 등 비시각적 지표와의 상관관계를 검증한 결과 상관색온도로 일주기 영향을 평가하는 것이 부적절함을 확인하였다.[39] 따라서 상관색온도로 비시각적 영향에 대한 대략적인 참고는 할 수 있지만, 가장 정확한 것은 현재까지 개발된 멜라놉신 반응 측정 도구를 기반으로 적용환경별 최적화된 분광분포를 설계하고 구현해야 한다.

지금까지 조명설계 요구사항은 대체로 수평면을 기준으로 제시되어 있다. 그러나 망막의 광수용체에 의한 영향을 고려할 때 빛의 공간분포는 눈에 직접 입사되는 수직면 상태가 중요하다. 망막의 하부영역이 상부 영역보다 멜라토닌 억제에 더욱 효과적이며, 측면보다 정면에서 더욱 멜라놉신 자극을 극대화할 수 있다.[40][41][42] 이러한 특성으로 인해 앞으로 조명의 설치 위치, 구조, 방식 등 공간의 빛 패턴이 건강과 웰빙 측면에서 새롭게 정의가 되어져야 하며, 눈부심을 억제하면서 수직면에 충분한 빛을 제공해야 하는 새로운 도전이 조명산업에 기회요인이 될 수 있다.

---

39) Kevin W. Houser and Tony Esposito, Correlated color temperature is not a suitable proxy for the biological potency of light, Scientific Reports volume 12, Article number: 20223 (2022)

40) Glickman G, Hanifin JP, Rollag MD, Wang J, Cooper H, Brainard GC. Inferior retinal light exposure is more effective than superior retinal exposure in suppressing melatonin in humans. J Biol Rhythms, 18(1), pp.71-9 2003 Feb.

41) Visser EK, Beersma DGM, Daan S. Melatonin suppression by light in humans is maximum when the nasal part of the retina is illuminated. J Biol Rhythms. 14(2), pp.116-21, 1999 Apr.

42) Ruger M, Gordijn Mcm, Beersma DGM, de Vries B, Daan S. Nasal versus temporal illumination of the human retina: effects on core body temperature, melatonin, and circadian phase. J Biol Rhythms. 20(1), pp.60-70, 2005 Feb.

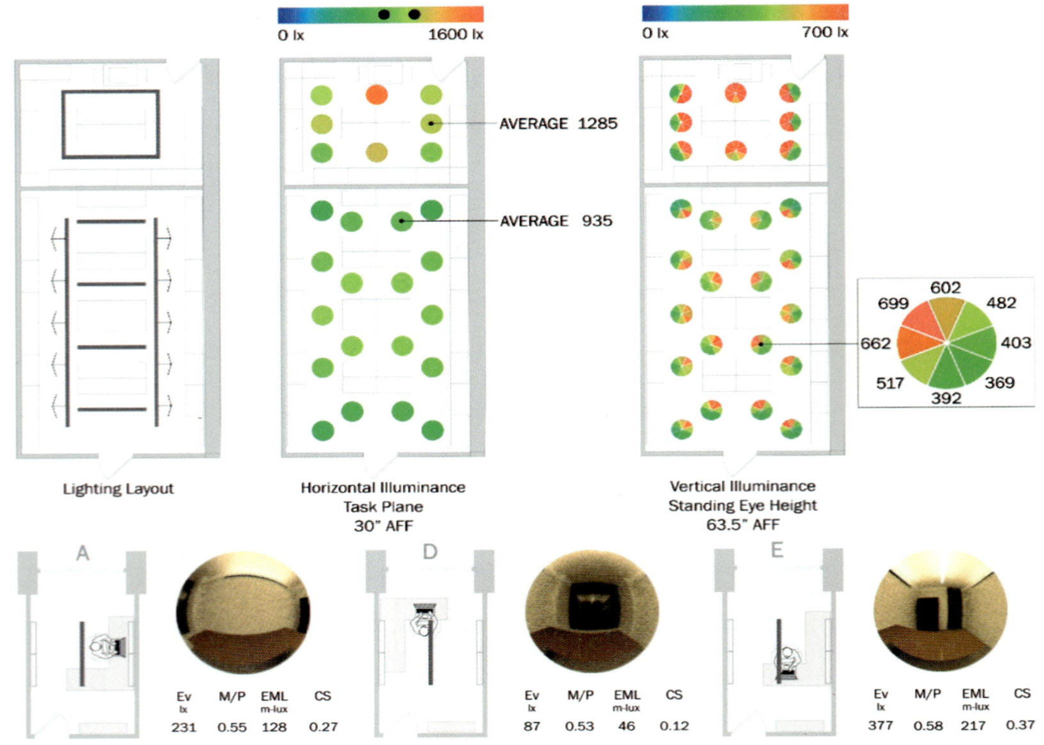

그림 B4-13 수직면을 기준으로 작업자의 눈에 입사되는 빛에 대한 광학적 특성 평가 예시
(출처 : Lighting for Health and Wellness Recommendations in Offices, DOE, 2023)

시각적 인지에 의한 작업성, 편안함, 감성 등에 관한 연구는 지난 수 십년 동안 많은 연구가 있었으며, 최근에는 비시각적 측면에서 주로 활발하게 연구되고 있다. 특히 빛에 의한 멜라토닌 호르몬의 영향으로 일주리듬의 변동, 수면의 질, 각성상태 및 졸음 개선 등에 관한 연구들이 있다. 실제 가시광 영역 내 장파장보다 단파장 영역에서 각성상태 전환에 따른 주의력향상 및 일주기 리듬 변동성이 높았으며 학생들의 학업성취도와 사무실 직원의 집중력, 피로도에도 개선 효과를 보이는 것으로 나타났다.[43)44)45)]

미국 하버드 연구진이 1989년부터 2013년까지 야간근무자인 간호사를 대상으로 추적조사를 한

43) Brown TM, Brainard GC, Cajochen C, Czeisler CA, Hanifin JP, Lockley SW, et al. Recommendations for daytime, evening, and nighttime indoor light exposure to best support physiology, sleep, and wakefulness in healthy adults. PLoS Biol. 20(3), 2022 Mar.

44) Rahman SA, St Hilaire MA, Gronfier C, Chang AM, Santhi N, Czeisler CA, et al. Functional decoupling of melatonin suppression and circadian phase resetting in humans. J Physiol. 596(11), pp.2147-2157, 2018 Jun.

45) Hébert M, Martin SK, Lee C, Eastman CI. The effects of prior light history on the suppression of melatonin by light in humans. J Pineal Res. 33(4), pp.198-203, 2022 Nov.

결과 야간에 지속적으로 많은 빛에 노출된 여성의 유방암 발생율이 14 % 증가한다는 결과를 내놓기도 했다. 우울증 환자의 경우 높은 조도의 광선요법을 통한 치료가 널리 사용되고 있는 만큼 궁극적으로 빛이 인간의 건강과 웰빙에 직접적인 영향을 미치는 것에 대한 고민의 여지는 없어 보인다. 다만 이러한 객관적 개선 효과들은 실험실에서 적절히 제어된 상태의 결과이기 때문에 나이, 지역, 식습관, 질병, 유전, 생활 습관, 정신적 안정상태 등 다양한 요인이 영향을 줄 수 있으므로 더 높은 수준의 객관적 타당성을 확보하기 위해서는 이러한 복합적 요소가 함께 고려될 필요가 있다.

4.4.2 인간중심조명과 에너지

조명산업은 에너지와 매우 밀접한 관계를 맺고 있다. 사람이 존재하는 모든 공간에 설치되어 있고 전 세계 사용 에너지의 약 20 % 수준을 담당하고 있다. 따라서 대부분의 주요 국가에서는 조명을 에너지 관리 대상 품목으로 지정하고 등급화하여 효율성을 관리하고 있다.

조명산업은 백열램프를 시작으로 형광램프 및 LED에 이르기까지 광효율을 높이기 위한 노력을 지속해 왔으며, 지능적이고 자동화된 제어기술이 접목되며 에너지절감을 극대화하기 위해 끊임없이 발전해 나가고 있다. 그러나 태양 빛과 유사한 분광 특성을 가지는 고연색지수의 조명은 상대적으로 낮은 연색지수의 조명보다 광효율이 저하되는 특성을 보인다.

연색지수가 높은 조명은 사물의 색채감을 태양 빛 아래에서 보는 것과 유사하게 표현할 수 있는 만큼, 우수한 성능을 가진 제품이지만 이를 극대화 할 경우 에너지 사용량은 더욱 증가하게 된다. 이처럼 인간중심조명의 등장이 에너지절감 측면에서 손실이 될 경우 건강과 웰빙을 추구하는 조명산업의 새로운 도전에 걸림돌이 될 수 있다.

사라(Sarah Safranek)외 3명은 기존 북미조명학회의 수평면 조도기준을 기반으로 구현된 조명의 전력에서 WELL, UL 등 일주기 리듬과 관련된 요구사항에 적합하도록 구현하였을 때를 비교한 결과 약 (10 ~ 100) % 이상 추가적인 전력이 필요한 것으로 나타났다.[46] 일주기 리듬 요구사항 충족을 위해서는 현재 조명의 전력수준이 증가 될 우려가 있다는 것이다.

미국 에너지부(Department of Energy)에서 지원한 프로그램 중 일리노이주 시카고의 공공기관 사무직원의 건강과 웰빙, 그리고 에너지절감을 목표로 하는 조명시스템 교체 프로젝트에서도 UL, WELL의 CS, EML 기준을 충족하려면 기존 조도기준 보다 3배 더 높은 조도를 유지해야 하며, (25

46) Kevin W. Houser and Tony Esposito, Correlated color temperature is not a suitable proxy for the biological potency of light, Scientific Reports volume 12, Article number: 20223 (2022)

~ 150) %의 추가적 전력사용이 요구된다는 결과가 도출되었다.47) 사람의 시야에 직접 빛을 노출하는 것이 전력사용량 측면에서 효과적일 수 있으나 눈부심이 증가하여 시각적 피로도, 불쾌감, 작업성에 영향을 미칠 수 있어, 향후 이를 보완할 수 있는 기술이 필요한 시점이다.

4.4 인간중심조명 관련 제품 기술

4.5.1 LED PKG 기술

삼성전자는 동일 상관색온도를 기준으로 기존 LED보다 멜라토닌 억제 효과의 향상 또는 감소를 나타낼 수 있는 인간중심 솔루션 LED를 개발하였다. 자체 연구를 통해 기존 LED 대비 낮에 멜라토닌 억제율은 18 % 더 증가하고 밤에 분비량은 5 % 증가함에 따라 DLMO를 앞당겨 수면의 질 향상이 가능함을 검증하였다.

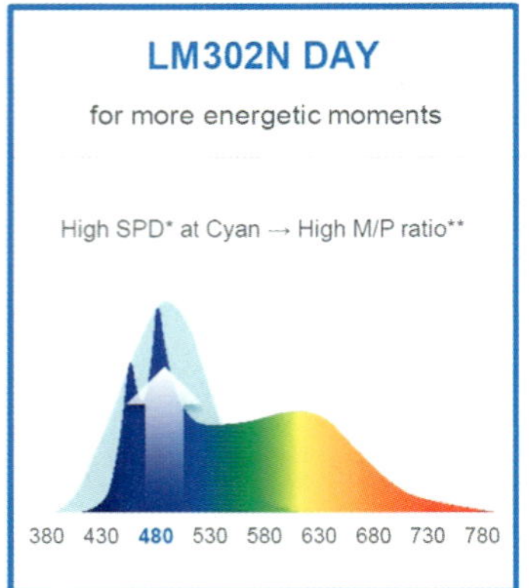

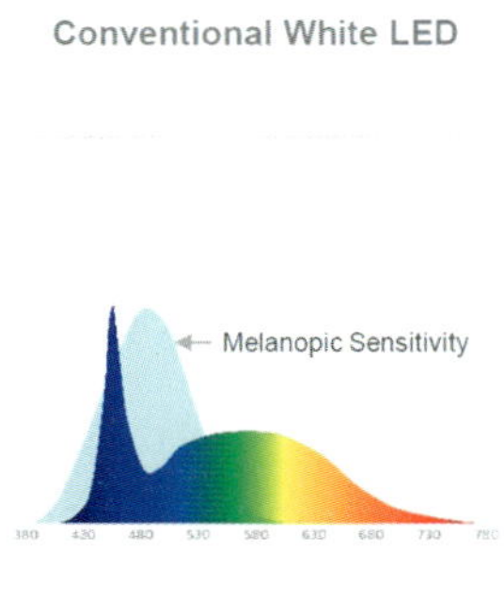

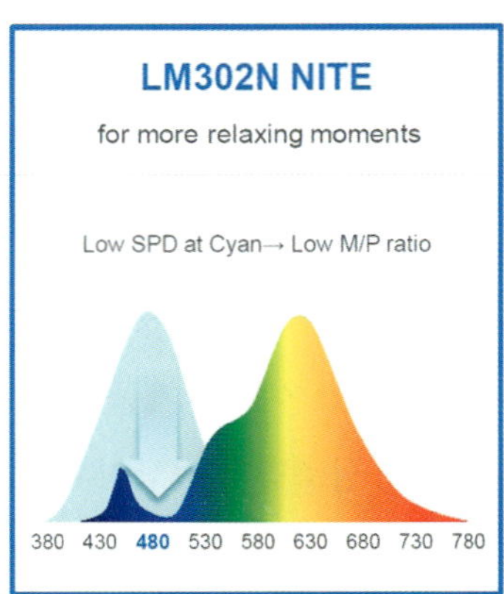

그림 B4-14 삼성전자에서 출시한 인간중심조명 LED PKG
(출처 : https://led.samsung.com/lighting/applications/human-centric-lighting/)

서울반도체는 가시광 대역에서 광원의 분광분포를 자연 빛과 유사하게 재현한 썬라이크 LED는 하버드 의과대학과 유럽 바젤대와 공동연구를 통해 썬라이크 제품이 학습 속도와 능력에 도움을 준다는 연구 결과를 발표하는 등 시각적 효과와 생리적 반응 효과 모두에서 기존 LED와 차별성을 강조하였다. 주요 연구 결과로써 눈의 피로도 감소, 근시 개선(병아리 대상), 행동 능력 향상, 수면의 질 향상을 제시하였으며, 연색지수는 97로 매우 높은 수준을 나타낸다.

---

47) Glickman G, Hanifin JP, Rollag MD, Wang J, Cooper H, Brainard GC. Inferior retinal light exposure is more effective than superior retinal exposure in suppressing melatonin in humans. J Biol Rhythms, 18(1), pp.71-9 2003 Feb

그림 B4-15 좌 ; 서울반도체 Sunlike LED vs. 기존 LED, 우: Sunlike 기반 자연광을 구현하는 발뮤다 스탠드 (출처 :http://www.seoulsemicon.com/kr/technology)

오스람은 인간중심조명과 같은 고급 실내조명 디자인 솔루션에 적용될 수 있는 특화 LED PKG를 출시하였다. 퀀텀 닷 기술을 적용하여 높은 연색지수를 구현하면서도 전력소모를 줄인 OSCONIQ® E 2835 CRI 90 QD와 멜라토닌 억제율을 향상시킬 수 있는 OSCONIQ E 2835 Cyan 등의 제품을 출시하였다.

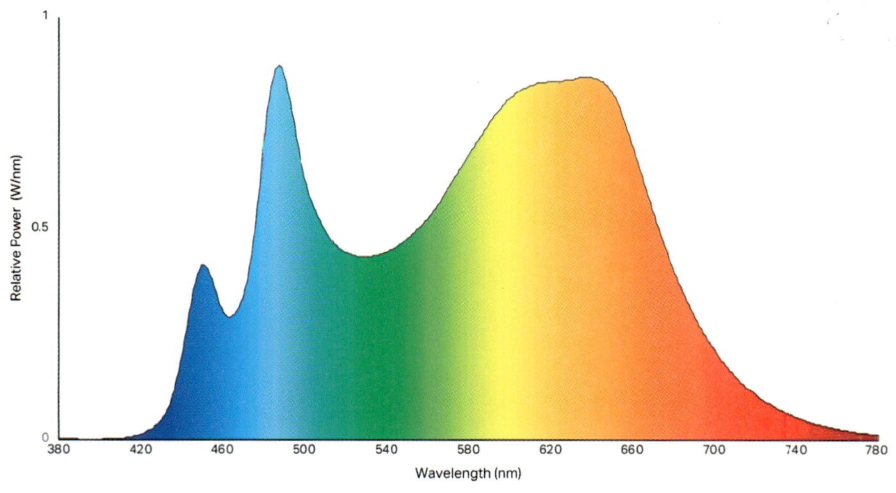

그림 B4-16 루미레즈의 LUXEON SkyBlue 분광분포(출처 :https://lumileds.com/)

루미레즈는 M/P ratio를 다양화하여 조명 디자이너가 다양한 공간에 적용이 가능하도록 LUXEON SkyBlue 패키지를 개발하였다.

4.5.3 관련 기술 및 제품

우주비행사에게 부족한 자연광을 제공하기 위한 기술을 활용하여 NASA에서 스핀오프 된 BIOS는 일주기 리듬에 적합하고 마치 실제 하늘의 빛을 실내에서 느낄 수 있도록 컬러를 제어하여 실내 분위기와 에너지를 고려한 일주기 요구사항 충족, 시각적 편안함 등 다양한 요구사항을 충족할 수 있는 SKYVIEW를 개발하였다. 스탠드형 타입으로 책상에 올려두고 바로 눈에 노출되어 M/P 천장형 조명보다 더 적은 에너지 사용으로 멜라토닌 억제효과를 발생시킬 수 있다.

또한 BIOS는 멜라토닌 억제를 최대치 또는 최소화할 수 있는 단일화된 제어 모듈을 개발하여 조명 기구회사와 협력하여 제품을 개발하고 있다. ipRGC 반응 파장을 중심으로 상관색온도별 EML, CS 지수 요구사항 대응이 가능하도록 개발되었다.

그림 B4-17 BIOS의 SKYVIEW (출처 : https://skyviewlight.com/)

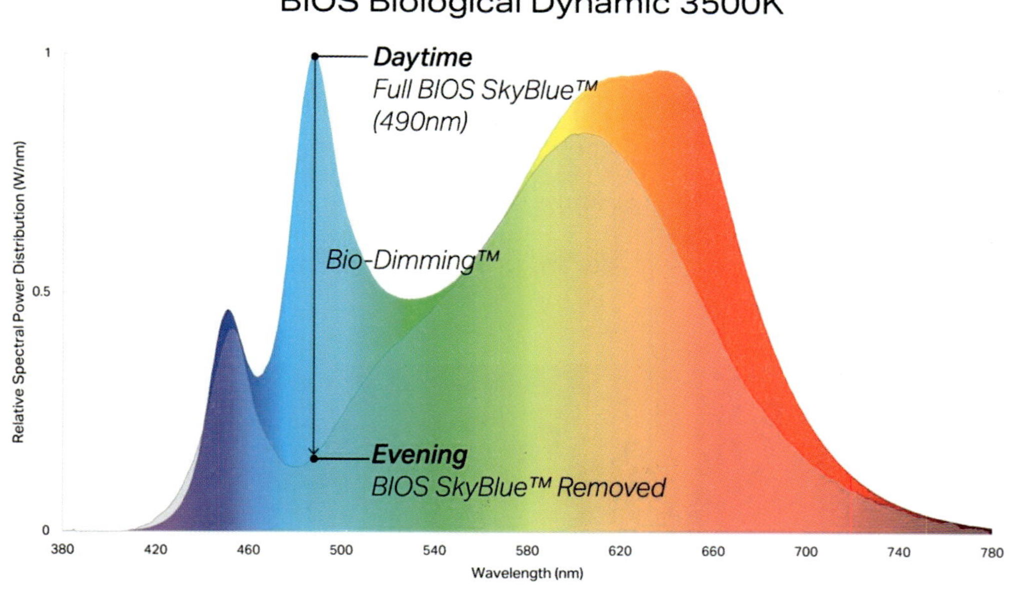

그림 B4-18 BIOS의 Dynamic Engine 스펙트럼 제어(출처 : https://www.bioshumanlight.com/)

필립스는 1 ~ 2주 동안 하루 20 ~ 30분 지속적인 노출로 긍정적인 기분과 활력을 느낄 수 있으며 계절성 우울증 장애 예방에도 도움이 되는 goLITE BLU와 아침 기상 알람 대신 30분 동안 서서히 밝아지는 조명으로 잠을 깨워 일출을 맞이할 수 있어 불쾌감 없이 상쾌한 아침을 맞이할 수 있는 기상(wake-up) 조명을 개발하였다. 자체 연구 결과 92 %의 사용자로부터 아침 기상이 더 쉽게 느껴진다는 결과를 도출하였다.

그림 B4-18 좌 : goLITE BLU, 우 : Wake-Up Light(출처 : https://www.usa.philips.com/)

2013부터 인간중심조명에 집중적인 투자와 연구를 수행하고 있는 Glanmox는 90여 개의 인간중심 조명의 실증 사례를 지속적으로 발굴해 나가고 있다. 병원 학교 사무실에 자체 개발한 조명과 제어 시스템을 설치하여 WELL, UL 등의 요구사항에 적합한 솔루션을 제공하고 있다. 이와 같이 인간 중심 솔루션 관점에서 적용 공간별 수요자 맞춤형 시스템을 개발하고 이를 서비스화하는 기업이 점차 늘어갈 것으로 예상된다. 필립스와 협력하는 인터렉션도 IoT 플랫폼 기반 인간중심 솔루션 및 에너지절감, 자산 트래킹, 보안 등 시스템 통합을 통해 솔루션을 제공하는 기업들이 미래 조명산업에서 승자 될 것이라고 예상된다.

그림 B4-19 Glanmox의 사무실, 학교, 병원 인간중심조명 실증 사례
(출처 : https://www.glamox.com/en/pbs/human-centric-lighting)

CHAPTER 05

융복합 조명

5.1 살균조명

5.1.1 살균조명의 개념과 원리

살균조명은 세균과 바이러스를 제거하는 효과적인 방법 중 하나로 자외선(UV) 살균조명, 광촉매 살균조명, LED 살균조명 등 다양한 형태로 나타나는데, 이러한 조명은 세균과 바이러스의 DNA나 RNA를 파괴하여 살균 효과를 발휘한다. 따라서 의료 분야, 식품 가공 분야, 공업 분야, 건축 분야 등 다양한 분야에서 적극적으로 활용되고 있다. 특히, 최근 COVID-19와 같은 강력한 전염병의 발생으로 세균과 바이러스에 대한 대처가 중요시되고 있는 상황에서 살균조명은 일반적인 청소와 함께 강력한 대처 수단으로 인식되고 있다.

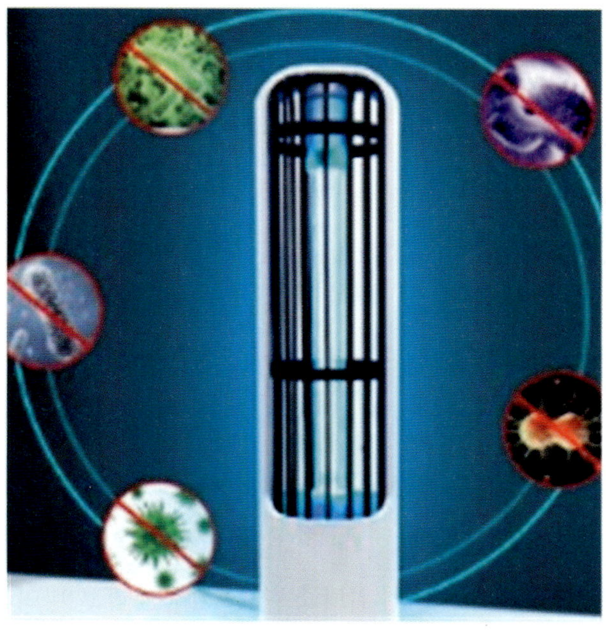

그림 B5-1 살균조명

살균조명은 일정한 공간에서 세균과 바이러스를 제거할 수 있어 보다 안전한 환경을 조성할 수 있을 뿐만 아니라 환경친화적인 대안으로도 각광받고 있으며, 화학적인 성분을 사용하지 않으므로 환경오염을 최소화할 수 있어서 인간의 건강에도 유익하다. 그리고 살균조명을 이용하면 공간 내 세균 감염의 위험성을 감소시키기 때문에 질병 예방과 건강 유지에 도움을 줄 수도 있다.

이러한 이유들로 인해, 살균조명은 현재 매우 중요한 기술로 인식되고 있으며, 앞으로도 보다 발전된 기술과 응용이 이루어질 것으로 기대되며, 이러한 살균조명이 적용된 살균조명시스템은 세균과 바이러스를 제거하는 효과적인 방법 중 하나로서, 일반적으로 공간 내 세균과 바이러스의 수를 감소시키기 위해 사용된다.

① 자외선(UV) 살균조명 : 가장 전통적인 살균조명 방식 중 하나로서, 조명 광원에서 UV-C를 방출하여 세균과 바이러스를 파괴한다. 하지만 UV-C는 인체에도 유해하므로, 인체가 직접 광원에 노출되는 것을 방지하기 위해 보호장치가 필요하다.

② 광촉매 살균조명 : 광촉매 물질과 자외선 조명을 조합하여 세균과 바이러스를 제거하는 방식인데, 광촉매 물질은 자외선을 받아 화학 반응을 일으켜 살균 효과를 발휘한다.

③ LED 살균조명 : 색온도와 파장을 조절하여 세균과 바이러스를 제거하는 방식으로, LED 살균조명은 UV-C와 달리 인체에 해로운 파장이 아니므로 보다 안전하다.

살균조명시스템은 의료 분야, 식품 가공 분야, 공업 분야, 건축 분야 등 다양한 분야에서 활용되는데, 예를 들어, 의료 분야에서는 수술실, 병실, 치과 등의 공간에서 살균조명시스템이 사용되어 감염 예방에 큰 역할을 하고 있으며, 일반적인 청소와 함께 사용되어 보다 깨끗하고 안전한 공간을 조성할 수 있어, 환경친화적인 대안으로 주목받고 있으며, 인간 건강에도 유익하다. 이러한 이유로 인해, 살균조명시스템은 현재 매우 중요한 기술로 인식되고 있다.

5.1.2 세균과 바이러스

세균과 바이러스는 모두 병원체이지만, 그 특징과 감염 방식이 다르다.

세균은 단일 세포 생물체로, 막대 모양, 구형, 나선형 등 다양한 형태를 가지고, 미생물 중에서 가장 널리 분포하고 있으며, 대부분의 세균은 인간과 동물의 위장관, 피부 등에서도 발견이 된다. 대부분의 세균은 자신의 대사 활동을 수행하기 위해 숙주 세포에 침투하고, 바이러스와 달리 세포 내부에서 번식하는데, 유익한 세균도 있지만 일부 세균은 인간에게 유해한 생물학적 역할을 수행하며,

예를 들면 화학물질 분해, 음식물 썩음, 감염 등도 있다.

표 B5-1 세균과 바이러스의 차이

	세균(박테리아)	바이러스
형태	세포벽 세포막 협막 핵산부(DNA) 섬모 원형질 리보좀 (출처 : Naver 이미지)	DNA바이러스 RNA바이러스 (출처 : Naver 이미지)
크기(㎛)	직경 0.2~10	직경 0.02~0.03
구조	세포막, 세포벽, 핵, 단백질 등으로 구성	유전정보가 있는 핵과 이를 둘러싼 단백질이 전부로 세균보다 구조가 단순하다.
생존 가능 장소	인체 및 인체세포에서 자라고 번식가능 일부는 극도의 고온, 저온에서도 생존가능	사람, 동물, 식물 또는 세균의 세포 안
감염병 예	상처 감염, 귀 감염 외	감기, 수두, 홍역, 독감, 폐렴, COVID-19 및 기타 질병
증식방법	공기 중이나 사람의 몸속 등 먹이가 있는 곳이라면 어디에서든 증식한다	스스로 증식하지는 못하며, 살아있는 세포를 숙주로 삼아야지만 번식할 수 있다.
치료법	항생제	백신, 항바이러스제

바이러스는 세포 외부에서 번식하며, 세포 내부로 침투하여 대사 활동을 수행한다. 바이러스는 작은 단백질이나 핵산 분자로 이루어진 미생물체로, 세포 자체적으로는 번식하지 않으며 반드시 숙주 세포에 의존해야 한다. 바이러스는 대부분 감염병의 원인으로 작용하며, 감염된 숙주 세포에서 번식하고 그 수를 증가시켜 숙주를 파괴한다.

세균과 바이러스 모두 인간의 건강을 위협하는데, 세균은 대부분 인체의 피부나 점막면에서 감염이 시작되며, 폐렴, 수막염, 식중독 등 다양한 질병을 일으키며, 감염된 부위에 맞추어 항생제를 사용하여 치료할 수 있다.

바이러스는 숙주 세포에 침투하여 대사 활동을 수행하며, 숙주 세포를 파괴하여 질병을 일으키는데, 대표적으로 인플루엔자 바이러스, 에볼라 바이러스, HIV 등이 있다. 감염된 숙주에게는 백신과 항바이러스제 등으로 치료할 수 있다.

5.1.3 살균의 원리와 살균 방법

살균은 세균, 바이러스, 곰팡이 및 기타 병원체를 제거하는 과정을 의미하는데, 이는 인간 건강과 안전에 매우 중요한 역할을 하며, 살균 적용 대상에 따라 달라지는데, 다음은 일반적으로 사용되는 살균 방법이다.

① 열 살균법

열 살균법은 고온을 이용하여 세균, 바이러스 등의 병원체를 제거하는 방법으로서, 일반적으로 증기 살균, 건조 살균, 화염 살균 등의 방법으로 구현되는데, 증기 살균은 증기 발생기를 이용하여 고온, 고압의 증기를 발생시켜 제거 대상에 가해 세균 등을 제거하는 방법이며, 건조 살균은 제거 대상을 오븐이나 자외선 등의 열원에 노출하여 세균을 제거하는 방법이다. 그리고 화염 살균은 가열된 화염을 이용하여 세균 등을 제거하는 방법이다.

또한, 열 살균법은 다양한 분야에서 사용되는데, 의료기관에서는 수술기구나 의료용품 등을 살균하는 데 사용되며, 식품 산업에서는 증기나 건조 살균을 통해 가공식품 등을 제조하는데 사용된다. 열 살균법은 효과적으로 세균, 바이러스 등을 제거할 수 있으나, 적절한 온도와 시간을 유지하지 않으면 살균효과가 떨어지거나 살균이 제대로 이루어지지 않을 수 있고, 제거 대상에 따라 온도와 시간 등의 조건이 달라지므로, 해당 분야에서 사용되는 살균법을 정확히 이해하고 사용해야 한다.

② 화학 살균법

화학 살균법은 화학적인 물질을 이용하여 세균, 바이러스, 곰팡이 등의 병원체를 제거하는 방법으로서, 일반적으로 살균제를 사용하여 구현된다. 화학 살균법은 다양한 용도로 사용되는데, 일반 가정에서는 세제나 살균제를 이용하여 식기나 세탁물을 세척하는 데 사용되며, 의료기관이나 식품공장에서는 강력한 살균제를 사용하여 세균, 바이러스 등을 제거하고 감염병 예방에 사용된다. 화학 살균법은 세균, 바이러스 등의 병원체를 신속하게 제거할 수 있지만, 높은 농도의 살균제를 사용하면 인체에 유해한 영향을 미칠 수 있고, 살균제가 남아있을 경우 인체에 미치는 영향이 계속되는 문제가 있기 때문에 화학 살균법을 사용할 때에는 적절한 농도와 사용 방법을 지켜야 하며, 안전에 주의해야 한다.

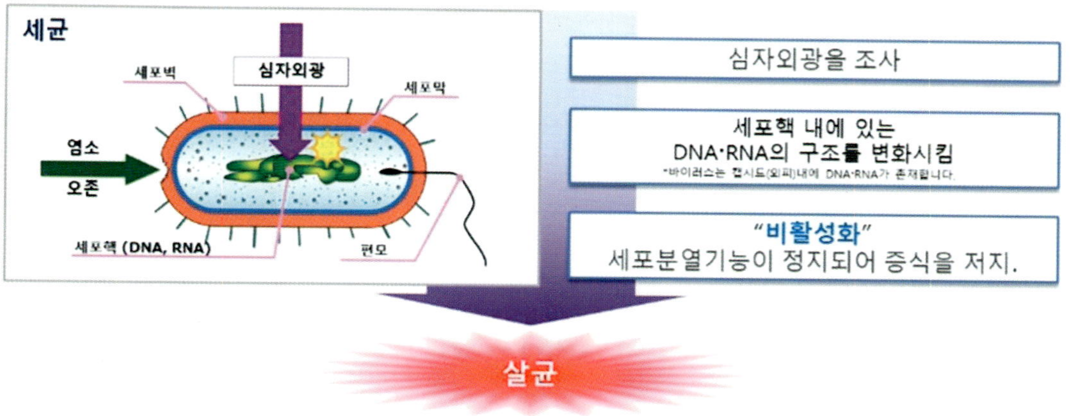

그림 B5-2 UV-C 파장을 이용한 살균 프로세스

3 UV-C 살균

UV-C 살균은 자외선 중 파장이 (200 ~ 280) nm인 UV-C 파장을 이용하여 세균, 바이러스, 곰팡이 등과 같은 병원체를 제거하는 방법으로서 UV-C 파장은 세균, 바이러스 등의 병원체의 DNA나 RNA 분자를 파괴하는 작용을 하기 때문에 살균 효과가 높다. UV-C 살균은 일반적으로 UV-C 램프를 사용하여 이루어지며, 공기 중의 세균을 제거하기 위해서는 공기청정기나 HVAC(heating, ventilation, & air conditioning)시스템과 같은 장비에 적용된다. 또한, 물이나 표면 위의 세균을 제거하기 위해서는 UV-C 살균 장비를 직접 사용해야 하는데, UV-C 살균은 살균 효과가 높지만, UV-C 파장은 인체에 유해하므로, 직접적으로 인체에 노출시 피부 염증, 안구 염증, 시력 문제 등을 일으킬 수 있기 때문에 UV-C 살균 장비를 사용할 때에는 안전 조치를 취해야 하며, 적절한 사용 방법과 사용 시간을 준수해야 한다.

4 살균용 LED 조명

살균용 LED 조명은 LED 기술을 이용하여 세균, 바이러스, 곰팡이 등의 병원체를 제거하는데 효과적인 조명이다. 일반적인 LED 조명은 가시광영역의 파장을 사용하는데 반해 살균용 LED 조명은 200 ~ 400 nm 영역의 UV-C 파장을 방출하는 UV LED를 사용하여 살균효과를 얻는 것으로, 이는 세균, 바이러스, 곰팡이 등의 병원체를 제거하는 데 효과적이며, UV-C 램프에 비해 에너지 소비가 적고, 램프 교체 주기가 길기 때문에 유지보수 비용이 저렴하다는 장점이 있다. 또한, 살균용 LED 조명은 의료기기 살균, 식품 살균, 수처리 등 다양한 분야에서 사용되는데 특히, COVID-19 팬데믹 이후에는 공공장소나 대중교통 등에서 살균용 LED 조명이 활용되고 있다. 하지만 살균용 LED 조명도 인체에 유해할 수 있으므로, 사용 시 안전에 주의해야 합니다. 직접 노출시 피부 염증, 안구 염증, 시력 문제 등을 일으킬 수 있기 때문이다. 따라서 살균용 LED 조명을 사용할 때는 안전 조치를 취해야 하며, 적절한 사용 방법과 사용 시간을 준수해야 한다.

5.1.4 살균조명의 종류

살균조명은 아래의 표와 같이 대표적으로 몇 가지 유형과 기술로 정리될 수 있다.

표 B5-2 살균조명 유형별 특징

살균조명 유형	조명 형태	살균 방법	특징
UV-C LED		UV-C 방출	소비전력이 적고 내구성이 높으며 유지보수가 적음
UV-C 램프 (전통 방전램프)		UV-C 방출	큰 면적에 대한 살균이 가능하지만, 소비전력이 높고 수명이 짧음
자외선 LED		UV-A와 UV-B 방출	살균 효과가 상대적으로 낮음
오존발생 UV램프	185 nm UV	고농도 오존방출	항균 및 살균, 냄새제거 등의 탈취효과가 있으나 특유의 비릿한 냄새를 지닌 기체를 방출하며, 과다 노출시 인체에 유해함

각 유형에 대한 세부적인 정보는 제조사와 모델에 따라 달라질 수 있습니다. 따라서 살균조명을 선택할 때는 제조사의 권장 사양과 사용 용도에 대한 적합성을 고려해야 한다.

5.1.5 살균조명시스템의 구성 요소

살균조명시스템은 크게 살균 램프, 살균 쉘터, 살균 제어 시스템 등으로 구성됩니다. 각각의 구성 요소와 부품은 다음과 같은 역할을 한다.

① 살균 램프

살균 램프는 UV-C, UV LED 등을 이용하여 살균 효과를 발생시키는 램프로서, UV-C 램프는 약 254nm 파장의 자외선을 방출하여 세균이나 바이러스를 살균한다. LED 램프는 파장과 색온도를 조절하여 각종 세균과 바이러스를 살균한다.

② 살균 쉘터

살균 쉘터는 살균 램프를 포함하는 외함으로, 살균 공간을 형성하는데, 장소에 따라 적합한 크기와 형태를 선택하여 설치할 수 있으며, 자외선이 인체에 직접적으로 조사되는 것을 방지할 수 있는 구조로 설계되거나 안전상의 효용성이 반영된 구조의 기구류로 필요한 경우 공기청정기와 함께 사용되기도 한다.

③ 살균 제어시스템

살균 제어시스템은 살균 램프를 제어하고 모니터링하는 시스템으로 타이머나 스마트폰 앱 등을 이용하여 살균 램프를 켜고 끌 수 있으며, 살균 시간과 강도 등을 조절할 수 있다. 또한 살균 제어 시스템은 살균 효과를 극대화하기 위해 필수적인 부품이다.

이러한 살균조명시스템의 구성 요소와 부품들은 서로 연동되어 적절한 살균 효과를 발휘하는데, 살균조명시스템의 성능을 높이기 위해서는 각 부품들의 역할과 상호작용을 이해하여 최적의 설치와 사용 방법을 결정하는 것이 중요하다.

5.1.6 살균조명의 적용 분야

살균조명은 기존의 손소독이나 화학제품을 사용하는 방법보다 간편하고 효과적인 방법이며, 다양한 분야에서의 적용이 가능하며, 환경 친화적인 면도 강점이다. 이러한 살균조명은 다양한 산업 분야에서 적용될 수 있는데, 각 분야에서의 활용 방법에 따른 효용성과 효과도 다르게 나타날 수 있다. 이에 따른 대표적인 적용 분야 효과는 다음과 같은 것들이 있다.

① **의료 분야** : 수술실, 치과, 검진실, 병동 등에서 사용될 수 있으며, 균, 바이러스, 곰팡이 등의 병원체를 제거하여 감염의 위험을 줄일 수 있다. 특히 COVID-19와 같은 전염병의 확산을 막는 데 효과적이다.

② **식품 산업 분야** : 식품 제조 과정에서 균이 번식하지 않도록 함으로써 식품의 안전성을 높일 수

있고, 저장 및 유통 중 균의 증식을 억제하여 식품의 유통 기간을 연장할 수 있다.

3 **건축 분야** : 건물 내부의 공기와 표면의 세균 수를 줄여 건물 내부 환경을 개선할 수 있으며, 이를 통해 공공장소, 사무실, 학교 등에서 효과적으로 사용될 수 있다.

4 **가정용 분야** : 가정 내부의 공기와 표면의 세균 수를 줄여 가족들의 건강을 지킬 수 있는데 특히, 유아나 어린이, 노약자 등의 면역력이 약한 사람들이 있는 가정에서 특히 효과적일 수 있다.

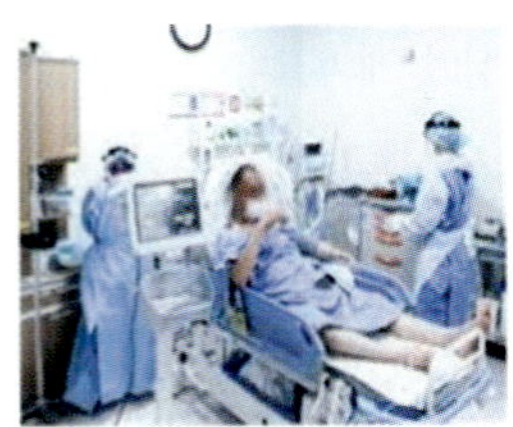

그림 B5-3 살균조명의 주요 적용분야

5.1.7 살균조명제어 방법

살균조명시스템을 제어하는 방법은 여러 가지가 있는데, 대부분의 살균조명시스템은 휴대용 또는 고정형으로 설치되어 있으며, 다양한 제어 방법을 사용하여 작동할 수 있다. 이러한 살균조명제어 방법에는 다음과 같은 것들이 있다.

1 **스위치 제어** : 가장 간단한 방법으로, 스위치를 켜거나 끌어서 조명시스템을 제어할 수 있으며, 이 방법은 소규모 시스템에서 가장 일반적으로 사용된다.

2 **원격 제어** : 살균조명시스템을 원격에서 제어하려면 무선 기술이 필요한데, 이를 위해 블루투스, Wi-Fi, Zigbee 또는 기타 무선통신 기술을 사용하여 스마트폰 또는 태블릿을 사용하여 살균조명시스템을 제어할 수 있다.

3 **자동 제어** : 살균조명시스템은 자동으로 작동할 수 있다. 일정한 시간 간격으로 살균조명시스템을 작동하도록 설정할 수 있으며, 또한 조도 센서 또는 운동 감지 센서와 같은 기능을 사용하여 자동으로 작동하도록 설정할 수도 있다.

4 **음성 제어** : 음성 인식 기술을 사용하여 살균조명시스템을 제어할 수도 있는데, 이는 인공지능 스피커를 사용하여 명령을 내리면 살균조명시스템이 작동하는 방식이다.

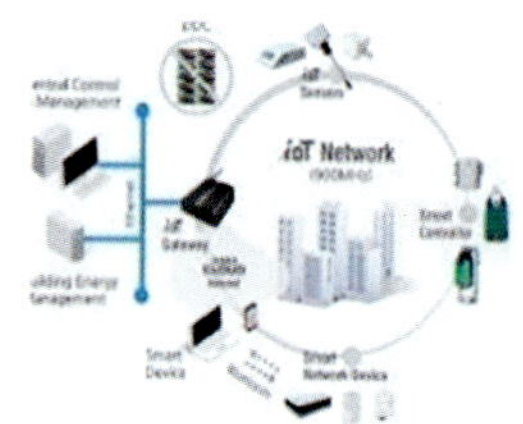
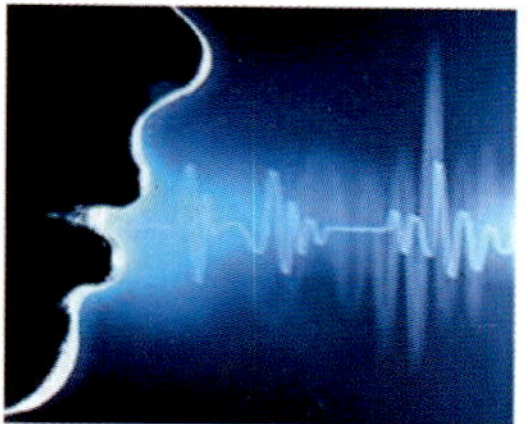

그림 B5-4 살균조명제어방법

이러한 방법들은 살균조명시스템의 크기, 사용 목적, 사용자 요구 등에 따라 다양하게 적용될 수 있으며, 제어 방법의 선택은 살균조명시스템의 사용성과 유지 보수성에 큰 영향을 미치므로 신중하게 선택해야 한다.

5.1.8 살균조명시스템의 구현

살균조명시스템은 다음과 같은 프로세스를 통하여 구현될 수 있다.

1. **적합한 살균조명시스템 선택** : 사용 목적에 맞는 적절한 크기와 파워, 적용 분야 및 용도에 맞는 살균조명시스템을 선택하고, 살균 방법에 따라 UV-C LED나 살균용 LED 등 다양한 종류의 살균조명시스템이 있다.
2. **설치 장소 선정** : 살균조명시스템을 설치할 장소를 선정하는데 맞는 적절한 장소를 선택하여 살균 효과를 극대화할 수 있다.
3. **살균 효과 측정** : 설치한 살균조명시스템이 박테리아나 바이러스 등의 균을 얼마나 제거할 수 있는지를 나타내는 것을 살균 효과하고 하는데, 이를 통해 적절한 살균 시간과 거리를 설정할 수 있다.
4. **적절한 제어 시스템 구성** : 살균조명시스템을 제어할 수 있는 시스템으로서, 제어 시스템은 적절한 조명 시간, 조명 강도 등을 설정할 수 있다. 또한 제어 시스템은 살균조명시스템의 작동 상태를 모니터링 할 수 있다.
5. **안전 및 유지보수** : 살균조명시스템은 안전에 대한 고려가 필요한데, UV-C LED 살균조명시스템은 눈과 피부를 직접 비추면 위험할 수 있으므로 안전한 사용법을 유지해야 하며, 또한 유지보수를 꾸준히 진행하여 살균조명시스템의 성능을 유지할 수 있도록 해야 한다.
6. **적용 분야 확대** : 살균조명시스템은 다양한 분야에 적용될 수 있다. 현재는 의료, 식품, 가정 등의 분야에서 적용되고 있지만, 앞으로는 교통수단, 공공장소, 교육 시설 등의 분야에서도 활용될

것으로 예상된다.

5.1.9 살균조명의 효과와 장점

살균조명은 다양한 살균 방법 중의 하나로서, 빛을 이용하여 세균을 제거하는 기술이다. 이러한 살균조명을 사용하면 다양한 장소에서 세균을 제거할 수 있으며, 세균이 있는 환경에서 세균감염 예방에 큰 도움을 주는데, 이러한 살균조명의 효과와 장점은 다음과 같은 것들이 있다.

1. 빠르고 효과적인 살균 : 살균조명은 UV-C 등의 살균 기술을 이용하여 빠르고 효과적으로 세균을 제거한다.
2. 안전성 : 살균조명은 화학물질을 사용하지 않기 때문에 사용자의 안전을 보장하며, 또한 UV-C 살균 기술에서 사용되는 조명은 인체에 직접적인 노출이 없도록 설계되어 있다.
3. 저렴한 유지보수 비용 : 일반적으로 최근에 사용되고 있는 살균조명은 LED를 사용하기 때문에 전기 사용량이 적고, 교체 주기도 길어 유지보수 비용이 저렴하다.
4. 다양한 적용 분야 : 의료기기, 식품, 공기청정, 가정, 공공장소 등 다양한 분야에 적용할 수 있다.

5.1.10 살균조명의 응용사례

살균조명시스템은 감염 예방과 안전한 환경 제공을 할 수 있어 다양한 응용 분야에서 사용될 수 있는데, 이에 대한 몇 가지 예시를 알아보면 다음과 같은 것들이 있다.

1. 병원 및 의료 시설 : 병원 및 의료 시설에서는 환자와 직원들의 안전을 위해 항균적인 환경을 제공해야 하는데, 살균조명시스템을 사용하면 병원 내부 공간을 효과적으로 살균하여 감염 위험을 줄일 수 있다.
2. 식음료 산업 : 식품 및 음료 산업에서는 세균과 바이러스의 번식을 방지하기 위해 매우 철저한 위생 관리가 필요하다. 살균조명시스템을 사용하면 주방 및 저장 공간에서 쉽게 세균을 제거할 수 있다.
3. 교육 시설 : 교육 시설에서는 학생들의 건강과 안전을 보호하기 위해 항균적인 환경을 유지해야 하는데, 살균조명시스템은 교실, 도서관, 복도 등 다양한 공간에서 항균적인 환경을 구축하는 데 사용될 수 있다.
4. 사무실 및 상업 시설 : 살균조명시스템은 사무실, 상점, 공공장소 등 다양한 상업 시설에서 사용

될 수 있으며, 이를 통해 고객 및 직원들의 건강과 안전을 보호할 수 있다.

5. **개인용 가정** : 살균조명시스템은 개인용 가정에서도 사용할 수 있다. 가정 내부 공간에서 세균 및 바이러스를 제거하여 가족들의 건강과 안전을 보호할 수 있다.
6. **자동차 내부** : 자동차 내부는 세균과 바이러스가 번식하기 쉬운 환경이기 때문에 살균조명시스템을 사용하면 자동차 내부 공간을 효과적으로 살균하여 운전자와 승객들의 건강을 보호할 수 있다.

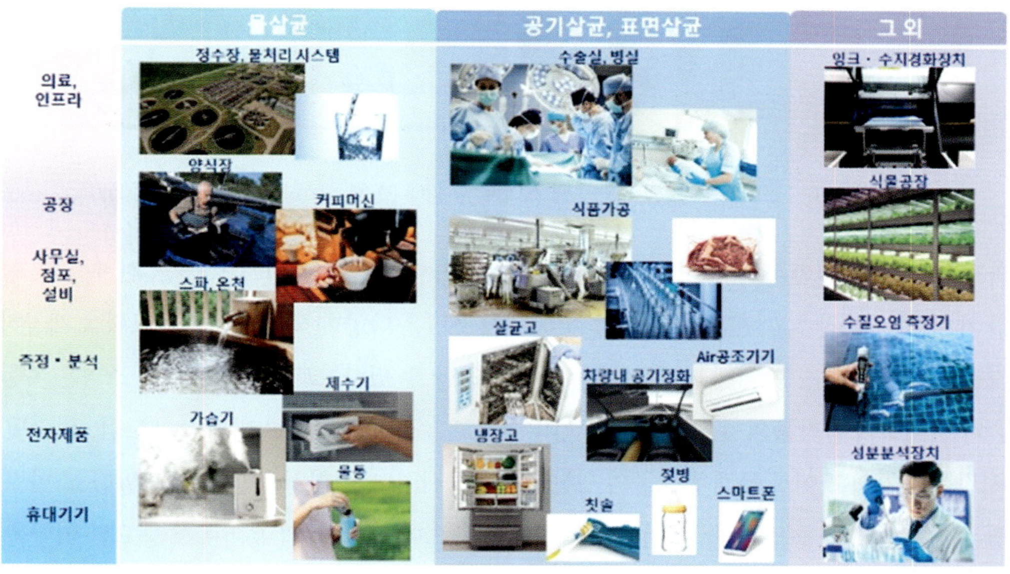

그림 B5-5 UV-C LED 살균조명의 다양한 응용사례(출처 : Stanley Electronic Components)

5.2 스마트 팜(smart farm) 조명

5.2.1 스마트 팜 조명의 기본 개념과 원리

스마트 팜 조명은 농업 분야에서 사용되는 인공조명 기술 중 하나로, 농작물의 생장을 조절하고 개선하는 것을 목적으로 하며, 이를 위해 LED 조명을 사용하여 빛의 스펙트럼, 강도 및 지속 시간을 제어한다. 이러한 스마트 팜 조명의 기본 원리는 빛의 파장과 강도를 조절하여 농작물의 성장 환경을 최적화하는 것으로, 빛은 농작물의 광합성과 성장에 큰 영향을 미치며, 스마트 팜 조명은 이러한 빛의 영향을 최대한 활용하도록 설계되어 있다.

그림 B5-6 스마트 팜 조명이 적용된 스마트 팜 형태 (출처 : http://futuregreen.co.kr/)

스마트 팜 조명은 일반적으로 LED 램프를 사용하는데, 이는 높은 에너지 효율성, 긴 수명 및 높은 광량 제어 기능을 갖추고 있기 때문이며, 스마트 팜 조명은 다양한 색온도와 스펙트럼을 제공하여 농작물의 다양한 생장 단계에 맞게 적절한 빛을 제공할 수 있다. 그리고 스마트 팜 조명은 자동화 기술과 연계하여 농작물의 성장 상태를 모니터링하고 분석하여 적절한 빛의 스펙트럼, 강도 및 지속 시간을 제공하고 이를 통해 농작물의 생산성을 향상시키고, 수확량을 높일 수도 있다. 스마트 팜 조명은 지속 가능한 농업 기술 중 하나로 각광받고 있으며, 미래 농업 분야에서 중요한 역할을 할 것으로 예상된다.

5.2.2 스마트 팜에서의 빛의 성질과 작용

스마트 팜에서의 빛은 작물 생육에 매우 중요한 역할을 한다. 빛은 파장, 스펙트럼, 강도, 지속 시간 등의 성질에 따라 작물의 생육과 수확에 큰 영향을 미치는데, 먼저, 빛의 파장은 색상으로 나타나며, 작물 생육에 매우 중요하다. 파란색 빛은 작물의 생장을 촉진시키는 반면, 빨간색 빛은 꽃과 열매를 발달시키는 데에 중요하다.

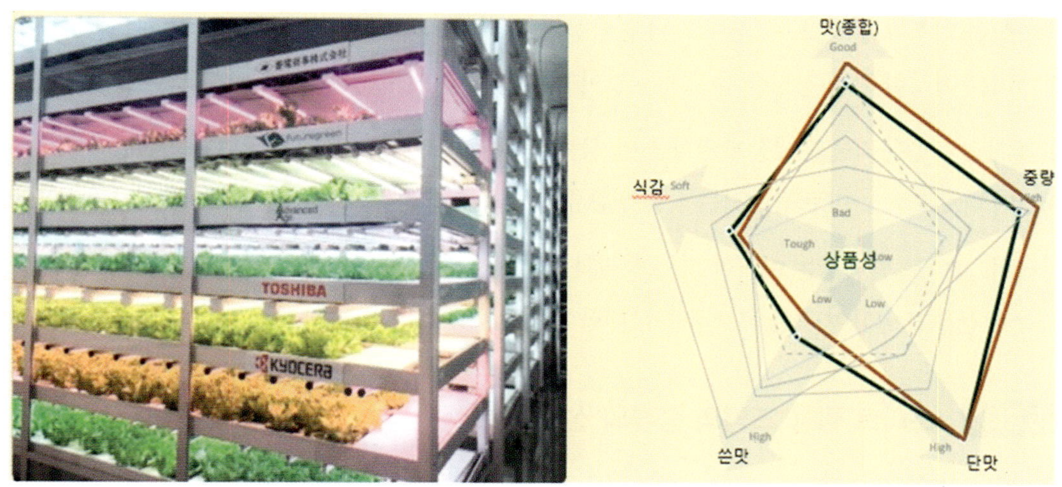

그림 B5-7 스마트 팜 조명 특성에 따른 작물 생육의 차이점 (출처 : http://futuregreen.co.kr/)

따라서 스마트 팜에서는 적절한 파장의 조합으로 빛을 제어하여 작물의 생육을 극대화할 수 있는데 크게 빛의 스펙트럼과 빛의 강도, 빛의 지속 시간과 같은 3가지 요소가 가장 중요한 요소라고 볼 수 있다.

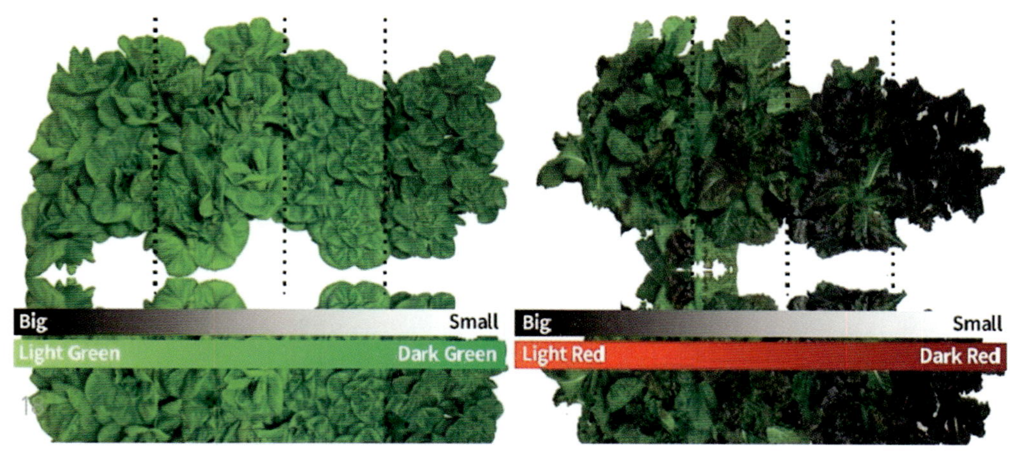

그림 B5-8 스마트 팜 조명시스템을 이용한 생산작물의 차별화 (출처 : http://futuregreen.co.kr/)

빛의 스펙트럼은 빛의 파장과 양에 따라 다양한 영향을 미치는데, 자외선(UV)은 작물의 생장을 방해할 수 있지만, 적정량의 파란색 빛은 광합성을 촉진시켜 작물의 생장을 돕는다. 또한, 인간의 눈으로 볼 수 없는 적외선(IR)은 작물의 광합성을 촉진시켜 성장을 돕는 역할을 한다.

빛의 강도는 빛의 양을 나타내며, 작물의 생장에 직접적인 영향을 미치는데, 너무 강한 빛은 작물의 광합성을 억제할 수 있으며, 반대로 너무 약한 빛은 작물의 생장을 방해할 수 있기 때문에 스마트 팜에서는 적정한 빛의 강도를 유지하는 것이 매우 중요하다.

빛의 지속 시간은 작물의 생장에 영향을 미치는 또 다른 중요한 요소인데, 작물마다 적절한 빛의 지속 시간이 다르므로, 스마트 팜에서는 작물의 종류에 맞게 빛의 지속 시간을 조절하여 생장을 돕는다.

따라서, 스마트 팜에서는 이러한 빛의 성질과 작용을 고려하여 적절한 빛의 파장, 스펙트럼, 강도, 지속 시간을 조절하여 작물의 생장을 극대화할 수 있다.

5.2.3 스마트 팜용 조명의 종류와 선택

스마트 팜용 조명의 종류는 크게 LED 조명과 HPS(high-pressure sodium) 조명, MH(metal halide) 조명으로 나눌 수 있는데, 조명의 종류에 따라 아래와 같은 특징을 가지게 된다.

1. **LED 조명** : 농작물 생육에 매우 적합한 조명으로서 다양한 파장을 발산할 수 있으며, 농작물의 생장에 필요한 파장을 선택적으로 발산할 수 있다. 또한 에너지 효율성이 높고 낮은 열 발생으로 인해 식물에 직접적인 열이 가해지지 않아 식물의 성장을 촉진시키는데 적합하며, 빛의 파장을 조절할 수 있어서 다양한 작물에 적용 가능하다.
2. **HPS(high pressure sodium) 조명** : 고압나트륨램프는 노란색이나 오렌지색 스펙트럼을 발산하며, 식물의 광합성 활동과 꽃가루 생성에 이상적이기 때문에 많은 농작물 종류에 적합한 스펙트럼을 제공한다. 또한, 전체적인 광효율이 높아 에너지 효율성이 좋고, 내구성이 좋아서 유지관리 및 교체비용을 줄일 수 있다. 하지만 작동 중에 열을 많이 발생시키므로 온도관리가 중요하고, 고압나트륨램프 조명은 특정 스펙트럼 범위에 제한되어 있기 때문에 식물의 생육 주기에 따라 다른 빛 스펙트럼이 필요한 경우에는 적합하지는 않을 수 있다.
3. **MH(metal halide) 조명** : 높은 색온도와 함께 식물의 잎과 줄기를 강화하는 데 도움이 되는 청색 스펙트럼을 풍부하게 방출하므로 식물의 광합성 활동과 초기 생장 단계에 이상적인 조명이다. MH조명은 다양한 종류의 작물에 적합하며, 사용 시간이 지나더라도 스펙트럼과 색상을 유지하는 경향이 있어 식물성장에 일관된 빛을 제공하는 데 도움이 되지만, 열발생과 전력소비가 높은 단점도 가지고 있다.

스마트 팜용 조명을 선택할 때는 작물의 성장 단계, 재배환경, 조명의 파장과 광도, 전력 소비 등을 고려하여 적합한 조명을 선택하는 것이 중요하며, 스마트 팜 시스템과 연동이 가능한 스마트 조명을 선택해야만 더욱 효과적인 재배를 할 수 있다.

5.2.4 스마트 팜 조명시스템의 하드웨어 구성

스마트 팜 조명시스템의 하드웨어 구성은 크게 다음과 같은 구성 요소들로 이루어져 있다. 스마트 팜 조명시스템의 각 부품들은 서로 연결되어 작동하며, 작물의 생육 상태를 모니터링하고 적절한 조명을 제공하여 효율적인 작물 생산을 도와준다.

1. **조명 장치(LED 조명, HPS 조명, MH 조명 등)** : 작물 생육에 적합한 파장과 강도를 발산하여 생육을 도와주는 역할을 한다.
2. **센서** : 스마트 팜 내 작물의 생육 상태, 조도, 온도, 습도 등을 감지하여 데이터를 수집하는 기능을 한다.
3. **컨트롤러** : 센서에서 수집한 데이터를 분석하여 작물에 맞는 적절한 조명을 제공하는 기능을 한다.
4. **인터넷 연결 장치** : 센서에서 수집한 데이터와 컨트롤러의 결과를 인터넷에 연결하여 원격에서 스마트 팜을 제어할 수 있도록 한다.
5. **전원 공급 장치** : 조명 장치와 컨트롤러, 센서 등 스마트 팜 조명시스템 전체에 전기를 공급하는 역할을 한다.
6. **랙, 스트랩, 브라켓 등 부가 부품** : 조명장치를 설치하기 위한 부가 부품들이다.

스마트 팜용 LED 조명

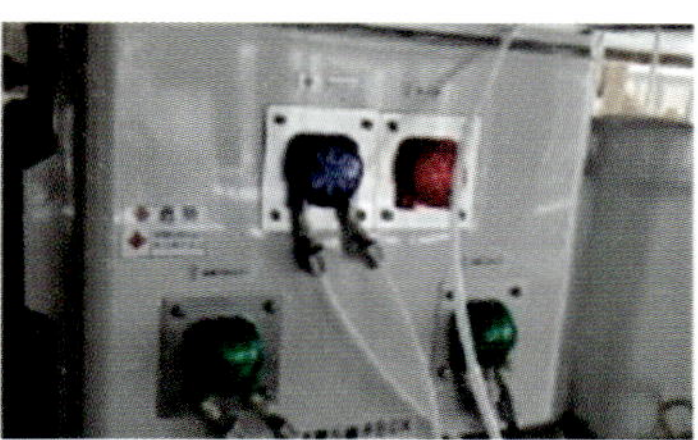
센서 (양액관리 시스템)

종합제어시스템 (컨트롤러)

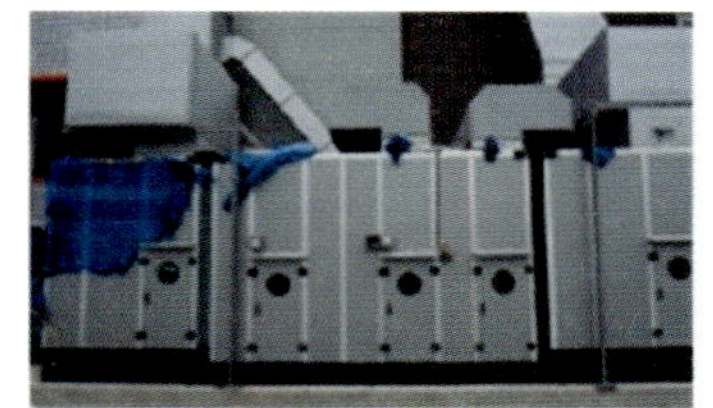
공조시스템 (온/습도 조절)

다단식 재배 랙

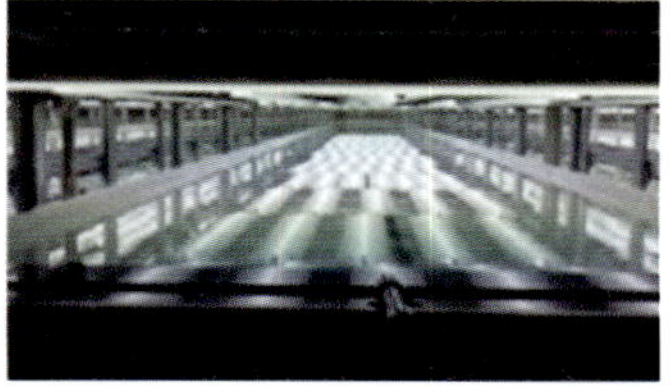
수조/배관 (수경재배용 물순환)

그림 B5-9 수직형 스마트 팜 조명시스템 구현을 위한 구성요소 (출처 : http://futuregreen.co.kr/)

5.2.5 스마트 팜 조명시스템의 구현

스마트 팜 조명시스템을 구현하는 방법은 여러 가지가 있지만, 일반적으로 하드웨어 구성, 소프트웨어 개발, 통신 프로토콜 등을 고려해야 한다.

1. 하드웨어 구성 : 스마트 팜 조명시스템의 하드웨어 구성에는 LED 등의 조명 장치, 조명 설치 구조물, 전원 공급 장치, 센서 등이 포함되며, 조명 장치는 작물의 생육 단계와 조명 계획에 따라 선택된다. 그리고 조명 설치 구조물은 조명 장치를 고정하는 데 사용되고, 전원 공급 장치는 조명시스템에 전기를 공급하는 역할을 하며, 센서는 작물의 생육 상태를 감지하여 제어 시스템에 정보를 제공한다.
2. 소프트웨어 개발 : 스마트 팜 조명시스템의 소프트웨어 개발에는 제어 시스템과 사용자 인터페이스가 포함되며, 제어 시스템은 스마트 팜 조명시스템의 동작을 제어하는 데 사용된다. 사용자 인터페이스는 사용자가 스마트 팜 조명시스템을 제어하는 데 사용되는데, 이러한 소프트웨어는 다양한 언어와 프레임워크를 사용하여 개발할 수 있다.
3. 통신 프로토콜 : 스마트 팜 조명시스템의 하드웨어와 소프트웨어는 통신 프로토콜을 사용하여 통신한다. 이러한 프로토콜은 데이터 전송 및 수신에 사용되는데, 예를 들어, Wi-Fi, Bluetooth, ZigBee, LoRa 등의 무선 통신 기술을 사용할 수 있다. 이러한 통신 기술은 각각의 장단점이 있으며, 스마트 팜 조명시스템의 요구사항에 따라 선택된다.

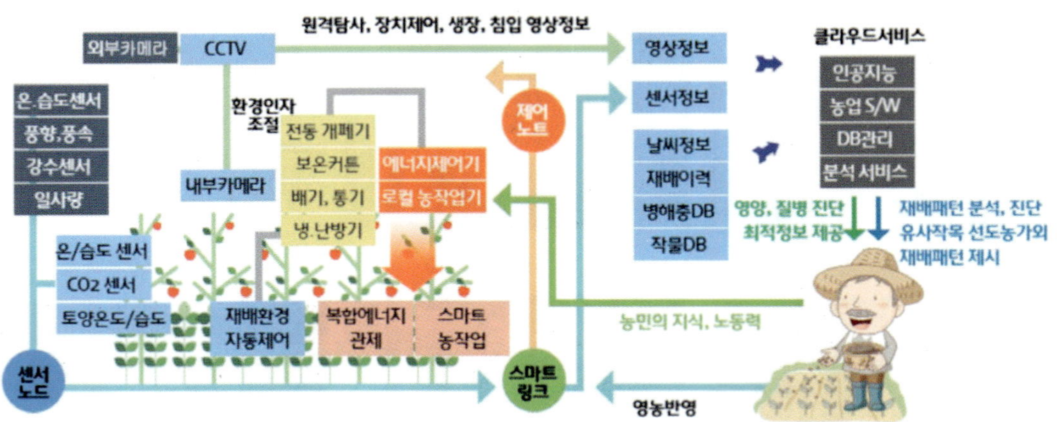

그림 B5-10 스마트 팜 조명시스템(한국형 스마트 팜 3세대) (출처 : KOTRA, 2022 스마트 팜 해외 진출전략 보고서)

스마트 팜 조명시스템을 구현하는 과정에서는 하드웨어 구성, 소프트웨어 개발, 통신 프로토콜 등을 고려하여 체계적으로 설계해야 한다. 이를 통해 안정적인 스마트 팜 조명시스템을 구현할 수 있다.

5.2.6 스마트 팜 조명시스템 설계

스마트 팜 조명시스템의 조명 계획, 조명 설계, 제어 시스템 설계에는 다양한 요소가 포함되는데, 아래는 스마트 팜 조명시스템의 각 요소별로 구체적인 설명을 하고 있다.

1. **조명 계획** : 스마트 팜 조명 계획은 작물의 종류, 생육 단계, 작물밀도, 수확량 등 다양한 요소를 고려하여 조명시스템의 용량과 배치를 결정하는 것으로, 적절한 조명 계획은 작물의 성장과 수확량을 극대화하며, 에너지 소비를 최소화할 수 있다.
2. **조명설계** : 스마트 팜 조명설계는 조명 계획에 따라 적절한 LED 등의 조명 장치를 선택하고, 적절한 높이와 각도로 설치하는 것을 의미하며, 조명 장치의 강도, 색온도, 파장 등을 조절하여 작물의 성장 환경을 최적화한다.
3. **제어 시스템 설계** : 스마트 팜 조명제어 시스템 설계는 조명시스템의 작동을 자동화하기 위한 시스템을 설계하는 것을 의미하며, 스마트 팜 조명제어 시스템은 일정 시간에 따라 조명을 자동으로 켜고 끄거나, 농작물의 성장 상태를 감지하여 조명 강도를 조절하는 등 다양한 기능을 수행할 수 있다.

스마트 팜 조명시스템의 제어 시스템 설계는 다양한 기술을 활용할 수 있는데, 예를 들어, IoT 센서와 머신러닝 알고리즘을 결합하여 농작물의 생육 상태를 실시간으로 감지하여 조명제어를 수행할 수 있으며, 스마트폰 애플리케이션을 이용하여 원격으로 조명시스템을 제어할 수도 있다. 좋은 스마트 팜 조명시스템을 구축하기 위해서는 조명 계획, 조명설계, 제어 시스템 설계 등을 체계적으로 수행하여 최적의 조명환경을 구성하는 것이 중요하다.

5.2.7 스마트 팜 조명제어 방법

스마트 팜 조명시스템을 제어하는 방법은 다양한데, 가장 일반적인 방법은 스마트폰 애플리케이션을 이용하여 조명시스템을 원격으로 제어하는 것이다. 다음은 스마트폰 애플리케이션을 이용한 스마트 팜 조명시스템 제어 방법이다.

1. **스마트폰 애플리케이션 설치** : 먼저, 해당 제조사에서 제공하는 스마트폰 애플리케이션을 다운로드하고 설치한다.
2. **스마트 팜 조명시스템 등록** : 애플리케이션을 실행하고, 스마트 팜 조명시스템을 애플리케이션

에 등록하는데, 등록 방법은 제조사마다 다를 수 있다.

3 제어 : 등록이 완료되면 애플리케이션에서 조명시스템을 제어할 수 있다. 예를 들어, 시간에 따라 자동으로 켜고 끄기, 밝기 조절, 색상 변경 등을 할 수 있으며, 일부 애플리케이션은 음성 명령을 통해 조명시스템을 제어할 수도 있다.

그림 B5-11 한국형 3세대 스마트 팜 시스템의 통합제어 소개 (출처 : KOTRA, 2022 스마트 팜 해외 진출전략 보고서)

또한, 스마트홈 허브를 이용하여 조명시스템을 제어할 수도 있는데, 스마트홈 허브는 다양한 스마트 팜 기기들을 하나의 허브에 연결하여 통합적으로 제어할 수 있는 장치로서 스마트 팜 조명시스템을 스마트홈 허브에 연결하면, 스마트홈 허브 애플리케이션을 통해 조명시스템을 제어할 수 있다. 그리고 일부 제조사는 스마트폰 애플리케이션이나 스마트홈 허브 외에도, 웹 브라우저나 새로운 기술을 적용한 제어 방법을 제공할 수도 있기 때문에 제조사에서 제공하는 제어 방법을 참고하여 적절한 방법을 선택하면 된다.

5.2.8 스마트 팜 조명의 효과와 장점 그리고 생산성 향상 방법

스마트 팜 조명시스템은 작물의 생육에 매우 중요한 역할을 한다. 왜냐하면 이를 통해 작물의 생육 환경을 개선하고 생산성을 향상 시킬 수 있기 때문이다. 이러한 스마트 팜 조명의 효과와 장점 그리고 작물의 생산성을 향상 시키는 방법을 알아보면 다음과 같다.

1 스마트 팜 조명의 효과와 장점

작물의 생육 단계에 맞는 적정 조도와 스펙트럼을 제공하여 생산성을 향상 시키고, 조명시스템을 통해 작물의 생육 조건을 제어하므로, 계절이나 날씨와 무관하게 작물에게 일정한 생육 환경을 유지할 수 있다. 또한, 스마트 팜 조명시스템은 에너지 효율성이 높은 LED 조명을 사용하여 전력 소비를 절약하고, 환경친화적이며, 자동 제어 기능을 사용하면 인력과 시간을 절약할 수 있다.

② 작물 생산성을 향상 시키는 방법

작물의 종류와 생육 단계에 맞는 적정 조도와 스펙트럼을 제공하고, 적정한 온도와 습도를 제어하여 작물이 편안한 환경에서 생육할 수 있도록 한다. 그리고 CO2 농도와 물 공급량을 적정하게 유지하여 작물의 균일한 생장을 돕고, 작물의 성장에 따라 조명 시간과 조도를 조절하여 생육 환경을 최적화하고, 농약이나 비료의 사용을 줄여서 환경친화적인 작물 생산을 유도한다.

스마트 팜 조명시스템은 작물 생산성을 향상 시키는데 큰 역할을 하는데, 특히, 조명시스템을 통해 생육 환경을 최적화하여 작물 생산성을 높이는 것은 농업 분야에서 경쟁력을 유지하는 데 중요한 역할을 하게 된다.

5.2.9 스마트 팜 조명의 응용 사례

스마트 팜 조명시스템은 다양한 작물에서 응용 가능하며, 다양한 분야에서 활용되고 있다. 이러한 스마트 팜 조명시스템의 몇 가지 대표적인 응용 사례를 살펴보면 다음과 같다.

① **수경재배 시스템** : 수경 상자 안에 LED 조명을 설치하여 수경에 있는 작물에 조명을 조사하는 방식으로 LED 조명은 작물의 생육 환경에 적합한 파장으로 조명하며, 생육 단계에 맞게 조명 시간과 조도를 제어할 수 있다.

② **식물 공장** : 식물 공장에서는 식물이 자라는 방향에 맞게 LED 조명을 조정하여 생산성을 높일 수 있다. 또한, 식물의 종류와 생육 단계에 맞는 적정 조도와 스펙트럼을 제공하여 생육 환경을 최적화 한다.

③ **식물성장실** : 식물성장실에서는 작물이 자라는데 필요한 조건인 온도, 습도, CO2 농도, 물 공급량, 조명 등을 자동으로 제어하는데, 이를 통해 작물의 생산성을 향상 시키며, 특정 작물의 실험적 연구나 새로운 작물 종류 개발 등에 응용할 수 있다.

④ **실내 농장** : 실내 농장에서는 다양한 작물을 생산할 수 있으며, 조명시스템을 통해 생육 조건을 제어하여 생산성을 높일 수 있다. 또한, 전체적인 생산 과정을 모니터링하고 자동화하여 농작물의 생산성과 품질을 보장한다.

5 **도시 농업** : 도시 농업에서는 도시 내 작은 공간에서도 작물을 생산할 수 있으며, 스마트 팜 조명시스템을 사용하여 실내 환경에서 작물을 재배하면, 계절과 날씨에 구애받지 않고 일정한 생육 환경을 유지할 수 있다.

위와 같이 스마트 팜 조명시스템은 다양한 분야에서 응용 가능하며, 작물 생산성을 높이는데 큰 역할을 한다.

그림 B5-12 스마트 팜 조명의 대표적인 응용사례

5.2.10 스마트 팜 조명의 향후 발전 방향

스마트 팜 조명시스템은 농업 분야에서 빠르게 발전하고 있으며, 향후 발전 방향에 대한 많은 연구가 이루어지고 있는데, 몇 가지 주요한 발전 방향을 살펴보면 다음과 같은 내용들을 확인할 수 있다.

1 **인공지능(AI) 기술의 도입** : 인공지능 기술을 활용하여 작물의 생육 환경을 모니터링하고, 자동으로 조명시스템을 제어하는 기술이 개발되고 있는데, 이를 통해 농업 생산성을 높이는데 기여할 것으로 기대된다.

2 **다중 스펙트럼 조명 기술의 발전** : 현재의 LED 조명은 특정 파장의 빛을 발산하여 조명하지만, 향후에는 적색, 녹색 및 청색 LED 칩이 내장된 LED 상부에 형광체를 코팅하여 핑크, 오렌지, 하늘

색, 보라색 등의 다파장의 새로운 파장의 LED 광원 기술인 McCree Curve 광원기술을 구현하여 다양한 파장의 빛을 조합하여 더욱 효율적인 생육 환경을 제공할 수 있을 것으로 예상된다.

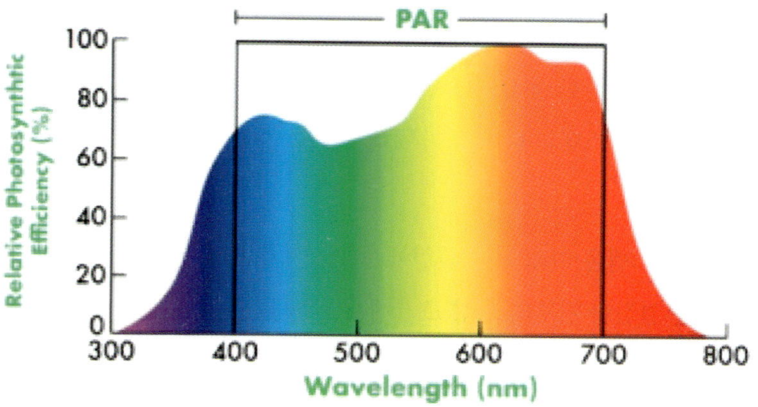

그림 B5-13 McCree Curve (출처 : Google image)

3 **센서 기술의 발전** : 스마트 팜 조명시스템에서는 센서를 사용하여 작물의 생육 환경을 모니터링하는데, 센서 기술의 발전으로 더욱 정확하고 실시간으로 생육 환경을 모니터링하고 제어할 수 있게 될 것으로 예상된다.

4 **빅데이터 기술의 활용** : 빅데이터 기술을 활용하여 농작물 생산 과정에서 발생하는 데이터를 수집, 분석하여 생육 환경의 문제점을 파악하고 개선하는데 활용할 수 있을 것으로 예상된다.

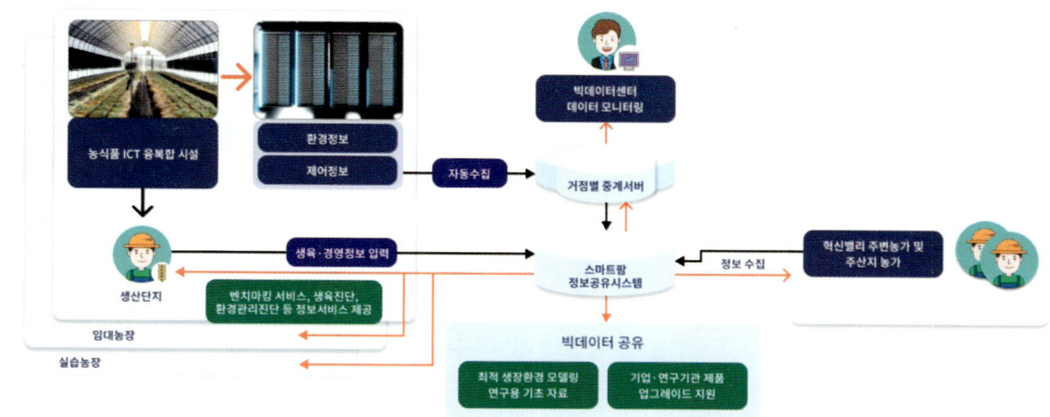

그림 B5-14 스마트 팜과 빅데이터 기술의 활용사례
(출처 : 김제시 스마트 팜 혁신밸리(https://innovalley.smartfarmkorea.net/))

스마트 팜 조명은 농업 생산성을 향상 시키는 중요한 역할을 하고 있는데, 이제는 기후 변화와 인구 증가로 인해 더 많은 양의 식량 생산이 필요하고, 이를 위해서는 농업 생산성을 높일 필요가 있다. 스마트 팜 조명시스템은 이러한 요구에 맞게 더욱 발전될 가능성이 있다.

특히, 스마트 팜 조명시스템의 발전 가능성 중 하나는 인공 지능 기술을 도입하는 것이다. 인공 지능 기술을 이용하면 더욱 정확한 농작물 품질 분석과 더욱 효과적인 조명제어가 가능해질 것으로 예상되며, 스마트 팜 조명시스템과 다른 스마트 팜 기술들을 연계하면 더욱 효율적인 농업 생산성을 얻을 수 있을 것이다.

또한, 스마트 팜 조명시스템은 미래 농업 산업에서 핵심적인 역할을 할 것으로 기대된다. 이는, 기존의 농업 방식에서는 일정한 기후와 토양 조건에서만 작물 생산이 가능하지만, 스마트 팜 조명시스템을 활용하면 더욱 광범위한 지역에서 농작물 생산이 가능해지기 때문이다. 지금과 같은 기후 변화와 미래의 전 세계 인구 증가로 인한 급속한 식량 수요 증가에 대응할 수 있는 좋은 방법 중 하나가 될 수 있다.

그리고 최근에는 스마트 팜 조명시스템을 이용한 식물 공장이 등장하고 있으며, 이러한 식물 공장은 고객의 요구에 따라 다양한 작물을 생산할 수 있고, 미래의 농업 산업에서도 중요한 역할을 할 것으로 기대된다. 따라서, 스마트 팜 조명시스템은 농업 생산성 향상을 위한 핵심기술 중 하나이며, 앞으로도 기술적인 발전과 더 많은 응용 분야를 개척할 것으로 예상된다.

5.3 모빌리티 조명

5.3.1 모빌리티 조명 정의 및 개념

모빌리티 조명산업은 LED, 레이저(Laser) 및 OLED(Organic Light Emitting Diode) 등 디지털 광원이 적용되면서 사람과 물류의 이동 산업 전반에 걸쳐 기존 산업의 가치를 혁신하는 성장동력산업으로 전환되고 있다. 특히 모빌리티 조명은 자동차, 선박, 해양, 항공, 철도 산업 분야에 디지털 광원을 이용한 시인성 확보, 정보 수집, 표시·안전 및 특수 기능 등을 수행한다.

모빌리티 산업분야는 미래의 생활을 변화시킬 새로운 방식의 이동개념과 이에 상응하는 운전자 생활 양식의 혁신을 중점으로 중장기 연구·개발이 이뤄지고 있고, 사물인터넷(IoT)으로 대표되는 네트워크 기술과 인공지능 기술(빅데이터, 딥러닝, 머신러닝 등)의 발전과 더불어 스마트·고기능·

고편의 기술이 융복합되는 형태로 개발되고 있다. 특히 모빌리티 내 스마트 사무실, 거실, 회의실 등 새로운 방식의 이동개념이 미래 자동차 기술의 이슈가 되고 있다.

5.3.2 모빌리티 조명 시장동향

모빌리티 조명은 국제적인 환경기준 강화 때문에 고효율, 저전력 조명 기술이 요구되고 있으며, 특히 미국과 유럽은 2015년부터 매년 7 g/㎞, 일본은 3 g/㎞씩 이산화탄소 배출을 감소하는 환경규제를 법제화하고 있으며, 유럽연합 커미션(EU Commission)의 발표에 의하면 차량에 적용되는 모든 램프에서 발생하는 이산화탄소(CO_2)는 3.4g/㎞로 전체 차량의 이산화탄소 배출량의 2.5 %를 차지하고 있으며, LED 전조등을 적용할 경우 2 g/㎞의 절감 효과가 발생하는 것으로 보고되고 있다. 자동차 업계는 2025년까지 자동차의 에너지 소비량을 현재보다 5 % 줄이기 위해 에너지 효율성 향상 기술을 적극적으로 개발하고 있으며, 20여 가지가 넘는 차량용 조명의 에너지 소비 비율을 고려하면 모빌리티 조명의 디지털 광원 적용은 필수적이다.

세계 자동차 전장부품 시장은 2010년 이후 연평균 5.2 % 이상의 고성장을 지속하고, 2020년에는 330조원 시장으로 확대되었으며, 2020년 이후 자동차산업에서 전장부품 비율이 약 40 % 이상을 차지하고 있다. 고부가가치 조명인 자동차 조명시장에 LED 광원 등 디지털 광원이 적용되고 있으며, 매트릭스(Matrix) 전조등과 같은 신기술로 인한 시장이 확대되고 있다. 더불어 전기자동차와 자율주행차 시장 진입에 따른 조명시장의 중요도가 높아지고 있다.

2015년부터 5년간 자동차 조명의 생산량은 2015년 대비 약 18 % (약 1,500만 개) 이상 증가하였고, 특히 자동차 조명은 디지털 광원의 출현으로, 조명 시장 규모가 '15년 15억 달러 수준으로 시장 확대되었고 2020년부터는 연평균 15 % 이상 급성장하고 있다.(출처 : electronic science, 2012 Jul)

세계 시장 중, 중국의 자동차 조명 성장률은 2014년부터 2020년까지 전 세계 자동차 조명 성장률의 약 50 % 가량을 이끌었고, 일본은 고급 자동차 조명산업에 지속적인 노력을 기울이고 있다. 유럽의 경우 폐차 프로그램, 정치적인 문제, 노동 경직성 등의 이유로 성장의 지체가 되고 있지만, 최근 독일을 중심으로 디지털 광원 적용 등에 앞장서고 있다.

세계 항공기 조명시장은 부품 경량화 및 신기술 특징을 갖는 디지털 조명의 적극적인 적용 수요로 2016년 USD 1.99 Billion에서 2021년 USD 2.55 Billion으로 성장하였고, 신규 항공기 주문을 유도하는 운송수요의 증가로 아시아·태평양 지역의 평균 성장률(CAGR)이 세계 시장을 견인할 것으로

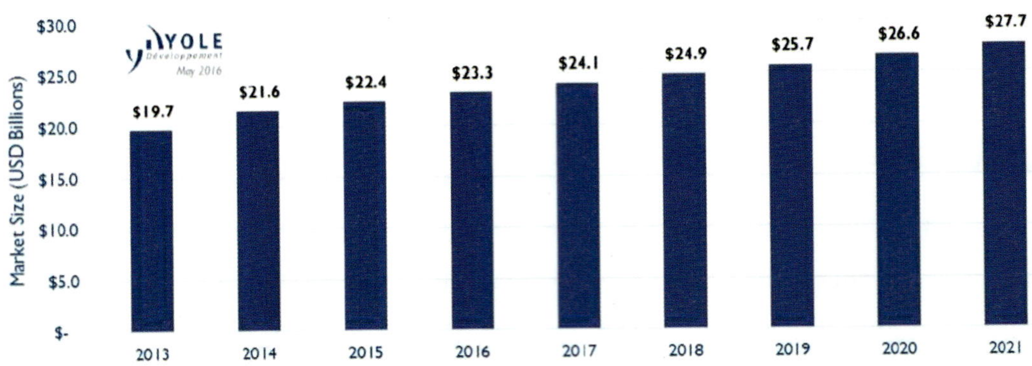

그림 B5-15 전 세계 자동차 조명 시장 규모 (출처 : Yole Development(2016.05))

예상된다. 이처럼 세계항공기 조명시장의 성장을 낙관하는 것은 항공 수요가 꾸준히 큰 폭으로 늘어나고 있으며, 특히 LED, OLED의 적용이 활발히 이뤄지고 있고 유지보수비용과 교체 비용에 대한 이슈로 인하여 그 적용을 적극적으로 늘리고 있으며, 세계적 통계조사기관에서도 향후 20년 세계항공기 외부등 시장의 평균 성장률이 4.5 ~ 5.6 %에 달한다고 보고하고 있다.

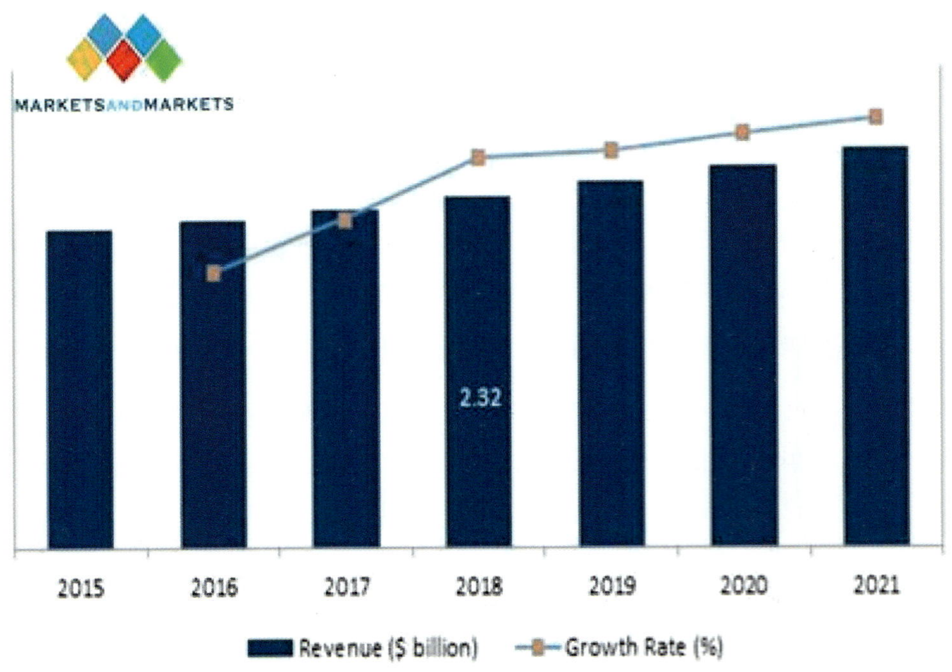

그림 B5-16 세계의 항공기 조명시장 (출처 : Markets and markets)

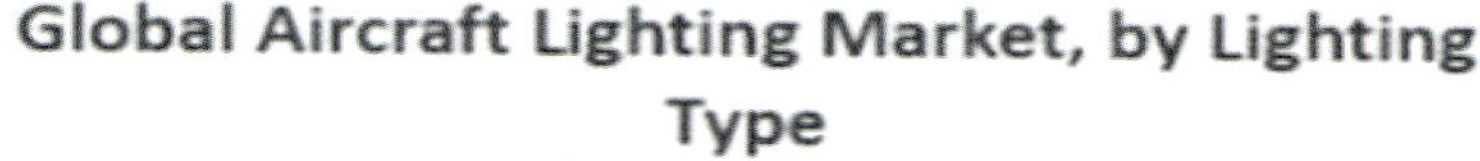

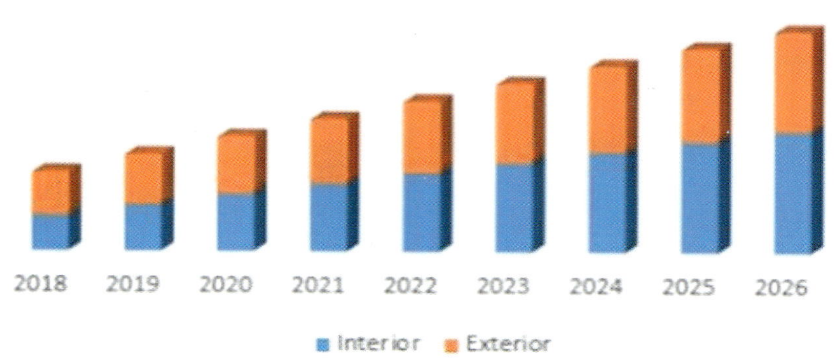

그림 B5-17 Global aircraft lighting market, by lighting type (출처 : Maximize)

세계 철도시장은 2015년 기준으로, 연간 약 평균성장률 +3.0 % 성장하여 약 1,600억 유로(240조원) 규모의 거대시장으로 성장 확대되었고, 이는 지난 2013년 기준으로 약 92억 유로 수준의 시장 크기가 증가한 것으로 보인다.

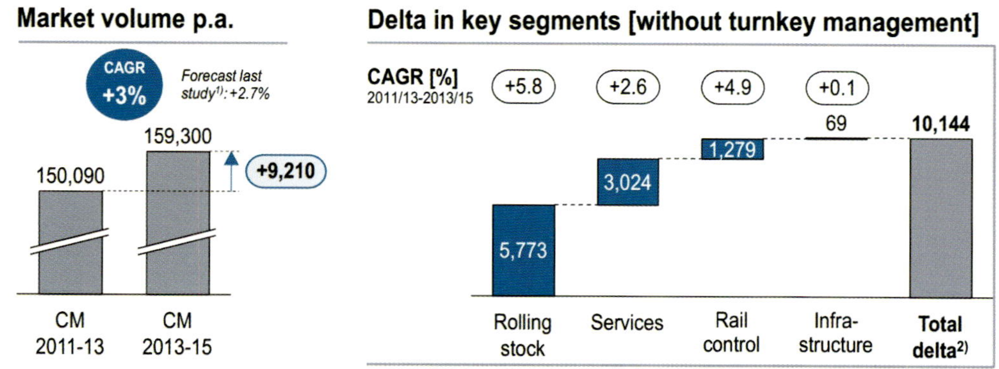

그림 B5-18 세계철도시장 성장률 자료 (출처 : UNIFE World Rail Market Study, UNIFE, 2016)

세계 철도시장 성장 요인으로, 고속철도 중심 성장, 평균 증가율 CAGR 2.6 %, 북미자유무역협정(NAFTA, CAGR 2.2 %)와 독립국가연합(CIS, CAGR 0.9%)의 신설수요, 유럽의 노후 기종 교체 수요 (CAGR 3.1 %), 동남아시아와 인도의 신설 수요(CAGR 2.6 %), 아프리카와 중동 아시아 (CAGR 3.0 %)의 신설수요를 들 수 있으며, 해외 철도시장을 철도 차량, 서비스 분야, 열차제어, 기반시설 순으로 성장세를 알 수 있으며, 특히 철도 차량 분야는 4개 분야 중 가장 큰 성장률을 보인다.

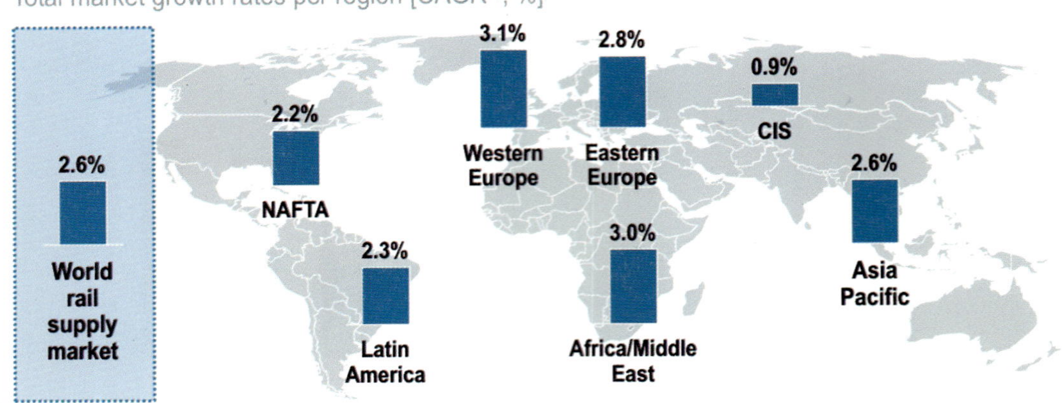

그림 B5-19 지역별 철도시장 성장률 자료 (출처 : UNIFE World Rail Market Study, UNIFE, 2016)

세계 철도 차량은 2015년 기준, 71만 5천 대에 육박하며 지난 2013년 기준 약 2만 8천 대가 증가하였고, 이는 전동차(EMU: electric multiple unit)와 메트로(metro) 차량 성장률이 65 % 수준이며, 특히 아시아태평양 지역에서 뚜렷한 성장세를 보인다.

전 세계 철도선로는 2015년 기준, 160만 ㎞ 수준으로 2013년과 비교하여 약 2만5천 ㎞가 증가하였고, 도시철도와 고속철도(VHS: very high speed rail) 시스템에서 뚜렷하게 증가하였다. 특히 중국 시장에서 약 6,300 ㎞를 신설한 것이 주목할 만하고, 화차(freight cars)는 약 540만 대 수준이며 연평균성장률 2.5 % 성장세로 가장 크게 성장한 시장은 북미자유무역협정에서 83 % 정도의 시장성장률을 보였다.

Development of installed base [2015 over 2013]1)

Vehicles (excl. freight cars)
- Increased by about 28,000 units
- 65% of growth in EMU and metro vehicle segments
- Growth mainly stemmed from Asia Pacific (80% of delta) – Eastern Europe decreased slightly

Track-km
- Grown by more than 25,000 km
- Largest increase recorded in urban systems and VHS track (3,200 km and 9,600 km resp.)
- China greatest contributor to the growth of VHS track (6,300 km)

Freight cars
- 88% of the total ROS installed base (vehicles incl. freight cars)
- Grown by 2.5% CAGR over the past two years
- Largest increase of freight cars in NAFTA (83% of delta)

1) Compound annual growth rate 2) Rolling stock and infrastructure in operation across 55 focus countries – excluding 5 new focus countries for comparability reasons

그림 B5-20 세계 철도 차량, 철도연장 성장세 자료 (출처 : UNIFE World Rail Market Study, UNIFE, 2016)

5.3.2 모빌리티 조명 기술 현황

최근 자동차산업은 동력 수단의 전동화, 자율주행, 공유 이동성 등으로 패러다임이 전환 중이다. 자동차산업은 다임러그룹 전입 회장 디터 제체는 CASE (① Connected 연결성 ② Autonomous 자율주행 ③ Shared 차량공유 ④ Electric 전기차)가 미래 트랜드 주도할 것으로 예상하며, 특히 환경 규제 등 외부 환경 측면에서 시작된 전동화는 완성차 기업들의 투자 확대와 기술 향상으로 수요 확대, 유럽을 중심으로 국가별 친환경 자동차에 생산 및 판매에 대한 정책을 진행하고 있다.

완전자율주행 시대는 4차산업혁명 관련 기술 융복합 개념이 부각되고, 특히 모빌리티 분야에서는 인간중심의 인터랙티브 융합조명 기술 및 커뮤니케이션 조명 기술이 부각되고 있다. 특히 차량의 몸체를 활용해 완전 자율주행차와 사람의 소통과 교감을 이끌어 내는 신개념 램프 기술, 그래픽 형태의 "웃는 표정", "먼저 가세요(Go ahead)", "조심하세요(Be careful)" 등의 커뮤니케이션 조명, 차량 내부 탑승객 조명환경 구현을 위한 실내 감성 조명 등이 중요하다.

기능성이 추가된 융합형 스마트 차량 조명 기술 발전은 ① 에너지절감 (for environment) : 에너지 소비의 최적화 및 환경 안전성 제공, ② 디자인 중심 (for style) : 브랜드 차별화를 위한 솔루션 제공, ③ 안전 중심 (for performance) : 안전하고 편안한 운전을 위한 스마트 전조등 구현, ④ 스마트화 (for smart driving) : 운전자 적응형 및 환경에 대비한 스마트 전조등으로 진행하고 있다.

첫 번째로, 에너지절감(for environment) 측면에서 기존 할로겐(halogen), 제논(xenon), LED 광원에 대해 광원색(light color), 신뢰성(reliability), 기능성(functionality), 디자인 자유도(styling possibility) 등에 대한 성능 비교 등을 고려하며, LED 광원이 최적 전조등 광원으로 볼 수 있다.

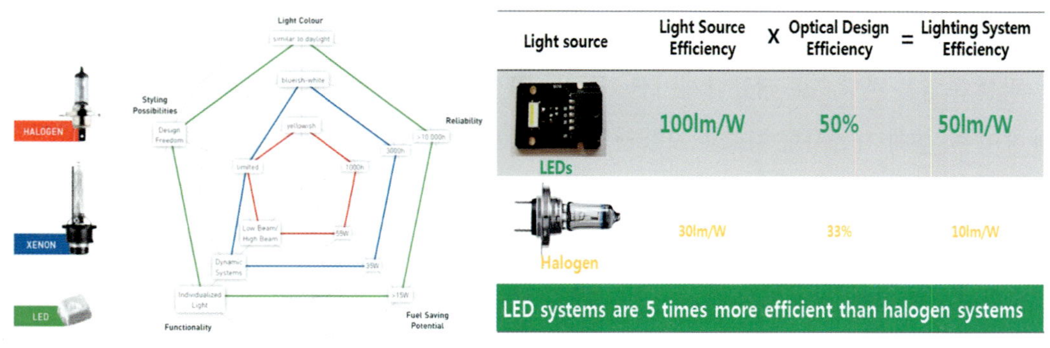

그림 B5-21 그림 광원별 장단점 비교

두 번째로, 디자인 중심(for style) 관점으로 전조등의 스타일은 자동차 전체 외관의 25 %를 차지할 만큼 중요하며, LED 광원의 사용으로 브랜드 아이덴티티화, 다양한 효과 및 형상의 전조등을 연출할 수 있다.

그림 B5-22 그림 헤드램프 다양한 연출 효과

세 번째로, 안전 중심(for performance) 관점에서는, 안전하고 편안한 운전을 위해 다양한 형태의 전조등 기술들이 개발되고 있으며, 프로젝션 램프, 매트릭스 램프, 하이브리드 전조등, 레이저 전조등이 개발되고 있다.

네 번째로, 스마트화(for smart driving) 관점에서는, 디지털 광원의 발전에 발맞추어 사용자 적응형 스마트 전조등 기술개발이 활발히 이루어지고 있는데, 특히 적응형 주행빔(ADB:Adaptive Driving Beam) 등 최근의 전조등은 스마트 및 지능화 기능을 가질 수 있도록 연구개발 되고 있다.

모빌리티 실외조명은 운전자 전방 시야 확보, 차량의 센서 측정 보완, 차량·보행자 및 차량·차량간 커뮤니케이션 기능 등 다양한 역할을 수행한다. 특히 적응 주행빔(ADB: adaptive driving beam) 또는 픽셀 조명을 바탕으로 커뮤니케이션 기능과 같은 새로운 기능의 융합에 관한 연구가 활발히 진행 중이며, 특히 자율주행 차량과 보행자의 커뮤니케이션 기능은 기존의 운전자와 보행자의 상호작용을 대체해야 하며 인지과학, 인간공학의 융합 기술을 바탕으로 한 새로운 접근이 요구된다. 벤츠, BMW, 헬라 등 선진사에서는 관련 연구를 활발하게 진행하고 있으며, 램프를 구현하기에 앞서 프로젝션 기반 또는 시뮬레이션 기반으로 검증을 진행하고 있다.

모빌리티 실내조명은 조명의 시각적 효과를 기본으로 감성 조명 구현, 컨텐츠 구현, 졸음 알람 조명 등 인간 중심 환경에 관한 연구들이 자동차 완성차에서 활발하게 진행되고 있다. 독일 3사 중, 벤츠는 비전EQS 전조등 기술을 디지털 프런트 그릴의 새로운 기술 진보를 가능하게 하였고, 주변환경과 통신하는 광신호가 새로운 차원의 입체감을 제공하며 홀로그램 렌즈 모듈을 구현하였다. 이에 대한 원천특허는 벤츠에서 보유하고 있으며, 차량 조명 특허는 유럽 선진 3사와 컨티넨탈(Continental)社 등 유럽 차량 조명회사들 보유하고 있다. 자동차가 자율주행으로 발전함에 따라 자동차 내의 공간은 점차 휴식과 즐거움의 공간으로 변화하고 있으며, 또한 운전자에게 정보를 효과적으로 전달하거나 운전자 시야 밖의 상황이나 운전자의 시야로 보기 힘든 물체도 조명을 통해 운전자에게 보이는 상황이다

자동차 LED 전조등의 경우 헬라, 발레오, 컨티넨탈 등 유럽업체와 코이토 등 일본 업체가 90 % 이상 점유하고 있으며, 벤츠, BMW, 아우디 독일 프리미엄 브랜드 3사 주도로 LED 및 레이저 램프 조명 탑재 기술 개발하고 있다. 유럽 완성차업체들의 적용 현황을 살펴보면 BMW는 4시리즈 이상에서 LED 전조등을 적용하고, Audi는 2014년부터는 준중형 A3까지 Full LED 전조등과 벤츠는 신형 S-class, E-class Full LED 적용하였고, 일본 완성차업체는 렉서스가 모든 모델에 LED 전조등을 적용하고 있으며, 혼다, 닛산도 프로젝션 타입 적용하고 있다. 최근 자율주행 자동차의 개발이 활발히 전개되고 있으며, 자율주행 자동차의 전조등 빛을 보행자나 다른 차량에 보내는 커뮤니케이션 수단으로 개발하고 있다.

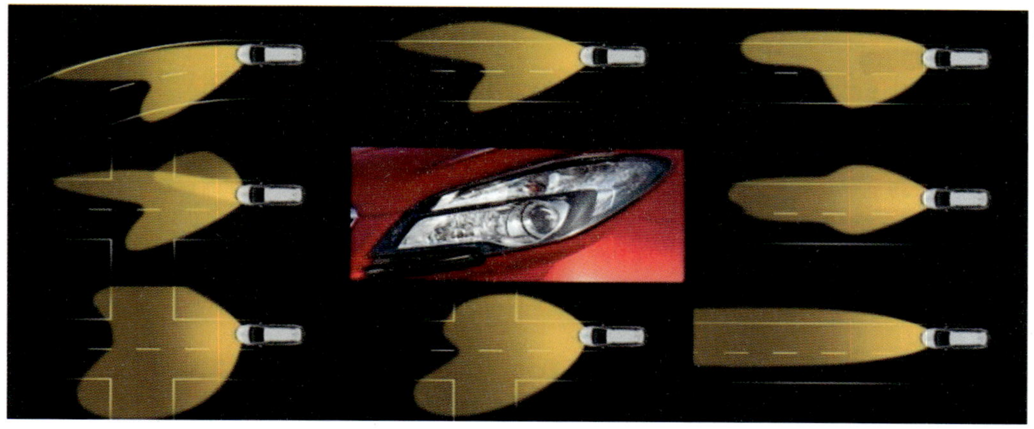

그림 B5-23 LED 전조등 기술

야간 4시간 이상의 장거리 물류이송에 필요한 자율주행 전조등 및 초연결 시스템 개발 중이며, 특히 야간 트럭 자율주행(레벨3 수준)의 경제성 확보를 위한 영상기기, 센서 및 광 융합 중심의 기술 개발을 진행하고 있다.

그림 B5-24 능동형 조명시스템 적용

광원의 발전에 따른 기능성 전조등 및 브랜드 차별화 외부 조명시스템 개발되고 있다. 기존의 멀티빔(multi beam), 테일빔(tail beam), 다이나믹모드(dynamic mode)는 사용의 한계성 및 단점으로 최근에는 거의 사용되지 않으며, 현재 매트릭스 라이팅(matrix lighting)와 픽셀라이팅(pixel lighting)이 가장 주목을 받고 연구되고 있다.

세계 최초의 매트릭스 LED 기반 적응형 전조등(AFLS: adaptive front lighting system) 은 아우디와 헬라에서 공동 개발하여 상용화(2015년 Audi A8) 하였고, 매트릭스 LED 상향등 패턴은 운전 상황에 따라 자동으로 기능 구현되고 있다. 고해상도 전조등은 DMD(digital micromirror device) 또는 LCD SLM(spatial light modulators) 방식의 기술을 이용해 속도 제한, 탐색 등을 표시할 수 있으며 현재 ZKW와 헬라 같은 회사는 고해상도 전조등을 개발 완료하였다. DMD 전조등의 핵심 기술은 고강도 광원의 빛을 반사하는 알루미늄 거울의 배열이며, 이는 밝은 픽셀과 어두운 픽셀로 구성된 빛을 구현할 수 있다. 기존 레이저 전조등 광원은 3개의 레이저 다이오드로 구성되어 있으며, 광원이 세라믹 형광체로 집광 되어 투과한 빛이 반사경을 통해 하이빔 구현된다. 매트릭스 레이저 전조등 기술은 직경이 3 ㎜인 마이크로 미러를 작동하여 레이저 빔을 방향 전환하며, 각 미러는 초당 5,000회까지 기울어져 빔을 픽셀로 분리된 빛을 결합하여 이미지 구현할 수 있다.

적응형 전조등 조명시스템(adaptive lighting system)은 3세대로 나눌 수 있는데, 1세대는 25 LED를 적용한 프로젝션, 또는 리플렉터 타입의 전조등 모듈 방식은 벤츠(multi beam), 아우디(matrix beam)이며, 2세대는 84 ~ 96 LED를 이용한 LED 픽셀 라이팅(pixel lighting)이다. 3세대는 1024 LED를 이용한 LED 픽셀 라이팅(pixel lighting), LCD를 적용한 LED 조명이며, 4세대(개발 필요 기술): MEMS를 기반 레이저 매트릭스 전조등이다.

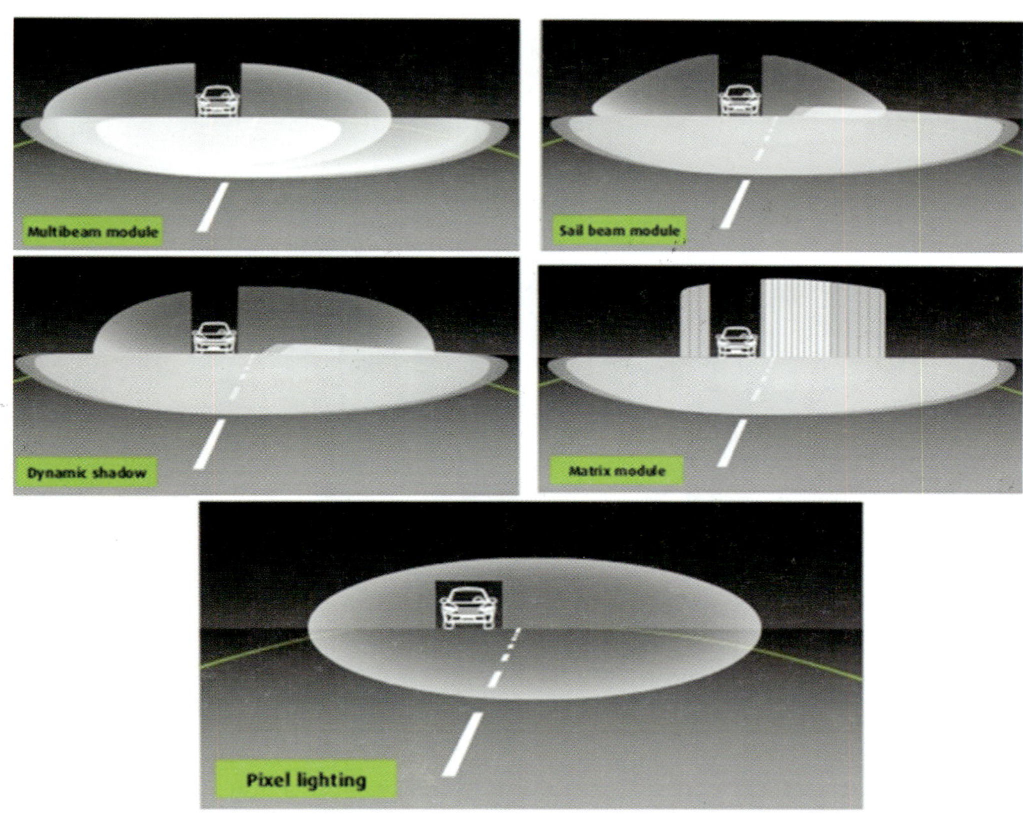

그림 B5-25 Matrix 및 Pixel 기반 전조등 개념

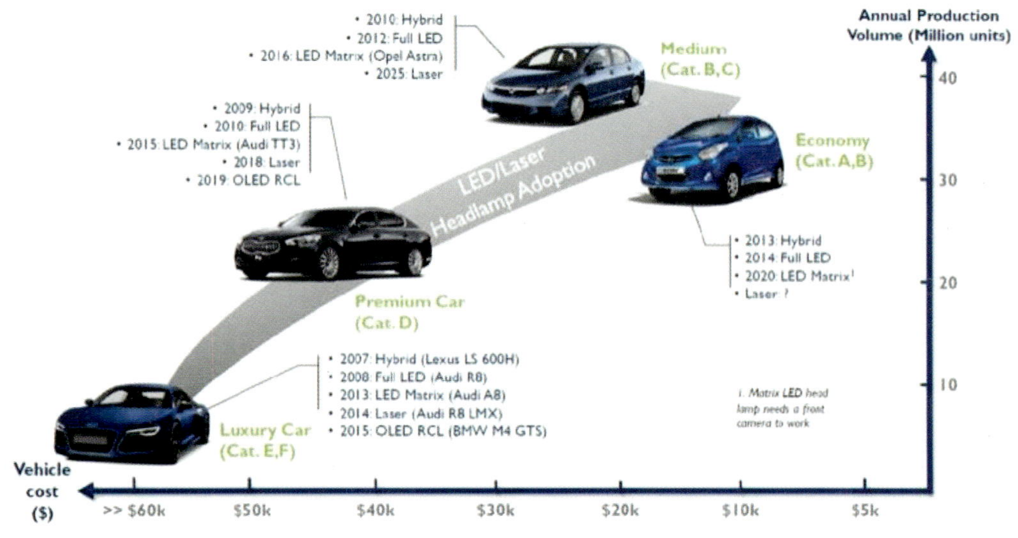

그림 B5-26 LED, OLED, Laser 적용 차량용 전조등 기술의 발전

또한, 미래 자율주행차 기술 도입에 따른 차량 실내공간의 중요성 부각으로, 자율주행차와 사람의 소통과 교감을 이끌어 내는 신개념 조명 기술 및 보행자와 자율주행차 간 커뮤니케이션 조명을 개발하고 있다.

그림 B5-27 자율주행 분야 실내공간 감성 조명 및 커뮤니케이션 조명

철도 차량용 조명은 실내조명과 실외조명(전조등, 후미등, 표시등) 및 상태표시등으로 구분되며, 주요 선진사로는 영국 Craig/Derricott, 독일 JFUER HR과 프랑스 MAFELEC, 싱가폴 OXLEY, 일본 Hitachi등 업체가 전체 시장의 대부분을 점유하고 있다.

철도용 조명장치에는 실외등, 실내등 그리고 상태등이 존재하며, 각 조명장치에 사용되는 광원은 벌브에서 LED 광원으로 점차 교체되고 있으며 LED 광원은 기존 벌브에 비해서 사이즈가 작기 때문에 기존의 단순하고 일률적인 램프 구조에서 벗어나 높은 디자인 자유도를 확보할 수 있게 된다. 지속적인 기술개발을 통해 고효율, 경량화 디자인을 갖는 램프 제품들이 등장하고 있으며 특히, 야간이나 열악한 환경에서 동작하는 전조등의 경우 높은 광량을 통해 기관사의 전방 시야를 확보함으로써 사고를 미연에 방지하기 하는 것이 중요한데, LED 전조등 구현을 통해 기존에는 달성하기 어려웠던 20만 cd 이상의 고광도를 갖는 램프 구현이 가능하다. 독일, 프랑스, 미국 등 철도 선진국에서는 높은 광도를 확보하기 위한 LED 램프 기술개발이 주를 이루고 있으며 대표적으로 독일 JFUERHR과 프랑스 MAFELEC, 그리고 싱가포르 OXLEY에서는 전반사 LED 렌즈와 고출력 LED 광원을 적용하여, 중심광도 20만 cd 이상의 전조등을를 개발하여 제품을 출시하였다.

해외 기업으로는 Evans Group LLC(USA) PAR 56 LED 철도전조등(Locomotive Headlight)를 개발하여 미국시장뿐만 아니라, 캐나다 등 해외 시장에도 제품을 수출하고 있으며 FRA(Federal Railroad Administration) 기준 20만 cd를 만족하고 20도 빔 컷오프(beam cutoff)를 만족하여 눈부심 및 빛공해 방지 기술을 보유하고 있다.

그림 B5-28 Evans Group LLC 관련 제품자료 (출처 : http://www.evansgroup.net)

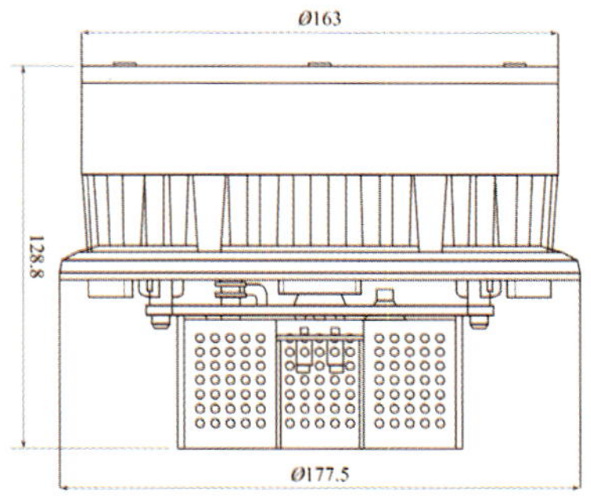

그림 B5-29 DIVVALI 관련 제품자료 (출처: www.divvalilighting.com)

캐나다 몬트리올에 있는 DIVVALI는 약 15년 이상 철도 차량 조명 분야에 주력하고 있으며, 특히 50 W급 철도 전조등(locomotive headlight)를 개발하여 다양한 철도 차량에 적용하였다. 특히 철도 분야 전조등뿐만 아니라, 실내조명 및 비상용조명 등 다양하게 철도 차량에 사용되는 조명을 개발하고 있다.

그림 B5-30 해외 철도용 LED 전조등 제품들

중국업체(북차집단공사 CNR, 남차집단공사 CSR합병)를 중심으로 세계 철도 조명시장의 가격경쟁이 일어나고 있으며, 정부 지원 및 내부시장을 기반으로 세계 시장 잠식하고 있다.

유럽 선진사 철도전조등은 상향등 구동 시 대향차 운전자의 눈부심을 고려하여 하향등과 함께 통합형으로 구성된 것이 특징인 반면, 중국의 경우 철도 차량 자체에 관한 기술 수준은 매우 높은 수준으로 평가받고 있으나

LED 램프 개발 및 이를 통한 철도 차량 디자인 향상에 대한 인식은 아직 낮은 수준으로 평가되고 있다.

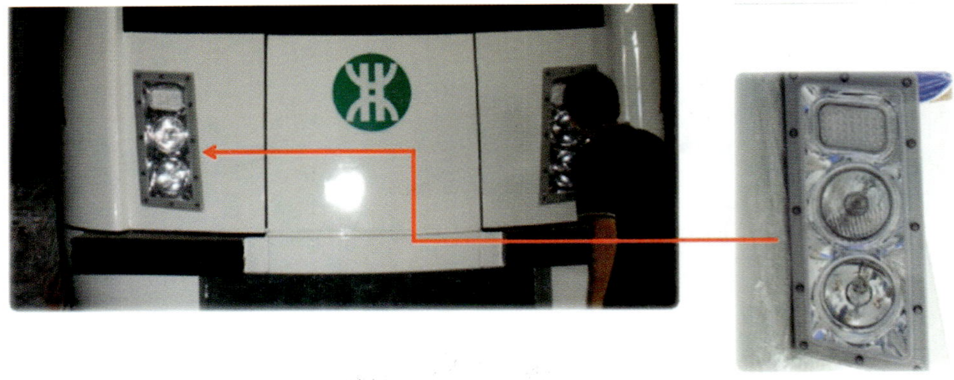

그림 B5-31 중국 철도 차량 전조등

영국 Craig/Derricott는 LED tube 타입(300 mm ~ 1800 mm) 철도 실내조명, 일본 Hitachi는 bar 타입의 LED 철도조명 개발하였다.

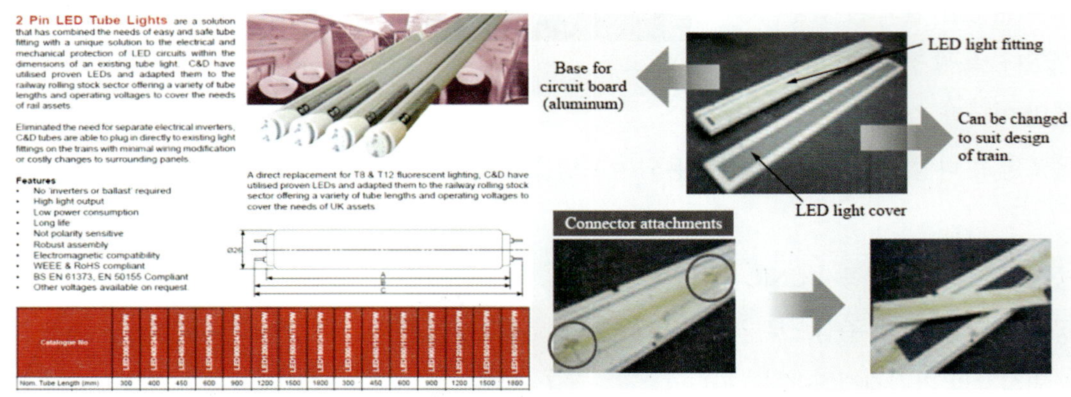

그림 B5-32 철도 차량 실내조명

항공기 실내조명 관련 쇼트社에서 트루 컬러 센서로 균질한 색광을 영구 발산하는 LED 항공기 객실 조명시스템 힐리오제트 스펙트럼을 개발하였고, 스칸디나비아 항공(SAS)과 루프트한자 테크닉(LHT)은 특수유리 및 조명 전문 기업인 쇼트와 루프트한자 테크닉이 공동으로 설계 및 개발한 힐리오제트(HelioJet) LED 조명시스템을 설치하였다. 풀컬러 RGBW(적·녹·청·백) LED 시스템을 제공하여 모든 LED가 안정적이고 균질한 광색을 구현하며 전체 서비스 기간 적합한 색상을 정확하게 발현하며, 기내 승무원이 그래픽 UI 기반 터치스크린을 통해 조명을 제어할 수 있게 제작되었다. 항공기 외장조명에서는 FAR(federal aviation regulations)에 의하여 착륙등은 FAR 25.1383, 위치등은 FAR 25.1385-95 충돌 방지등은 FAR 25.1401에 관련 규정이 지정되어 있으며 또한 국방규격인 MIL-STD (military standard)를 만족하는 성능 및 환경시험 기준을 적용하고 있어, 이를 만족하기 위한 고성능의 제품을 개발해야만 판매할 수 있다.

5.4 라이트 테라피

5.4.1 라이트 테라피의 개념

라이트 테라피(light therapy, 광치료 요법)란 특정 파장의 빛을 적절한 시점에 일정량의 밝기(세기)와 시간으로 노출시켜 생체시계를 조정하고 생체 호르몬의 분비를 유도함으로써 기분, 행동, 수면 등을 개선 시키는 비약물학적인 치료 요법을 의미한다. 덴마크의 닐스 뤼베르 핀센(Niels Ryberg Finsen)은 19세기부터 가시광선을 이용한 라이트 테라피 연구를 시작하여 노벨 의학 및 생리학상을 수상하였으며, 이후 빛을 활용한 다양한 치료 요법이 연구되어 현재는 광화학적 작용을 통해 림프액과 혈액을 증가시켜 손상된 조직으로부터 노폐물을 제거하는 치료에 활용되거나 정동장애와 수면장애 등을 치료하기 위한 비약물학적 요법으로 활용되고 있다.

자외선 및 적외선을 이용하는 라이트 테라피는 가시광선을 이용한 라이트 테라피 보다 다양한 분야에서 적극적으로 사용되고 있다. 자외선(180 nm ~ 400 nm)을 이용하는 라이트 테라피의 경우 비타민 D 생성, 살균 효과 등 여러 가지 광화학작용을 이용하여 건선과 백반증 등의 비약물적 치료에 활용되고 있다. 자외선을 이용하는 라이트 테라피의 부작용으로는 통증, 부종, 열, 감염 등을 유발할 수 있으며, 광 과민성 질환을 가진 사람에게는 주의해서 사용해야 한다.

가시광선과 원적외선(550 nm ~ 1,200 nm)을 이용한 라이트 테라피는 주로 물리치료의 온열 치료 목적으로 사용되고 있다. 적외선을 통증 부위에 노출 시키면 피부 깊숙한 곳까지 열을 전달하여 혈액순환을 활발하게 하고 혈관 내 염증 제거 및 세포 재생을 촉진하여 병원균에 대한 저항력을 키워주고 통증 완화에 도움을 준다. 적외선을 이용한 라이트 테라피의 경우 열을 이용한 치료법으로 화상에 주의해야 하며, 류마티스 관절염이나 통풍, 당뇨병 등 잘못된 온열 치료할 경우 상태가 악화될 수 있는 질환도 있기 때문에 질환에 따라 적절한 적외선 라이트 테라피를 적용해야 한다.

이처럼 라이트 테라피는 가시광선을 포함하여 적외선, 자외선을 활용한 비약물적 치료 요법으로 다양한 질환 치료에 활용되고 있다. 본 장에서는 라이트 테라피를 이용한 심리적 질환과 생체적 질환 치료로 구분하여 각 질환에 대한 원인, 증상, 라이트 테라피 치료 방법, 치료 효과 등을 구체적으로 알아보고자 한다.

5.4.2 심리적 라이트 테라피

심리적 라이트 테라피는 다양한 심리적 증상과 장애에 대한 개선을 목표로 하며, 우울증(계절성 우울증), 불안, 수면장애(수면위상증후군), 시차적응 곤란, 스트레스 등 다양한 심리적 질환 치료에 적용될 수 있다. 심리적 라이트 테라피 방법으로는 주로 라이트 박스(light box)를 이용하는 요법이 대표적이다.

그림 B5-33 라이트 박스를 활용한 라이트 테라피 예시(출처 : https://www.nytimes.com/wirecutter/reviews/best-light-therapy-lamp/)

라이트 박스와 환자의 거리는 약 30 ㎝ ~ 90 ㎝로 위치시키고, 환자의 눈높이에서 라이트 박스(가시광선)를 환자의 정면 방향을 향하도록 조사한다. 라이트 테라피가 진행되는 동안 환자는 편안하게 의자에 앉아 빛을 발산하는 디스플레이 등의 사용을 제외한 독서 및 음악 감상 등 자유로운 행위를 수행한다. 라이트 테라피에 노출되는 시간은 질환에 따라 다르며 약 30분에서 2시간 정도 소요되며, 치료 기간은 약 1 ~ 2 주일 가량이 소요된다.

계절성 우울증의 경우에는 매년 반복적인 치료를 요하기도 한다. 심리적 라이트 테라피의 부작용은 눈의 피로감, 충혈, 신경과민, 피로 등을 호소하는 경우가 있으나 아주 경미하고 라이트 테라피가 진행됨에 따라 자연히 소실된다. 하지만, 녹내장, 망막 분리증을 포함한 망막병리, 백내장 등 심각한 안질환이 있는 경우는 치료 대상에서 제외된다.

1 계절성 우울증(SAD, seasonal affective disorder)

계절성 우울증은 1984년부터 정신적 장애로 인식되어 왔으며, 주로 햇빛이 부족한 가을부터 겨울에 증상이 나타났다가 봄이 되면 회복되는 반복적인 특성이 있다. 가을에 들어가면서 햇빛의 양이 줄어들고, 평소 햇빛에 맞추어 생활하던 우리 몸의 생체시계의 균형이 깨지면서 발생한다고 알려져 있다. 계절성 우울증은 남성보다 여성에게 더 많이 나타나는데, 이는 여성의 에스트로겐 호르몬 변화와 관련이 있다고 보고되고 있다.

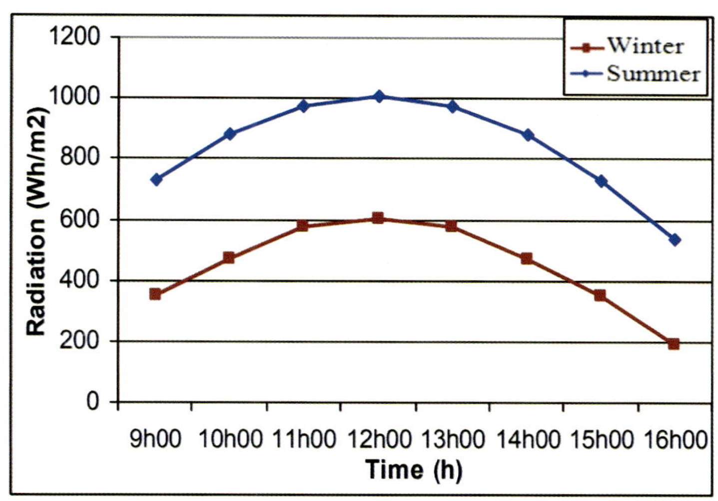

그림 B5-34 여름과 겨울의 일조량 비교(출처 : Khechekhouche, A., et al. "Seasonal effect on solar distillation in the El-Oued region of south-east Algeria." International journal of Energetica 2.1 (2017): 42-45)

계절성 우울증의 증상은 대표 증상은 우울감 및 무기력감으로 햇빛이 적어지면 신경전달물질 중 하나인 세로토닌의 분비가 줄어 우울감을 느끼게 된다. 세로토닌의 분비가 줄어드는 반면, 수면과 관련이 있는 멜라토닌 분비는 늘어나면서 잠이 많아지고 무기력해진다. 식욕 증가(폭식 및 체중 증가), 극도의 예민함, 동기 부여 및 집중력 부족 유발 등이 함께 나타나 사회적 고립감을 느끼기도 한다. 이는 누구에게나 영향을 미칠 수 있지만, 특히 우울증이나 불안과 같은 장애를 이미 앓고 있거나 두통, 류머티즘과 같은 신체적 질병을 앓고 있는 사람들에게 더 일반적으로 나타난다.

계절성 우울증을 치료하기 위한 라이트 테라피는 계절성 우울증 경증이나 중등도의 우울증치료에 효과적이다. 2016년 케네디(Sidney H. Kennedy)의 연구 결과에 따르면 10,000 lx의 빛을 환자에게 매일 아침 30분씩 6주간 노출시켜 생체리듬과 세로토닌 분비에 영향을 주어 인지행동치료만큼의 치료적 효과를 기대해 볼 수 있다고 발표하였다.[48] 하지만 라이트 테라피를 통한 계절성 우울증 치료 효과는 일시적이며 우울증을 완치하기에는 현재의 기술로는 어려운 실정이다.

48) Kennedy, Sidney H., et al. "Canadian Network for Mood and Anxiety Treatments (CAnmAT) 2016 clinical guidelines for the management of adults with major depressive disorder: section 3. Pharmacological treatments." The Canadian Journal of Psychiatry 61.9 (2016): 540-560.

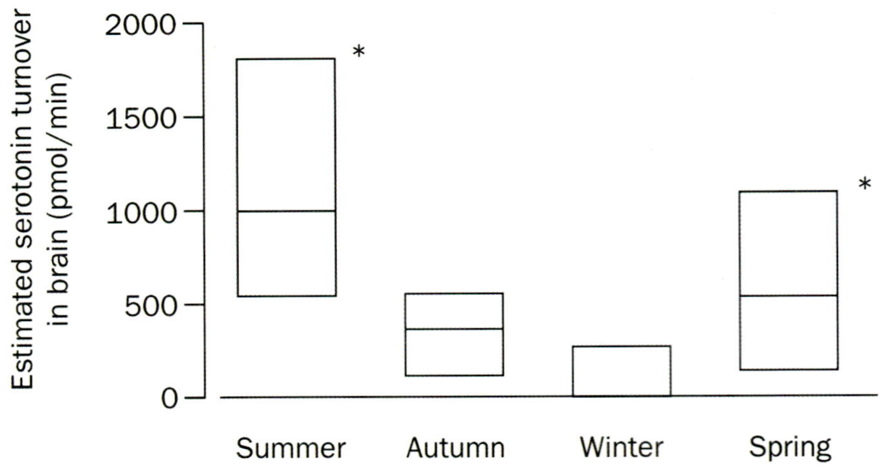

그림 B5-35 계절에 따른 세로토닌 회전율 비교(출처 : Lambert, Gavin W., et al. "Effect of sunlight and season on serotonin turnover in the brain." The Lancet 360.9348 (2002): 1840-1842)

② 수면장애(sleep disorder)

수면장애란 다음날 활동을 하는데 지장을 줄 정도로 충분한 잠을 자지 못하는 상태가 지속되는 상태를 의미하며, 단기 불면증은 전체 인구의 약 30 ~ 50 %, 만성 불면증은 선진국에서 약 6 % 이상, 국내는 성인 17 ~ 23 %, 노년층 약 29 % 이상에서 나타난다.[49] 수면장애가 지속되면 심혈관계 질환이나 당뇨병, 비만, 치매 등 다양한 질병이 발생하게 되며, 특히 전 세계적으로 가장 큰 사회적 문제가 되는 우울증을 동반하는 경우가 많다. 수면을 관장하는 대표적인 호르몬은 멜라토닌과 세로토닌, 코티졸이며, 이 중 멜라토닌과 세로토닌은 빛의 영향에 따라 분비량과 분비 시기가 달라진다. 이러한 현상을 이용하여 비약물적인 라이트 테라피 수면장애 치료를 수행한다.

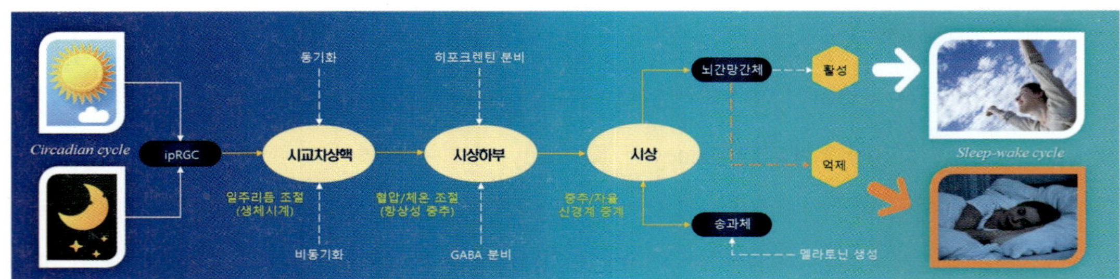

그림 B5-36 라이트 테라피를 통한 수면장애 치료 원리

49) 국가정신건강포털, http://www.mentalhealth.go.kr/

표 B5-3 수면장애가 불러오는 질병

질병명	발생 원인
우울증	불면증이 지속되면 우울증 발생이 2배 이상 높아짐 우울증의 주 증상은 불면증이며, 이로 인해 무기력과 피로감, 식욕/체중 변화 등의 증상이 동반됨
심혈관계 질환	수면이 부족하면 교감신경이 민감해지면서 혈관이 수축됨 이로 인해 고혈압은 물론 심근경색이나 뇌졸중 같은 심혈관계 질환 발생 확률이 높아짐
당뇨병	잠을 충분히 자지 못하면 혈당을 떨어뜨리는 호르몬인 인슐린의 저항성이 커져 제 기능을 하지 못하며, 그 결과 혈당 수치가 높아져 당뇨병 발생 확률이 높아짐 또한 수면 부족으로 인한 스트레스는 코르티솔 호르몬의 분비를 증가시키는데, 코르티솔이 인슐린의 역할을 방해해 혈당 수치를 높여 당뇨병에 걸릴 위험이 커짐
비만	수면이 부족하면 공복감을 높여 기름진 음식을 먹고 싶게 하는 그렐린 호르몬의 분비가 증가하고, 식욕을 억제하는 렙틴 호르몬의 분비가 줄어들게 됨 이는 늦은 밤 야식의 유혹에 빠지는 이유이기도 하며, 또한 식욕을 증가시키고, 특히 복부에 지방을 축적하게 하는 코르티솔 호르몬의 분비도 늘어나게 되며, 이로 인해 비만이 되기 쉬움
치매	낮에 뇌가 활동하면서 생긴 베타 아밀로이드와 같은 노폐물은 밤에 깊은 잠을 자는 동안 뇌 밖으로 배출됨 따라서 수면 부족 상태가 장기적으로 지속될 경우, 베타 아밀로이드가 배출되지 못하고 뇌에 축적되어 알츠하이머병과 같은 퇴행성 질환에 걸릴 위험이 높아짐

수면장애는 크게 지연성 수면위상 증후군(delayed sleep phase syndrome), 전진성 수면위상 증후군(advanced sleep phase syndrome), 불규칙한 수면-각성 리듬(irregular sleep-wake rhythm)으로 구분할 수 있다.

지연성 수면위상 증후군이란 3시간에서 6시간 정도 취침 및 기상 시각이 지속적으로 지연되어 있는 상태를 말한다. 지연성 수면위상 증후군은 우울증 환자, 청소년 및 초기 성인기에 주로 발생한다. 멜라토닌을 투약하는 약물 치료를 사용하여 지연성 수면위상 증후군을 치료할 수 있으나, 약물 중단 후 대부분의 환자가 1년 이내에 원래의 수면 습관으로 돌아가는 경우가 나타난다. 현재 지연성 수면위상 증후군에서 가장 효과적인 치료 방법은 라이트 테라피를 통해 일주기 리듬의 위상을 변화시켜 수면 시간을 앞당기는 비약물적 광치료가 있다. 선행 연구 결과에 따르면, 2주간 오전 6시부터 9시 사이 2시간 동안 2,500 lx의 빛에 노출하고 야간에는 조명 노출을 최대한 제한한 결과, 최저 심부 체온 시각이 1.4시간 전진하고 입면 시간이 줄어들었다고 발표하였다.[50) 현재 일반적인 지연성 수면위상 증후군 치료용 라이트 테라피는 오전 6시에서 8시 사

이에 2,500 lx ~ 10,000 lx의 조도로 1시간 내지 2시간 정도 시행한다.[51)]

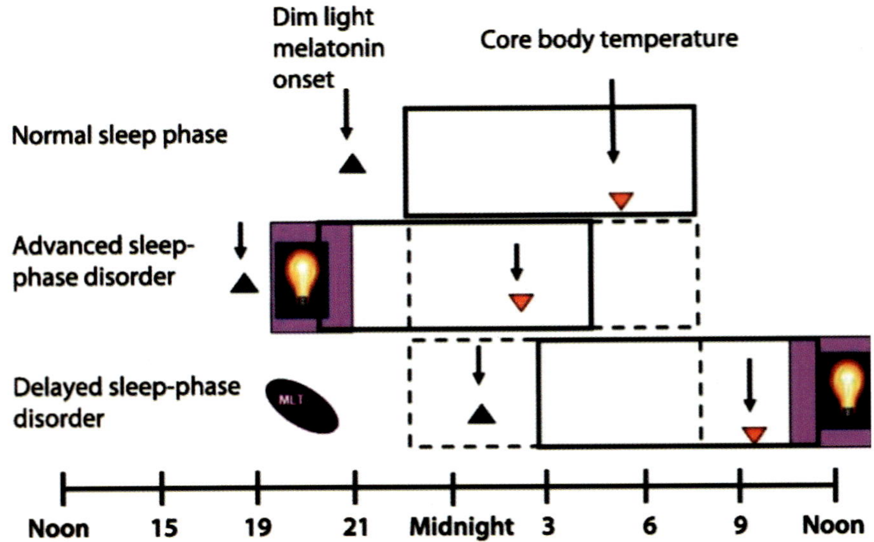

그림 B5-37 라이트 테라피를 통한 지연성/전진성 수면위상 증후군 치료 원리(출처 : Zee, Phyllis C., Hrayr Attarian, and Aleksandar Videnovic. "Circadian rhythm abnormalities." Continuum: Lifelong Learning in Neurology 19.1 Sleep Disorders (2013): 132)

전진성 수면위상 증후군은 지연성 수면위상 증후군과 반대로, 원하는 수면 시간대보다 과도하게 일찍 취침하고 기상하게 되는 상태를 말한다. 따라서 이 경우 환자가 불편을 느끼는 시간대는 오전이 아닌 저녁 및 야간 시간대이다. 전진성 수면위상 증후군은 중년층 및 고령자에게 발생하며, 연령과 유병율이 정비례 관계를 보인다. 전진성 수면위상 증후군 치료를 위한 라이트 테라피는 저녁 또는 야간 시간대에 진행한다. 선행연구 결과에 따르면, 오후 7시부터 9시 사이 4,000 lx의 빛에 노출시켰을 때 수면장애 치료 효과를 보였으며, 2,500 lx의 빛을 오후 8시부터 자정까지 노출시킨 경우에도 수면장애 치료 효과를 확인하였다.[52)53)]

불규칙한 수면-각성 리듬에 의한 수면장애는 수면 시각과 기상 시각의 리듬이 불규칙하여 주기

50) Rosenthal NE, Joseph-Vanderpool JR, Levendosky AA, Johnston SH, Allen R, Kelly KA, Souetre E, Schultz PM, Starz KE. Phase-shifting effects of bright morning light as treatment for delayed sleep phase syndrome. Sleep 1990; 13:354-361

51) Reid KJ, Chang AM, Zee PC. Circadian rhythm sleep disorders. Med Clin North Am 2004;88:631-651, viii

52) Campbell SS, Dawson D, Anderson MW. Alleviation of sleep maintenance insomnia with timed exposure to bright light. J Am Geriatr Soc 1993;41:829-836

53) Lack L, Wright H. The effect of evening bright light in delaying the circadian rhythms and lengthening the sleep of early awakening insomniacs. Sleep 1993;16:436-443

적인 수면이나 기상이 이루어지지 않아 야간에는 불면증을 호소하고 주간에는 졸림증으로 고통을 받는 상태를 말한다. 이러한 현상은 노인성 치매 환자, 정신지체 또는 다른 중추신경계에 이상이 있는 환자들에게 자주 발생한다. 이러한 수면장애를 치료하기 위해서는 주간에 라이트 테라피를 시행하고 활동량을 증가시키며, 야간에는 광 노출이나 소음을 줄여 수면-각성 리듬을 되찾는 환경을 조성해야 한다. 선행연구 결과에 따르면, 치매환자에게 아침에 3,000 lx ~ 5,000 lx의 빛을 4주간 2시간씩 조사하였더니 야간 수면시간이 증가하고 주간 졸림증이 감소한 효과를 확인하였다.[54)]

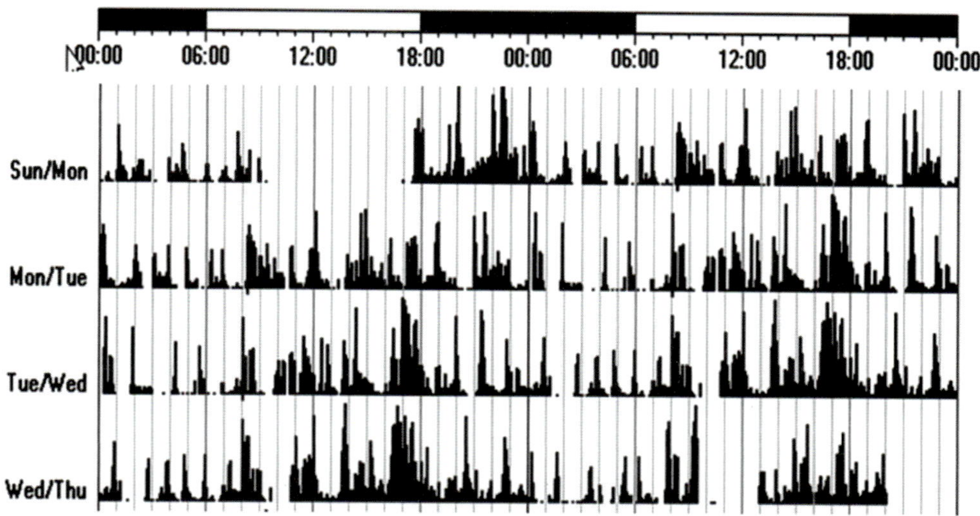

그림 B5-38 불규칙한 수면-각성 리듬에 의한 수면장애 환자의 전형적인 활동기록(출처 : Abbott, Sabra M., and Phyllis C. Zee. "Irregular sleep-wake rhythm disorder." Sleep medicine clinics 10.4 (2015): 517-522)

③ 성인 ADHD(attention deficit hyperactivity disorder)

성인 주의력 결핍 과다행동장애, 즉 성인 ADHD는 지나치게 충동적인 행동, 계획성 부족, 사람들과의 적응 어려움, 주의력 결함으로 인해 일이나 공부를 완수하지 못하는 상태를 말한다. 지금까지 알려진 성인 ADHD의 원인은 전전두엽 및 연결 회로에서 노르에피네프린과 도파민 신경세포의 불균형으로 인해 발생한다. 성인 ADHD를 겪는 사람들 중 상당수가 수면에 어려움을 겪고 있어 주간에 졸음증을 호소한다. 유전적 영향으로 인해 ADHD를 가진 사람들 중 최대 78 %까지 일주기 리듬 기능의 문제가 동반되는 것으로 보고되고 있다.

54) Mishima K, Okawa M, Hishikawa Y, Hozumi S, Hori H, Takahashi K. Morning bright light therapy for sleep and behavior disorders in elderly patients with dementia. Acta Psychiatr Scand 1994;89:1-7

일주기 리듬은 사람의 뇌가 외부의 자극(빛, 온도, 음식 등)에 반응하여 생체시계를 작동해 수면과 각성을 조절하는 리듬을 말한다. 빛에 반응하는 일주기 리듬의 특성을 이용하여 라이트 테라피를 통해 일주기 리듬을 정상적으로 조절하여 성인 ADHD를 치료한다. 교란된 일주기 리듬을 회복하기 위해 저녁에 멜라토닌을 복용하거나 아침에 밝은 빛에 노출시키는 라이트 테라피를 시행한다.

④ 교대근무 부적응 증후군(Shift-work Maladaptation Syndrome, SMS)

교대근무자 부적응의 대표적인 증상은 수면장애로 자신의 일주기 리듬에는 문제가 없으나 잦은 근무시간 변동에 적응하는 데 어려움을 겪어 수면장애가 발생한다. 교대근무자들의 경우 야간근무 시 주간근무에 비해 주당 10시간 이상 적게 수면을 취하게 되고, 주말이나 휴일이 되면 원래의 수면-각성 주기로 돌아가 수면-각성 리듬 적응이 어려워져 수면장애를 겪고 있다. 교대근무자 수면장애는 전체 교대근무자의 약 10 %에서 발생하며,[55] 연령이 증가될수록, 오전근무에 대한 선호도가 높을수록 증가한다.[56]

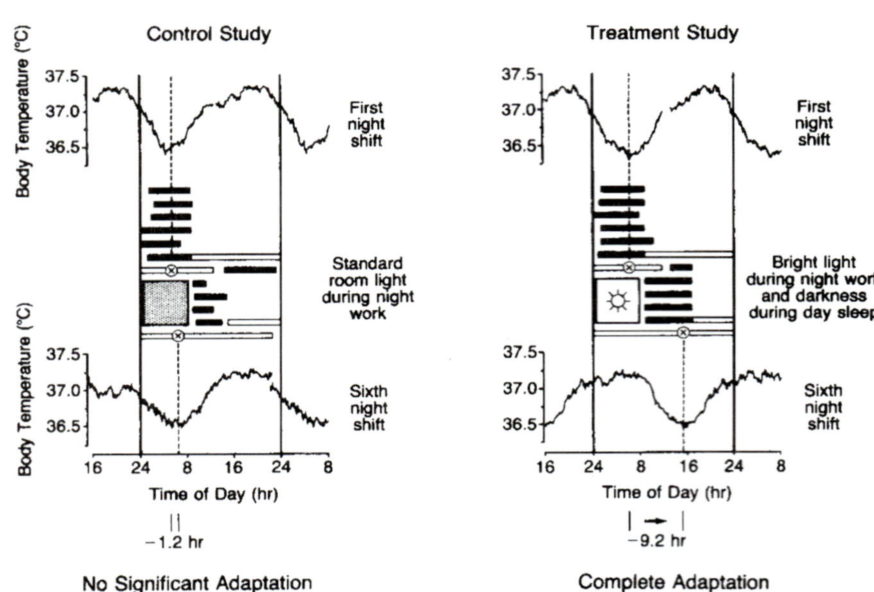

그림 B5-39 라이트 테라피를 통한 교대근무 부적응 증후군 개선 연구결과(출처 : Czeisler CA, Johnson MP, Duffy JF. Exposure to bright light and darkness to treat physiological maladaptation to night work. N Engl J Med 1990;322:1253-1259)

55) Drake CL, Roehrs T, Richardson G, Walsh JK, Roth T. Shift work sleep disorder: prevalence and consequences beyond that of symptomatic day workers. Sleep 2004;27:1453-1462

56) Campbell SS. Effects of timed bright-light exposure on shift-work adaptation in middle-aged subjects. Sleep 1995;18:408-416

수면장애를 겪고 있는 교대근무자의 경우 라이트 테라피를 통해 수면 위상 변화를 유도하여 주간 수면을 호전시킬 수 있다. 선행연구 결과에 따르면, 수면장애를 겪고 있는 교대근무자에게 야간작업 시 7,000 lx ~ 12,000 lx의 빛을 1주간 조사하였더니 일주기리듬의 위상변화 및 각성정도, 인지기능 등이 향상됨을 확인하였다.[57] 또한 교대근무자의 수면장애 치료를 위해서는 야간에 시행하는 라이트 테라피와 더불어 주간에 광노출을 피하는 것 역시 중요하다.

5 시차 증후군(jet lag syndrome)

시차 증후군이란 하루 이틀 내로 두 개 이상의 시간대(time zone)를 이동함에 따라 발생하는 불면증상 및 졸림증을 지칭한다. 시차 증후군은 일주기 리듬의 위상 전진을 요구하는 동쪽 방향으로의 여행 시 더욱 어려움을 겪게 된다.[58] 선행연구의 결과에 따르면, 동쪽 방향으로 여행 할 경우, 여행 전날 아침에 3.5시간 동안 3,000 lx의 빛을 조사하여 약 1.5시간의 위상 전진 효과를 확인하였다.[59] 또한 동쪽 방향으로 여행하여 현지에 도착하였을 경우에는 오전에는 광노출을 피하고 정오 이후에 광노출을 해주므로 위상전진을 촉진시킬 수 있다. 서쪽으로 여행할 경우에는 주간에는 각성상태를 유지하도록 하고 초저녁 시간대에 광노출을 강하게 해주므로 야간 수면을 유도할 수가 있다.[60]

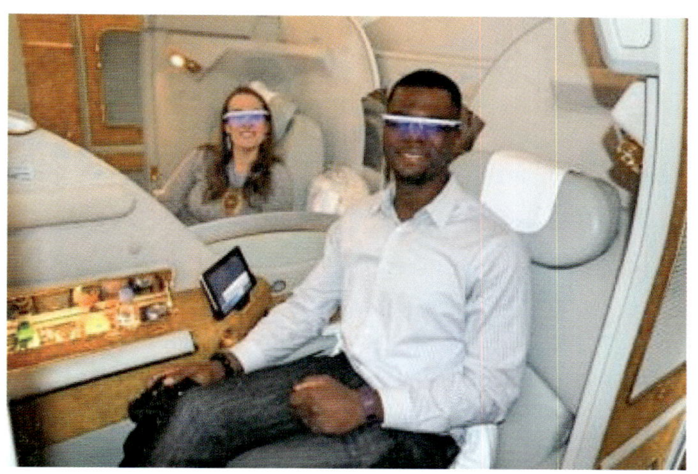

그림 B5-40 시차 증후군 개선용 라이트 테라피 제품 예시(출처 : https://worldtraveladventurers.com/beat-jet-lag-light-therapy-device-ayo-glasses-review/)

57) Czeisler CA, Johnson MP, Duffy JF. Exposure to bright light and darkness to treat physiological maladaptation to night work. N Engl J Med 1990;322:1253-1259

58) Leger D, Badet D, De la Glicais B. The prevalence of jet-lag among 507 traveling business-men. Sleep Res 1995;22:239

59) Burgess HJ, Crowley SJ, Gazda CJ, Fogg LF, Eastman CI. Preflight adjustment to eastward travel: 3 days of advancing sleep with and without morning bright light. J Biol Rhythms 2003;18:318-328

60) Herxheimer A, Waterhouse J. The prevention and treatment of jet lag. BMJ 2003;326:296-297

6 기타 심리적 질환

앞서 언급한 질환 외에도 다양한 심리적 질환에 라이트 테라피 치료가 활용되고 있다. 월경전기 증후군(premenstrual syndrome)의 치료를 위해서 라이트 테라피가 활용되고 있다. 월경전기 증후군은 황체기(월경기 후반부) 동안에 일상적 활동을 방해할 정도의 신체적, 정신적 행동 증상이 나타나는 것을 말한다. 월경전기 증후군의 라이트 테라피 치료법은 황체기의 여성에게 지속적으로 밝은 빛을 조사하여 세로토닌의 분비를 촉진시켜 우울감을 감소하고, 기분을 고양시켜 증상을 완화할 수 있다. 또한, 식이 장애(eating disorder) 역시 약물치료와 더불어 라이트 테라피를 통해 치료할 수 있다. 식이 장애란 식사 행동과 체중 및 체형에 대해 이상을 보이는 장애로 굶기, 폭식, 구토, 체중 감소 위한 지나친 운동 등과 같은 증상 및 행동을 말한다. 식이 장애의 라이트 테라피 치료법은 하루 최대 10분 동안 30,000 lx 이상의 밝은 빛을 조사하여 일주기 리듬을 정상화시켜 증상을 개선할 수 있다. 일주기 리듬이 정상화되면 수면장애 및 우울증 등 정신 건강 상태가 호전되면서 폭식 횟수와 불규칙한 섭식 행동이 줄일 수 있다. 이와 비슷하게 일주기 리듬을 정상화하여 정신 건강 상태를 호전하는 효과를 이용하여 임신 및 산후 우울증(gravid & postpartum depression), 사회공포증(social phobia), 계절성 월경불순(seasonal menstrual irregularity), 극심한 불안증 등을 약물치료와 병행하여 라이트 테라피를 통해 치료할 수 있다.

5.4.3 생체적 라이트 테라피

심리적 라이트 테라피가 주로 가시광선을 활용한 치료 요법이었다면 생체적 라이트 테라피는 가시광선을 포함한 적외선, 자외선을 조사하여 세포 및 생체 기관에 직/간접적인 영향을 주어 질환을 치료하는 요법이다. 생체적 라이트 테라피의 기원은 고대 시대부터 시작되었으며, BC 400년경 히포크라테스가 폐결핵 치료를 위해 생체적 라이트 테라피를 사용하였다는 기록이 있다. 생체적 라이트 테라피의 가장 대표적인 개선 효과로는 PBM(photo bio modulation) 요법을 통한 세포 재생이다. 적색 및 근적외선(940 nm) 빛을 피부에 직접 조사하게 되면 빛은 피부 속으로 침투하여 생체 에너지를 만들어내는 미토콘드리아의 산화질소 생성 활성화를 유도하고 사멸을 막아 세포내 생체 에너지 대사를 활발하게 만들어 세포의 성장 및 분화에 도움을 준다. 이러한 효과를 활용하여 통증 완화, 피부개선, 상처치유, 지방감소, 모발관리, 비염치료 등의 다양한 용도로 사용되고 있다. 본 절에서는 PBM을 포함한 다양한 생체적 라이트 테라피를 활용한 치료법에 대해 구체적으로 알아보고자 한다.

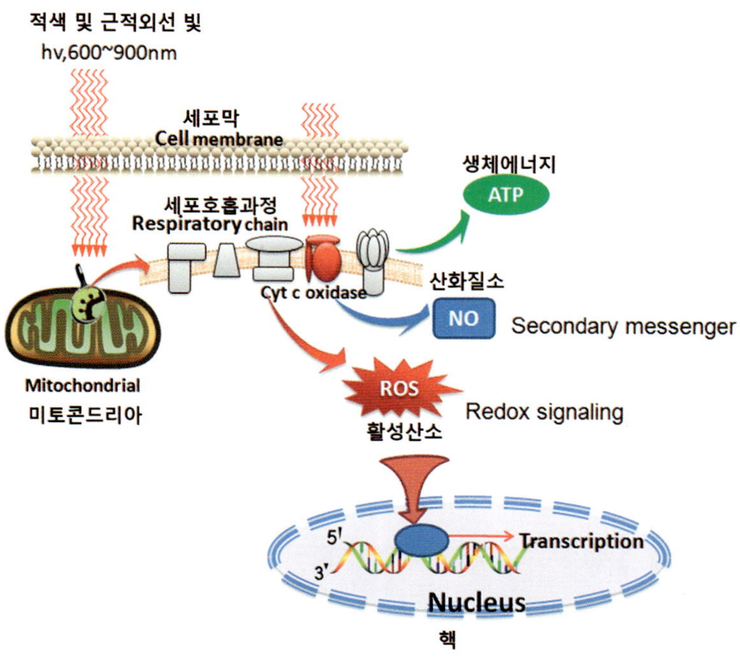

그림 B5-41 생체적 라이트 테라피에 의한 산화질소 생성 과정 (출처 : Huang Y.Y., Sharma S.K., Carroll J.D., Hamblin M.R., Biphasic Dose Response in Low Level Light Therapy – an Update, Dose Response, Vol.9, 2011, pp.602-618)

❶ 급성/만성 통증 완화

대표적인 급성 또는 만성 통증을 유발하는 질환으로는 근막통 증후군, 신경근병증, 그리고 골관절염 등이 있다. 근막통 증후군 환자의 경우, 통증을 호소하는 골격근 내에서 단단한 밴드 형태로 과민하게 자극되는 유발점이 발견되며, 이를 압박할 경우 연관 통증과 국소 연축 반응 등이 나타난다. 선행연구 결과에 따르면, 근막통 증후군, 신경근병증, 골관절염 통증으로 치료를 받고 있는 환자에게 2주 동안 하루에 15분간 환부에서 5 ㎝ 떨어진 위치에서 직경 10 ㎝ 크기의 파란빛(581 nm)을 4,080 lx 로 조사하여 통증 완화 효과를 확인하였다.[61)]

류머티스 관절염 또한 라이트 테라피를 통해 통증 완화 효과를 얻을 수 있다. 류마티스관절염은 손과 손목, 발과 발목 등을 비롯한 여러 관절에서 염증이 나타나는 만성 염증성 질환이다. 정확한 원인은 아직 밝혀지지 않았지만, 자가면역 현상이 주요 기전으로 알려져 있다. 자가면역이

61) 김연희, 고명환, 양선호, 김남균, 통증환자에서 가시광선을 이용한 광치료의 효과, 대한재활의학회지 : 제 26 권 제 1 호 2002

란 외부로부터 인체를 지키는 면역계의 이상으로 오히려 자신의 인체를 공격하는 현상이다. 일반적으로는 유전적 소인, 세균이나 바이러스 감염 등이 류마티스 관절염의 원인으로 지목된다. 신체적, 정신적 스트레스를 받은 후 발병하기 쉽고 여자에서 좀 더 흔한 것으로 알려져 있다. 류마티스 관절염은 단기간 치료로 완치되는 질환이 아니며, 긴 시간 치료가 필요하다. 현재 시판 중인 류머티즘 관절염 치료제는 항염 작용을 하며 자가면역질환을 억제하지만, 일시적 작용에 그치며, 복용자에 따라 피부발진, 식욕감퇴, 복부 통증, 간 기능 이상 등 여러 부작용이 생긴다. 따라서, 비약물적인 라이트 테라피를 활용한 통증 완화 치료를 병행하여 진행한다. 선행연구의 전임상 유효성 결과에 따르면, 환부에 630 nm, 850 nm의 복합 파장 광원으로 15 J/㎠ 조사 시 대조군 대비 염증 유발군의 감소율이 약 26 % ~ 31 %로 나타나 염증 억제에 효과가 있는 것을 확인하였으며 인체 적용 시험결과 통증 완화 효과와 관절 뻣뻣함 감소 효과를 확인하였다.[62]

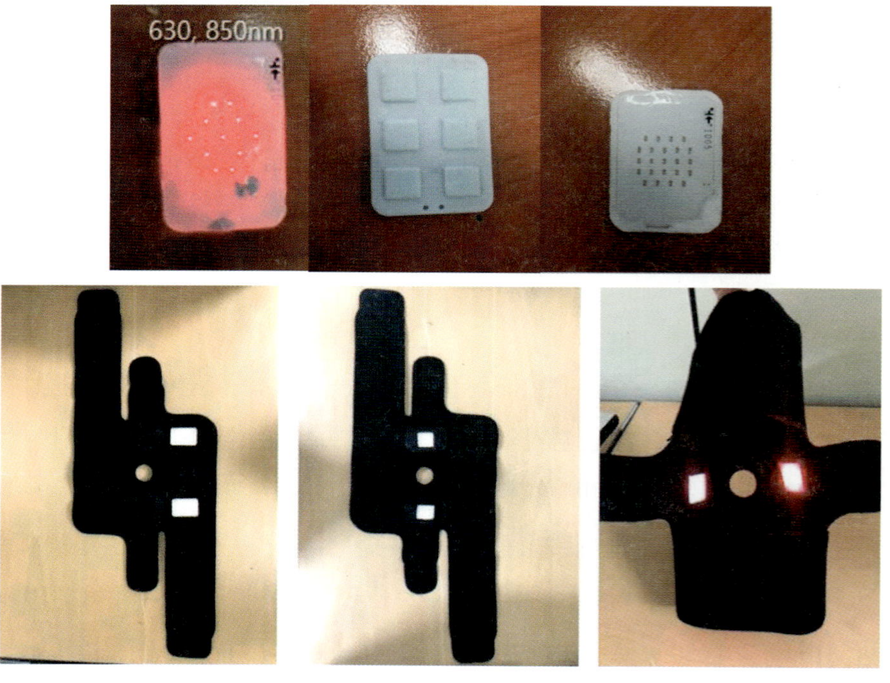

그림 B5-42 관절염 통증 완화를 위한 Micro-LED 웨어러블 케어 시스템

만성요통의 경우, 2017년에 미국의 대학의사협회(American College of Physicians, ACP)에서 적색 및 근적외선을 사용한 라이트 테라피를 공식적인 만성요통 완화의 권장 치료로 발표하였다. 만성요통은 12주 이상 허리 통증이 지속되거나 장기간 자주 반복되는 경우, 정상적인 치유

62) ㈜링크옵틱스, 관절염 통증 완화를 위한 Micro-LED 웨어러블 케어 시스템 개발(최종보고서), 2020,

과정 기간 이후에도 지속되는 통증을 말한다. 만성요통의 원인은 추간판 탈출증, 척추관 협착증 등이 주요 원인이며, 추간판 탈출증 등이 없어도 부적절한 자세, 운동 부족, 앉아서 생활하는 습관으로 인한 척추 주변 근육들의 약화와 긴장이 원인이 될 수 있다. 선행연구의 결과에 따르면, 21년 이상의 만성 요통을 앓고 있는 18명의 환자에게 800 nm ~ 1,200 nm의 빛을 방사하는 복대를 7주간 착용하게 하여 11점 통증 척도 점수를 기준으로 착용 전 7점에서 착용 7주 후 3점으로 약 50 % 통증 수준이 점진적으로 감소한 것을 확인하였다.[63)]

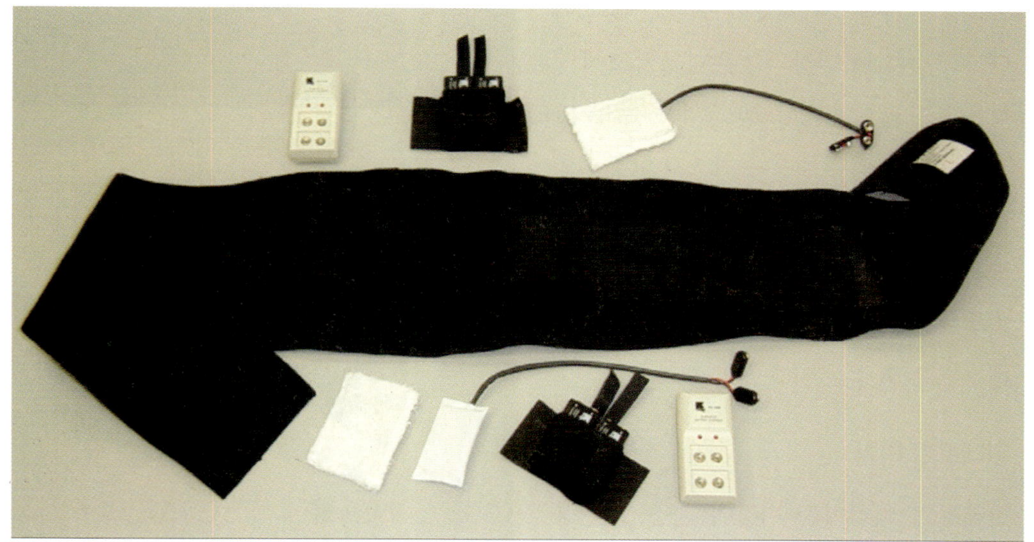

그림 B5-43 만성요통 통증 완화 치료를 위한 적외선 방사 복대

2 여드름

여드름은 털 피지선 샘 단위의 만성 염증질환으로 면포, 구진, 고름물집, 결절, 거짓낭 등 다양한 피부 변화가 나타나며, 이에 따른 후유증으로 오목한 흉터 또는 확대된 흉터를 남기기도 한다. 피지선이 모여 있는 얼굴, 목, 가슴 등에 많이 발생하며 털을 만드는 모낭에 붙어있는 피지선에 염증이 생기는 질환을 말한다. 보통 여드름은 주로 사춘기에 발생하며, 사춘기 청소년의 85 %에서 관찰된다. 남자는 15세와 19세 사이에, 여자는 14세와 16세 사이에 발생 빈도가 높다. 태양광은 여드름 치료에 효과적으로 알려졌지만, 자외선에 오래 노출될 경우 백내장, 피부 손상 등의 부작용으로 그 사용이 제한적이다. 따라서 자외선을 포함하지 않은 420 nm ~ 470 nm 의 빛을 이

63) George D Gale et al, Infrared therapy for chronic low back pain: A randomized, controlled trial, Pain Res Manag, 11(3), PP.193-196, 2006 Autumn

용한 광역동 치료(PDT, photo dynamic therapy)를 통해 여드름을 효과적으로 치료할 수 있다.

광역동 치료는 여름들의 원인균인 아크네균(proprium bacterium acnes)에 대한 활성산소, 혈관폐색, 면역, 세포자연사(apoptosis) 등의 멸균 살균작용에 의하여 여드름균을 줄이고 비정상적으로 커지는 피지선을 줄여 여드름을 효과적으로 치료할 수 있는 방법이다. 특히 415 nm 파장의 빛은 다른 세포에 영향을 주지 않으면서 아크네균과 염증세포만을 제거하여 염증 반응을 감소시킨다. 이와 더불어 적생광 또는 근적외선 파장의 라이트 테라피를 병행하면 여드름으로 인한 흔적을 지우고 손상된 피부 조직을 빠르게 재생하는 데 도움을 줄 수도 있다.

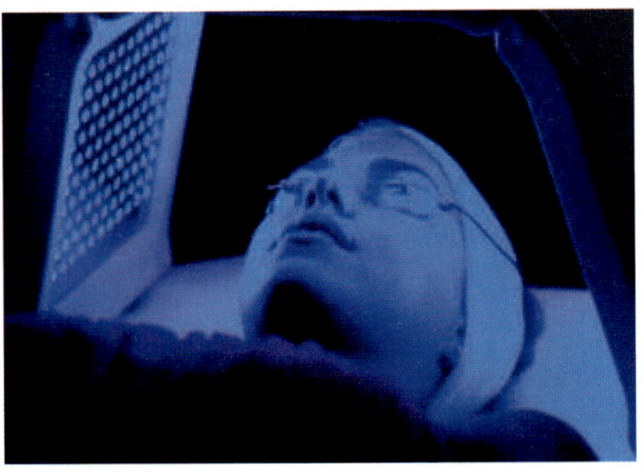

그림 B5-44 청색광을 이용한 여드름 치료(출처 : https://www.consultingroom.com/treatment/light-treatment-for-active-acne)

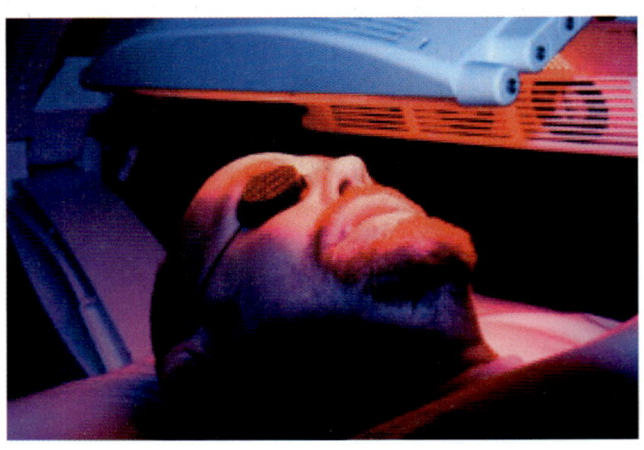

그림 B5-45 적색광을 이용한 여드름 상처 치료(출처 : https://www.medicalnewstoday.com/articles/319256#how-does-photodynamic-therapy-work)

3 알레르기 비염

알레르기 비염이란 비강이 곤충, 애완용 동물의 각질이나 털, 또는 봄, 가을의 꽃가루 등 알레르기 항원에 노출되어 비강 점막 내에서 면역글로불린 E(immunoglobulin E, IgE) 항체가 형성되고 히스타민이 방출되어 나타나는 과민성 알레르기 반응으로 전 인구의 5 % ~ 20 % 가 알레르기 질환을 가지고 있으며 소아와 청소년에서 알레르기 비염의 빈도는 7.8 %로 알려져 있다. 알레르기 비염 환자의 약 반수 이상에서 알레르기 천식, 약물 알레르기, 두드러기, 접촉성 피부염 등이 있다.

알레르기 비염의 치료 방법으로는 주로 항히스타민제를 복용하는 약물적인 치료 방법이 있지만 졸음과 심장박동 이상 등을 일으킬 수 있다. 따라서 부작용을 최소화하기 위해 비약물적인 치료 요법이 시행되고 있으며 저출력 광선조사기를 이용한 라이트 테라피를 통해 효과적으로 치료할 수 있다. 저출력광선조사기는 주로 적색 빛 또는 적외선을 발생시키는 LED 또는 레이져(Laser)를 이용하는 것으로 환부에 직접 조사하여 비염 점막에서 대사와 혈류를 증가시키고, 염증과 산화스트레스(oxidative stress)를 감소시켜 알레르기성 비염을 치료한다.

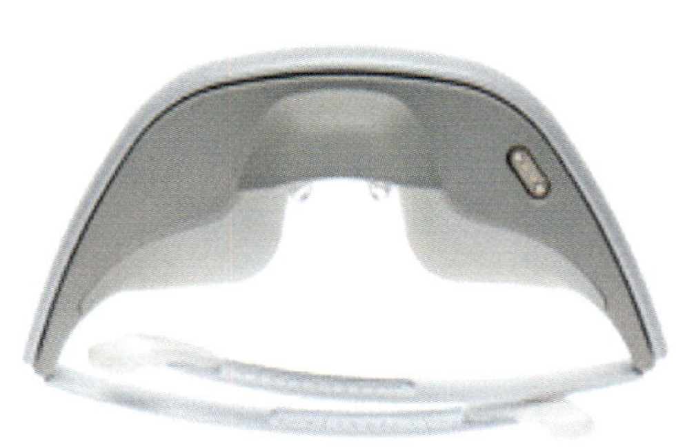
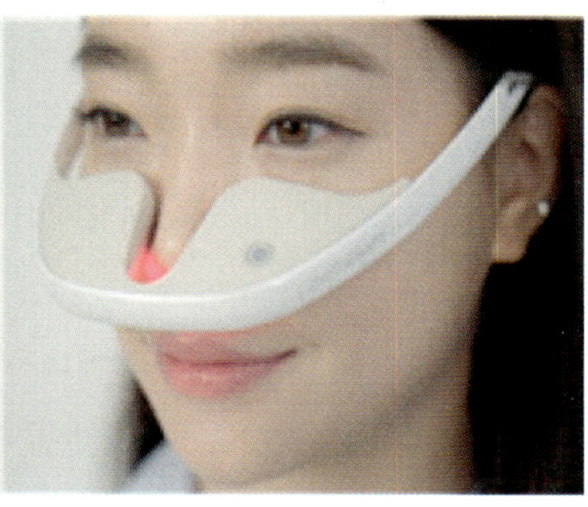

그림 B5-46 저출력광선조사기를 이용한 알레르기 비염 치료(출처 : 박일환. "알레르기 비염 환자에서 적색 및 근적외선 LED 광선 치료 효과." Journal of Biomedical Engineering Research 40.4 (2019): 125–131)

선행연구 결과에 따르면, 꽃가루에 의한 계절성 알레르기 비염이 생긴 성인 환자들 101명을 대상으로 652 nm, 940 nm 파장의 빛을 14일 동안 하루에 5 ~ 6 시간 간격으로 3회씩 3 분간 조사한 결과, 재채기, 콧물, 눈물, 입과 입천장 가려움 감소 효과를 확인하였다.[64)]

국내 임상시험에서도 지속성 알레르기 비염을 갖고 있는 환자들을 대상으로 650 nm 레이저 라이트 테라피를 4 주간 시행하여 전체 피험자 13명 중에서 코 막힘은 11명(85 %), 콧물은 12명(92 %)의 피험자에서 개선 효과를 확인하였고, 재채기와 코 가려움증도 각각 100 % 와 92 %의 피험자에서 개선 효과가 있음을 확인하였다.[65)]

4 항암

항암화학요법이란 약물(항암제)을 이용하여 암세포가 자라는 것을 막거나 죽이는 전신적인 치료 방법으로 수술, 방사선요법과 함께 암 치료의 3대 방법 중 하나이다. 항암제에는 주사제와 경구로 복용하는 알약이 있으며, 몸으로 유입된 항암제는 혈관을 타고 전신을 순환하며 암세포의 성장을 막거나 죽이는 역할을 한다. 전통적인 항암제는 '세포독성 항암제'로 빠르게 분열하며 증식하는 세포를 공격하여 분열을 차단함으로써 암세포를 죽인다.

64) Emberlin JC, Lewis RA. Pollen challenge study of a phototherapy device for reducing the symptoms of hay fever. Curr Med Res Opin. 2009;25(7):1635-44

65) Lee H, Park MS, Park IH, Lee SH, Lee SK, Kim K, Choi H.A Comparative pilot study of symptom improvement before and after phototherapy in Korean patients with perennial allergic rhinitis. Photochem Photobio. 2013;89:751-57

성인의 몸에는 암세포 외에도 혈구세포, 점막세포, 생식세포 등 빠르게 분열하는 세포들이 일부 있는데 세포독성 항암제를 사용하게 되면 이러한 세포들도 손상되어 특징적인 부작용들이 나타날 수 있다. 이러한 부작용을 최소화하기 위해 최근에는 암세포와 관련된 특정 단백질만 공격하는 표적 항암 치료가 널리 사용되고 있다.

다양한 표적 항암 치료 중 빛을 사용하여 암세포만 선택적으로 파괴하는 광역학 치료법이 있다. 광역학 치료는 광과민제를 혈관에 주입하여 암조직에 광과민제가 축적되도록 유도한 다음 특정 파장(600 nm ~ 700 nm)의 레이저를 조사하여 암세포만을 제거한다. 이는 단순히 레이저의 열에 의한 효과가 아니라 레이저의 에너지가 광감제가 있는 곳에서 화학적 반응을 유도하여 활성화 산소(singlet oxygen)를 생성하는 광화학 반응의 결과로 정상 조직에는 거의 영향을 미치지 않는 장점이 있다. 가장 보편적으로 광역학 치료가 적용되는 암은 폐암과 식도암이며 후두암, 담도암, 대장암, 방광암, 자궁경부암 등 여러 종류의 암에 두루 사용될 수 있다.

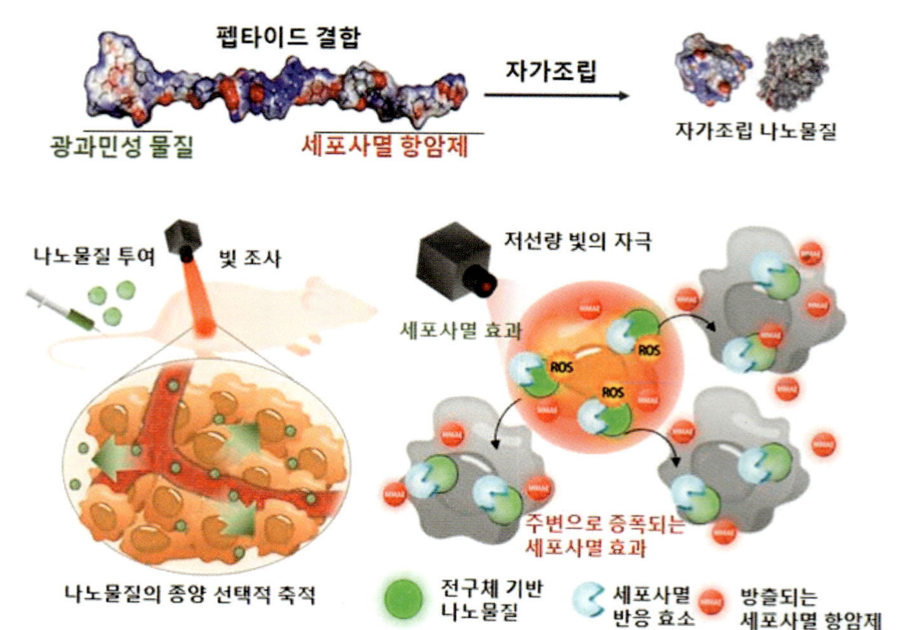

그림 B5-47 저출력광선조사 요법을 이용한 항암 표적 치료(출처 : https://www.etnews.com/20191001000148)

5 갑상선 질환

갑상선 질환 중 갑상선 기능 저하증(Hypothyroidism)은 갑상선 호르몬의 양이 인체에 필요한 양보다 부족하여 체내 에너지 대사가 저하된 상태를 말한다. 청소년과 성인에게서 발병하는 갑상선 기능 저하증의 원인은 하시모토 갑상선염(자가면역성 갑상선염)에 의해 갑상선 자체에서 갑상선 호르몬의 생산이 줄어드는 경우이다. 뇌하수체 기능 저하증이 있는 경우도 갑상선 자극 호르몬(TSH, thyroid stimulating hormone)이 분비되지 않아 갑상선 기능 저하증이 발생할 수 있다.

갑상선을 제거한 경우 역시 갑상선 호르몬이 생성되지 못하므로 갑상선 기능 저하증이 올 수 있다. 주요 증상으로는 만성 피로, 식욕 부진, 체중 증가, 추위를 타는 것, 변비 등이 있을 수 있다. 그 외에도 피부가 건조해지고, 여자의 경우 생리 주기의 변화가 생기며, 월경 과다가 동반되기도 한다. 혈중 프로락틴(prolactin, 젖분비 호르몬) 수치를 증가시켜 유즙 분비가 생길 수 있다. 갑상선 호르몬이 심하게 부족한 경우 혼수 등의 신경학적 증상이 동반될 수 있다.

이러한 갑상선 기능 저하증을 치료하는 보조 수단으로 라이트 테라피가 활용된다. 갑상선 질환을 앓고 있는 환자는 호르몬제를 복용하면서 라이트 테라피를 병행하여 치료 효과를 높이기도 한다. 선행연구 결과에 따르면, 레보티록신(합성 갑상샘 호르몬 LT4) 치료를 받는 갑상선 기능 저하증 환자 15명에게 830 nm 의 저출력 레이져 치료를 한 달 동안 주 2회 시행한 후 모든 환자에게 호르몬 요법을 중단하도록 했다. 라이트 테라피를 받은 환자들을 추적 조사한 결과, 레보티록신에 대한 필요성이 줄어들었고, 항 갑상샘 과산화효소 항체(TPOAb) 수준이 감소함을 확인하였다.[66]

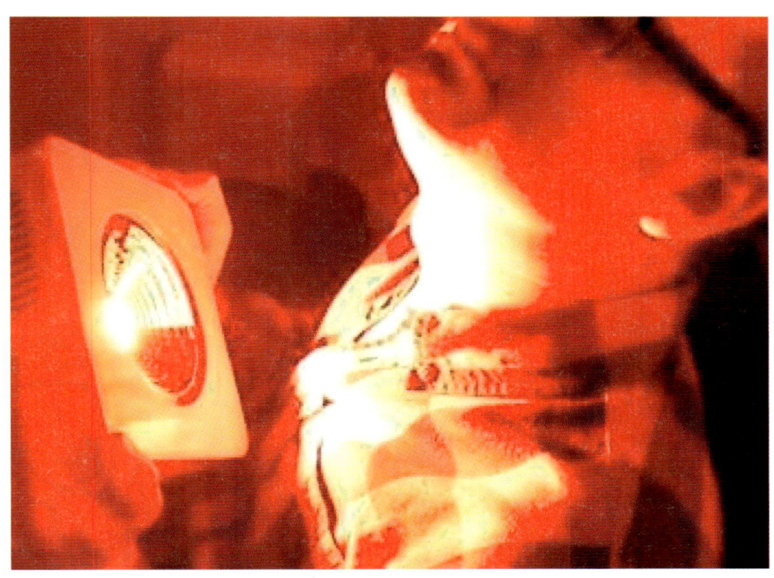

그림 B5-48 라이트 테라피를 이용한 갑상선 질환 치료 예시
(출처 : https://redlightman.com/blog/red-light-therapy-shown-to-cure-hypothyroidism/)

66) Höfling, Danilo B., et al. "." Lasers in Surgery and Medicine 42.6 (2010): 589-596

6 비타민 D 결핍

실내에서 대부분 시간을 보내는 현대인들의 특성상 자연광에 노출될 기회가 적어 우리나라 남성의 91.3 %, 여성의 95.9 % 가 비타민 D 결핍 증상을 겪고 있다. 이와 더불어, 최근 미세먼지 및 초미세먼지 농도가 높아짐에 따라 실외 활동이 줄어들면서 자연광에 노출될 기회가 줄어들어 비타민 D 결핍 문제는 더욱 심각해질 것으로 예상된다. 비타민 D는 근골계, 암, 심혈관질환, 당뇨병, 구르병 등 수많은 질환과의 연관성이 밝혀졌으며 결핍일 경우, 우울증 및 계절적 정서장애, 비만, 수면장애 등이 발생 된다.

비타민 D는 체내에서 합성되어 일반적인 비타민이라기보다는 내분비 기능뿐만 아니라 자가분비(Autocrine)와 측분비(Paracrine) 기능을 가지는 호르몬성 비타민으로 볼 수 있다. 비타민 D의 종류는 D1 ~ D7이 있으며 생리활성을 가지는 비타민은 D2(Ergocalciferol)와 D3(Cholecalciferol)만 존재한다. 이중 비타민 D2는 주로 식물에 의해 합성되며 비타민 D3는 UV(Ultra Violet)-B 파장(280 nm ~ 320 nm)의 빛에 노출되었을 때 피부에서 합성된다. 비타민 D의 급원은 대부분이 햇빛에 의해 만들어지며, 식품으로 섭취되는 비타민 D의 양은 약 10 % ~ 20 % 로 많지 않다. 한국영양학회가 제안한 19 ~ 64세 성인의 하루 비타민 D 권장량인 400 IU (10 ㎍)을 음식으로 섭취하기 위해서는 달걀 10개 또는 우유 600 cc, 연어 1마리 등이 필요하다. 따라서, 비타민 D는 음식을 통해 섭취하는 것보다 UV-B 노출에 의한 피부 합성이 효율적이라 할 수 있다.

UV-B 파장의 빛을 피부에 노출 시키면 다음 그림과 같이 피부의 7-dehydrocholesterol (Provitamin D3)이 Previtamin D3로 전환된다. Previtamin D3는 열에 의해 비타민 D3로 이성화(Isomerization)된다. 이성화된 비타민 D3는 생리적 비활성 상태이며 피부세포 밖으로 분비되어 혈관을 타고 간으로 이동하여 간세포에 의해 25(OH)D3로 수산화된다. 수산화된 25(OH)D3는 혈관을 통해 신장으로 이동하여 신장 세포에 의해 1,25(OH)2D3로 한 번 더 수산화되어 마침내 생리적 활성 상태가 된다. 생리적 활성 상태

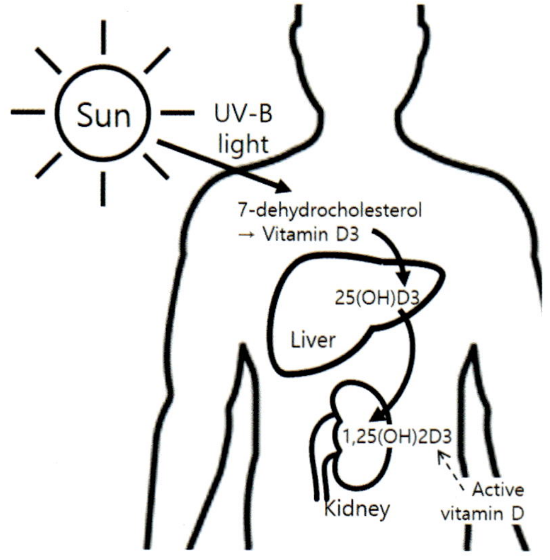

그림 B5-49 자연광 노출에 따른 비타민D 생성 과정

가 된 1,25(OH)2D3를 활성형 비타민 D라고 하며 혈관을 통해 온 몸의 각 조직 세포에 가서 비타민 D의 기능을 수행한다. 이러한 기전을 활용하여 비타민 D 결핍을 개선하기 위해 UV-B 파장의 빛을 사용한 라이트 테라피를 시행할 수 있다.

선행연구의 결과에 따르면, 염증성 피부 질환이 있는 116명의 환자에게 약 90일 동안 일주일에 2 ~ 3회씩 UV-B(310 nm) 파장의 라이트 테라피를 시행한 결과 310 nm 파장의 라이트 테라피를 시행한 그룹의 혈중 비타민 D 수치가 크게 증가함을 확인하였다.[67)]

또한, 1998년부터 2015년까지 UV-B 파장을 사용한 라이트 테라피의 혈중 비타민 D 생성 효과 관련 연구 25편을 분석한 선행연구에 따르면, UV-B 노출량에 따라 혈중 비타민 D 생성량이 증가는 하지만, 선형 관계는 아니며 약 4 ~ 5주 후에 비타민 D 생성이 정체되는 결과를 확인하였다. 일주일에 3번 UV-B(290 nm ~ 320 nm) 파장의 라이트 테라피를 25 SED(standard erythema dose, 표준 홍반량) 수준으로 전신에 노출하면 1 SED 당 3.9 nmol/L의 초기 비율로 혈청내의 비타민 D가 상승하며, 이는 겨울철 생성되는 비타민 D 생성량을 여름 수준까지 끌어올릴 수 있는 생성 효과를 의미한다.[68)]

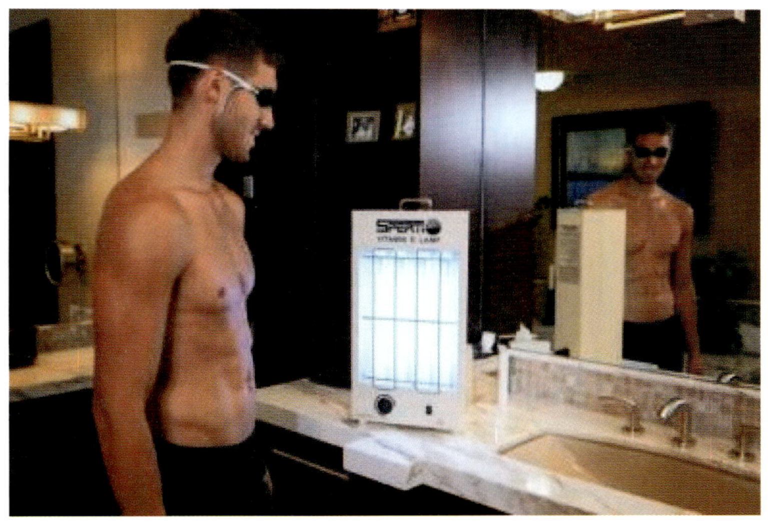

그림 B5-50 UV-B 램프를 활용한 비타민D 결핍 치료 예시
(출처 : https://heliotherapy.institute/vitamin-d-lights-bulbs/#gref)

67) Feldmeyer, Laurence, et al. "Phototherapy with UVB narrowband, UVA/UVBnb, and UVA1 differentially impacts serum 25-hydroxyvitamin-D3." Journal of the American Academy of Dermatology 69.4 (2013): 530-536

68) Grigalavicius, Mantas, et al. "Vitamin D and ultraviolet phototherapy in Caucasians." Journal of Photochemistry and Photobiology B: Biology 147 (2015): 69-74

PART
C

조명관련 인증 및 법규

CHAPTER 01

LED조명 제품에 대한 국내 인증제도

발광다이오드(LED)를 적용한 조명 제품을 국내에서 출시하려면 법정 강제인증인 전기용품안전관리제도, 전자파적합성, 효율등급 3가지 인증과 법정 임의 인증인 KS(Korea Standard), 고효율에너지기자재인증, 녹색인증, 환경표지인증 4개 인증, 총 7개의 인증을 받아야 한다.

1.1 전기용품안전관리제도

1.1.1 개요

이 제도는 전기용품을 생산, 조립, 가공하거나 판매, 대여 또는 사용할 때의 안전관리에 관한 사항을 규정하여 화재와 감전 등의 위해로부터 국민의 생명과 신체 및 재산을 보호하는 것을 목적으로 한다. 제품 출시 전「전기용품 및 생활용품 안전관리법(전안법)」에 규정된 절차에 따라 제품의 안전성을 검증받고, 관련 표시사항을 제품 또는 포장에 표시해야 한다.

1.1.2 전기용품안전관리 대상 제품 분류 및 시험인증기관

전기용품안전관리 대상 제품은 위해 정도에 따라 3단계로 분류된다.

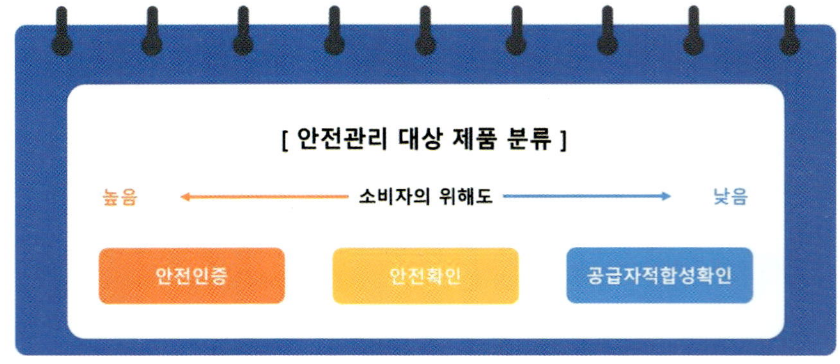

그림 C1-1 전기용품안전관리 대상 제품 분류

① 안전인증제도

「전기용품 및 생활용품 안전관리법」제3조의 규정에 따라 안전인증대상 전기용품을 제조하거나 외국에서 제조하여 대한민국으로 수출하고자 하는 자는 안전인증기관으로부터 제품의 출고 전(국내 제조), 통관 전(수입 제품)에 안전인증대상 전기용품의 모델별로 안전인증을 받아야 한다.

전안법(전기용품 및 생활용품 안전관리법)에 따라 전기용품 37개 품목이 대상으로 지정되어 있다. 그 중, 조명 제품은 총 9개 품목, 35개 종으로 분류된다. 그리고 LED조명 제품은 LED등기구와 안정기내장형LED램프가 포함된다.

대상 제품은 안전인증 기관에서 제품시험과 공장심사를 거쳐 안전성을 확인받고, KC마크 및 안전인증번호 등 관련 정보가 표시되어야 한다.

② 안전확인제도

전기전자 산업의 발달로 인한 신제품 보급 증가, 기업에 대한 규제 완화 필요성 등의 주변 환경 변화를 고려하여 위해 수준에 따라 안전관리 절차를 차등 적용하기 위해「안전확인제도」를 도입하였으며, 2009년 1월 1일부터 시행 중이다. 안전확인대상 전기용품에 대하여는 기존의 안전인증대상 전기용품에 적용되는 공장심사와 연 1회 이상의 정기검사 절차가 적용되지 않는다.

③ 공급자적합성확인제도

위험도가 다양한 전기용품 안전관리제도 운영의 효율성을 높이고 저위험 전기용품에 대한 규제 완화를 위해 기업이 스스로 제품시험을 하거나 제 3자에게 시험을 의뢰하여 해당 전기용품의 안전기준 적합 유무를 확인하고, 관련 사항을 한국제품안전관리원에 신고한 후 판매하도록 하는 선진형 안전관리제도이다.

표 C1-1 안전인증/안전확인제도 개요

구분		안전인증	안전확인
제품시험	안전성시험	O	O
공장심사	제조·검사설비	O	확인안함
	원자재·공정검사	O	확인안함
	제품검사	O	확인안함
인증·신고		안전인증서 발급	안전확인증명서 발급
정기사후관리(제품시험+공장심사)		O	정기심사 없음

전기용품안전관리 대상 제품의 세부 품목은「전기용품 및 생활용품 안전관리 운용요령」에 자세히 나와 있으며, LED조명 제품은 총 12개 분류 품목 중에서 11번 조명기기 품목에 해당된다. 이 요령은「전기용품 및 생활용품 안전관리법」, 같은 법 시행령 및 같은 법 시행규칙에서 위임한 사항과 그 시행에 관하여 필요한 사항을 구체적으로 설명하고 있다.

표 C1-2 안전인증/안전확인/공급자적합성확인 조명기기 대상 품목

	품목	세부품목
안전인증	가. 램프홀더	① 형광램프 홀더 ② 에디슨 나사형 홀더 ③ 기타 램프 홀더 ④ 형광램프용 스타터 홀더
	나. 일반조명기구	① 형광등기구 ② PLS조명기구 ③ 백열등기구 · 전기스탠드(전자회로가 있는 구조의 것) ④ LED등기구 ⑤ 할로겐등기구(전자회로가 있는 구조의 것으로 램프당 150W 이하인 것에 한정함) ⑥ 고압방전등기구(램프당 150W 이하인 것에 한정함) ⑦ 투광조명기구(구동장치가 있는 구조로 램프당 150W이하인 것에 한정함) ⑧ LED조명시스템(전체 시스템 정격이 1,000W 이하인 것에 한정함)
	다. 안정기 및 램프제어장치	① 램프용 자기식안정기(정격입력이 1,000W 이하인 것을 한정한다) ② 램프용 전자식안정기(정격입력이 1,000W 이하인 것을 한정한다) ③ 네온변압기 ④ 조명기구용컨버터(LED 전원공급장치포함)
	라. 안정기내장형램프	① 안정기내장형램프(LED용 포함)
안전확인	가. 백열등기구	① 백열등기구 · 전기스탠드 (전자회로가 없는 구조의 것) ② 샹들리에(1kW 이하인 것에 한정한다)
	나. 방전램프	① 형광램프 ② 무전극램프 ③ 수은램프 ④ 메탈할라이드램프 ⑤ 나트륨램프 (※ 컬러램프 포함) 비고 : 정격입력이 1,000 W 이하인 것에 한정한다.

	품목	세부품목
	다. 가 목을 제외한 그 밖의 조명기구	① 체인형 조명기구 ② 충전식 휴대전등 ③ 투광조명기구 (구동장치가 없는 구조로 램프당 150W 이하인 것에 한정한다) ④ 할로겐등기구 (구동장치가 없는 구조로 램프당 150W이하인 것에 한정한다) ⑤ 등기구 전원공급용 트랙시스템
	라. 나 목을 제외한 그 밖의 램프	① 백열램프 ② LED램프(모듈) ③ 할로겐전구 (250W 이하인 것에 한정한다) (※ 컬러램프 포함) 비고: 일상생활에서 조명기구를 사용하는 자에게 판매되는 PCB LED 모듈은 LED램프 (모듈)로 간주하며, 안전기준의 요구사항을 충족하여야 한다.
공급자 적합성확인	가. 형광램프용 스타터	① 램프용 글로우스타터 ② 램프용 전자식스타터

전기용품안전인증서와 안전확인증명서를 발급해주는 기관은 총 3개 기관이 지정되어 있고, 안전인증 시험도 동시에 진행하고 있다. 안전인증 및 안전확인 제품시험은 안전인증기관과 계약 체결한 민간 시험기관에서도 가능하다.

표 C1-3 안전인증/안전확인제도 개요

	기관명	전화번호	웹사이트
1	한국산업기술시험원	080-808-0114	http://www.ktl.re.kr
2	한국기계전기전자시험연구원	1899-7564	http://www.ktc.re.kr
3	한국화학융합시험연구원	1577-0091	http://www.ktr.or.kr

1.1.3 안전인증, 안전확인, 공급자적합성확인 신청 및 처리절차

① 안전인증 신청 및 처리 절차

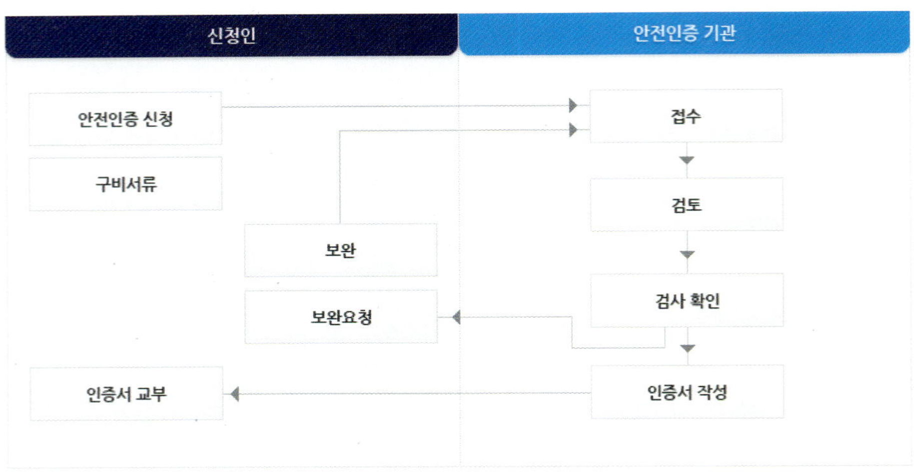

그림 C1-2 안전인증 신청 및 처리 절차(출처: 국가기술표준원(https://www.kats.go.kr/))

② 안전확인신고 신청 및 처리 절차

그림 C1-3 안전확인신고 신청 및 처리 절차(출처: 국가기술표준원 홈페이지(https://www.kats.go.kr/))

③ 공급자적합성확인신고 신청 및 처리 절차

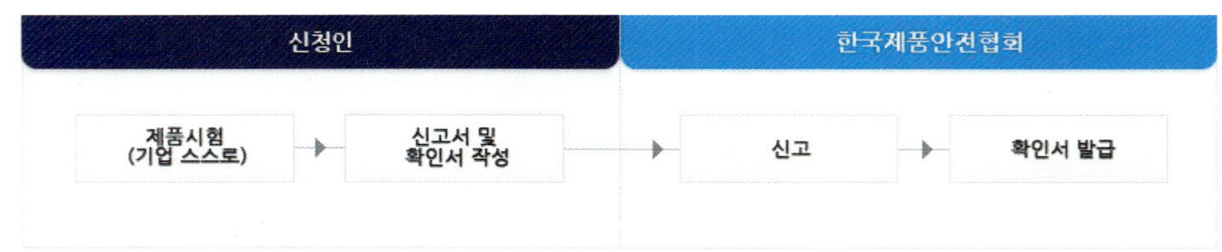

그림 C1-4 공급자적합성확인신고 신청 및 처리 절차(출처: 국가기술표준원(https://www.kats.go.kr/))

1.1.4 안전관리대상 전기용품의 표시

과거 우리나라에는 총 70여 개의 법정 의무 인증제도가 있었다. '제품 안전'이라는 동일한 목적이더라도, 부처마다 인증 마크가 달라서 중복으로 인증을 받아야 하는 불편함이 있었다. 그로 인하여 시간과 비용이 낭비되는 것은 물론이고, 국가 간 거래에 있어 상호 인정이 되지 않아 재차 인증을 받아야 하는 등 국제 신뢰도 저하와 국부 유출의 문제를 가져왔다. 이에 2011년 1월, 13개 법정 의무 인증 마크를 하나로 통합하였고, 현재는 23개의 제도에서 국가통합인증마크인 KC마크(KC mark)를 사용하고 있다. 총 23개 중에서 LED 조명 제품과 관련하여 KC마크를 사용하는 인증제도는 2가지가 있다.

표 C1-4 LED 조명 제품과 관련된 KC마크 사용 중인 법정 의무 인증제도

연번	소관부처	인증제도명	근거법률
1	산업통상자원부 (국가기술표준원)	전기용품 안전인증 (안전확인, 공급자적합성확인 포함)	전기용품 및 생활용품 안전관리법 (구) 전기용품 안전관리법
2	과학기술정보통신부	방송통신기자재적합성평가제도	전파법

KC인증을 취득한 제품은 제품표면 또는 포장에 KC마크와「전기용품 및 생활용품 안전관리법」에서 규정하는 내용을 표시하여야 한다. 국내에서 제조하는 제품에는 출고 전에, 외국에서 제조하여 국내에서 수입하는 제품에는 통관 전에 표시하여야 한다.

표 C1-5 LED 조명 제품과 관련된 KC마크 사용 중인 법정 의무 인증제도

표시사항
① 안전인증·안전확인신고·공급자적합성확인의 마크 ② 안전인증·안전확인신고 번호 ③ 모델명 ④ 제조업체명 또는 수입업체명(외국 소재 제조업체인 경우에만 제조국명 표시를 추가) ⑤ 제품의 제조 시기를 알 수 있는 표시(예: 제조년월, 로트번호 또는 제조업자가 제조년월을 입증할 수 있는 표시) ⑥ 애프터서비스 연락처(실질적으로 A/S 가능한 국내 연락처) ⑦ 개별 전기용품 안전기준에서 규정한 표시사항 * 전안법 운용요령 제59조, [별표23] 참조

전기용품 및 생활용품 안전관리법에 따른 법적요구사항	전기용품 및 생활용품 안전관리법 시행규칙 [별표 9]에 따라 표시 도안 색상 : 검정색이 원칙이며, 보색 사용 가능
전기용품 및 생활용품 안전관리법 시행규칙 [별표 9]에 따른 안전인증, 안전확인신고, 공급자적합성 표시 방법	인증기관의 안전인증번호 및 안전확인 신고번호 기재 - **안전인증 대상 제품** : 시행규칙 [별표 제5호 서식]의 안전인증번호 - **안전확인신고 대상 제품** : 시행규칙 [별표 제15호 서식]의 신고번호 - **공급자적합성확인 대상 제품** : 번호 미기재

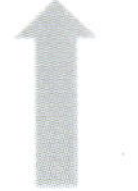

그림 C1-5 표시사항 부착방식 예시

1.2 방송통신기자재 적합성평가 제도

1.2.1 개요

방송통신기자재등의 적합성평가 제도는 전파법 제58조의 2에 근거하여 시행하고 있으며 적합인증, 적합등록, 잠정인증 세 가지로 구분한다. 전파의 혼선과 간섭으로부터 전파 환경을 보호하고, 적합성평가를 통해 검증된 기기를 사용하여 소비자(국민)의 안전을 보장하기 위해서 시행하고 있다. 방송통신기자재(LED 조명 제품 포함)를 제조 또는 판매하거나 수입하려는 자는 해당 기자재에 해당하는 적합인증, 적합등록 또는 잠정인증 중 해당하는 사항에 적합성평가를 받아야 한다.

1.2.2 기술기준 및 법적근거

① 시험검사인증 관련 고시 공고 및 기술기준

- 방송통신기자재등의 적합성평가에 관한 고시
- 전자파적합성 시험방법
- 전자파적합성 기준

② 법적 근거

「전파법」 제58조의 2(방송통신기자재등의 적합성평가) 내용과 「전파법 시행령」을 법적 근거로

하고 있다.

1.2.3 적합성평가 방법 및 구분

❶ 적합인증

전파환경 및 방송통신망 등에 위해를 줄 우려가 있는 기자재와 중대한 전자파장해를 주거나 전자파로부터 정상적인 동작을 방해받을 정도의 영향을 받는 기자재를 제조 또는 판매하거나 수입하고자 하는 경우 반드시 취득하여야 한다.

❷ 적합등록

적합인증 대상이 아닌 방송통신기자재 등을 제조 또는 판매하거나 수입하고자 하는 자는 국립전파연구원장에게 적합성 평가 기준에 부합함을 증명하는 확인서를 첨부하여 전자민원으로 등록하면 된다.

❸ 잠정인증

방송통신기자재 등에 대한 적합성평가 기준이 마련되어 있지 아니하거나 그 밖의 사유로 적합성평가가 곤란한 경우 국내의 표준, 규격 및 기술기준 등에 따라 적합성평가를 한 후 지역, 유효기간, 인증조건을 붙여 해당 기자재를 제조·수입·판매할 수 있다.

1.2.4 적합성평가 대상 조명기기류

LED조명 제품을 포함한 조명기기류는 '전자파 장해를 주거나 전자파로부터 영향을 받는 기기'로 간주되어 「방송통신기자재 등의 적합성평가에 관한 고시」, [별표 1]에 열거되어 있다.

조명기기류는 9 kHz부터 400 GHz까지 주파수대에서의 형광램프 및 조명 기능을 갖는 기구 또는 장치를 일컬으며, 적합등록 대상 품목으로 분류되어 있다. 반면에 USB 또는 건전지 전원으로 동작하는 조명기기류 중에서 학교와 같은 교육기관에서 과학 실습용으로 사용되는 조립용품 세트(Set)는 적합성평가 제외 대상이며, 단순 점/소등 및 점멸 기능과 조명 밝기, 색의 단순 조절 기능을 포함하고 있는 기자재 또는 이와 유사한 기자재로서 전자파를 발생시키는 부품이나 회로 없이 기구물로만 구성된 구조라면 규정에 따라서 적합성평가 대상이 아닌 것으로 판단한다.

표 C1-6 적합성평가 대상 조명기기(출처: 방송통신기자재 등의 적합성평가에 관한 고시)

<table>
<tr><th colspan="2" rowspan="3">대상기자재</th><th colspan="5">적합성평가기준 적용분야</th><th colspan="3">적합성평가 유형</th><th rowspan="3">기기 부호</th><th rowspan="3">기타 사항</th></tr>
<tr><th rowspan="2">전자파 적합성</th><th rowspan="2">무선</th><th rowspan="2">유선</th><th colspan="2">전자파 인체보호</th><th rowspan="2">적합 인증</th><th colspan="2">적합등록</th></tr>
<tr><th>전자파 흡수율</th><th>전자파 강도</th><th>지정 시험 기관</th><th>자기 시험</th></tr>
<tr><td rowspan="4">라. 조명기기류 : 9KHz부터 400GHz까지 주파수대에서의 형광램프 및 조명기능을 가지는 기구 또는 장치</td><td>1) 일반 조명기구
(형광등기구, PLS조명기기, 백열등기구, 전기스탠드, LED등기구, 할로겐등기구, 고압방전등기구, 투광조명기구)</td><td>○</td><td></td><td></td><td></td><td></td><td></td><td>○</td><td></td><td>LIT11</td><td>할로겐 등기구, 고압방전등기구, 투광조명기구 중 150W를 초과하는 것은 자기시험적합등록 대상</td></tr>
<tr><td>2) 안정기 및 램프 제어장치
[자기식안정기, 전자식안정기, 네온변압기, 네온변압기조명기구용 컨버터(LED전원공급장치 포함)]</td><td>○</td><td></td><td></td><td></td><td></td><td></td><td>○</td><td></td><td>IVT11</td><td>램프용 자기식·전자식 안정기의 정격입력이 1kW를 초과하는 것은 자기시험적합등록 대상</td></tr>
<tr><td>3) 안정기내장형램프
(LED용 포함)</td><td>○</td><td></td><td></td><td></td><td></td><td></td><td>○</td><td></td><td>LIG11</td><td></td></tr>
<tr><td>4) 기타 조명기구
(크리스마스트리용 조명기구, 충전식휴대전등, 조광기)

※ 직류전원만을 사용하여 동작하는 기자재는 대상에서 제외</td><td>○</td><td></td><td></td><td></td><td></td><td></td><td></td><td>○</td><td>LIT21</td><td></td></tr>
</table>

1.2.5 방송통신기자재등의 적합성평가 표시기준 및 방법

「방송통신기자재등의 적합성평가에 관한 고시」제23조 적합성평가의 표시 등의 내용에 따라서 표시하도록 하고 있다.

적합성평가 식별부호는 국가통합인증마크인 K마크를 사용하고 있으며, 기본 도안 모형과 요령은 안전관리대상 전기용품의 표시 요건과 동일하다. 구체적인 표시방법은「방송통신기자재등의 적합성평가에 관한 고시」, [별표 5]에서 자세히 설명하고 있다.

1. 적합성평가 표시기준

가. 국가통합인증마크의 기본도안 모형

나. 식별부호 표시

다. 도안요령 및 색채

1) 도안 요령 : 적합성평가표시의 가로 및 세로 비율은 아래의 격자눈금에 따른다.

2) 색채

가) 기본모형의 색채는 아래와 같은 남색(KS A 0062에 따른 5PB 2/8 색채)을 권장하며 제품의 바탕색에 따라 사용한다.

남색(5PB 2/8)

나) 특수한 색채효과가 필요한 경우에는 금색(KS A 0062에 따른 10YR 6/4 색채)과 은색(KS A 0062에 따른 N 7 색채)을 사용할 수 있으며, 남색, 금색 또는 은색을 사용할 수 없는 경우에는 검정색(KS A 0062에 따른 N 2 색채) 색상을 사용할 수 있다.

※ 비고: 금색과 은색에는 반짝이는 효과를 넣어 사용할 수 있다.

그림 C1-6 적합성평가 표시기준(출처: 방송통신기자재 등의 적합성평가에 관한 고시)

R	-	C	S	-	A	B	C	-	X	X	X	X	X	X	X	X	X	X	X	X	X	X
①		②	③		④				⑤													
방송통신 기기식별		기본인증 정보식별			신 청 자 정보식별				제품식별													

①란에는 전파법에 따른 방송통신기자재등의 적합성평가를 의미하는 'R'을 기재한다.
②란에는 기본 인증정보로서 '인증분야 식별부호'를 기재한다.

인증분야	식별부호
적합인증	C (Certification)
적합등록	R (Registration)
잠정인증	I (Interim)

그림 C1-7 식별부호 표시방법(출처: 방송통신기자재 등의 적합성평가에 관한 고시)

1.2.6 지정시험기관 개요

방송통신기자재의 적합성평가를 위해 기술기준의 적합성 여부를 시험하는 기관으로「전파법」제58조의 5(시험기관지정 등)에 명시된 근거에 의해 지정기관인 국립전파연구원으로부터 관련 규정에 따라 지정받아 시험업무를 종사하는 기관을 말한다.

지정시험기관의 지정에 관한 세부적인 규정은 전파법시행령 제77조의 9 및 방송통신기자재등 시험기관지정 및 관리에 관한 고시(국립전파연구원 고시)에서 지정절차 및 방법 등을 구체적으로 정하고 있다.

1.3 KS(Korea Standard) 인증제도

1.3.1 개요

KS(Korea Standard)인증제도는 국가표준 KS에 따라 제품이나 서비스를 지속적으로 생산할 수 있는 체제임을 인증기관을 통해 인정을 받는 법정임의인증제도이다. KS인증은 제조공장에 부여하는 인증으로서 KS인증번호는 KC인증번호처럼 모델별로 부여되는 것이 아니라 한가지 품목에 대해서 부여된다.

생산공장이 기술적인 면에서 KS 수준 이상의 제품을 지속적으로 생산할 수 있도록 하는 능력과 요건을 갖추어 품질이 안정되어 있고, 객관적인 면에서 항상 시스템적으로 동일한 기술 수준을 유지할 수 있도록 사내표준화 및 품질경영활동을 전사적으로 추진하고 있는지를 해당 제품의 심사 기준에 따라 엄격히 심사하고, 별도의 제품검사를 실시한 후 합격된 업체에 대하여 KS마크를 제품에 표시하도록 하고 있다.

KS인증은 소비자들이 안전하고 품질 좋은 제품을 선택할 수 있도록 도와준다. LED조명 제품에 KS 인증이 부여되면, 해당 제품은 안전하게 사용될 수 있고, 국제 표준에 부합하는 품질을 가진 제품임을 의미한다. KS인증은 제품인증과 서비스인증으로 구분된다.

표 C1-7 KS인증 대상

구분	내용
제품	품질을 식별하기가 쉽지 아니하여 소비자 보호를 위하여 한국산업표준에 맞는 것임을 표시할 필요가 있는 경우
	원자재에 해당하는 것으로서 다른 산업에 미치는 영향이 큰 경우
	독과점이나 가격 변동 등으로 품질이 크게 떨어질 것이 우려 되는 경우
서비스	소비자의 보호 및 피해 방지를 위하여 한국산업표준에 맞는 것임을 표시할 필요가 있는 경우
	제조업의 지원 서비스에 해당하는 것으로서 다른 산업에 미치는 영향이 큰 경우
	국가정책적 목적이나 공공목적을 위하여 서비스의 품질 향상이 필요한 경우

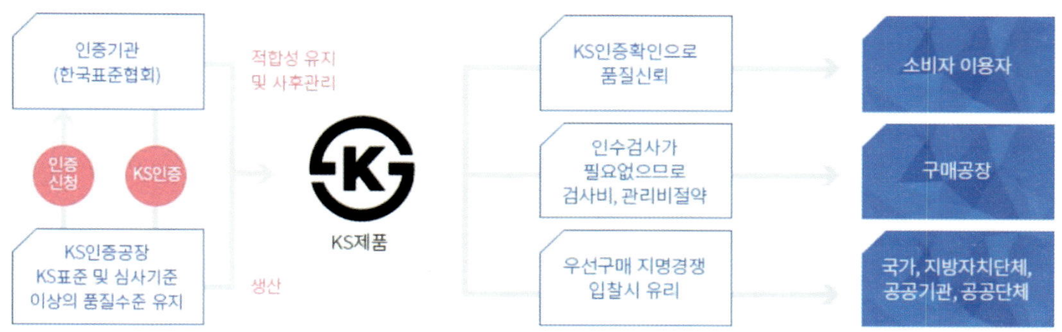

KS제품인증제도 구성

그림 C1-8 KS제품인증제도 구성(출처 : 한국표준협회(https://ksa.or.kr/))

그림 C1-9 KS서비스인증제도 구성(출처 : 한국표준협회(https://ksa.or.kr/))

표 C1-8 한국산업표준의 분류체계

대분류	중분류
기본부문(A)	기본일반/방사선(능)관리/가이드/인간공학/신인성관리/문화/사회시스템/기타
기계부문(B)	기계일반/기계요소/공구/공작기계/측정계산용기계기구 · 물리기계/일반기계/산업기계/농업기계/열사용기기 · 가스기기/계량 · 측정/산업자동화/기타
전기전자부문(C)	전기전자일반/측정 · 시험용 기계기구/전기 · 전자재료/전선 · 케이블 · 전로용품/전기 기계기구/전기응용 기계기구/전기 · 전자 · 통신부품/전구 · 조명기구/배선 · 전기기기/반도체 · 디스플레이/기타
금속부문(D)	금속일반/원재료/강재/주강 · 주철/신동품/주물/신재/2차제품/가공방법/분석/기타
광산부문(E)	광산일반/채광/보안/광산물/운반/기타
건설부문(F)	건설일반/시험 · 검사 · 측량/재료 · 부재/시공/기타
일용품부문(G)	일용품일반/가구 · 실내장식품/문구 · 사무용품/가정용품/레저 · 스포츠용품/악기류/기타
식료부문(H)	식품일반/농산물가공품/축산물가공품/수산물가공품/기타
환경부문(I)	환경일반/환경평가/대기/수질/토양/폐기물/소음진동/악취/해양환경/기타
생물부문(J)	생물일반/생물공정/생물화학 · 생물연료/산업미생물/생물검정 · 정보/기타
섬유부문(K)	섬유일반/피복/실 · 편직물 · 직물/편 · 직물제조기/산업용 섬유제품/기타
요업부문(L)	요업일반/유리/내화물/도자기 · 점토제품/시멘트/연마재/기계구조 요업/전기전자 요업/원소재/기타
화학부문(M)	화학일반/산업약품/고무 · 가죽/유지 · 광유/플라스틱 · 사진재료/염료 · 폭약/안료 · 도료잉크/종이 · 펄프/시약/화장품/기타
의료부문(P)	의료일반/일반의료기기/의료용설비 · 기기/의료용 재료/의료용기 · 위생용품/재활보조기구 · 관련기기 · 고령친화용품/전자의료기기/기타
품질경영부문(Q)	품질경영 일반/공장관리/관능검사/시스템인증/적합성평가/통계적기법 응용/기타

대분류	중분류
수송기계부문(R)	수송기계일반/시험검사방법/공통부품/자전거/기관·부품/차체·안전/전기전자장치·계기/수리기기/철도/이륜자동차/기타
서비스부문(S)	서비스일반/산업서비스/소비자서비스/기타
물류부문(T)	물류일반/포장/보관·하역/운송/물류정보/기타
조선부문(V)	조선일반/선체/기관/전기기기/항해용기기·계기/기타
항공우주부문(W)	항공우주 일반/표준부품/항공기체·재료/항공추진기관/항공전자장비/지상지원장비/기타
정보부문(X)	정보일반/정보기술(IT) 응용/문자세트·부호화·자동인식/소프트웨어·컴퓨터그래픽스/네트워킹·IT상호접속/정보상호기기·데이터 저장매체/전자문서·전자상거래/기타

조명 제품은 대분류 C(전기전자부문), 중분류 전구·조명기구에 포함되어 있으며, 26개의 KS인증 대상 품목이 지정되어 있다.

표 C1-9 조명 제품의 KS인증 대상 품목(한국표준산업분류(KSIC) 기준)

	표준번호	표준명
1	KS C 4305	네온 변압기
2	KS C 7601	형광램프(일반조명용)
3	KS C 7603	형광등기구
4	KS C 7604	고압 수은 램프
5	KS C 7607	메탈 핼라이드 램프
6	KS C 7610	나트륨 램프
7	KS C 7620	철도 차량용 형광등기구
8	KS C 7621	안정기 내장형 램프
9	KS C 7651	컨버터 내장형 LED램프
10	KS C 7652	컨버터 외장형 LED램프
11	KS C 7653	매입형 및 고정형 LED 등기구
12	KS C 7655	LED 모듈 전원공급용 컨버터
13	KS C 7656	이동형 LED/OLED 등기구
14	KS C 7657	LED 센서 등기구
15	KS C 7658	LED 가로등 및 보안등 기구
16	KS C 7659	문자 간판용 LED 모듈의 안전 및 성능 요구사항
17	KS C 7703	형광램프 홀더 및 글로스타터 홀더

	표준번호	표준명
18	KS C 7712	LED 투광 등기구
19	KS C 7713	LED 경관 등기구
20	KS C 7714	LED 항공장애 표시등
21	KS C 7716	LED 터널 등기구
22	KS C 7751	스마트 조명시스템 — 제1-1부: 일반 요구사항
23	KS C 7752	스마트 조명시스템 — 제1-2부: 주소체계
24	KS C 8100	형광램프용 전자식 안정기
25	KS C 8102	형광램프용 자기식 안정기
26	KS C 8104	고압 수은 램프용 안정기
27	KS C 8108	나트륨 램프용 안정기
28	KS C 8109	메탈헬라이드램프용 안정기

1.3.2 KS인증의 효과와 지원

KS인증을 취득하게 되면, 아래와 같은 효과가 있다.

1. 인증기업의 경쟁력 제고

   사내표준화 및 품질경영을 근간으로 품질 고급화, 생산성 향상, 불량률 감소, 원가절감 등을 실현할 수 있다.

2. 공공의 안전성 확보 및 소비자 보호

   국가표준에 적합한 제품을 생산·유통시킴으로써 제품 불량으로 인한 사고 등을 사전에 예방할 수 있다.

3. 물품 등의 구매 기준으로 활용

   국가, 지자체, 공공기관 및 대형 건설 공사현장 등에서 물품을 구매할 때 별도의 품질 확인 절차를 생략하고 KS인증제품(서비스)를 구매함으로써, 생산자 및 소비자 모두에게 시간과 비용을 절약하게 한다.

4. 유통 및 시공 등의 단순화 · 투명화

   KS에 따라 표준화된 제품(서비스)를 생산·보급함으로써 표준화된 제품이 유통되어 거래가 명확해진다.

KS인증을 취득한 기업에서는 아래와 같은 지원을 받을 수 있다.

표 C1-10 KS인증의 지원 내용

지원사항	관련 법령
국가, 지방자치단체, 공공기관 및 공공단체의 KS준수	산업표준화법 제24조(한국산업표준의 준수)
인증제품 우선 구매	산업표준화법 제25조(인증제품 등의 우선구매)
입찰 계약의 특례	국가를 당사자로 하는 계약에 관한 법률 시행령 제23조(지명경쟁입찰에 의한 계약)
검사 · 형식 승인 등 면제	국가를 당사자로 하는 계약에 관한 법률 시행령 제56조의2(검사를 면제할 수 있는 물품) 건설기술진흥법 시행령 제91조(품질시험 및 검사) 산업표준화법 제26조(검사 또는 형식승인 등의 면제)

1.3.3 근거법령

KS인증은 산업표준화법 제15조, 제16조에 근거하고 있다.

산업표준화법 제15조(제품의 인증)

① 산업통상자원부장관이 필요하다고 인정하여 심의회의 심의를 거쳐 지정한 광공업품을 제조하는 자는 공장 또는 사업장마다 산업통상자원부령으로 정하는 바에 따라 인증기관으로부터 그 제품의 인증을 받을 수 있다.

② 제1항에 따라 제품의 인증을 받은 자는 그 제품·포장·용기·납품서 또는 보증서에 산업통상자원부령으로 정하는 바에 따라 그 제품이 한국산업표준에 적합한 것임을 나타내는 표시(이하 이 조에서 제품인증표시라 한다)를 하거나 이를 홍보할 수 있다.

③ 제1항에 따른 인증을 받은 자가 아니면 제품·포장·용기·납품서·보증서 또는 홍보물에 제품인증표시를 하거나 이와 유사한 표시를 하여서는 아니 된다.

④ 제3항을 위반하여 제품인증표시를 하거나 이와 유사한 표시를 한 제품을 그 사실을 알고 판매·수입하거나 판매를 위하여 진열·보관 또는 운반하여서는 아니 된다.

산업표준화법 제16조(서비스의 인증)

① 산업통상자원부장관이 필요하다고 인정하여 심의회의 심의를 거쳐 지정한 서비스를 제공하는

자는 다음 각 호의 어느 하나에 해당하는 인증 단위별로 산업통상자원부령으로 정하는 바에 따라 인증기관으로부터 그 서비스의 인증을 받을 수 있다.

1. 제공하는 서비스의 종류
2. 서비스를 제공하는 사업장

② 제1항에 따라 서비스의 인증을 받은 자는 그 서비스의 계약서·납품서 또는 보증서에 산업통상자원부령으로 정하는 바에 따라 그 서비스가 한국산업표준에 적합한 것임을 나타내는 표시(이하 이 조에서 서비스인증표시라 한다)를 하거나 이를 홍보할 수 있다.

③ 제1항에 따른 인증을 받은 자가 아니면 서비스의 계약서·납품서·보증서 또는 홍보물에 서비스인증표시를 하거나 이와 유사한 표시를 하여서는 아니 된다.

④ 제1항 제1호에 따라 서비스의 종류별로 인증을 받은 자는 그 서비스를 제공하는 사업장이 둘 이상인 경우에는 각 사업장에 서비스인증표시를 할 수 있다.

1.3.4 심사준비사항

표 C1-11 심사준비사항

구분	내용
KS표준 및 인증대상 지정 여부 확인	① 해당되는 KS표준번호, 표준명, 해당 제품이 적용 범위에 포함되는지 여부 확인 ② 치수·재료·호칭·구조 등에 적합성 및 특성 및 성능 등이 KS수준 이상인지 확인 ③ 인증심사기준 지정 여부 확인 ※ e나라표준인증(www.standard.go.kr), 한국표준정보망(www.kssn.net)

구분	내용
인증심사기준 이해 및 확인	① 인증심사기준에서 심사사항별로 요구하고 있는 수준 이상으로 유지될 수 있도록 준비 ② KS Q 8001의 부속서 B 공장심사보고서의 심사사항 및 평가항목 검토 ③ 적용하고 있는 표준이 가장 최근에 개정되어 유효한 것인지를 반드시 확인

구분	내용
사내표준화 및 품질경영기법 도입	① 해당 KS인증심사 기준과 공장심사보고서에서 요구하는 사항에 대해서 KS수준 이상으로 사내 표준화 추진 ② 해당 KS인증심사기준과 공장인증심사보고서에서 요구하는 각종 개선기법(QC7가지 도구, 신QC7가지 도구, 6시그마 등)관리도, 통계(평균, 표준편차, 불량률 등), 샘플링 검사 기법 등 습득

구분	내용
교육훈련 및 품질관리담당자 확보	① 3년마다 품질관리담당자는 정기교육, 경영간부의 30% 이상은 경영간부 교육을 이수 ② 기업은 3년 주기의 정기교육을 이수한 자를 품질관리담당자로 지정 ③ 품질관리 담당자는 독립적인 품질관리부서(임직원이 20인 이하 기업은 예외)에서 최소 3개월 이상 독립적이고 적절하게 표준화와 품질관련 직무관련 업무를 수행할 수 있는 직무수행능력 보유 필요

구분	내용
제조설비 시험·검사설비 시료 확보	① 해당제품을 생산하기에 적합한 제조설비를 사내표준에 규정하여 보유하고 설비의 성능을 유지하기 위한 점검, 보수, 윤활관리 등의 관리규정을 구체적으로 정하여 실시 ② 해당 제품의 품질특성과 자재 및 제품을 시험·검사하기 위한 설비를 인증업체에서 보유(단, 제품이 KS수준 이상으로 관리될 수 있도록 일정한 주기로 외부설비 혹은 외부공인시험기관의 시험성적서로 품질관리 가능) ③ 해당 인증심사 기준의 내용을 정확하게 이해하고 시료채취에 충분한 종류별 시료를 확보

구분	내용
3개월 이상의 관리 실적	① 심사일 기준으로 최소 3개월 이전까지 모든 인력 및 설비를 갖추고 정상적으로 3개월 이상 제품을 생산하여야 하며, 그 관리 실적을 정리하여 심사원에게 제시

구분	내용
KS 심사 신청	① 제품인증신청서를 작성하고 관련 서류를 첨부하여 KS인증지원시스템(www.ksmark.or.kr)에 신청

1.3.5 관련 교육과 품질관리 담당자 확보

KS인증 공장 및 사업장이 기본적으로 추구하고 있는 지속적인 개선 활동의 주체는 인적 구성원이고 구성원의 교육 및 훈련은 필수이다. 따라서, KS수준을 유지하기 위한 수단으로서 인증심사기준에서 경영간부 및 종업원에 대한 교육, 훈련 계획에 의거 내실 있게 추구할 것을 요구하고 있다.

품질관리담당자는 ①품질관리기술사, ②품질경영기사, ③품질경영산업기사, ④산업표준화법 시행령 제30조에 의한 품질관리담당자 중의 한 가지 이상의 자격을 갖추고 3년을 주기로 담당자 교육을 이수한 자를 공장 및 사업장의 품질관리담당자로 지정하고 당해 업체에서 3개월 이상 근무를 하고 있어야 하며, 독립적으로 적정하게 표준화와 품질 관련 업무를 수행할 수 있는 직무 수행 능력을 갖추고 있어야 한다.

표 C1-12 KS인증의 지원 내용

과정	내용
경영간부	① 산업표준화제도와 정책 방향 ② 산업표준화 및 품질경영의 추진 전략 ③ 한국산업표준(KS) 인증제도의 최근 동향 및 쟁점 ④ 사내표준화 및 품질경영 추진 기법 사례 ⑤ 산업표준화와 품질경영 추진을 위한 경영간부의 역할 ⑥ 표준화 관계 법규 및 국가표준 시책 ⑦ 그 밖에 산업표준화의 촉진과 품질경영 혁신을 위하여 산업통상자원부장관이 필요하다고 인정하는 사항
품질관리 담당자	① 산업표준화법규 ② 산업표준화와 품질경영의 개요 ③ 통계적인 품질관리기법 ④ 사내표준화 및 품질경영의 추진 실시 ⑤ 한국산업표준(KS) 인증제도 및 사후관리 실무 ⑥ 품질관리담당자의 역할 ⑦ 그 밖에 산업표준화의 촉진과 품질경영 혁신을 위하여 산업통상자원부장관이 필요하다고 인정하는 사항

1.3.5 인증 절차

KS 인증은 다음과 같은 절차를 따른다.

1 시험 및 평가: KS 인증을 받기 위해 LED조명 제품은 품질, 안전성, 성능 등에 대한 다양한 시험

과 평가를 받아야 한다. 이 시험은 전기 안전, 광도, 색상 재현성, 에너지 효율 등 다양한 요소를 검증한다.

2. **제조업체의 자체 검증:** KS 인증을 받기 위해서는 제조업체가 자체적으로 제품의 품질 및 안전성을 검증하고 관리하는 시스템을 구축해야 한다. 이를 통해 제품의 일관된 품질과 안전성을 보장할 수 있다.
3. **인증 신청:** 제조업체는 KS인증을 받기 위해 한국표준협회(KSA)에게 인증 신청을 제출해야 한다. 제품에 대한 자세한 정보와 시험 결과, 품질관리 시스템 등을 포함한 신청서를 제출해야 한다.
4. **심사 및 인증:** 한국표준협회는 제품에 대한 심사를 진행한다. 제품의 시험 결과와 제조업체의 품질관리 시스템 등을 평가하여 인증 여부를 결정한다. 필요에 따라 추가적인 시험을 요청할 수도 있다.
5. **KS인증 부여:** 제품이 KS인증의 모든 요건을 충족하고 통과한 경우, 한국표준협회는 인증서를 발급한다. 이 인증서는 해당 제품이 한국의 표준 요건을 충족하고 안전하게 사용될 수 있다는 것을 보장한다.

1.4 고효율에너지기자재인증제도

1.4.1 개요

고효율에너지기자재인증제도는 에너지사용기자재 중 에너지효율 및 품질시험 검사 결과가 정부가 고시한 일정기준 이상 만족하는 제품을 고효율에너지기자재로 인증하는 자발적 제도이다. 이 인증제도는 고효율제품의 보급 활성화와 초기시장 형성을 위한 것이며, 제조업자 또는 수입업자의 자발적 신청에 따라 한국에너지공단에서 고효율에너지기자재 인증서를 발급한다.

1.4.2 법적 근거

고효율인증제도의 법적 근거는 아래와 같다.

① 「에너지이용합리화법」제22조 및 제23조 등

② 「고효율에너지기자재 보급촉진에 관한 규정」(산업통상자원부고시)

1.4.3 제품시험 및 신청

인증을 받고자 하는 제조업자 및 수입업자는 최신으로 고시된「고효율에너지기자재 보급촉진에 관한 규정」의 기술기준과 측정방법에 따라 고효율시험기관에서 제품을 시험한 후, 시험성적서를 발급받아 인터넷으로 1년 이내에 신청하여야 한다.[69]

그림 C1-10 고효율인증 마크

1.4.4 대상품목 및 적용범위

고효율에너지기자재인증제도의 대상 품목은 건축용 3개 품목 포함하여 전체 23개 품목이며, 고시된 적용 범위에 포함되지 않는 제품은 별도로 "품목확대 신청"을 할 수 있다.

전체 23개 품목 중, 조명 관련 품목은 총 5품목이다. 그중, 등기구 품목은 LED 투광등기구, 매입형 및 고정형 LED등기구, LED 센서등기구, LED 가로등기구, LED 보안등기구, LED 터널등기구, PLS 등기구, 초정압 방전램프용 등기구, 무전극 형광램프용 등기구가 해당된다. 그리고 LED램프 품목은 직관형 LED램프(컨버터외장형), 형광램프 대체형 LED램프(컨버터내장형)가 해당된다.

표 C1-13 고효율에너지인증대상기자재 및 적용범위(출처: 한국에너지공단 홈페이지)

	대상품목	적용범위
1	산업 · 건물용 가스보일러	발생열매 구분에 따라 증기보일러는 정격용량 20T/h이하, 최고사용압력 0.98MPa{10.0kg/㎠} 이하의 것 또한 온수보일러는 2,000,000㎉/h이하 최고사용압력 0.98MPa{10.0kg/㎠} 이하의 것으로 연료는 가스를 사용하는 것.
2	펌프	토출구경의 호칭지름이 2,200mm이하인 터보형 펌프
3	스크류 냉동기	응축기, 부속냉매배관 및 제어장치 등으로 냉동 사이클을 구성하는 스크류 냉동기로서 KS B 6275에 따라 측정한 냉동능력이 1,512,000㎉/h{1,758.1㎾, 500USRT} 이하인 것
4	무정전전원장치	1) 단상 : 단상 50 kVA이하는 KS C 4310 규정에서 정한 교류 무정전전원장치 중 온라인 방식인 것으로 부하감소에 따라 인버터 작동이 정지되는 것 2) 삼상 : 삼상 300 kVA이하는 KS C 4310 규정에서 정한 교류 무정전전원장치 중 온라인 방식인 것. 단, 부하감소에 따라 인버터 작동이 정지되지 않아도 됨
5	인버터	전동기 부하조건에 따라 가변속 운전이 가능하여 에너지를 절감하기 위한 인버터로 최대용량 220㎾ 이하의 것
6	직화흡수식 냉온수기	가스, 기름을 연소하여 냉수 및 온수를 발생시키는 직화흡수식 냉온수기로서 정격난방능력 2,466 ㎾ (2,121,000 ㎉/h), 정격냉방능력 2,813 ㎾ (800 USRT) 이하의 것

69) 한국에너지공단(www.energy.or.kr)

	대상품목	적용범위
7	원심식 송풍기	압력비가 1.3 이하 또는 송출압력이 30kPa 이하인 직동·직결 및 벨트 구동의 원심식 송풍기(이하, 송풍기 또는 팬이라 한다)로서, 그 크기는 임펠러의 깃 바깥지름이 160mm에서 1,800mm까지에 적용하며, 건축물과 일반공장의 급기·배기·환기 및 공기조화용 등으로 사용하는 것
8	터보압축기	압력비가 1.3 초과 또는 송출압력이 30 kPa를 초과하는 전동기 구동방식의 터보형압축기
9	LED 유도등	LED(Light Emitting Diode)를 광원으로 사용하는 유도등
10	항온항습기	항온항습기 중 정격냉방능력이 6kW{5160kcal/h} 이상 35kW {30100kcal/h} 이하인 것
11	가스히트펌프	도시가스 또는 액화석유가스를 연료로 사용하는 가스 엔진에 의해서 증기 압축 냉동 사이클의 압축기를 구동하는 히트 펌프식 냉·난방 기기이며, 실외기 기준 정격 냉방 능력이 23 kW 이상인 것
12	전력저장장치(ESS)	전지협회의 배터리에너지저장장치용 이차전지 인증을 취득한 '이차전지'를 이용하고, 스마트그리드협회 표준 'SPS-SGSF-025-4 전기저장 시스템용 전력변환장치의 성능시험 요구사항'에 따른 안전성능시험을 완료한 PCS(Power conditioning system)로 제작한 전력저장장치. 단, 절연변압기는 포함하지 않음 이 기준에서 정한 전력저장장치의 정격 및 적용 범위는 정격 출력(kW)으로 연속하여 부하에 공급할 수 있는 시간은 2 시간 이상인 것
13	최대수요전력제어 장치	최대수요전력제어에 사용되는 최대수요전력제어장치와 이와 함께 사용되는 주변 장치(전력량 인출 장치, 동기 접속 장치, 외부 릴레이 장치, 원격 제어 장치, 모니터링 소프트웨어)에 대하여 규정하며, 제어전원은 AC 110 V ~ 220 V 및 DC 110 V ~125 V를 포함하는 Free volt, 통신방식은 RS232C, RS485, 및 Ethernet 통신이 모두 가능해야 하고, 직접 제어하는 접점(10 A, 250 V)이 8개 이상이고, 사용소비전력은 20 W 이하인 것
14	문자간판용 LED모듈	문자 간판에 사용되는 DC 50 V 이하의 LED 모듈(광원)
15	가스진공온수보일러	보일러 내부가 진공상태를 유지하며 온수를 발생하는 보일러로서, 연료는 가스를 사용하며 정격난방용량 200만Kcal/Hr이하, 급탕용량 200만Kcal/Hr이하인 것
16	중온수 흡수식 냉동기	중저온의 가열용 온수를 1중 효용형의 가열원으로 사용하는 정격 냉동능력이 2,813 ㎾ (800 USRT) 이하인 중온수 흡수식냉동기로 중온수 1단 흡수식냉동기와 보조사이클을 추가한 중온수 2단 흡수식냉동기를 포함
17	전기자동차 충전장치	KS C IEC 61851-23 또는 KC 61851-23에서 규정하는 전기자동차 전도성(Conductive) 직류 충전장치로서, 전기용품 및 생활용품 안전관리법에 따라 KC인증을 득한 것
18	등기구	1) 실내용 LED등기구 AC 220 V, 60 Hz에서 일체형 또는 내장형 광원으로 사용하는 등기구 2) 실외용 LED등기구 AC 220 V, 60 Hz에서 일체형 또는 내장형 광원으로 사용하는 등기구 3) PLS등기구 1000 V 이하의 ISM 대역의 마이크로파 에너지를 이용하는 700 W 또는 1000 W 등기구 4) 초정압방전램프용등기구 AC 220 V, 60 Hz에서 사용하는 150W 이하의 등기구 5) 무전극램프용등기구 AC 220 V, 60 Hz에서 사용하는 무전극 형광램프용 등기구

	대상품목	적용범위
19	LED램프	1) 직관형 LED램프(컨버터외장형) 램프전력이 22 W 이하이고 KC60061-1에 규정된 G13 캡과 KC20001에 규정된 D12 캡을 사용하는 직관형 LED램프(컨버터 외장형)와 이 램프를 구동시키는 LED컨버터를 포함 2) 형광램프 대체형 LED 램프(컨버터내장형) 이중 캡 및 단일 캡 형광램프를 대체하여 호환사용이 가능한 컨버터 내장형 LED램프(G13 캡을 사용하는 형광램프 20W, 32W, 40W 대체형 LED램프, 2G11캡을 사용하는 형광램프 36W, 55W 대체형 LED램프)
20	스마트LED조명시스템	스마트LED조명시스템은 LED램프/등기구를 스마트 센서와 스마트제어장치를 통하여 다양한 기능의 제어를 할 수 있도록 하나의 시스템으로 구성되어야하며, 각 기능별 최소 1개 이상의 기능이 복합적으로 구현되어야 한다.
21	고기밀성단열문	건축물 중 외기와 접하는 곳에 사용되는 문으로서 KS F 2297 규정에 의한 열관류율이 1.2W/(㎡·K)이하이며, 기밀성 등급의 통기량이 1등급(1㎥/h·㎡) 이하인 것
22	냉방용 창유리필름	건축물의 창유리에 붙여 건물 냉방효과를 높이기 위한 태양열 차폐용 필름으로서 KS L 2514 규정에 의한 가시광선 투과율이 50% 이상이며, KS L 2514 규정에 의한 태양열 취득률이 0.5 이하인 것. 단, KS F 2274의 WX-A시험조건에서 500시간 경과 후 KS A 0063에서 정하는 색차에서 3 이상의 색 변화가 없는 것
23	금속제 커튼월	건물의 외기와 접하는 곳에서 사용되면서 지지 구조물에 고정되고, 수평 및 수직 프로파일로 구성된 금속제 프레임과 유리 부재, 고정 및 개방 가능한 부위를 포함하고, 하중지지 또는 건물 구조물의 안정성에는 기여하지 않는 면적 1㎡ 이상의 건물 외피

1.5 에너지소비효율등급표시제도

1.5.1 개요

에너지소비효율등급표시제도는 소비자들이 효율이 높은 에너지절약형 제품을 쉽게 구입할 수 있도록 하고 제조(수입)업자들이 생산(수입)단계에서부터 원천적으로 에너지절약형 제품을 생산하고 판매하도록 하기 위한 의무적인 신고제도이다.

이 제도에서는 에너지소비효율 또는 에너지사용량에 따라 효율등급을 1에서 5까지 다섯 등급으로 나누어 표시하도록 하고, 에너지소비효율의 하한치인 최저소비효율기준(MEPS : Minimum Energy Performance Standard)을 적용한다.

① 법적 근거

에너지소비효율등급표시제도의 「에너지이용합리화법」제15조 및 제16조에 근거를 두고 있다.

② 의무사항

에너지소비효율등급표시제도는 에너지절약형 제품의 보급 확대를 위하여 국내 제조업자(국산제품)와 국내 수입업자(수입제품)에게 에너지 소비효율등급라벨 등의 표시와 제품 신고, 최저소비 효율기준 적용이라는 3가지 의무를 부여한다.

① 제품의 에너지소비효율 또는 사용량 등에 따라 1~5등급으로 구분하여 에너지소비효율등급 라벨 표시

* 최저소비효율기준을 적용하는 선풍기, 백열전구, 형광램프, 안정기내장형램프, 삼상유도전동기, 어댑터·충전기, 변압기, 전기온풍기, 전기스토브, 전기레인지, 셋톱박스, 냉동기, 공기압축기, 사이니지 디스플레이의 경우에는 별도의 라벨 적용

② 효율관리시험기관에서 에너지효율 등을 시험 받은 후 90일 이내에 한국에너지공단에 제품 신고

* 산업통상자원부의 승인을 받은 경우에는 업체에서 직접 측정 가능

③ 최저소비효율기준 미달제품의 생산·판매 금지

③ 에너지소비효율등급라벨 부착

에너지소비효율등급라벨은 에너지절약형 제품에 대한 변별력 향상을 통해 고효율제품의 보급을 촉진하기 위하여 제품의 효율에 따라 1~5등급으로 나누어 표시하는 라벨이다. 1등급에 가까운 제품일수록 에너지절약형 제품이다.

전체 33개 품목(자동차제외) 중 선풍기, 백열전구, 형광램프, 안정기내장형램프, 삼상유도전동기, 어댑터·충전기, 변압기, 전기온풍기, 전기스토브, 전기레인지, 셋톱박스, 냉동기, 공기압축기, 사이니지 디스플레이(14개 품목)을 제외한 19개 품목에 이 라벨을 적용하고 있다. 에너지소비효율등급라벨을 적용하지 않는 14개 품목에는 별도의 에너지소비효율라벨이 적용된다. 라벨의 치수 및 디자인에 대한 정보는 "효율관리기자재 운용규정"에 상세히 나와 있다.

백열전구, 형광램프, 안정기내장형램프는 아래와 같은 라벨을 부착한다.

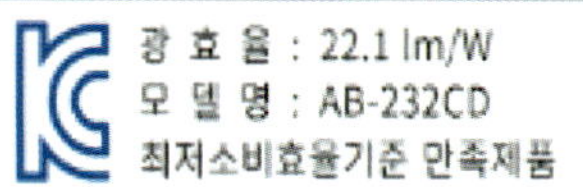

광 효 율 : 22.1 lm/W
모 델 명 : AB-232CD
최저소비효율기준 만족제품
광 효 율 : 76.8 lm/W
모 델 명 : AB-FCL40EX-D
최저소비효율기준 만족제품
광 효 율 : 67.5 lm/W
모 델 명 : A17EX-B
최저소비효율기준 만족제품

백열전구 형광램프 안정기내장형램프

그림 C1-11 에너지소비효율라벨 표시방법

컨버터내장형LED램프, 컨버터외장형LED램프는 아래와 같은 에너지소비효율등급라벨을 부착해야 한다.

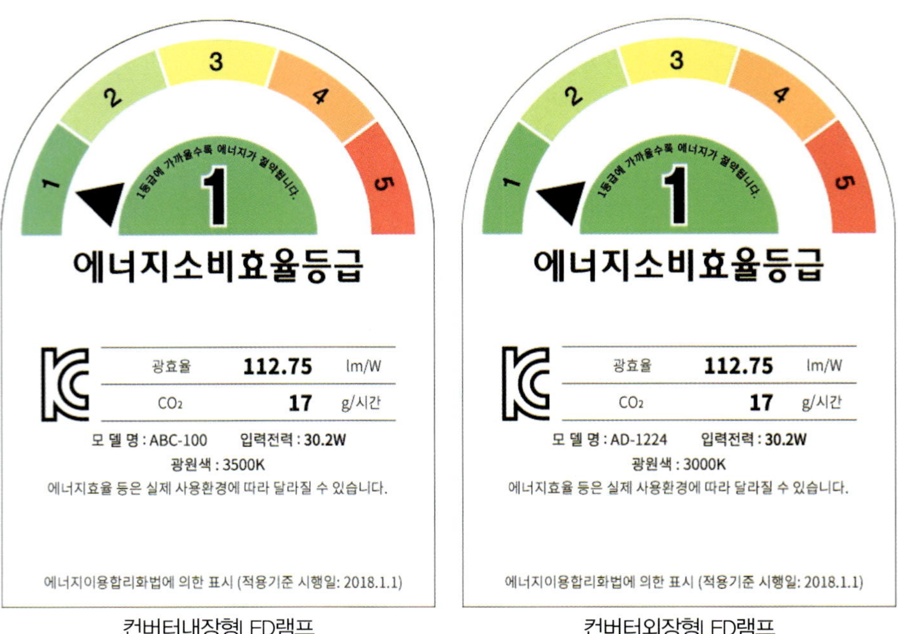

컨버터내장형LED램프 컨버터외장형LED램프

그림 C1-12 에너지소비효율등급라벨 표시방법

최저소비효율기준은 저효율제품의 유통 방지와 업체의 기술개발 촉진을 위하여 정부가 제시하는 최소한의 에너지효율 기준이며, 이를 만족하지 못할 경우, 국내 생산과 판매가 금지된다. 33개 전체 대상 품목에 대하여 최저소비효율기준이 적용되며, 위반 시 2천만원 이하의 벌금이 부과된다.

1.5.2 대상품목 및 적용 범위

에너지소비효율등급표시제도의 대상 품목은 전기냉장고 등 33개 품목이다. 고시된 적용범위에 해당되지 않는 제품은 본 제도의 규제 대상이 아니므로, 제품을 신고하거나 에너지소비효율등급라벨 등을 부착할 수 없다. (참조 : 표 C1-4. 대상 품목 및 적용 범위)

조명기기류는 10. 백열전구, 11. 형광램프, 12. 안정기내장형램프, 28. 컨버터내장형LED램프, 29. 컨버터외장형LED램프 총 5개 품목이 해당된다.

표 C1-14 고효율에너지인증대상기자재 및 적용 범위(출처: 한국에너지공단 홈페이지)

	대상품목	적용범위
1	전기냉장고	KS C IEC 62552의 규정에 의한 정격소비전력이 500W 이하인 압축식 냉각장치를 갖는 것으로서 유효내용적이 1,000L 이하인 냉장고 및 냉동냉장고에 한함
2	김치냉장고	KS C 9321의 규정에 의한 김치저장실 유효내용적이 전체 유효내용적의 50% 이상이고 전체 유효내용적이 1,000L 이하인 김치냉장고에 한함.(단, 업소 전용 제품은 제외)
3	전기냉방기	KS C 9306의 규정에 의한 전동기 정격소비전력의 합계가 7.5kW 이하인 에어컨디셔너로서 정격냉방능력 23kW 미만인 것에 한하며, 수냉식, 이동식, 덕트접속식 구조의 것은 제외한다. 다만, 분리형으로서 1대의 실외기에 2대 또는 3대의 실내기를 조합한 구조인 홈 멀티형 전기냉방기는 2대 또는 3대의 실내기중 최소한 하나의 실내기가 스탠드형 실내기인 경우에 한해서만 적용한다. 홈 멀티형 전기냉방기는 정격냉방능력이 가장 큰 실내기를 기준으로 소비효율 등급부여기준을 정한다. 단, 스탠드형 실내기 정격냉방능력은 10kW 미만으로 한정한다.
4	전기세탁기	가. 일반세탁기 KS C IEC 60456에 의한 표준세탁용량 2kg 이상 25kg 이하의 가정용 수직축 자동세탁기로서, KS C 9608의 제트식, 임펠러식, 교반봉식, 교반판식, 세탁조 회전식 세탁기에 한한다. 나. 드럼세탁기 KS C IEC 60456에 의한 가정용의 수평드럼세탁기(전열장치가 있는 것, 탈수장치 및 건조장치를 가지는 겸용 구조의 것 포함, 무세제식 제외)로서, 표준세탁용량이 2kg 이상 25kg 이하이면서 표준세탁 프로그램이 온수세탁이거나 표준세탁용량이 2kg 이상 5kg 이하이면서 표준세탁 프로그램이 냉수세탁인 가정용 세탁기에 한한다.
5	전기냉온수기	이 규격은 정격 입력 전압이 단상 교류 220V, 주파수 60㎐인 저장식 및 순간식 전기냉온수기(이하 냉온수기라 한다)를 대상으로 하며, 다음 각호와 같다. 가. 저장식 냉온수기 : 냉각에 필요한 정격소비전력이 500W 이하이고, 가열에 필요한 정격 소비전력이 1,000W 이하인 제품 나. 순간식 냉온수기 : 냉각에 필요한 정격소비전력이 2,000W 이하 (열전방식이 아닌 압축식인 경우 500W 이하)이고 가열에 필요한 정격 소비전력이 3,000W 이하 (순간식이 아닌 저장식인 경우 1,000W 이하)인 제품 다만, 다음의 것은 여기에 포함되지 않는다. a) 냉수 전용인 것, b) 온수 전용인 것, c) 정수 전용인 것, d) 냉수 + 정수 겸용인 것, e) 온수 + 정수 겸용인 것, f) 자동차, 선박, 항공기 탑재용 냉온수기, g) 냉수 또는 온수 자동판매기, h) 냉수 또는 온수 청량음료 자동판매기, i) 순간식 제품 중 냉수/온수 동시 작동하는 경우가 있어서, 이 때의 소비전력이 3,000W를 초과하여 가정용에 부적합한 제품, j) 산업용 또는 상업용 전용으로 설계된 냉온수기로서, 냉수 또는 온수 출수밸브가 2개 이상인 기기, k) 옥외에서 사용되는 냉온수기, l) 전기가 아닌 다른 에너지원을 사용하는 냉온수기(예 : 가스, 기름, 태양열 등)
6	전기밥솥	이 규격은 단상 교류로서 정격 전압 220V의 전기솥 및 전기보온밥통의 기능을 겸해서 가지고 있는 전기보온밥솥에 대하여 규정한다. 다만, 다음의 것은 여기에 포함되지 않는다. a) 20인용 초과인 것 b) 보온 전용인 것 c) 전기가 아닌 다른 에너지원을 사용하는 것(예: 액화석유가스 등) 비고 이 규격 중에서 { }를 붙여 표시한 단위 및 수치는 개정 전 종래의 단위에 따르는 것으로서, 참고로 병기한 것이다.

	대상품목	적용범위
7	전기진공청소기	KS C 9101 전기청소기 적용범위 중 정격소비전력 800W 이상 2500W 이하의 것으로 이동형(건식 전용)에 한한다.
8	선풍기	KS C 9301의 적용 범위 중 날개의 지름이 20㎝ 이상 41㎝ 이하의 일반 가정 및 사무실 등 이와 유사한 목적에 사용되는 일반형 선풍기(탁상용, 좌석용, 스탠드용)로서 유도전동기에 의해 구동되는 축류형 단일 날개를 가진 것에 한한다.
9	공기청정기	KS C 9314의 적용범위 중 기계식과 복합식 공기청정기로서 정격 입력전압이 단상 교류 220V, 정격 주파수 60Hz이고, 표준사용면적이 200m2 이하인 제품에 한한다. 다만, 여과재를 사용하지 않고 물 분무 등을 이용하여 집진, 탈취 및 가스제거를 하는 것은 포함되지 않는다.
10	백열전구	KS C 7501의 규정에 의한 220V 백열 텅스텐 전구로서 소비전력이 25W 이상 150W 이하 전구로 무색투명, 내면 프로스트, 백색도장, 백색박막도장 전구를 포함한다.
11	형광램프	KS C 7601의 규정에 의한 직관형(20W형, 28W형, 32W형, 40W형), 둥근형(32W형, 40W형), 콤팩트형(FPX 13W형, FDX 26W형, FPL 27W형, FPL 32W형, FPL 36W형, FPL 45W형, FPL 55W형) 형광램프 및 K 61195, K 61199의 규정에 의한 직관형(20W형, 32W형, 40W형), 콤팩트형(FPL 36W형) 싸인용 형광램프(색온도 7100K 초과 하는 것으로서 일반조명용으로 사용될 수 있는 것)
12	안정기내장형램프	안정기내장형램프: KS C 7621의 규정에 의한 정격소비전력 5W 이상 60W 이하의 안정기내장형램프로서 시동과 안정된 동작에 필요한 모든 요소를 일체화시키고, 부품을 교환할 수 없는 형광램프 장치에 한한다. 다만, 글로브 타입은 제외한다.
13	삼상유도전동기	정상적인 사용조건하에서 냉매온도 40℃ 이하인 장소에 사용되는 연속 정격, 전압 600V 이하의 일반용 저압 3상 농형 유도전동기로서 고시에서 정한 기본요건으로 갖추고 있으며, 삼상유도전동기 분류에서 유형 I, 유형 II에 해당되는 유도전동기를 대상범위로 한다. 연속 운전되는 rpm부하(팬, 블로워, 펌프)의 인버터전동기도 적용대상으로 한다. 삼상유도전동기 분류에서 유형 I, 유형 II에 해당되는 삼상유도전동기를 최저소비효율기준 적용 대상으로 한다. 유형 I : 기본요건을 만족하는 범용전동기 성능, 효율에 영향이 없이 일부 개조된 범용전동기(ex : 온도센서 추가, 샤프트 확장, 디스크브레이크 추가, 하우징 외관 변경) 유형 II : 기본요건을 만족하는 범용으로 사용가능한 특정목적전동기(ex : 규정된 출력의 중간에 해당하는 전동기, 롤러베어링 전동기, 방폭형전동기)
14	가정용가스보일러	KS B 8109 및 KS B 8127에서 정한 가스소비량 70kW 이하의 가스온수보일러
15	어댑터. 충전기	휴대전화, 노트북, 카메라, 스탠드 등 가전기기에 사용되는 직류전원장치(AC-DC)·교류전원장치(AC-AC) 등 외장형 전원장치(External Power Supply)로서 외장형 전원장치내에 충전기능이 없는 어댑터(Adaptor)와 충전기능이 내장된 충전기(Charger) 모두를 포함한다. 어댑터는 동시에 출력되는 전압이 동일한 단일출력전압으로 명판표시 총 출력전력 150W 이하를 대상으로 하되, 충전기는 정격입력전력 20W 이하로서 리튬이온 배터리를 충전하는 충전기만을 대상으로 한다. 다만, 방송, 의료, 조명, 계측, 감시 등 특수한 목적을 위해 한정적으로 사용되는 어댑터·충전기는 제외한다.
16	전기냉난방기	KS C 9306의 규정에 의한 전동기 정격소비전력의 합계가 7.5kW 이하, 전열장치를 갖는 것에 있어서는 그 전열장치의 정격소비전력이 30kW 이하인 전기히트펌프로 정격냉방능력 23㎾ 미만인 것에 한한다. 다만, 수냉식, 이동식, 덕트식 및 분리형으로서 하나의 실외기에 둘 이상의 실내기를 접속해서 이용하고 있는 구조의 것은 제외한다.
17	상업용전기냉장고	상업용(업소용)이며 안전인증 대상(전동기의 정격입력이 1kW 이하)인 냉장고 및 냉동냉장고, 냉장진열대를 대상으로 하며, 다음 각 호와 같다.

	대상품목	적용범위
		(1) 상업용 냉장고 및 냉동냉장고 : 유효내용적300L 이상 2000L 이하인 제품에 한한다. (2) 냉장진열대 : 상업용 냉장고 및 냉동냉장고의 적용범위 중 식품 및 음료수를 판매하기 위한 보관 및 진열을 주 목적으로, 유효내용적이 300L 이상 1500L 이하인 직립형 제품(냉동 온도로 조절 가능한 진열대 포함)이며 문의 유리부 또는 투명부의 비율이 전체 문 면적의 75 % 이상인 제품에 한한다. 다만, 다음의 것은 여기에 포함되지 않는다. a) 냉동 전용인 것, b) 테이블형인 것, c) 특정 식품 저장 용도에 한하는 것, d) 2면 이상의 유리문 또는 투명문을 가진 냉장진열대, e) 냉동냉장 진열대(하나 이상의 냉장실과 냉동실을 갖는 진열대)
18	가스온수기	KS B 8116에서 정한 표시 가스소비량 70.0 kW 이하의 가스온수기
19	변압기	KS C 4306, KS C 4311, KS C 4316, KS C 4317 및 4. 최저소비효율기준 및 소비효율등급 부여기준에서 규정한 변압기(고시참조)
20	창 세트	KS F 3117 규정에 의한 창 세트로서 건축물중 외기와 접하는 곳에서 사용되면서 창 면적이 1 ㎡ 이상이고 프레임 및 유리가 결합되어 판매되는 창 세트에 한한다. 단, 프레임과 유리가 각각 분리 발주되어 판매되는 창 세트에 대해 개별적으로 납품하는 창 세트 제조업자들이 별도의 모델로 임의 신고를 할 수 있으며, 이 경우 판매되는 창 세트에 신고모델로 에너지소비효율등급라벨을 부착한 제조업자가 에너지이용합리화법 제16조(효율관리기자재의 사후관리)에 따른 사후관리 책임을 진다.
21	텔레비전수상기	디지털 튜너를 내장하고 화면대각선길이 47㎝ 이상부터 216㎝ 이하이며, 수직해상도가 4,320 미만인 텔레비전수상기로 판매되는 제품에 한하여 적용한다. 다만, 브라운관(CRT), 플라즈마 디스플레이 패널(PDP) 및 마이크로 LED 디스플레이 패널 텔레비전수상기는 제외한다.
22	전기온풍기	「전기용품안전 관리법」시행규칙 [별표 2] 안전인증대상 전기용품 중 정격소비전력의 합계가 500W 이상 10kW 이하인 전기온풍기에 한한다. 다음에 대해서는 적용하지 않는다. a) 냉방 및 난방 겸용 기기, b) 발열체가 공기를 직접 가열하지 않는 방식, c) 건물 구조 내에 설치되어 있는 난방기, d) 중앙 난방 시스템, e) 공기 덕트에 접속된 난방기, f) 벽지, 카페트 또는 유연성 발열체를 포함하는 커튼, g) 축열식 난방기
23	전기스토브	「전기용품안전 관리법」 시행규칙 [별표 2] 안전인증대상 전기용품 중 정격소비전력의 합계가 500W 이상 10kW 이하인 전기스토브에 한한다. 다음에 대해서는 적용하지 않는다. a) 냉방 및 난방 겸용 기기, b) 발열체가 공기를 직접 가열하지 않는 방식, c) 건물 구조 내에 설치되어 있는 난방기, d) 중앙 난방 시스템, e) 공기 덕트에 접속된 난방기, f) 벽지, 카페트 또는 유연성 발열체를 포함하는 커튼, g) 축열식 난방기
24	멀티전기히트 펌프시스템	이 규격은 공장에서 제조된 주택, 상업 및 산업용으로 전기로 구동되는 기계적 증기 압축 히트펌프의 성능시험 및 평가 기준을 규정하며 용량가변 기능을 갖춘 단일 또는 다중 압축기 또는 용량가변 압축기 또는 가변 속도드라이브를 갖춘 실외유닛과 단일구역 공기 분산 및 온도감지 제어를 목적으로 하는 코일, 덕트 장치를 갖추고 있는 실내유닛 등의 부품을 구성하는 멀티전기히트펌프시스템에 적용한다. 신고 모델 단위: 단일 실외유닛 또는 단일 실외유닛이 2가지 이상으로 조립된 조합형으로 구성된 실외유닛에 둘 이상의 실내유닛으로 구성된 멀티전기히트펌프시스템 중 단일 실외유닛을 기준으로 멀티전기히트펌프시스템의 모델을 적용한다. 이때 실외유닛의 정격냉방능력이 20kW 미만인 냉방전용기기, 단일 실외유닛의 정격냉방용량이 20kW 이상 70kW 미만인 냉난방겸용기기가 적용대상이 된다. 단, 조합형으로서 케이싱의 분리가 되지 않는 경우는 실외유닛 전체에 대하여 1개의 모델로 적용하며, 이때는 실외유닛 전체가 정격냉방용량 20kW 이상, 70kW 미만이면 적용대상이 된다.
25	제습기	이 규격은 단상 교류로서 정격 전압 220V를 사용하고 실내의 습도를 저하시키는 것을 목적으로 하며 압축식 냉동기, 송풍기 등을 하나의 캐비닛에 내장한 것으로서, 정격소비전력 1,000W 이하의 전기제습기에 대하여 규정한다.

	대상품목	적용범위
26	전기레인지	이 규격은 정격 입력전압이 단상 교류 220V, 정격 주파수 60Hz이고, 정격 소비전력이 1kW 이상 10kW 이하인 전기레인지에 대하여 규정한다. 다만, 다음의 것은 여기에 포함되지 않는다. a) 전기가 아닌 다른 에너지원을 함께 사용하는 것(예 : 가스 등), b) 조리대 외에 그릴이나 오븐 등 다른 기능을 가지는 복합형의 것, c) 음식을 직접 가열하는 것, d) 정격 소비전력이 500 W 미만인 조리대를 가진 것, e) 정격 소비전력이 4 kW를 초과하는 조리대를 가진 것, f) 치수가 100 mm 미만인 조리대를 가진 것, g) 치수가 330 mm를 초과하는 조리대를 가진 것, h) 평면이 아닌 조리대를 가진 것, i) 취사 목적이 아닌 다른 용도로 사용되는 것
27	셋톱박스	정격소비전력 150W 이하로 텔레비전 또는 디스플레이 장치로 영상과 음향을 송신하는 유료방송용 셋톱박스로서 케이블방송, 위성방송, IP TV방송 중 어느 1개 이상의 방송 수신 기능을 포함하는 셋톱박스. 단, 디지털컨버터는 제외하며, 하이브리드 셋톱박스인 경우에는 신고시 그 내용을 부기하고 어느 하나의 유형으로 선택하여 신고
28	컨버터 내장형 LED램프	KS C 7651의 규정에 의한 AC 220V, 60Hz 에서 사용하는 일반 조명용 컨버터 내장형 LED 램프에 대하여 규정한다. 단, 150W초과도 포함하며 다음의 것은 여기에 포함되지 않는다. a) 부식성/폭발성 등의 위험이 있는 특수 환경에서 사용되는 제품, b) 일반조명 겸용으로 사용되지 아니하고 특수 용도로만 사용되는 제품(표시등, LED유도등, 자동차용, 살균용, 벌레퇴치전용, 식물성장전용, 사진전용, 무대전용, 경화전용, 의료전용 등), c) 고효율에너지기자재 보급촉진에 관한 규정에 따른 고효율에너지인증 대상기자재(스마트LED조명) 적용범위 내 스마트 LED램프
29	컨버터 외장형 LED램프	정격전압 AC/DC 50V 이하에서 사용하는 30W 이하의 일반 조명용 컨버터 외장형 LED램프에 대하여 규정한다. 다만, 다음의 것은 여기에 포함되지 않는다. a) 부식성/폭발성 등의 위험이 있는 특수 환경에서 사용되는 제품, b) 일반조명 겸용으로 사용되지 아니하고 특수 용도로만 사용되는 제품(표시등, LED유도등, 자동차용, 살균용, 벌레퇴치전용, 식물성장전용, 사진전용, 무대전용, 경화전용, 의료전용 등)
30	냉동기	압축기, 증발기, 응축기, 팽창장치, 부속 냉매 배관 및 제어 장치 등으로 냉동 사이클을 구성하는 원심식 냉동기(이하 냉동기라 한다)로서 정격냉동능력 7,032 ㎾ [2,000 USRT] 이하의 냉각전용, 수냉식, 전동기 구동 방식에 대하여 적용한다. 기존 소비효율을 신고한 모델에서 전원부분을 제외한 기계적인 모든 부품 및 소비전력이 동등하고 COP(성능계수)가 하락하지 않는 경우, 또는 수압만 변경된 경우에는 추가모델로 신고할 수 있다. 다만, 다음과 같이 특수목적용으로 사용하는 냉동기는 적용하지 않는다. 1) 냉수 출구기준 5.0 ℃ 미만의 브라인을 사용하는 저온용 냉동기(빙축열 포함) 2) 원자력 발전전용 제품 3) 방폭형 제품 4) 선박용 제품
31	공기압축기	KS B 6351의 규정에 의하여 압축비가 1.3 초과인 제품에 대하여 적용하며, 토출 게이지 압력이 30 kPa 이상, 1000 kPa 이하인 전동기 구동방식의 공기압축기(이하, 압축기라 한다)에 적용한다. 적용 종류 및 전동기 출력은 다음과 같으며, 회전속도 제어 방식에 따라 정속형과 변속형이 있다. 압축기의 에어엔드 및 전동기가 동일하고 회전속도가 변경되거나, 삼상유도전동기가 효율관리기자재로 신고되었고 전동기 출력이 동일한 경우, 압축기 부품의 변경으로 압축기 종합효율이 떨어지지 않는다면 추가모델로 신고할 수 있다. – 왕복동식 압축기 : 전동기 출력 2.2 kW 이상 15 kW 이하 – 스크류식 압축기 : 전동기 출력 15 kW 초과 110 kW 이하 다만, 다음과 같은 공기압축기는 적용하지 않는다. 1) 윤활방식이 무급유 또는 물인 경우 2) 냉각방식이 수냉식인 경우

	대상품목	적용범위
32	사이니지 디스플레이	외부장치로부터 입력단자를 통해 전달받은 정보를 디스플레이 스크린으로 출력 가능하게 하는 디스플레이 제품으로 아래 사양을 충족하는 제품을 대상으로 한다. (1) 가시화면 대각선 길이가 30.48㎝이상, 154.94㎝이하인 제품 (2) 일반적으로 상업적인 용도로 사용되며, 개인 또는 다수의 사람들이 시청할 수 있는 상점, 백화점, 식당, 박물관, 호텔, 공항, 회의실, 교실 등과 같은 장소에서 사용되는 제품 (3) 주로 SI(System Integrator)업체로 공급되는 제품으로 Video Wall 또는 멀티비전에 사용하는 디스플레이 제품. 텔레비전 튜너가 내장되어 있지 않는 제품에 한함 단, 가정용 일반모니터 또는 텔레비전수상기로 판매되는 제품, 디스플레이가 주목적이 아닌 부가목적으로 내장된 제품, LED전광판, 배터리로만 동작되는 제품, 터치스크린 적용 제품, 실외공간에 설치되는 제품(통상 휘도 1,000cd/m2이상)은 제외.
33	건조기	표준건조용량 1kg 이상 20kg 이하의 회전식 의류 건조기(자동형 및 수동형, 통기형 및 커패시터 회전식 의류건조기 포함)로서, 단상 220V, 전기용품 안전인증서 상의 정격소비전력이 3,000W 이하인 의류건조기에 한한다. 다만, 다음에 대해서는 적용하지 않는다. a) 가열 장치가 없는 건조기 (단, 히트펌프는 포함) b) 가스식 또는 가스 겸용 방식 c) 세탁, 건조 겸용

1.5.3 기술기준 및 측정방법

대상품목별 자세한 기술기준 및 측정방법은「효율관리기자재 운용규정(산업통상자원부 고시)」의 "별표1, 효율관리기자재 소비효율 측정방법 등"과 "별표3, 최저 소비효율등급 부여기준"을 참조한다.

1.5.4 신고방법

에너지소비효율등급표시제도 대상품목의 제조, 수입업자는 반드시 고시된 측정방법에 따라 제품을 시험한 후, 한국에너지공단에 90일 이내에 신고하여야 한다.

반드시 국내 제조업자(국산제품), 국내 수입업자(수입제품)가 시험을 의뢰하여야 하며, 의뢰자의 명의로 시험성적서를 발급받아야 한다. 단, 복수의 국내 수입업자가 동일한 해외 제조업자로부터 같

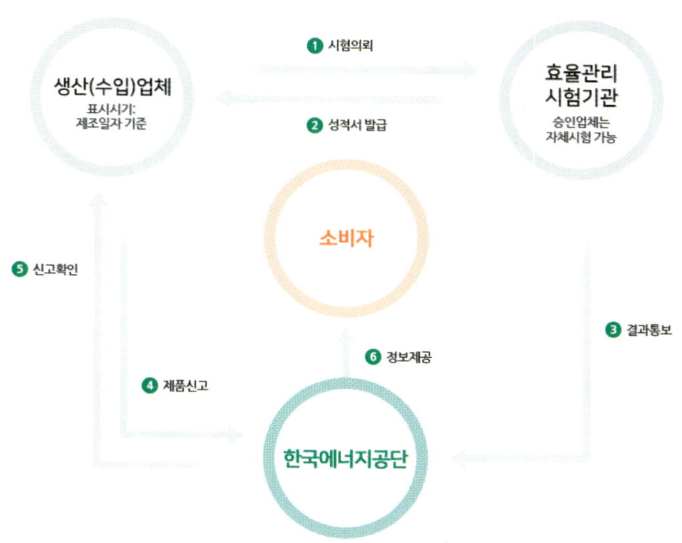

그림 C1-13 고효율인증 마크(출처: 한국에너지공단 홈페이지)

은 제품을 수입하는 경우, 복수의 수입업자가 동시에 시험을 의뢰하여 각각의 수입업자가 모두 의뢰자로 기재된 시험성적서를 발급받을 수 있다. 하지만 이 경우에도 해당 수입업자 모두가 제품을 한국에너지공단에 개별적으로 신고하여야 한다.

1.6 녹색인증

1.6.1 개요

"탄소중립기본법"에 의거하여 유망한 녹색기술을 인증하고 지원하는 제도이다.

자원 및 환경위기 극복

자원고갈, 물 부족, 온실가스 배출 증가 등 자원 및 환경 위기에 직면하고 있다.

新국가 발전비전

온실가스와 환경오염을 줄이는 지속 가능한 성장이며 녹색기술과 청정 에너지로 신성장동력과 일자리를 창출하는 '저탄소 녹색성장' 을 제시하였다.

녹색인증

녹색산업에 대한 지원이 원활하게 이루어질수있도록 기술을 확인하는 녹색인증제가 시행되었다.

그림 C1-14 녹색인증 개요

녹색인증 추진 목적은 신산업, 미세먼지 저감, 기후변화 관련 기술 등의 인증을 통한 시장창출 지원으로 매출액 증가, 일자리 창출 등 산업육성 및 기업경쟁력 강화에 기여하기 위함이다.

법적 근거는 아래와 같다.

① 「저탄소 녹색성장 기본법」 제 32조 녹색기술 녹색산업의 표준화 및 인증 등

② 동법 시행령 제19조 녹색기술의 적합성 인증 및 녹색전문기업 확인

③ 녹색인증제 운영요령

1.6.2 운영체계

녹색인증은 전담기관인 한국산업기술진흥원을 통해 인증 신청 및 접수, 발급이 이루어진다. 신청된 내용은 평가기관에 평가를 의뢰하고 평가과정을 거쳐 녹색인증 심의위원회를 통해 확정된다.

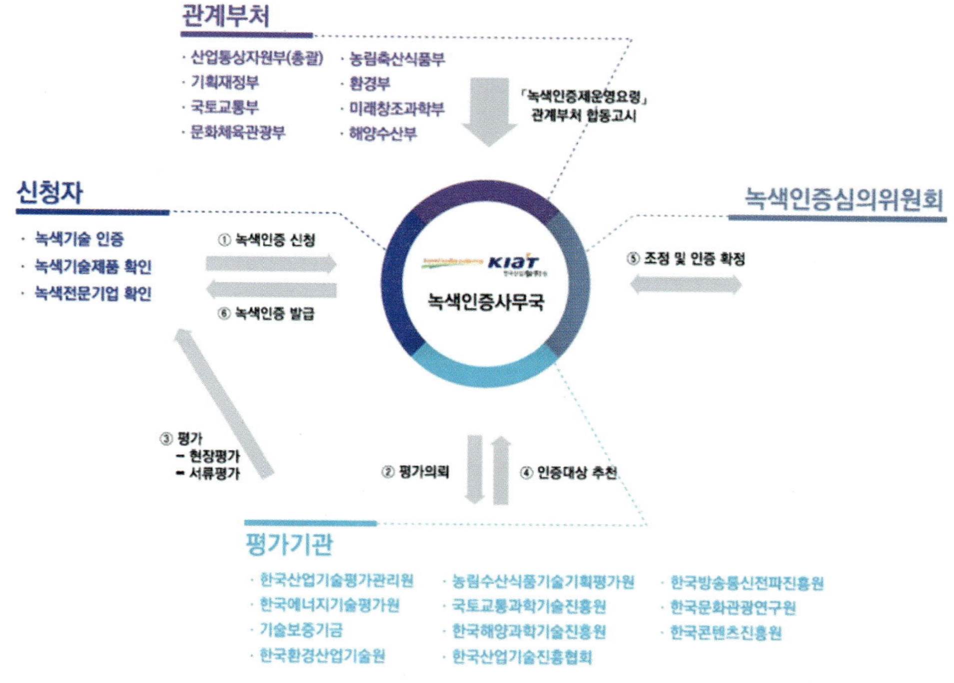

그림 C1-15 녹색인증 운영체계(출처: 녹색인증(https://www.greencertif.or.kr/))

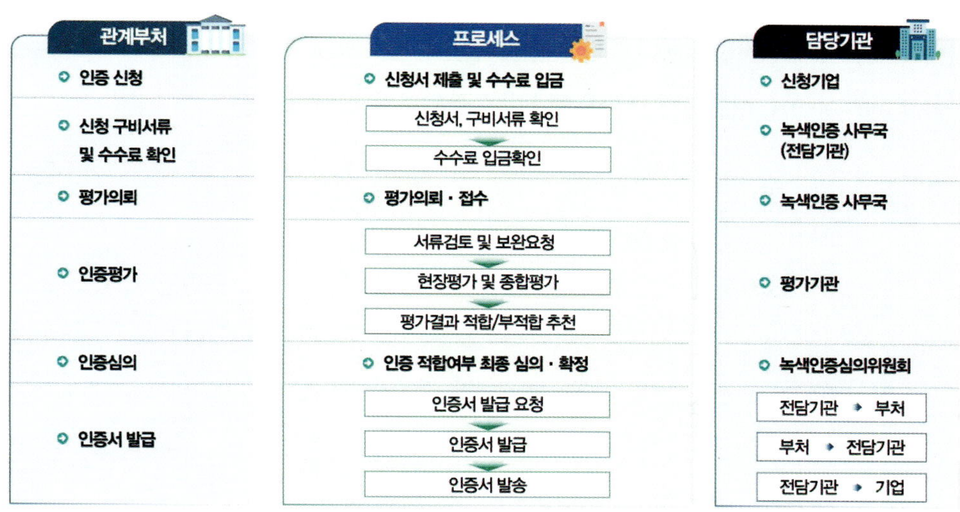

그림 C1-16 녹색인증 운영절차(출처: 녹색인증(https://www.greencertif.or.kr/))

1.6.3 인증대상

녹색인증은 녹색기술 인증, 녹색기술제품 확인, 녹색전문기업 확인이 있다.

1 녹색기술인증

에너지와 자원을 절약하고 효율적으로 사용하여 온실가스 및 오염물질의 배출을 최소화하는 기술에 인증을 부여한다. 대상 기술은 아래와 같다.

① 신재생에너지 ② 탄소저감 ③ 첨단수자원 ④ 그린IT
⑤ 그린차량·선박 ⑥ 첨단그린주택도시 ⑦ 신소재 ⑧ 청정생산
⑨ 친환경농식품 ⑩ 환경보호 및 보전

인증기준은 100점 만점(기술우수성 60점, 녹색성 40점)으로 70점 이상이어야 한다.

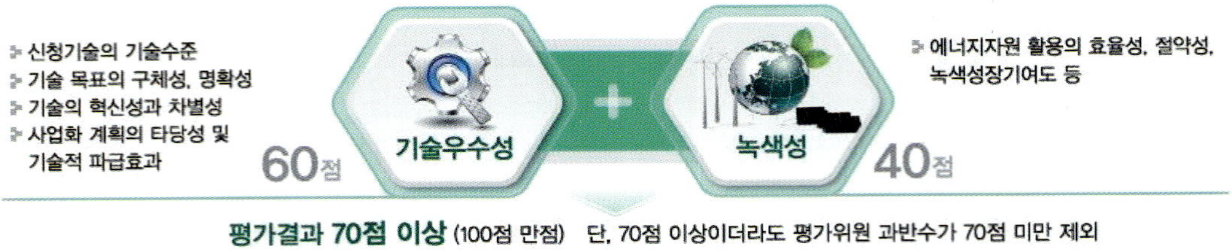

신청기술의 기술수준
기술 목표의 구체성, 명확성
기술의 혁신성과 차별성
사업화 계획의 타당성 및 기술적 파급효과
60점
기술우수성
+
녹색성
40점
에너지자원 활용의 효율성, 절약성, 녹색성장기여도 등
평가결과 70점 이상 (100점 만점) 단, 70점 이상이더라도 평가위원 과반수가 70점 미만 제외

그림 C1-17 녹색기술인증 배점 방식(출처: 녹색인증(https://www.greencertif.or.kr/))

조명기기류는 (대분류)탄소저감 하위, (중분류)신광원 고효율 조명 하위에 7개 소분류와 (대분류)탄소저감 하위, (중분류)에너지 다소비 기기 및 산업공정 고효율화 하위에 1개 소분류로, (대분류)그린IT 하위, (중분류)LED 하위에 1개 소분류로 구분되어 있다.

표 C1-15 녹색기술 인증 조명 관련 기술 대상(출처: 녹색인증 홈페이지)

대분류	중분류	소분류	분류코드	평가기관
탄소 저감	신광원 고효율 조명	실내용 LED조명기기 및 부품	T020701	한국산업기술평가관리원(산업통상자원부) 한국환경산업기술원(환경부) 한국산업기술진흥협회(과학기술정보통신부) 기술보증기금(중소벤처기업부)
		풀칼라 LED 감성 조명기기	T020702	한국산업기술평가관리원(산업통상자원부) 한국환경산업기술원(환경부) 한국산업기술진흥협회(과학기술정보통신부) 기술보증기금(중소벤처기업부)
		실외용 LED조명기기 및 부품	T020703	한국산업기술평가관리원(산업통상자원부) 한국환경산업기술원(환경부) 한국산업기술진흥협회(과학기술정보통신부) 기술보증기금(중소벤처기업부)
		무전극 램프	T020704	한국환경산업기술원(환경부) 한국산업기술진흥협회(과학기술정보통신부)
		고효율HID램프	T020705	한국환경산업기술원(환경부) 한국산업기술진흥협회(과학기술정보통신부) 기술보증기금(중소벤처기업부)
		OLED조명	T020706	한국환경산업기술원(환경부) 한국산업기술진흥협회(과학기술정보통신부) 기술보증기금(중소벤처기업부)
		특수용 조명기기 및 부품	T020707	한국환경산업기술원(환경부) 한국산업기술진흥협회(과학기술정보통신부) 기술보증기금(중소벤처기업부)
	에너지 다소비 기기 및 산업공정 고효율화	조명기기	T020908	한국에너지기술평가원(산업통상자원부) 기술보증기금(중소벤처기업부)
그린IT	LED	스마트 조명시스템	T040108	한국산업기술평가관리원(산업통상자원부) 한국에너지기술평가원(산업통상자원부) 한국환경산업기술원(환경부) 한국산업기술진흥협회(과학기술정보통신부)

② 녹색기술제품 확인

인증된 녹색기술을 적용한 제품으로 판매를 목적으로 상용화한 제품이 대상이며, 녹색기술인증 확인, 제품생산가능여부, 품질경영, 제품 성능을 모두 만족하여야 한다.

① 녹색기술인증 확인

- 녹색기술인증서, 신청제품(모델)보유 유무

② 제품생산가능여부

- 공장 등의 생산시설 보유 유무(단, OEM제조제품의 경우 증빙서류)

※ 신청제품의 지속적인 생산 가능성

③ 품질경영

- ISO등 품질경영관련 인증의 보유 유무 또는 기타 품질경영관련 증빙서류

※ 제품의 지속적인 생산 품질경영 관리체계

④ 제품성능

- 외부기관(또는 자체)의 시험/인증 증빙 등

※ 신청제품의 성능이 녹색 기술인증의 기술 수준을 만족

③ 녹색전문기업 확인

전년도 총 매출액에서 인증받은 녹색기술에 의한 매출이 20% 이상인 기업을 대상으로 하며, 아래 항목을 모두 만족하여야 한다.

※ 인증받은 녹색기술에 의한 매출액은 ①인증받은 녹색기술의 라이선스 또는 기술이전 수입 및 공사수주액 등과 같은 매출액과 ②녹색기술제품 확인을 받은 제품의 매출액의 합(①+②)으로 함

그림 C1-18 녹색전문기업 확인 요구 조건(출처: 녹색인증(https://www.greencertif.or.kr/))

1.6.4 인증마크

인증마크의 심벌(Symbol)은 친환경 마크의 명확한 이미지를 전달하기 위해 나뭇잎 모티프로 표현하였다. 나뭇잎 모티프는 녹색의 'ㄴ'을 반복 적용하여 브랜드만의 차별성을 전달하였다. 이는 녹색기술 제품을 통해 점층 성장하는 녹색산업을 의미하며, 임팩트가 강한 이미지의 심벌마크는 제품 적용 시 높은 시인성을 전달한다. 심벌마크 하단의 직선 이미지는 로고 타입과 조화를 이뤄 시각적 안정감을 전달하며, 인증마크로서 신뢰감을 전달한다.

① 표시방법, 크기, 색상

녹색인증(기술, 사업, 전문기업, 제품)서 및 관련 홍보물과 책자 등에 사용할 수 있으며, 확인된 녹색기술제품의 인증표시는 제품에 직접 견고히 부착 또는 각인하여 사용하여야 한다.(단, 확인받은 모델에만 부착 가능, 코드 기입 및 유예기간 명시)

제품에 녹색인증 확인 표시를 할 수 없는 경우에는 제품의 포장에 표시를 부착하거나 제품에 "기본도안"만을 표시한다(포장에서의 표시는 최소 포장 단위로 적용하여 사용). 인증마크의 크기는 표시하려는 주변의 도안 등을 고려하여 적절한 크기로 표시할 수 있다. 단, 비율을 유지하여야 한다(최소크기는 세로 1.5㎝로 함). 심벌 색상은 녹색 계열인 PANTONE/362C, 348C를 사용하고, 로고 타입의 색상은 PANTONE/348C를 사용하여야 한다.

그림 C1-19 심벌마크 요구 조건(출처: 녹색인증(https://www.greencertif.or.kr/))

② 시그니처(Signature)

시그니처는 심벌마크와 녹색인증 로고 타입을 적절한 비례로 조합한 것으로 적용 상황에 맞는 조합을 선택 활용할 수 있으며, 모든 원고의 사용은 매뉴얼 CD의 컴퓨터 데이터에 의해 축소·확대하여 사용하는 것을 원칙으로 한다.

로고 타입은 심벌마크와 더불어 녹색인증의 이미지를 전달하는 중요한 기본요소로 심벌마크가 주는 이미지와 조화될 수 있도록 디자인되었으며 각각의 글자 올 형태에 따라 비례 조정한 것으로 글자의 올, 굵기, 비례 등을 임의로 변경할 수 없다.

그림 C1-20 녹색인증 시그니처와 엠블렘(출처: 녹색인증(https://www.greencertif.or.kr/))

1.6.5 녹색인증 지원 혜택

녹색기술·녹색산업의 발전을 촉진하기 위하여 녹색인증기업 대상으로 융자지원, 판로·마케팅 및 사업화 촉진 등의 지원사업을 운영하고 있다.

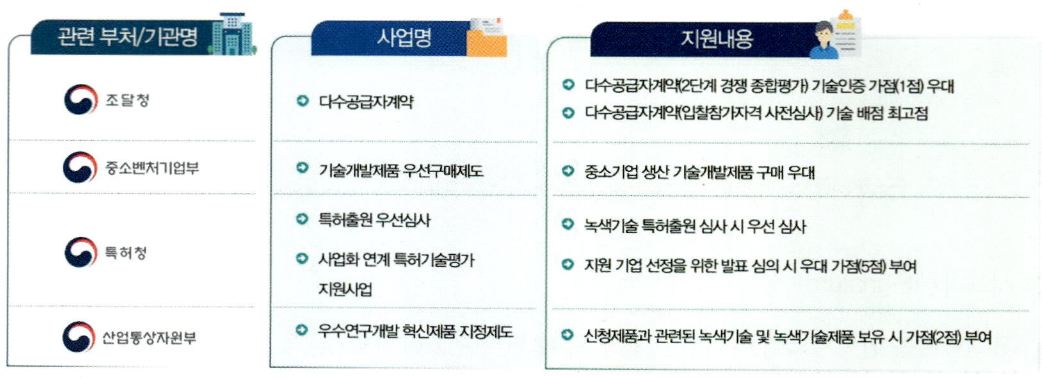

관련 부처/기관명	사업명	지원내용
조달청	다수공급자계약	다수공급자계약(2단계 경쟁 종합평가) 기술인증 가점(1점) 우대 다수공급자계약(입찰참가자격 사전심사) 기술 배점 최고점
중소벤처기업부	기술개발제품 우선구매제도	중소기업 생산 기술개발제품 구매 우대
특허청	특허출원 우선심사 사업화 연계 특허기술평가 지원사업	녹색기술 특허출원 심사 시 우선 심사 지원 기업 선정을 위한 발표 심의 시 우대 가점(5점) 부여
산업통상자원부	우수연구개발 혁신제품 지정제도	신청제품과 관련된 녹색기술 및 녹색기술제품 보유 시 가점(2점) 부여

그림 C1-21 녹색인증 지원 혜택(출처 : 녹색인증(https://www.greencertif.or.kr/))

1.7 환경표지인증

1.7.1 개요

환경표지제도는 「환경기술 및 환경산업 지원법」 제17조(환경표지의 인증)에 근거해 국가(환경부)

가 시행하는 인증제도로서 1992년 4월 첫 출범 이래 제품 전 과정에서의 종합적 환경성뿐만 아니라 품질·성능이 우수한 친환경 제품(서비스 포함)을 선별하여 환경표지를 인증하고 있다.

환경표지제도는 동일 용도의 제품·서비스 가운데 생산-유통-사용-폐기 등 전 과정 각 단계에 걸쳐 에너지 및 자원의 소비를 줄이고 오염물질의 발생을 최소화할 수 있는 친환경 제품을 선별해 정해진 형태의 로고(환경표지)와 간단한 설명을 표시토록 하는 자발적 인증제도이다.

환경표지제도의 추진 목적은 소비자에게 어떠한 제품·서비스의 환경성이 뛰어난지 정확히 파악할 수 있도록 정보를 제공해주며 기업은 환경표지 인증을 통해 자사 제품·서비스의 높은 환경성을 홍보할 수 있다.

법적 근거는 아래와 같다.

①「환경기술 및 환경산업 지원법」제17조(환경표지의 인증)
② 환경부 고시 - 환경표지 인증심사 신청수수료 및 사용료
③ 환경부 고시 - 환경표지대상 제품 및 인증기준
④ 환경표지인증에 관한 업무 규정

1.7.2 인증 대상

환경표지제도는 동일 용도의 다른 제품에 비하여 환경오염을 적게 일으키거나 자원을 절약할 수 있는 제품에 대하여 인증을 부여하고 있으며, 환경표지 인증기준이 고시된 제품·서비스에 한하여 환경표지 인증 신청이 가능하다.

1 인증 범위

사무용 기기·가구 및 사무용품, 주택·건설용 자재·재료 및 설비, 개인용품 및 가정용품, 가정용 기기·가구, 교통·여가·문화 관련 제품, 산업용 제품·장비, 복합용도 및 기타, 서비스 등「환경표지 대상 제품 및 인증기준」고시 [별표 1] 및 [별표 2]에 따른 대상 제품이 해당된다.[70]

70) 환경표지인증 홍보자료, 2023

표 C1-16 인증 대상 및 범위

분류	중분류		제품군 수
계		22	160
1. 사무용기기 및 사무용품	문구류, 사무용 기기류, 사무용 가구 등	3	22
2. 주택 · 건설용 자재 · 재료 및 설비	전기 자재류, 수도 · 배관 자재류, 기타 자재류, 설비류 등	4	39
3. 개인용품 및 가정용품	세제류, 섬유 · 가죽류, 기타 잡화류	3	26
4. 가정용 기기 · 가구	전기기기류, 전자기기류, 가구류 등, 기타 기기류	4	14
5. 교통, 여가, 문화 관련 제품	자동차 관련 제품류, 여가 · 문화 관련 제품류	2	10
6. 산업용 제품, 장비	원료 · 자재류, 조립 제품, 장비 등	2	17
7. 복합용도 및 기타	에너지 및 대체 에너지 사용 제품류, 플라스틱 · 고무 · 목재 제품류, 금속 · 무기재료 · 요업 제품류, 기타	4	26
8. 서비스	–	–	6

※「식품위생법」에 따른 식품,「약사법」에 따른 의약품 및 의약외품,「농약관리법」에 따른 농약과「산림자원의 조성 및 관리에 관한 법률」에 따른 임산물(같은 법 시행령 제2조제5항제6호에 따른 임산물은 제외한다)로 지정된 목제품(木製品) 제외

2 대상 제품군 선정 및 인증기준 설정

신청제품이 환경표지인증 대상 제품에 해당하지 않는 품목일 경우 신규 인증기준 제정을 제안할 수 있다. 해당 제품의 환경개선 시급성, 인증기준 개발 가능성, 시장점유율 또는 확장성, 이해관계자 반응 등을 복합적으로 고려하여 대상 제품을 선정하고 대상 제품의 인증기준안을 마련하여 고시한다.

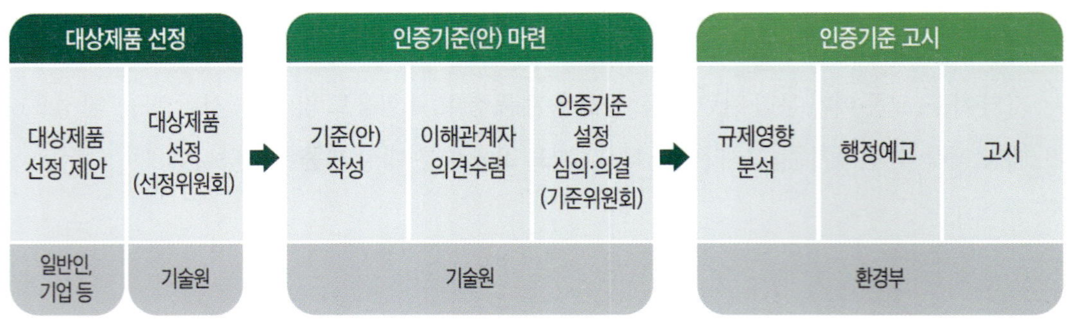

그림 C1-22 대상 제품군 선정 및 인증기준 설정

1.7.3 인증 업무 절차

① 총괄 및 운영기관

총괄기관은 환경부이며, 한국환경산업기술원에서 운영을 맡고 있다.[71]

표 C1-17 총괄 및 운영기관

총괄기관	
환경부 (환경기술경제과)	■ 환경표지제도 관련 법규 제 · 개정 등 제도 전반의 총괄 관리 ■ 환경표지 대상 제품 및 인증기준 고시 ■ 공공기관의 친환경상품 구매 실적 파악 및 공고 ■ 기타 환경표지제도와 관련한 기술적 · 행정적 지원 등
운영기관	
한국환경산업기술원 (환경표지혁신실, 환경표지인증심사실, 제품사후관리실)	■ 환경표지 대상 제품 선정 및 대상 제품별 인증기준 제 · 개정 ■ 환경표지 인증 및 인증제품에 대한 사후관리

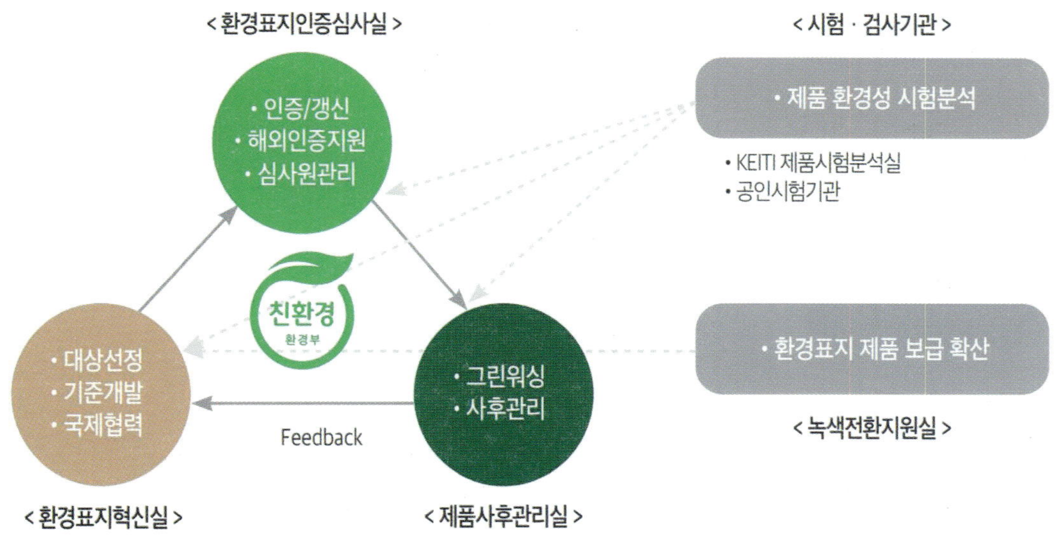

그림 C1-23 각 기관별 업무 분장(출처 : 환경표지인증 홍보자료, 2023)

71) 환경표지인증(https://el.keiti.re.kr/)

❷ 인증 신청 절차

표 C1-18 환경표지인증 신청 절차

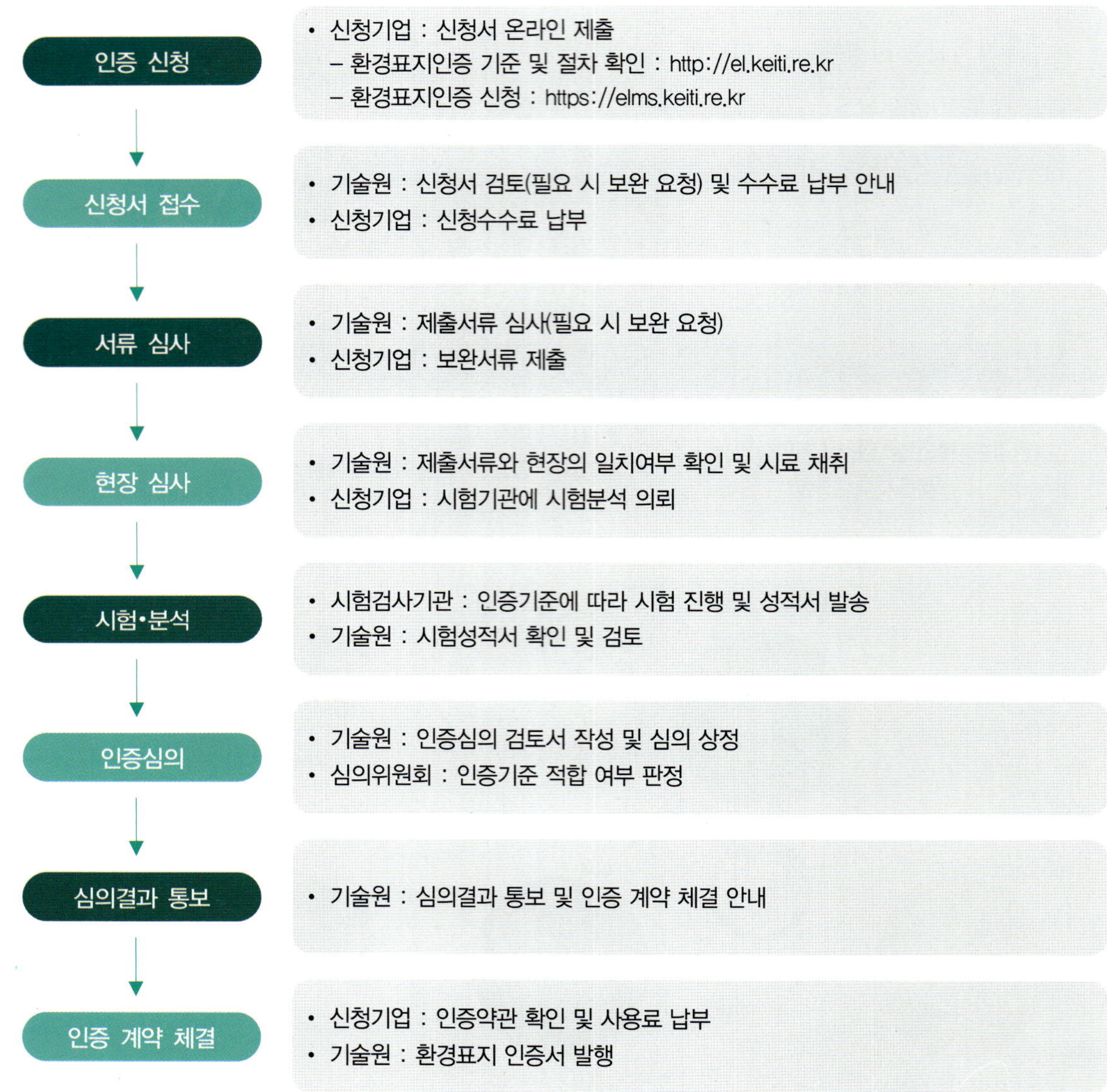

인증 신청	• 신청기업 : 신청서 온라인 제출 – 환경표지인증 기준 및 절차 확인 : http://el.keiti.re.kr – 환경표지인증 신청 : https://elms.keiti.re.kr
신청서 접수	• 기술원 : 신청서 검토(필요 시 보완 요청) 및 수수료 납부 안내 • 신청기업 : 신청수수료 납부
서류 심사	• 기술원 : 제출서류 심사(필요 시 보완 요청) • 신청기업 : 보완서류 제출
현장 심사	• 기술원 : 제출서류와 현장의 일치여부 확인 및 시료 채취 • 신청기업 : 시험기관에 시험분석 의뢰
시험·분석	• 시험검사기관 : 인증기준에 따라 시험 진행 및 성적서 발송 • 기술원 : 시험성적서 확인 및 검토
인증심의	• 기술원 : 인증심의 검토서 작성 및 심의 상정 • 심의위원회 : 인증기준 적합 여부 판정
심의결과 통보	• 기술원 : 심의결과 통보 및 인증 계약 체결 안내
인증 계약 체결	• 신청기업 : 인증약관 확인 및 사용료 납부 • 기술원 : 환경표지 인증서 발행

1.7.4 환경표지인증 혜택

환경표지인증을 취득하게 되면 아래와 같은 혜택이 있다.

❶ 공공시장

- 공공기관 녹색제품 의무구매(「녹색제품 구매촉진에 관한 법률」 제6조)
- 혁신제품 지정제도(패스트트랙 Ⅲ) 추천
- 정부운영제도 가산점 부여(녹색기업지정제도, 녹색건축인증제도 등)
- 지자체 물품구매 기준, 공사 시방서 등 우선구매 반영
- 조달청 우수제품 등록 지원(종합기술평가서 발급)

❷ 민간시장

- 녹색매장·녹색특화매장 입점 제품 홍보 지원
- 온라인 녹색매장 입점 지원
- 그린카드 연계(구매금액 특별적립), 녹색제품 판매 확대 지원
- 대한민국 친환경대전 참여 지원

❸ 시험·분석

- 한국환경산업기술원 제품시험분석실 중소기업 50%, 인증기업 30% 할인
- 한국환경산업기술원 업무협약(MOU) 체결 16개* 공인시험기관 인증기업 30% 할인

❹ 정부포상

- 환경표지 인증기업이 일정 기간 이상 인증제품을 생산, 판매하고 환경 개선에 공적이 있는 경우 정부포상 후보로 추천

1.7.5 환경표지인증의 사용

❶ 인증 기간

사용료 납부일로부터 3년간 유효하며, 기존 인증제품과 인증 기간 연장신청 제품의 동일성이 인정된 경우 3년 연장이 가능하다.

❷ 사용방법

환경표지인증을 받은 자는 인증 기간 동안 인증제품 및 제품의 용기·포장 등에 환경표지 등을 표시하거나, 언론매체·간행물·전기통신 또는 그 밖의 방법으로 환경표지 인증에 관한 광고 행위가 가능하다.

❸ 인증도안

형태와 색상을 최대한 유지하여 사용하며, 구성요소 크기, 형태, 서체 등 변형은 불가하다.

* 「환경표지대상 제품 및 인증기준」에 따른 프리미엄 인증제품만 활용 가능

그림 C1-24 환경표지인증 마크(출처: 환경표지인증 홍보자료, 2023)

CHAPTER 02

우수조달 지정제도

2.1 우수제품 지정제도 개요

2.1.1 시행 배경

조달물자의 품질향상 및 중소.벤처기업의 판로지원을 위해 96년부터 시행되었으며, 법적근거는 조달사업에 관한 법률 제26조 및 동법 시행령 제30조와 국가를 당사자로 하는 계약에 관한 법률 제7조 및 동법 시행령 제26조 제1항 제3호비목 등 적용된다.

2.1.2 신청 대상

우수조달지정 제품의 대상은 조달사업법 제26조 제1항 제1호에 해당하는 기업이 생산하는 물품 및 소프트웨어로서 다음 어느 하나에 해당하는 제품과 중소·벤처·초기중견기업이 생산하는 물품 및 소프트웨어로서 아래의 인증이 적용된 4가지 제품이 대상이다.

1. 신제품(NEP)

   신제품(NEP) 또는 신제품(NEP)를 포함한 제품으로서 아래 품질소명자료가 없어도 신청가능

2. 신기술 제품(NET 등)

   NET, 건설신기술, 교통신 기술, 환경신기술, 보건신기술 또는 방재신기술을 적용하여 생산한 제품으로서 품질소명자료를 반드시 1개 이상 제출한 경우

3. 특허 · 실용신안 제품

   국내 특허 또는 국내 등록실용신안을 적용하여 생산한 제품으로서 아래 품질소명자료를 반드시 1개 이상 제출한 경우

④ 저작권 등록된 우수품질 S/W 인증제품(GS)

저작권 등록된 소프트웨어로서 우수품질 소프트웨어(GS인증)을 획득한 경우 아래 품질소명자료가 없어도 신청가능

⑤ 연구개발사업 기술개발성공제품

「과학기술기본법」등 관계 법령에 따른 연구개발 사업을 추진하는 기관의 장과 조달청장이 공동으로 시행한 기술개발 지원사업에 따라 기술개발에 성공한 제품으로 아래 품질소명자료가 없어도 신청가능

⑥ 혁신제품(혁신시제품* + R&D 혁신제품**)

- 조달청장이 구매하여 실증 결과 성공으로 판정된 제품으로서, 아래 품질소명자료가 없어도 신청가능

* 혁신시제품 : 조달청에서 공공서비스 개선에 적용할 상용화 전 혁신제품을 제안받아 공공성 및 사회적가치, 혁신성, 시장성 등을 평가하여 지정한 제품

** R&D 혁신제품 : R&D부처(산자부, 과기부 등)에서 연구개발제품 중 혁신성 평가하여 지정된 제품

*** 16. 7월부터 중견기업 성장촉진 및 경쟁력 강화에 관한 특별법 제2조에 따른 중견기업 중 매출액 규모, 중견기업이 된 이후의 기간등 대통령령이 정하는 기준을 충족하는 기업 제품도 대상

2.1.3 지정효과

수의계약의 방법으로 제3자 단가계약 또는 총액계약 체결 가능하다.

2.1.4 품질소명자료

성능인증(EPC), 우수재활용(GR), 환경표지(환경마크), K마크, 우수품질 소프트웨어(GS), 고효율 에너지기자재, 품질보증조달물품(구.자가품질보증제품), 소재·부품 신뢰성인증, ICT 융합 품질인증은 원칙적으로 품질소명자료로 반드시 제출해야 한다. 단, 인증기준 또는 시험장비가 없는 등 특별한 사정이 있는 경우에는 다음의 어느 하나에 해당하는 자료를 품질소명자료로 제출 가능하다.

① 「국가표준기본법」제23조 또는 그 밖에 다른 법률에 따라 인정된 시험기관의 시험성적서(신청서 접수마감일 기준 2년 이내의 자료에 한함). 다만 고가의 시험비용이 수반되고 제품 품질의 변동이 없다고 인정할 수 있는 등 불가피한 경우에는 2년 이상 경과한 시험성적서도 인정

② 기타 품질소명자료로 적합하다고 인정되는 자료(신청서 접수마감일 기준 2년 이내의 자료에 한함)

다음에 해당하는 경우 우수조달 지정제품 심사에서 제외가 가능하다.

① 최초 인증일로부터 3년이 경과된 신제품·신기술 인증인 경우

② 기술심의회의 심사결과 시공, 설치 등에 관한 기술 인증인 경우

③ 등록일로부터 7년이 경과된 특허인 경우

④ 등록일로부터 3년이 경과된 실용신안인 경우

※ 국제(해외)특허, 출원 중인 특허·실용신안은 신청 불가

⑤ 이미 지정된 우수제품에 적용된 적용기술인 경우. 다만, 기 지정된 우수제품과 세부품명이 상이한 경우는 예외로 한다.

⑥ 동일 세부품명 기준, 4회 이상 1차 심사에서 탈락한 적용기술인 경우

(* 위 지정심사 제외 요건은 2016.7.28부터('16년4회) 탈락횟수 집계)

⑦ 성공판정을 받은 후로부터 3년이 경과한 조달청 시제품 시범구매 선정 제품

※ 특허·실용신안 등록권리자는 법인일 경우 법인명으로, 개인사업자일 경우 대표자명으로 등록되어 있어야 함 (공동권리자인 경우 약정서 제출)

품질소명자료의 유효기간은 다음과 같다.

① 품질인증 : 접수마감일 기준 유효한 인증

② 공인시험기관 시험성적서 : 신청서 접수마감일 기준 2년이내 발급

2.1.5 우수제품지정신청서 작성 요령

우수제품지정신청서(별지 제 1호의 1서식 ~ 16서식)[72] 작성 요령을 정리하면 다음과 같다.

❶ 별지 제1호의 16서식(우수제품지정 평가자료)

가. 기존에 우수제품을 보유하였거나 보유하고 있는 제품은 필히 기재

나. 세부품명번호(10자리)와 최초 지정시 업체명도 기재

다. 모델명 및 모델수 : 대표 모델명과 총 지정받은 모델 수 기재

❷ 별지 제1호의 1서식(우수제품지정(연장·규격추가)신청 서류제출 신뢰 서약서)

72) 조달청(https://www.pps.go.kr/)

가. 서약자가 개인사업자인 경우 개인 인감, 법인인 경우 법인인감을 날인

※ 경쟁입찰참가자격등록증에 등록된 인감 날인

③ 별지 제1호의 2서식(정보공개동의서, 개인정보 수집 · 이용 동의서)

가. '우수제품지정'에 표기 및 주소, 업체명 기재하고, 서약자가 개인사업자인 경우 개인 인감, 법인인 경우 법인인감을 날인(경쟁입찰참가자격등록증에 등록된 인감 날인)

나. 제공 동의 여부 등 해당 항목에 체크 후 서명 날인

④ 별지 제1호의 3서식(우수제품지정신청서)

가. 제품명 : 일반적으로 통용되는 명칭으로 기재

예) 냉장고, 건조기, 현미경, 책상, 의자 등

나. 모델 및 물품목록정보

- 시장에 유통되는 모델(규격)명을 기재하며 물품목록정보(18자리)와 모델명을 기재하되, 규격 수는 옵션제품에 해당되는 규격을 제외하고 기재해야 하며, 규격서에서 확인 할 수 있도록 작성 (예: SV-254 (4014218502-12345678) 등 5종)
- 신청제품에 대한 모델(규격)번호가 많을 경우 물품목록정보(18자리)와 모델명을 기재한 별지 신청제품 목록[별지 제1호의 4서식]을 제출

다. 신청분야 : 제품의 해당 분야를 기록

※ 신청제품에 대한 분류는 제품의 용도 등을 고려하여 재분류 할 수 있음

라. 1차 심사 생략여부는 기존에 심사를 받은 동일물품이 있고 업체가 이전 종합점수가 가장 높은 점수로 대체 희망시 "ㅇ" 표시

마. 주소는 우편물이 전달될 수 있도록 건물명, 층수까지 정확하게 기재

바. 전화번호는 자동안내시스템 경우 담당 부서의 교환번호까지 기재

사. 신청인은 업체 대표로 하여야 하며, 개인사업자인 경우 개인 인감, 법인인 경우 법인 인감을 날인(경쟁입찰참가자격등록증에 등록된 인감 날인)

아. 신청인은 적용기술의 권리자로서 신청제품의 제조 및 조달납품에 관한 모든 권한을 보유한 자이어야 함.

자. 물품목록정보는 세부품명번호(10자리)와 식별번호(8자리)로 구성되며, 상품정보시스템(http://www.g2b.go.kr:8051)에서 신청

차. 기타 신청서 기재사항은 사실대로 성실히 작성

5 별지 제1호의 3서식(제출서류의 자가점검표)

가. 적용기술 관련의 점검항목 확인 후 종수 기재

나. 제품 규격서 관련, 전회차 심사 관련, 품질소명자료 관련, 기술·품질가점 자료 관련의 점검항목 확인 후 해당항목에 '√' 체크

다. 엑셀 파일로 제출

※ 신청제품의 제출서류에 대한 자가점검표로 심사시 참고자료로 활용하며, 적정여부는 심사시 판단

6 별지 제1호의 4서식(제품 설명서)

가. 제품명칭 및 신청모델(대표모델)은 우수제품 지정신청서와 같이 기재

나. 제품의 일반적 용도 및 기능은 어디에 쓰이는 어떠한 물건인지 신청 제품을 간략히 기재

다. 제품 사진은 신청제품의 형태, 특성을 가장 적절하게 확인할 수 있는 사진 첨부

라. 제품의 특징은 타 제품과 구별되는 차별적 특징, 성능을 열거식으로 기재(1/3page정도)

마. 제품에 적용된 기술 내용은 종래 기술의 문제점(한계점)에 대한 기술개발의 필요성 및 그 기술개발의 난이도, 종래 기술 대비 개발한 기술의 혁신성·창의성·독창성, 신청제품의 기능 구현에 있어서 해당 기술이 차지하는 비중 등을 자유롭게 기재 (1~2page정도)

바. 일반 제품과 대비되는 차별적 품질·성능은 해당 기술이 적용됨으로서 성능·품질 향상에 기여하는 비중, 조달물자로서의 품질·성능 신뢰성 등을 자유롭게 기재 (1~2page정도)

* 차별적 품질·성능을 확인할 수 있는 객관적 자료(인증, 시험성적서 등)를 함께 제시

사. 신청 모델(규격)은 대표 모델과 나머지 모델의 구분 기준을 모델명, 크기, 재질, 용량 등으로 구분하여 표로 정리

아. 전회 차 심사의견에 대한 보완사항은 전회 차 심사 때 기술한 품질, 성능 이외에 실질적인 제품 개선이 있는 경우 해당내용을 구체적으로 서술(1/2~1page정도), 실질적 제품 개선이 없는 경우 보완 내용에 '기존과 동일'로 작성

7 별지 제1호의 5서식(구성대비표)

가. 신청제품에 적용된 특허, 등록실용신안 사항을 건별로 기재

* 등록일로부터 7년이 경과된 특허 및 3년이 경과된 실용신안, 통상실시권으로 신청하는 경우 제외

나. 청구항과 신청제품의 대비는 모든 청구항과 대비할 필요는 없으며, 어느 하나의 독립청구항과 신청제품을 대비하여 기재

❽ 별지 제1호의 12서식(신청 모델(규격)내역)

가. 신청모델명에 옵션제품에 해당되는 규격은 일반규격과 구분되게 '옵션' 으로 기재

나. 핵심기술에는 적용된 기술(특허)가 2개 이상인 경우 그 중 평가에 기초가 된 가장 핵심적인 기술(특허)번호를 기재

다. 전체 모델에 대하여 각각 세부품명번호, 식별번호 및 적용된 기술인증(특허, NET, NEP 등), 품질인증(성능인증, K마크 등)사항을 건별로 기재

라. 일부 모델에 기술인증 또는 품질인증이 미반영 되었을 경우, 비고란에 사유를 기재

❾ 별지 제1호의 6 서식(법적 의무 인증/지침 자가 확인서)

가. 세부품명은 세부품명 및 세부품명번호(10자리) 기재

나. 인증명은 인증명칭, 취득여부는 O 또는 X 기재

다. 지침명은 해당 인증에 대한 관련 지침명, 충족여부는 O 또는 X 기재

라. 법적 의무인증 취득이 필요한 제품인 경우 관련 증빙서류를 필히 제출

〈제출서류 예시〉

- 전기용품안전관리법에 의한 전기용품안전인증서 사본
- 정보통신기기인증규칙에 의한 정보통신기기인증서(전자파적합등록) 사본
- 자동차관리법에 의한 형식승인서(기술검토서) 사본
- 약사법에 의한 의료용구제조품목허가증 사본
- 고압가스안전관리법에 의한 냉동기제조등록필증 사본
- 수도법에 의한 위생안전기준 인증서 등

❿ 별지 제1호의 7서식(제품 규격서)

가. 개요, 규격, 구성, 재료, 형태, 제조 및 가공, 기능 및 성능, 하자보증, 포장 및 표시, 적용자료를 누락없이 작성

나. 규격서는 A4용지에 글자크기 12포인트, 글자체 휴먼명조로 작성하고 PDF형식으로 제출

다. 주요 자재 소요량 작성시 유의사항

- 규격치수(단위) : 모델별 치수를 기재하되, 필요시 기준단위 기재
- 모델별 소요되는 자재에 제시한 적용기술을 반드시 포함하여 기재
  - 특허기술에 적용된 부품이 있는 경우(특허공보의 구성항 요소) 소요부품으로 반드시 구분하여 명시
- 단위 및 수량은 기술·품질소명자료와 일치하게 기재하되, 범위가 아닌 수치 기입

- 제조사가 명시된 인증 제품인 경우 비고란에 제조사 기재

※ SW제품의 경우 주요자재 소요량 기재는 생략 가능

라. 품질기준 작성 시 유의사항

- 제품설명서에 제시한 규격(비교가능, 납품가능 규격)과 동일한 기준 기재
- 자사 제시 규격이나, 적용된 품질인증 이상의 기준 작성
- 신청 상 최대값'은 시험성적서 등 우수제품 지정신청서에 포함된 서류 중 해당항목의 최대값을 기입
- 해당 항목에 대한 비교 기준이 없는 경우 비교가능규격의 작성은 생략 가능
- 작성 규격은 우수조달물품 1차 심사 시 품질심사에 반영되며, 지정 이후 최종규격서의 제품품질기준에 반영되므로 정확히 작성할 것

※ '16년부터 제품설명(PT)은 제품규격서와 신청시 제출한 서류로만 가능

⑪ 별지 제1호의 9서식(기술 · 성능비교표)

가. 적용기술(신제품, 신기술은 수반된 기술을 반드시 포함)을 모두 기재

나. 제품특징 및 기능은 제품의 특장점이 잘 드러나도록 간략하게 작성(200자 내외)

다. 주요구성은 주요 구성부 또는 부품 등을 기입(하나의 구성으로 된 완제품일 경우 또는 특성상 기입이 필요할 경우 재료를 기입)

라. 용도는 간략한 일반적인 용도 기입(50자 내외)

마. 제품의 특징을 나타낼 수 있는 대표 이미지, 글자체는 바탕체, 9point

바. 비교 제품의 경우 지정된 우수제품(자사 또는 타사)와 비교해야 하며, 지정된 우수제품이 없는 경우 일반제품과 비교

* 기 지정된 우수제품은 확인이 가능하므로 반드시 사실대로 기재하여야 하며, 우수제품과 비교할 경우 비교제품의 지정번호(7자리)를 반드시 기재

⑫ 별지 제1호의 10서식(약정서)

가. 적용기술(신제품, 신기술 등에 수반된 기술을 포함)의 권리자가 공동권리자인 경우 약정서 및 인감증명서를 함께 제출

* 단, 공동권리자가 대기업인 경우, 약정서를 제출하지 않아도 됨.

⑬ 별지 제1호의 11서식(해외진출실적)

가. 우수제품지정 신인도 심사 시 해외수출실적은 신청서 접수 마감일 전월을 기준 최근 5년간 수출 총액으로 차등 가점을 부여하며, 수출신고필증(또는 구매확인서) 등 아래 증빙서류를 모두 제출해야만 가점 인정

나. 증빙서류

* 직접수출 : 수출실적증명서(무역협회 또는 한국무역통계진흥원 등의관세청 발급 대행기관 발급), 수출신고필증(수출이행)
* 간접수출 : 수출실적증명서 및 구매확인서(외국환은행 또는 전자무역 기반 사업자<(주)한국무역정보통신 등>), 영세율 세금계산서, 대금입금확인서류, 수출신고필증(수출이행)

※ 수출신고필증(수출이행)은 제조자가 신청업체와 동일한 경우에만 인정하며, 제조자가 상이하거나 미상인 경우 불인정(다만, 간접수출의 경우 수출신고필증 상 제조자가 상이하나 해당서류의 신고인 기재란 등에 신청업체가 제조했음을 확인할 수 있는 경우에는 인정)

⑭ 별지 제2호의 5서식(신인도 자기평가표)

가. 해당항목에 "√" 또는 "○"로 체크하고 자기평점(소계, 합계)을 기재하여야 하며, 체크한 증빙서류를 반드시 첨부

나. ②,③에 대한 평가는 신청제품과 동일제품(품명: 물품분류번호 8자리)에 대한 인증으로 함.

다. 신인도 가점항목 자료 중 유효기간이 정해지지 아니한 경우에는 우수제품신청서 마감일 기준 2년 이내의 자료만 가점으로 인정

라. 협업체로 신청시 신인도 평가대상은 추진기업임.

마. 우수제품 지정신청서 접수마감일 기준 1년 이내에 제11조의2 제2항에 따른 통보의무를 위반했는지 확인하여 평점 기재

바. ①,②,③,④,⑤,⑥의 합계는 5점을 초과할 수 없음.

사. 신청업체의 신청자 또는 담당자 서명 날인

아. 심사특례(저작권 등록된 SW제품, 혁신제품, 연구개발제품)로 신청하는 경우 신인도 자기평가표 및 관련 자료 미제출 가능

2.2 우수제품 지정절차

2.2.1 지정 신청

다음 그림의『지정 신청 절차도』와 같이 우수조달 제품 신청서 접수 및 심사, 지정까지 이루어진다. 신청 방법은 온라인 접수를 통해 가능하며, 특별한 사정이 있는 경우 지방조달청(https://www.pps.go.kr/) 또는 (사)정부조달우수제품협회((http://www.jungwoo.or.kr/))에 신청접수 가능하다(구체적인 제출기한 및 심사 일정은 협회 및 조달청 홈페이지 참조).

그림 C2-1 우수제품 지정 절차도

2.2.2 신청제품의 목록화

우수제품 신청자는 지정신청 전에 대상제품에 대하여 물품목록번호를 부여 받은 후 신청하여야 한다. 단, 물품목록번호를 부여 받지 못한 신청제품이라도 1차 심사 대상에 포함하며, 1차 심사를 통과한 신청제품이 물품목록번호를 부여 받지 못한 경우 2차 심사 대상에 포함되지 못한다. 이 경우, 신청자는 물품목록번호 취득 후 2차 심사에 신청 가능하다.

2.2.3 신청서류 보완

제출된 서류가 누락되었거나 불명확한 경우에는 기한을 정하여 보완을 요구 받을 수 있으며, 보완 요구 기한까지 제출하지 못한 경우에는 당초 제출된 서류만으로 심사가 진행된다(접수 마감일까지 제출한 서류에 대한 보완만 가능하다.).

① 신청제품의 의견수렴

심사 대상 품목, 신청 규격서 및 1차 심사 통과 여부를 일정기간동안 조달청 홈페이지에 공고되며, 제출된 이해관계인의 의견은 심사 자료 및 2차 심사(계약심사협의회)에서 활용될 수 있다.

- 제출된 의견에 대한 설명 또는 자료 등이 필요한 경우 이해관계인에게 요구할 수 있음

② 지정심사

신청 규격서 및 1차 심사 통과 여부를 일정기간동안 조달청 홈페이지에 공고되며, 「우수조달물품 지정관리 규정」 제3조 제1항 각 호에 해당하는 모든 제품의 지정신청 및 심사 일정은 동일한 기간 동안 진행된다.

③ 1차 심사

가. 성장유망제품, 일반제품, 가구제품 : 관리규정 제8조 제4항 심사제품

- 제품설명 및 심사시간 : 23분(발표 10분, 기술설명 3분, 질의응답 10분)

  ※ 비대면심사도 동일하게 진행

- 제품 특성에 따라 성장 유망 제품, 일반제품, 가구제품으로 구분하여 심사
- 평가항목 및 배점 : 각 제품별 평가항목과 배점에 차이(참고 : 별지 제2호의 2서식, 3서식 참고)가 있음
- 평점 : 심사위원이 평가한 최고·최저점수를 제외한 점수를 평균한 점수와 신인도 점수의 합

으로 하며, 신청제품은 평점 70점 이상이어야 1차 심사를 통과

* 업체 희망시 회차별 기술·품질점수 중 가장 높은 점수 적용('19년 2월부터)

** 기술 · 품질 심사 생략을 신청하지 않아도 가장 높은 점수 대체 가능

*** 이전 회차의 신청제품과 심사생략 제품이 동일한 경우에 한하며, 이전 회차 우수제품 신청 이후 1년 또는 4회(연속)가 경과된 기술 · 품질 심사 점수인 경우 대상에서 제외

나. 심사 특례 : 관리규정 제8조의2 심사제품

- 저작권 등록된 우수품질 S/W인증 제품(GS)인 경우, [별지 제2호의 4서식]에 따라 심사위원 2/3 이상이 '적절'로 평가한 경우 1차 심사 통과
- 연구개발사업 기술개발성공제품, 혁신제품인 경우, [별지 제2호의 4의 '가' 서식] 에 따라 심사위원 2/3 이상이 '적절'로 평가한 경우 1차 심사 통과
- 우수제품 1차 기술심사 참고사항
  - 1차 기술심사 시 별도의 PT 자료 없이 제출된 신청서류로만 발표 및 심사 진행
  - 1차 기술심사에 참석하는 인원은 심사 당일 아래 각 서류를 제출하여야 함(해당업체 소속 임·직원만 참석 가능)
  - 참석자 전원의 신분증 1부, 재직증명서 1부, 4대보험 사업장 가입자 명부 1부(심사 당일 기준 발급분)
- 유의사항
  - 「공직자의 이해충돌방지법」 시행(2022. 5. 19.) 관련 동 법 제5조 제1항에 따라 우수제품 지정 관련 신청업체가 조달청 담당자와 사적이해관계자에 해당되는지 여부 및 회피 대상 여부를 판단하여야 하므로, 우수제품 지정을 신청하려는 업체는 관련 규정을 확인하고 [붙임 1] 서약서를 작성하여 우수제품 지정신청 온라인 시스템에 제출하여야 한다.
  - 또한, '22년 9월 1일부터 「우수조달물품 지정·관리규정」 제5조 제13호, 제22조 제1항 제17호의 시행에 따라 우수제품 지정, 규격추가를 신청하는 업체는 신청제품이 '물품의 총 제조원가' 대비 [별지 제1호의 12서식] 제품규격서의 '주요자재소요량 표의 외국산 부품의 원가계산서 상 직접재료비' 비율이 50% 이하인지 또는 초과인지를 확인하여 [붙임 2] 확약서 또는 예외신청서를 제출하여야 한다.
- 우수제품 지정신청서 작성 단계 중 22번 [기타] 단계에서 서약서, 확약서 또는 예외신청서 서류 제출(규격추가는 20번 [기타], 기간연장은 18번 [기타] 단계에서 제출)하여야 하며, 해당 제품이 「국가를 당사자로 하는 계약에 관한 법률」, 「독점규제 및 공정거래에 관한 법률」 등 관계법령을 위반하는 부정한 행위가 만연하거나 부당한 공동행위, 독과점적 시장구조, 불공정거래행위 등 공정하고, 자유로운 경쟁 환경을 저해할 우려가 심각하여 우수제품으로 적합하지 않을 경우 신청 및 심사에서 제외될 수 있다.

④ 2차 심사

- 심사대상 : 1차 심사를 통과한 제품
- 심사절차 : 구매담당부서에서 대상제품에 대한 검토와 생산현장 실태조사 진행

*생산현장 실태조사 : 조달품질원에서 선별조사 실시

- 신기술서비스업무심의회에서 대상제품에 대한 종합검토
- 계약심사협의회에서 조달품목으로서의 타당성, 우수제품 지정요건에 부합하는지 여부, 신청자의 불공정 행위 등 우수제품으로서의 적정성 여부, 그 밖에 심사위원이 필요하다고 인정하는 항목 등을 종합적으로 심사하여 우수제품 지정 여부 결정
- 다만, 신성장 산업제품에 대해서는 해당제품이 신성장 산업분야로서 적합하다고 판단되는 경우 이를 지정

※ 우수제품의 지정은 신청마감일로부터 지정증서 수여까지 약 3개월 소요됨

⑤ 심사 · 지정 제외

- 신청서류를 위조 · 변조하거나 허위서류를 제출한 경우
- 조달수요가 없는 것이 명백하거나, 조달물자로서 부적합한 경우
- 「조달사업법」 제9조의2 제1항 제1호에 해당하지 않는 기업 또는「중소기업제품 구매촉진 및 판로지원에 관한 법률」제8조의2제1항에 해당하는 기업이 생산한 제품인 경우
- 제8조제5항에 따라 심사항목에서 제외하여야 하는 적용기술이 포함된 제품인 경우
- 이미 지정을 받은 우수제품과 물품목록번호(16자리)가 동일한 제품을 신청한 경우
- 신청 제품이 이동 또는 설치 · 시공 과정에서 성질 또는 상태 등의 변형 가능성이 높아 우수제품으로서의 관리가 곤란한 경우
- 조달물자로 공급하기 곤란한 음 · 식료품류, 동 · 식물류, 농 · 수산물류, 무기 · 총포 · 화약류와 그 구성품, 유류 및 의약품(농약) 등에 해당되는 경우
- 신용평가등급에 따른 경영상태 평가 결과 '부적합'인 경우

표 C2-1 계약요청시 제출서류 안내

순번	자료명	자료출처 및 주의사항	자료형식	검토기관	
				우수제품협회	조달연구원
1	우수제품 계약요청서 작성 동의서 ※ 우수조달물품 계약을 위해서 제출하는 모든 서류는 "사실과 상위없음"을 확인하는 각서	※ 시스템에서 동의서 작성			
2	우수조달물품 지정증서 ※ 우수조달물품 지정증서 세부내역 포함 제출	조달청에서 교부한 증서를 스캔하여 제출	PDF	●	●
3	사업자등록증명원 ※ 최근 3개월이내 발급	홈택스(http://www.hometax.go.kr) 로그인 => 금융·공동인증서 => 민원증명 => 민원증명발급신청 => 사업자등록증명	PDF	●	
4	공장등록증명서 ※ '소기업'인데 공장등록증명원(3개월 이내 발급)이 없는 경우 건축물 관리대장 제출 가능 ※ S/W인 경우 소프트웨어사업자 일반현황 관리확인서 제출 ※ 협업체인 경우 참여기업의 공장등록증을 제출, 단, 지정 신청이후 협약기간을 연장한 경우 협약서 제출	정부24 회원 및 비회원 로그인 신청 또는 건축행정시스템 세움터 로그인 => 민원서비스 => 발급서비스 => 건축물 발급대장	PDF	●	
5	중소기업확인서 ※ SMPP에서 유효기간 내인지 확인 후 제출	SMPP 바로가기 이용 출력(다운로드) 첨부	PDF	●	
6	직접생산확인증명서 ※ 신청 제품이 중소기업자간경쟁제품인 경우 제출 ※ SMPP에서 유효기간 내인지 확인 후 제출 ※ 협업체인 경우 참여기업의 직접생산확인 증명서를 제출	SMPP 바로가기 이용 출력(다운로드) 첨부	PDF	●	●
7	경쟁입찰참가자격등록증 ※ 최근 1개월 이내 발행분 제출 ※ 협업체인 경우 조달청에서 발송한 협업승인 알림 문서 첨부 ※ 추진기업 및 참여기업의 경쟁입찰참가자격등록증을 제출	나라장터 로그인 => 나의 나라장터 => 업체정보 관리 => 자기정보확인관리/등록증 출력 => 출력 (다운로드) 첨부 * 입찰대리인 정보가 업데이트 안되있는 경우 다수 확인되고 있어 반드시 수정 필요	PDF	●	
8	인도조건이 '현장설치도'인 경우 관련 문서 및 면허증	법령 등에 따라 반드시 인허가 또는 면허가 필요가 필요한 경우 관련 증명서류 제출 * 발급받은 면허증 등이 현재 내용과 같은지 반드시 확인 후 제출	PDF	●	●

순번	자료명	자료출처 및 주의사항	자료형식	검토기관	
				우수제품협회	조달연구원
9	기술·품질 인증 서류 ※ 특허·실용신안은 제출일 기준 특허료란이 유효기간내인지 확인 후 제출 ※ NEP·NET 기술인증 유효기간이 경과된 경우에는 "최근 2년 이내 또는 지정기간연장 시 제출했던 시험성적서 제출"	특허 및 실용신안 발급 특허로 이용 회원: 특허로 => 조회/발급 => 증명서발급 => 등록원부/등록서류복사 => 등록원부교부 신청 => 발급신청 비회원: 특허로 => 조회/발급 => 등록원부접수 발급(비회원) => 등록원부신청(비회원) => 신청 서류(등본 선택), 용도(제출용 선택), 수취방법(온라인수령) * 등록원부: 특허권 등이 유효한지 확인용, 연차 등록료 납부여부 반드시 확인 필요 * 인증서 및 시험성적서: 해당 인증 또는 시험기관 에서 발급(부득이한 경우가 아니면 되도록 전자 발급)한 서류	PDF	●	●
10	법정인증제품 납품 확약서 ※ 시스템에서 별도 제공되는 양식을 다운로드하여 작성 후 제출		PDF	●	
11	특허적용확인 보고서(우수조달물품 특허적용여부 검증 보고서) ※ 우수제품 지정 심사 신청시 제출한 내용과 반드시 동일한 서류 제출	특허정보진흥센터 => 주요사업 => 특허정보종합 서비스 => 특허기술적용여부 검증 => 특허기술 적용여부 확인서비스(서비스개요 => 서비스신청하기) => 우수조달물품신청(우수제품협회비회원 신청하기 또는 우수제품협회회원 신청하기 선택) => 신청정보 및 의뢰정보 등 입력 => 서비스신청하기	PDF		●
12	시험성적서 ※ 지정 심사시(또는 규격추가) 이미 제출했던 시험성적서는 제출할 필요 없음 다만, 규격검토 및 지정 담당자가 규격검토 등의 과정 에서 추가로 요구했던 시험성적서가 있을 경우에는 반드시 제출	시험기관 발급서류(부득이한 경우가 아니면 되도록 전자발급)	PDF		●
13	제품규격서 ※ 반드시 최종 확정·승인된 규격서 제출	나라장터에서 조회 첨부	–	●	●

순번	자료명	자료출처 및 주의사항	자료 형식	검토기관	
				우수제품협회	조달연구원
14	제품설명서 ※ 우수제품 지정 심사 신청시 제출한 내용과 반드시 동일한 서류 제출	우수제품 지정 심사 신청시 제출한 서류 첨부 * 13번 규격서 내용과 다른 경우 규격서 수정작업이 필요할 수 있음	제한없음		●
15	경제성효과(LCC) 원가계산서 ※ 우수제품 지정 심사 신청시 제출한 경우에 한하여 제출 하되 심사시 제출한 서류와 반드시 동일한 서류 제출 ※ 총괄표와 세부산출내역 모두 제출	우수제품 지정 심사 신청시 제출한 서류 첨부 * 규격서 및 제품설명서 등과 다르거나 자재가 누락된 경우 지정취소까지도 검토될 수 있으므로 주의 필요	EXCEL		●
16	우수제품 계약요청서 방문조사 및 자료요구에 대한 동의	※ 시스템에서 동의서 작성			

2.2.4 우수조달 진행시 서류제출 항목별 유의사항 및 노하우

가. 1차 심사에 통과하는 것이 무엇보다 중요하기 때문에 첫 번째 관문인 발표평가에 필요한 제품설명서, 구성대비표, 기술성능비교표, 제품규격서 작성에 많은 시간을 투자해야 한다.

나. 2차 심사는 계약심사로 조달품질원의 생산현장조사이므로 제품규격서 작성내용은 현장조사시에 문제되지 않도록 작성해야 한다.

다. [별지 제1호의 4서식(종전의 서식 1호의5에서 이동)] 제품설명서 작성 시에는 무엇보다도 평가항목에 의거해서 제품내용을 파악 할 수 있도록 설명되어야 한다. 발표시간이 10분으로 제한적이기 때문에 제품설명서의 내용을 평가항목 중 점수 비중이 큰 부분을 잘 설명해야 좋은 결과를 가져올 확률이 크다.

라. [별지 제1호의 5서식(종전의 서식 1호의9에서 이동)] 구성대비표 작성은 제3조1항 제3호에 따라 신청하는 경우로 특허의 청구항과 적용 여부를 구분해서 작성해야 하고, 최근 2022년부터는 특허적용확인서를 한국특허정보원 특허정보진흥센터에서 발급받아 제출해야 한다.

마. [별지 제1호의 9서식 (종전의 서식 1호의13에서 이동)] 기술성능비교표는 신청제품과 비교제품간의 제품특징 및 기능의 차이점을 부각해서 설명해야 한다. 평가위원마다 다르기는 하지만 1페이지 작성이 아니라도 설명이 필요하면 초과해서 작성되어도 무방하다.

바. [별지 제1호의 12서식] 제품규격서 (211014-2) 규격서는 제품에 적용된 보유한 모든 기술(특허) 및 품질인증 내용을 시험기준에 만족하도록 잘 작성해야 한다.

- 상품상세정보와 규격서 상호 간 비교자료로 다른 문제가 상당수 발견, 계약체결 후 (납품이 이미 이루어진 경우)에는 변경이 불가능할 수 있으므로 반드시 점검 후 점검결과를 제출해야 한다.
- 모델별 당사 또는 타사제품(MAS물품, 우수제품)비교표는 단순 단가비교가 아닌 성능비교가 중요하고, 규격추가 시에는 기존 지정규격과 차이 비교도 필요하다.
- 제조공정도는 QC공정 및 공정사진 등으로 되도록 자세히 작성이 필요하다.

\- - 기타 별도로 제출하는 우수조달 신청모델명과 각 성적서의 모델명과 고효율기자재인증 모델명과 상이함이 없는지 검토가 필요하다.

CHAPTER 03

스마트 조명 관련 표준화 및 인증

3.1 스마트 조명 관련 정책

탄소중립 및 기후변화 대응을 위한 스마트 조명의 시장 보급 및 활성화를 위하여 표 C3-1과 같이 주요 국가들은 스마트 조명을 확대하는 정책을 수립 및 추진 중이다. 실내조명의 경우 면적당 조명 에너지 사용량 규제를 강화하여 다양한 제어기능을 포함하는 스마트 조명으로의 대체를 유도하고 있으며 실외조명의 경우 다양한 스마트시티 이니셔티브와 연계된 보조금 등 통해 보급 확대를 추진 중이다.

표 C3-1 스마트 조명 분류별 대표적인 기능 및 특성 예시

국가	조명 관련 주요 정책 현황
유럽	• 조명 관련 Ecodesign 규제(에너지라벨링 및 최저효율) 강화를 통한 탄소저감 추진 (2019년~) • 스마트 조명에 대한 최소대기전력 기준 제정 • 공공 녹색조달을 위한 실내외 스마트 조명 가이드 배포 및 건물 면적당 에너지 효율 강화
중국	• 제 13차 국가개발 5개년 계획(2016–2020)에서 LED조명의 에너지 라벨링 및 최저 에너지 효율 제도 시행 (LED실내조명 및 도로조명, 2020년~) • 제 14차 국가개발 5개년 계획(2021–2025)을 통해 스마트 조명 인증 프로그램 개발 및 활성화 시행 추진
한국	• 스마트 조명의 보급 활성화(2040년 60%) 및 형광램프 퇴출 추진(~2027년) • 고효율 LED조명 보급 확대 • LED 스마트 조명 및 시스템에 대한 고효율 인증제도 시행 (2021년 4월~)
일본	• 상업부문에서 넷제로 에너지 빌딩, LED 및 스마트 조명 추진 등을 통해 2030년까지 10.42 Mtoe 절감 추진 (전체 절감량 중 24%) • 주거부문에서 조명을 포함하는 가전제품의 에너지 소비 절감 추진 등을 통해 2030년까지 9.86 Mtoe 절감 추진 (전체 절감량 중 23%) • 2030년까지 LED조명 100% 전환을 통해 조명 에너지 60% 절감 목표 • 탄소중립 추진을 위해 인프라/도시 부문에서 LED도로조명 및 스마트 조명시스템 보급 및 활성화 추진 (Green Growth Strategy Through Achieving Carbon Neutrality in 2050, METI)

국가	조명 관련 주요 정책 현황
유럽	• 조명 관련 Ecodesign 규제(에너지라벨링 및 최저효율) 강화를 통한 탄소저감 추진 (2019년~) • 스마트 조명에 대한 최소대기전력 기준 제정 • 공공 녹색조달을 위한 실내외 스마트 조명 가이드 배포 및 건물 면적당 에너지 효율 강화
미국	• 2035년까지 설치기준 조명의 84%를 LED조명으로 대체, 이를 통해 4820 tBTU의 에너지절감을 추진하고 추가적으로 스마트 조명 보급 활성화(2035년 56%)를 통해 총 6130 tBTU 절감 전망 • 바이든 정부가 트럼프 정부에서 보수적이었던 조명 관련 최저 에너지 규제 관련 범위 확대를 위한 절차 시작 (2021.8~) • 각주의 전력회사 협의체인 DLC 프로그램에서 LED조명, 스마트 조명, 식물농장조명에 대한 인증과 지원금을 통해 시장 확대 중

주요 국가별 세부적인 추진현황 및 목표는 다음과 같다.

① 중국

제 14차 국가개발 5개년 계획(2021-2025)에서 스마트 조명에 대한 인증 프로그램 시행 예정

- 2030년 기준, 조명 분야에서 LED조명 확산과 스마트 조명을 통해 약 0.15기가톤의 탄소배출 저감 효과 기대
- 현재 주거부문 48%, 상업부문 20%를 차지하는 형광램프를 LED로 대체(190B GWh) 및 스마트 조명 확대(62B GWh)를 통한 에너지절감 추진

② 일본

2020년까지 판매기준 100%, 2030년까지 설치기준 100% 보급을 목표로 이를 통해 조명 에너지 60% 절감 목표 (스마트 조명 40% 보급 추진)

- 상업부문에서 넷제로 에너지 빌딩, LED 및 스마트 조명 추진 등을 통해 2030년까지 10.42 Mtoe 절감 추진 (전체 절감량 중 24%)
- 주거부문에서 조명을 포함하는 가전제품의 에너지 소비 절감 추진 등을 통해 2030년까지 9.86 Mtoe 절감 추진 (전체 절감량 중 23%)
- 인프라/도시 부문에서 LED 도로조명 및 스마트 조명시스템 보급 및 활성화 추진

3.2 스마트 조명 관련 표준 현황

스마트 조명관련 국제 표준화 기구는 IEC TC34, ISO TC274 및 CIE가 각각의 고유의 업무 범위에 대하여 표준을 제/개정하고 있으며 주요 현황은 다음의 표 C3-2와 같다.

표 C3-2 스마트 조명 관련 주요 표준화 기구 현황

국제 표준화 기구	표준 범위	설립일 회원국	주요 SC 및 WG
International Electrotechnical Commission TC 34 Lighting	광원 및 조명제품의 안전과 성능	1949년 정회원 : 34 부회원 : 17	- SC 34A Electric light sources - SC 34B Lamp caps and holders - SC 34C Auxiliaries for lamps - SC 34D Luminaires - WG 11 Control Interface - WG 14 Lighting Systems - AG 1 Chair's Advisory Group - AG 4 Lighting Systems
TECHNICAL COMMITTEES ISO/TC 274 Light and lighting	응용처별 조명기준, 조명의 측정	2012년 정회원 : 24 부회원 : 17	- CAG Chair advisory group - JAG (ISO/TC274-CIE) Joint Advisory Group - JWG 1 Energy performance of lighting in buildings (joint working group with CIE-JTC 6) - JWG 4 Integrative lighting (joint working group with CIE-JTC 14) - JWG 5 Lighting for work places (joint working group with CIE-JTC 15) - WG 2 Commissioning process of lighting systems
cie	빛과 색의 기준 및 측정, 실내 · 외 조명기준 이미지기술	1913년 정회원 : 37	- Division 1: Vision and Colour - Division 2: Physical Measurement of Light - Division 3: Interior Environment and Lighting Design - Division 4: Transportation and Exterior Applications - Division 8: Image Technology

3.2.1 IEC TC34의 스마트 조명 표준화 현황

IEC TC 34는 51개국의 회원으로 이루어져 있으며 산하에 램프를 담당하는 SC34A, 캡과 홀더를 담당하는 SC34B, 컨트롤기어를 담당하는 SC34C 그리고 등기구를 담당하는 SC34D 4개의 기술부위원회로 구성된다.

- P member(의결권보유) : 한국, 미국, 네덜란드, 독일, 일본 등 34개국
- O member(의결권미보유) : 폴란드, 싱가폴, 말레이시아 등 17개국

스마트 조명 분야의 표준을 담당하기 위하여 표준화 아이템을 도출하고 로드맵을 구축하는 전담 분과인 Advisory Group(AG)4를 2015년 말에 신설하여 2016년 1월 첫 회의를 진행하고 활동 계획을 세우는 등 활발한 활동을 이어가고 있다. 또한 AG4를 통해 도출된 스마트 조명 표준화 아이템의 실질적인 작업을 위해 2018년 비엔나 총회에서 표준화 작업을 담당할 작업반 구성을 승인하였으며 WG14를 설립하여 본격적인 표준화 작업이 이루어지고 있다. IEC TC 34의 전체 조직은 그림 C3-1과 같다.

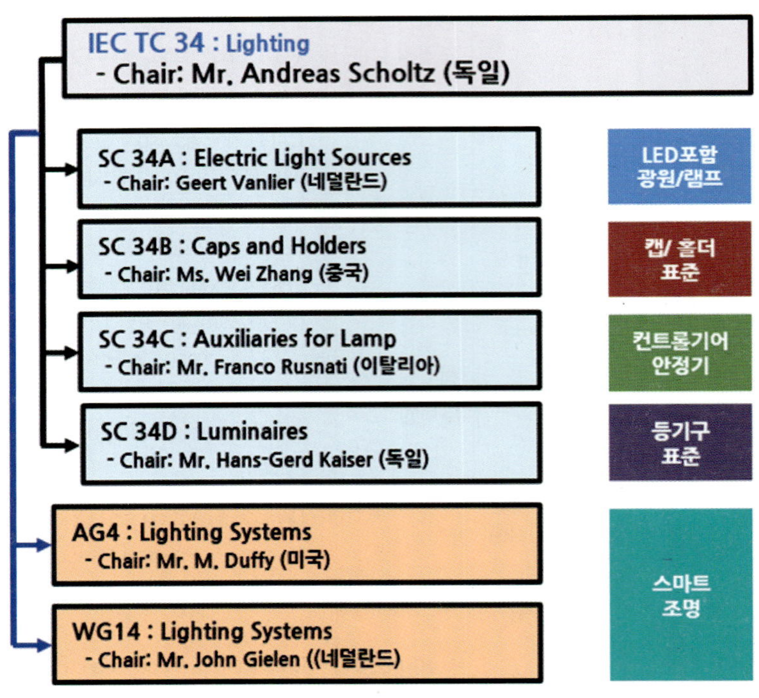

그림 C3-1 IEC TC 34 표준화 조직 및 역할

현재 IEC TC 34 WG14에서 완료하였거나 진행 중인 스마트 조명 표준은 표 C3-3과 같으며, 2018년 작업반 설립 이후 우리나라도 주도적으로 참여하고 있다. 특히 IEC TR 63425, IEC TS 63116 ED 1.1 및 PWI 34-4와 같은 표준은 우리나라 전문가가 프로젝트 리더도 활동하여 표준을 선도하고 있다.

표 C3-2 스마트 조명 관련 주요 표준화 기구 현황

표준 번호	표준 제목	표준 범위 및 내용	현황	출판 (목표)일
IEC 63103	Lighting equipment – Non-active mode power measurement	대기모드 전력 측정	발간 완료	2020.07
IEC TS 63105	Lighting systems and related equipment – Vocabulary	용어 정의	발간 완료	2021.01
IEC TS 63116	Lighting systems – General requirements	스마트 조명 일반 요구사항	발간 완료	2021.10
IEC TS 63117	General requirements for lighting systems – Safety	스마트 조명 안전 요구사항	발간 완료	2021.10
IEC PAS 63421	ZhagaInterface Specification Book 18 including Book 1 – Outdoor Luminaire Extension Interface	실외조명 센서/통신 인터페이스	발간 완료	2022.03
IEC PAS 63422	ZhagaInterface Specification Book 20 including Book 1 – Smart interface between indoor luminaires and sensing/communication modules	실내조명 센서/통신 인터페이스	발간 완료	2022.03
IEC TR 63425	Connectivity for lighting systems	스마트 조명 프로토콜 및 연결성	발간 예정	2022.11
PWI 34-4	Application protocol interface for a dynamic adaptive pedestrian and cycle pathway lighting system	스마트 도로조명 API(보행자도로)	PWI (DC)	–
IEC TS 63116 ED 1.1	Lighting systems – General requirements	스마트 조명 일반 요구사항 (성능요구 사항 및 분류 개정 중)	출판 검토중	2023.11
IEC 63494-1	Lighting System Electro – Mechanical Interfaces – Part 1: Safety	스마트 조명시스템을 위한 전기 및 물리적 인터페이스 – 제 1부 안전	CD	2025
IEC 63494-2-1	Lighting system electro-mechanical interfaces – Part 2: Interchangeability requirements – Part 2-1: Four-pin ELV twist-lock interface	스마트 조명시스템을 위한 전기 및 물리적 인터페이스 – 제 2-1부 4핀 저전압 트위스트록 인터페이스	CD	2025

3.2.2 주요 국가 스마트 조명 표준화 현황

미국은 국가표준을 전담하는 ANSI 내부에 스마트 조명 위원회(ANSI C 137)을 설립하고 현재까지 5건의 국가표준을 제정하였으며 표준화 지속 추진 중이다. 단체표준의 경우 OCF와 같은 컨소시엄에서 스마트 조명을 포함하는 통신 프로토콜에 대한 표준화를 추진하고 있으며 조명제조협회의 하나인 Zhaga에서 스마트 조명용 광원과 센서/통신 모듈간 인터페이스 표준화를 추진하고 있다.

표 C3-4 미국 및 제조사 컨소시엄의 스마트 조명 표준 현황

구분	표준(규격)명	표준명/인증기준	비고
미국 국가 표준	ANSI C137.0-2017	American National Standard For Lighting Systems—Lighting Systems Terms and Definitions	ANSI C 137 스마트 조명 표준 위원회
	ANSI C137.1-2019	American National Standard for Lighting Systems—0-10V Dimming Interface for LED Drivers, Fluorescent Ballasts, and Controls	
	ANSI C137.2-2019	American National Standard—Cybersecurity Requirements for Lighting Systems—Parking Lots	
	ANSI C137.3-2019	American National Standard for Lighting Systems—Minimum Requirements for installation of Energy Efficient Power over Ethernet (PoE) Lighting Systems	
	ANSI C137.4-2019	American National Standard for Lighting Systems—Digital Interface with Auxiliary Power	
	ANSI C136.4-2003	American National Standard for Roadway and Area Lighting Equipment - Series Sockets and Series - Socket Receptacles	ANSI C 136 실외조명 표준 위원회
	ANSI C136.10-2017	American National Standard for Roadway and Area Lighting Equipment — Locking-Type Photocontrol Devices and Mating Receptacles — Physical and Electrical Interchangeability and Testing	
단체 표준	OCF Specification	OCF Specification (2.0.4 - Introduction and overview deck, 2.0.4 Device specification, 2.0.4 Bridging specification, 2.0.4 Cloud specification 등)	통신 프로토콜
단체 표준	Zhaga Book 18	Smart interface between outdoor luminaires and sensing/communication modules	실외용 스마트 조명 광원-센서/제어 인터페이스
	Zhaga Book 20	Smart interface between indoor luminaires and sensing/ communication modules	실내용 스마트 조명 광원-센서/제어 인터페이스

3.3 스마트 조명 관련 인증 현황

대부분의 국가는 고효율 제품에 대한 사용유도와 국민의 안전을 확보하기 위하여 다양한 인증제도를 운영하고 있다. 특히 조명과 관련해서는 표 C3-5처럼 국가별로 안전, 성능 및 환경 등 다양한 인증 프로그램이 운영되고 있다. 스마트 조명에 대한 인증은 현재 미국이 가장 앞서 있으며 스마트 조명 램프/등기구에 대한 인증은 에너지스타 프로그램을 통해, 시스템에 대한 인증은 DLC 프로그램을 통해 진행 중으로 다양한 제품에 대한 인증이 활발히 이루어지고 있다.

표 C3-5 국가별 조명관련 인증 현황

국가	안전	고효율(광효율)	에너지라벨	환경
한국	KC (강제인증)	KS/고효율인증 (임의인증)	효율등급제 (강제인증)	녹색/환경표지 (임의인증)
미국	NRTL(UL) (일부강제)	에너지스타/DLC (임의인증)	FTC Label (강제인증)	에너지스타 (임의인증)
유럽	CE (강제인증)	ErP (강제인증)	Energy Label (강제인증)	Ecolabel (임의인증)
중국	CCC (강제인증)	CQC (임의인증)	Energy Label (강제인증)	환경표지 (임의인증)
일본	PSE (강제인증)	Top runner (강제인증)		Ecomark (임의인증)

여러 국가 중 스마트 조명에 대한 인증을 가장 먼저 그리고 효과적으로 운영하고 있는 국가는 미국이다. 현재 미국은 에너지스타 프로그램에서 스마트 램프와 등기구 단품 인증 진행 중이며 스마트 조명시스템의 경우 DLC(Design Light Consortium) 프로그램에서 인증 프로그램을 운영하고 있다. 인증을 취득한 제품에는 다양한 형태의 지원금을 제공하고 있어 북미 내에서 스마트 조명에 대한 인증 활용률은 매우 높은 편이다.

① 에너지스타

에너지스타 인증 프로그램은 에너지절감 및 온실가스를 줄이려는 시도 속에서 1992년 미국 환경보호청(EPA)이 제도를 신설 및 도입하였으며 현재까지 다양한 품목의 약 48억개의 고효율 제품을 시장에 보급함

- 스마트램프 인증 : 주로 조도 및 재실 감지 센서와 연계된 스마트 램프가 대상이며 약 12,000개의 LED램프 중 16%에 해당하는 1,974개의 스마트램프가 인증을 취득함
- 스마트등기구 인증: 그룹 제어 및 주광 제어 등 다양한 제어기능을 제공하는 스마트 등기구가 대상이며 약 30,000개의 LED 등기구 중 4%에 해당하는 1,136개의 스마트 등기구가 인증을 취득함
- 주요 요구 사항은 대기모드 전력과 제어 기능 관련 요구사항으로 디밍, 네트워크 연결 기능, 오픈 프로토콜, 에너지모니터링 및 원격 제어 기능 등임

② DesignLights Consortium 인증

상업용도의 반도체광원 기반 조명제품 보급/활성화 프로그램으로 북미 전력회사 협의체가 운영 중이며 현재까지 총 374,000개 제품이 인증을 취득

- DLC인증의 경우, 시스템 측면에서의 인증 요구사항을 정의하여 인증 프로그램을 운영 중이며 스마트 조명시스템으로 현재 72개의 모델이 인증을 취득함
- 재실감지 및 주광활용과 같은 필수적인 의무 사항과 스케줄링, 에너지 모니터링 등임

조명 선진국인 독일은 다양한 스마트가로등의 유스케이스를 발굴하고, 이를 표준화(DIN SPEC 91347)하여 관련 시장의 보급 및 활성화를 추진 중이며 스마트가로등의 구현 가능한 서비스에 따라 하기와 같이 인증을 부여하고 있다. 표 C3-6은 DIN SPEC 91347에 정의된 다양한 스마트가로등의 응용 사례이다.

표 C3-6 국DIN SPEC 91347의 스마트가로등 응용예시

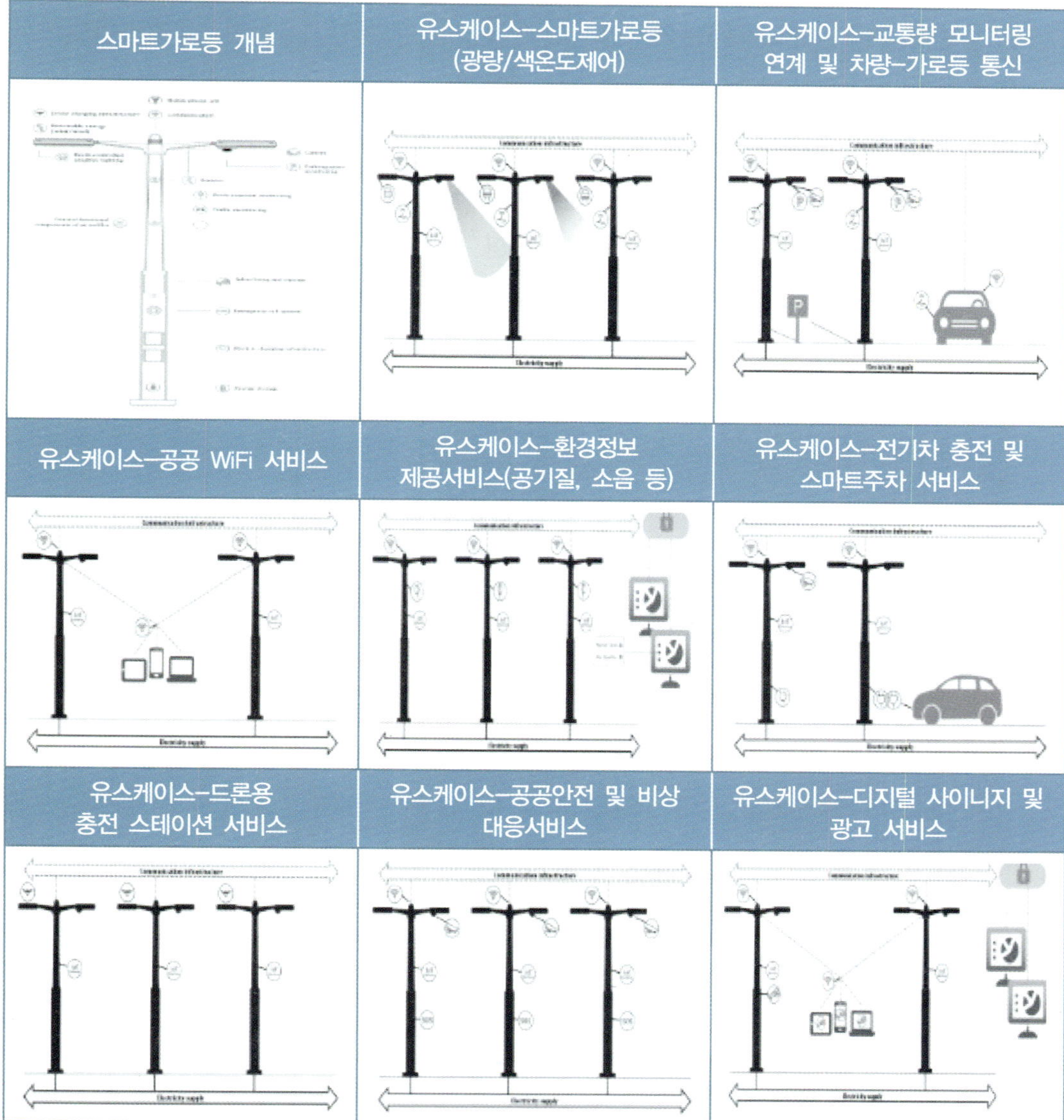

우리나라의 경우 고효율인증제도에 스마트 조명에 대한 품목을 추가하여 2021년에부터 운영하고 있으며 현재 144개의 스마트 조명 제품이 고효율 인증을 취득하였다. 고효율에너지기자재인증제도는 에너지사용기자재 중 에너지효율 및 품질시험 검사 결과가 정부가 고시한 일정기준 이상 만족하는 제품을 고효율에너지기자재로 인증하는 자발적 제도이다.

• (법적근거) 「에너지이용합리화법」제22조 및 제23조 및"고효율에너지기자재 보급촉진에 관

한 규정"(산업통상자원부고시 제2021-166호))

- (인증신청) 인증을 받고자 하는 제조업자 및 수입업자는 고시된 기술기준과 측정방법에 따라 고효율시험기관에서 제품을 시험한 후, 시험성적서를 발급받아 신청
- (인증대상) 스마트LED조명시스템은 LED램프/등기구를 스마트 센서와 스마트제어장치를 통하여 다양한 기능의 제어를 할 수 있도록 하나의 시스템으로 구성되어야하며, 각 기능별 최소 1개 이상의 기능이 복합적으로 구현되어야 함

스마트 조명에 대한 시험인증은 고효율에너지기자재 기술기준(산업통상자원부 고시)에 스마트 LED램프, 스마트LED등기구, 스마트LED 조명제어시스템으로 구분하고 있으며 각각에 대한 인증범위 및 대상은 다음과 같다.

1 스마트LED램프

AC 220V, 60Hz에서 일체형 또는 내장형 LED 광원을 사용하고 유·무선 통신으로 광속 및/또는 상관색온도를 제어할 수 있으며 센서와 연동 가능한 램프

- 적용범위: AC 220 V, 60 Hz에서 유·무선 통신(IR리모컨 제외)으로 에너지절감을 위해 조광제어가 가능하고 일체형 LED 광원 및 KS C 7651에 규정된 베이스를 적용한 일반 조명용 컨버터 내장형 LED램프(단, 150W 초과도 포함하고 별도의 아날로그 조광기로만 제어되는 제품은 제외)
- 구현되는 램프의 색이 단일 또는 다수의 상관색온도(2200~6500K) 범위 내 백색광을 구현할 수 있는 제품을 대상으로 함
- 제품의 구동을 위해 네트워크 기기(게이트웨이 or 허브)와 제어기기가 반드시 필요한 경우, 이를 모두 포함하여 시료를 제출하여야 함
- 센서가 내장된 제품도 스마트LED램프에 포함됨
- 스마트LED램프 고효율 고시 시행 이전 컨버터내장형LED램프로 효율등급을 받은 품목은 제외

표 C3-7 고효율인증기자재(스마트 LED 램프) 인증 요구사항

<table>
<tr><th>시험항목</th><th>시험방법</th><th>인증기술기준</th></tr>
<tr><td>입력 전력 및 입력 전류</td><td>입력 전력 및 입력 전류 시험은 [그림 1]과 같이 접속하고 정격 주파수의 입력전압을 가하여 최대 기준 제어 설정에서 입력 전력 및 입력 전류를 측정한다.
A W 전원 V LED 램프
[그림 1] 입력 전력 및 입력 전류 측정 회로</td><td>최대 기준 제어 설정에서 측정한 입력 전력 및 입력 전류가 표시값의 ± 10% 범위이어야 한다.</td></tr>
<tr><td>역률</td><td>[그림 1]과 같이 접속하고 정격 주파수의 입력 전압을 가하여 최대 기준 제어 설정에서 기준 역률을, 최소 기준 제어 설정 상태에서 최소 역률을 다음 식에 따라 계산한다. 단, 최대 기준 제어 설정에서 입력 전력이 5 W 이하인 경우 기준 역률만 측정한다.
$\text{기준 역률(최대 기준 제어 설정)} = \frac{\text{측정입력전력}}{\text{정격입력전압} \times \text{측정입력전류}}$
$\text{최소 역률(최소 기준 제어 설정)} = \frac{\text{측정입력전력}}{\text{정격입력전압} \times \text{측정입력전류}}$</td><td>기준 역률은 0.9 이상이며, 최소 역률은 0.7 이상이어야 한다. 단, 최대 기준 제어 설정에서 입력 전력이 5 W 이하인 경우 기준 역률만 측정하며 0.85 이상이어야 하고 최소 기준 제어 설정에서 입력 전력이 5 W 이하인 경우 최소 역률은 0.6 이상이어야 한다.</td></tr>
<tr><td>고조파 전류</td><td>정격 주파수의 정격 전압을 가하여 최대 기준 제어 설정에서 충분히 안정된 후 고조파 전류 측정기기로 입력 측의 고조파 전류를 KS C 9610-3-2에 따라 시험한다.</td><td>KS C 9610-3-2에 따라 시험하고 해당 규격의 허용기준을 만족하여야 한다.</td></tr>
<tr><td>대기 전력</td><td>네트워크 대기 모드에서 IEC 63103에 따라 대기 전력을 측정한다.</td><td>대기 전력은 1.5 W 이하이어야 한다.</td></tr>
<tr><td>상관색온도</td><td>정격 주파수의 입력 전압을 가하여 최대 기준 제어 설정에서 KS C 0076의 측정방법에 따라 상관색온도 및 색도좌표를 측정한다.</td><td>측정된 상관색온도가 〈표 2〉에 적합하여야 한다.
〈표 2〉 상관색온도 및 D_{uv} 기준
<table>
<tr><th colspan="4">상관색온도 및 D_{uv} 기준</th></tr>
<tr><th>공칭 상관색온도 (K)</th><th>상관색온도 공차 범위(K)</th><th>기준 D_{uv}</th><th>D_{uv} 공차 범위</th></tr>
<tr><td>2 200</td><td>2 238 ± 102</td><td>0.0000</td><td rowspan="11">T_x: 측정된 상관색온도
T_x < 2870 K 일 때 0.0000 ± 0.0060
T_x ≥ 2870 K 일 때 $D_{uv}(T_x)$ ± 0.0060
여기서
$D_{uv}(T_x) = 57\,700 \times \left(\frac{1}{T_x}\right)^2 - 44.6 \times \left(\frac{1}{T_x}\right) + 0.00854$</td></tr>
<tr><td>2 500</td><td>2 460 ± 120</td><td>0.0000</td></tr>
<tr><td>2 700</td><td>2 725 ± 145</td><td>0.0000</td></tr>
<tr><td>3 000</td><td>3 045 ± 175</td><td>0.0001</td></tr>
<tr><td>3 500</td><td>3 465 ± 245</td><td>0.0005</td></tr>
<tr><td>4 000</td><td>3 985 ± 275</td><td>0.0010</td></tr>
<tr><td>4 500</td><td>4 503 ± 243</td><td>0.0015</td></tr>
<tr><td>5 000</td><td>5 029 ± 283</td><td>0.0020</td></tr>
<tr><td>5 700</td><td>5 667 ± 355</td><td>0.0025</td></tr>
<tr><td>6 500</td><td>6 532 ± 510</td><td>0.0031</td></tr>
<tr><td>가변 상관색온도 (2 200-6 500)</td><td>$T_f^{1)} \pm \Delta T^{2)}$</td><td>$D_{uv}(T_f)^{3)}$</td></tr>
<tr><td colspan="4">1) T_f는 10개의 공칭 상관색온도를 포함하는 100 K 간격의 상관색온도를 선택
2) $\Delta T = 1.1900 \times 10^{-8} \times T^3 - 1.5434 \times 10^{-4} \times T^2 + 0.7168 \times T - 902.55$
3) D_{uv} 공차 범위는 같음</td></tr>
</table>
</td></tr>
</table>

시험항목	시험방법	인증기술기준
연색지수	정격 주파수의 입력 전압을 가하여 최대 기준 제어 설정에서 KS C 0075의 측정방법에 따라 연색지수(Ra, R9)를 측정한다.	Ra는 80 이상이어야 하고 R9은 0 이상이어야 한다.
기준 광속	정격 주파수의 입력 전압을 가하여 최대 기준 제어 설정에서 100시간 에이징 후 구형광속계를 사용하여 기준 광속을 측정한다.	표시값의 95% 이상이어야 한다.
기준 광효율	기준 광속 측정 시 측정된 광속 및 입력 전력으로 계산한다. $\text{광효율[lm/W]} = \dfrac{\text{초기 광속}}{\text{입력 전력}}$	백색 가변은 100 lm/W 이상이어야 하고 풀컬러 가변은 90 lm/W 이상이어야 하고 전구색 가변은 80 lm/W 이상이어야 한다.
광학적 플리커	정격 주파수의 입력 전압을 가하여 최대 및 최소 기준 제어 설정에서 램프가 점등된 후 충분히 안정된 상태에서 IEC TR 61547-1에 따라 PstLM을 측정하고 IEC TR 63158에 따라 SVM을 측정한다.	PstLM은 모두 1.0 이하이어야 한다. SVM은 측정값 중 높은 값을 성적서에 기재하도록 한다. (PstLM은 적부 판정, SVM은 기록)
조광 특성	① 최소 광효율 정격 주파수의 입력 전압을 가하여 최대 기준 제어 설정에서 램프가 점등된 후 충분히 안정된 상태에서 최소 기준 제어 설정으로 제어하여 구형광속계로 광효율을 측정한다. * 단, 최대 입력 전력 대비 (20±2)% 범위 내로 입력 전력이 제어되지 않는 경우 18% 미만의 가장 가까운 입력 전력을 나타내도록 광속을 감소시켜 시험한다. ② 소음 정격 주파수의 입력 전압을 가하여 최대 기준 제어 설정에서 램프가 점등된 후 충분히 안정된 상태에서 KS I ISO 3745에 따라 측정한다. 이어서 램프를 최소 기준 제어 설정으로 제어하여 같은 방법으로 측정한다.	① 최소 광효율 기준 광효율의 80% 이상이어야 한다. ② 소음 소음은 측정값 모두 24 dB 이하이어야 한다.
광속 유지율	최대 기준 제어 설정에서 기준 광속 측정 시간을 포함하여 2,000시간 에이징 후 광속 및 광색을 구형광속계를 사용하여 측정한다.	광속 유지율은 기준 광속 대비 95% 이상이어야 한다. 광색변화 $\Delta u'v'$은 0.007 이하이어야 한다.
상관색온도 제어	① 최소 상관색온도 정격 주파수의 입력 전압을 가하여 최대 기준 제어 설정에서 상관색온도를 가장 낮게 제어하여 KS C 0076의 측정방법에 따라 상관색온도를 측정한다. 단, 상관색온도가 2 200 K 미만으로 제어가 가능한 제품의 경우 최소 상관색온도를 (2 238 ± 102) K 범위로 제어하여 시험한다.	① 최소 상관색온도 측정된 최소 상관색온도가 〈표 2〉에 적합하여야 한다.

시험항목	시험방법	인증기술기준
	② 최대 상관색온도 정격 주파수의 입력 전압을 가하여 최대 기준 제어 설정에서 상관색온도를 가장 높게 제어하여 KS C 0076의 측정방법에 따라 상관색온도를 측정한다. ③ 광속 변화율 최대 및 최소 상관색온도 조건에서 구형광속계를 사용하여 광속을 측정한다.	② 최대 상관색온도 측정된 최대 상관색온도가 〈표 2〉에 적합하여야 한다. ③ 광속 변화율 기준 광속 대비 20% 이상이어야 한다.

2 스마트LED등기구

AC 220 V, 60 ㎐에서 일체형 또는 내장형 LED 광원을 사용하고 유·무선 통신을 통하여 광속 및/또는 상관색온도를 제어할 수 있으며 센서와 연동 가능한 등기구

- 적용범위: AC 220 V, 60 ㎐에서 유·무선 통신(IR리모컨 제외)으로 에너지절감을 위해 조광제어가 가능하고 일체형 또는 내장형 LED 광원을 적용한 등기구 (단, 별도의 아날로그 조광기로만 제어되는 제품은 제외)
- 구현되는 램프의 색이 단일 또는 다수의 상관색온도(2,200~6,500K) 범위 내 백색광을 구현할 수 있는 제품을 대상으로 함
- 제품의 구동을 위해 네트워크 기기(게이트웨이 or 허브)와 제어기기가 반드시 필요한 경우, 이를 모두 포함하여 시료를 제출하여야 함
- 센서가 내장된 제품도 스마트LED등기구에 포함됨
- 독립된 하나의 등기구를 대상으로 하며 단일 전원공급장치에 복수의 등기구가 연결된 형태는 제외함

3 스마트LED조명제어시스템

네트워크와 유선 또는 무선으로 연결되어 센서, 제어기기 등의 정보의 입출력과 제어를 통해 조명의 품질을 만족하면서 주변 환경이나 사전 설정 등에 따라 변경이 가능한 조명시스템

- 적용범위: 재실 또는 사물감지가 가능하고 조도 감지 센서가 포함되어 다음 필수 기능이 구현 가능한 조명제어시스템
- 필수 기능 : 재실 감지 또는 사물 감지, 조도 감지, 최대 광속 설정, 시간대 제어, 구역 설정, 대체 제어, 에너지 모니터링, 원격 진단

표 C3-8 고효율인증기자재(스마트 LED 등기구) 인증 요구사항

<table>
<tr><th>구분</th><th>시험방법</th><th>인증기술기준</th></tr>
<tr><td>구분</td><td>시험방법</td><td>인증기술기준</td></tr>
<tr><td>입력 전력 및 입력 전류</td><td>입력 전력 및 입력 전류 시험은 [그림 2]와 같이 접속하고 정격 주파수의 입력전압을 가하여 최대 기준 제어 설정에서 입력 전력 및 입력 전류를 측정한다.

[그림 2] 입력 전력 및 입력 전류 측정 회로</td><td>최대 기준 제어 설정에서 측정한 입력 전력 및 입력 전류가 표시값의 ± 10% 범위이어야 한다.</td></tr>
<tr><td>역률</td><td>[그림 2]와 같이 접속하고 정격 주파수의 입력 전압을 가하여 최대 기준 제어 설정에서 기준 역률을, 최소 기준 제어 설정 상태에서 최소 역률을 다음 식에 따라 계산한다.
$$\text{기준 역률(최대 기준 제어 설정)} = \frac{\text{측정입력전력}}{\text{정격입력전압} \times \text{측정입력전류}}$$
$$\text{최소 역률(최소 기준 제어 설정)} = \frac{\text{측정입력전력}}{\text{정격입력전압} \times \text{측정입력전류}}$$</td><td>기준 역률은 0.9 이상이며, 최소 역률은 0.7 이상이어야 한다. 단, 최대 기준 제어 설정에서 입력 전력이 5 W 이하인 경우 기준 역률만 측정하며 0.85 이상이어야 하고 최소 기준 제어 설정에서 입력 전력이 5 W 이하인 경우 최소 역률은 0.6 이상이어야 한다.</td></tr>
<tr><td>고조파 전류</td><td>정격 주파수의 정격 전압을 가하여 최대 기준 제어 설정에서 충분히 안정된 후 고조파 전류 측정기기로 입력 측의 고조파 전류를 KS C 9610-3-2에 따라 시험한다.</td><td>KS C 9610-3-2에 따라 시험하고 해당 규격의 허용기준을 만족하여야 한다.</td></tr>
<tr><td>대기 전력</td><td>네트워크 대기 모드에서 IEC 63103에 따라 대기 전력을 측정한다.</td><td>대기 전력은 1.5 W 이하이어야 한다.</td></tr>
<tr><td>상관색온도</td><td>정격 주파수의 입력 전압을 가하여 최대 기준 제어 설정에서 KS C 0076의 측정방법에 따라 상관색온도를 측정한다.</td><td>측정된 상관색온도가 〈표 4〉에 적합하여야 한다.
〈표 4〉 상관색온도 및 D_{uv} 기준
<table>
<tr><th colspan="4">상관색온도 및 D_{uv} 기준</th></tr>
<tr><th>공칭 상관색온도 (K)</th><th>상관색온도 공차 범위 (K)</th><th>기준 D_{uv}</th><th>D_{uv} 공차 범위</th></tr>
<tr><td>2 200</td><td>2 238 ± 102</td><td>0.0000</td><td rowspan="11">T_X : 측정된 상관색온도
T_X < 2 870 K 일 때
0.0000 ± 0.0060
$T_X \geq$ 2 870 K 일 때
$D_{uv}(T_X) \pm 0.0060$
여기서
$D_{uv}(T_X) = 57\,700 \times \left(\frac{1}{T_X}\right)^2 - 44.6 \times \left(\frac{1}{T_X}\right) + 0.00884$</td></tr>
<tr><td>2 500</td><td>2 460 ± 120</td><td>0.0000</td></tr>
<tr><td>2 700</td><td>2 725 ± 145</td><td>0.0000</td></tr>
<tr><td>3 000</td><td>3 045 ± 175</td><td>0.0001</td></tr>
<tr><td>3 500</td><td>3 465 ± 245</td><td>0.0005</td></tr>
<tr><td>4 000</td><td>3 985 ± 275</td><td>0.0010</td></tr>
<tr><td>4 500</td><td>4 503 ± 243</td><td>0.0015</td></tr>
<tr><td>5 000</td><td>5 029 ± 283</td><td>0.0020</td></tr>
<tr><td>5 700</td><td>5 667 ± 355</td><td>0.0025</td></tr>
<tr><td>6 500</td><td>6 532 ± 510</td><td>0.0031</td></tr>
<tr><td>가변 상관색온도 (2 200~6 500)</td><td>T_F[1] ± ΔT[2]</td><td>$D_{uv}(T_F)$[3]</td></tr>
<tr><td colspan="4">1) T_F는 10개의 공칭 상관색온도를 포함하는 100 K 간격의 상관색온도를 선택
2) $\Delta T = 1.1900 \times 10^{-8} \times T^3 - 1.5434 \times 10^{-4} \times T^2 + 0.7168 \times T - 902.55$
3) D_{uv} 공식 범위는 같음</td></tr>
</table></td></tr>
</table>

<table>
<tr><th>구분</th><th>시험방법</th><th>인증기술기준</th></tr>
<tr><td>연색지수</td><td>정격 주파수의 입력 전압을 가하여 최대 기준 제어 설정에서 KS C 0075의 측정방법에 따라 연색지수(Ra, R9)를 측정한다.</td><td>Ra는 80 이상이어야 하고 R9은 0 이상이어야 한다.</td></tr>
<tr><td>기준 광속</td><td>정격 주파수의 입력 전압을 가하여 최대 기준 제어 설정에서 100시간 에이징 후 배광광도계 또는 구형 광속계를 사용하여 기준 광속을 측정한다.</td><td>표시값의 95% 이상이어야 한다.</td></tr>
<tr><td>기준 광효율</td><td>기준 광속 측정 시 측정된 광속 및 입력 전력으로 계산한다.
$$광효율[lm/W] = \frac{초기광속}{입력전력}$$</td><td>〈표 5〉에 적합하여야 한다.
〈표 5〉 스마트LED등기구 기준 광효율 기준<table><tr><th>구분</th><th>입력 전력</th><th>광효율 (lm/W)</th></tr><tr><td rowspan="4">실내용</td><td>10 W 이하</td><td>100 이상</td></tr><tr><td>10 W 초과 30 W 이하</td><td>110 이상</td></tr><tr><td>30 W 초과 60 W 이하</td><td>115 이상</td></tr><tr><td>60 W 초과</td><td>120 이상</td></tr><tr><td>실외용</td><td colspan="2">125 이상</td></tr></table></td></tr>
<tr><td>광학적 플리커</td><td>정격 주파수의 입력 전압을 가하여 최대 및 최소 기준 제어 설정에서 램프가 점등된 후 충분히 안정된 상태에서 IEC TR 61547-1에 따라 PstLM을 측정하고 IEC TR 63158에 따라 SVM을 측정한다.</td><td>PstLM은 모두 1.0 이하이어야 한다. SVM은 측정값 중 높은 값을 성적서에 기재하도록 한다. (PstLM은 적부 판정, SVM은 기록)</td></tr>
<tr><td>조광 특성</td><td>① 최소 광효율
정격 주파수의 입력 전압을 가하여 최대 기준 제어 설정에서 등기구가 점등된 후 충분히 안정된 상태에서 최소 기준 제어 설정으로 제어하여 배광광도계 또는 구형광속계로 광효율을 측정한다.

② 소음
정격 주파수의 입력 전압을 가하여 최대 기준 제어 설정에서 등기구가 점등된 후 충분히 안정된 상태에서 KS I ISO 3745에 따라 측정한다. 이어서 등기구를 최소 기준 제어 설정으로 제어하여 같은 방법으로 측정한다.</td><td>① 최소 광효율
80 lm/W 이상이어야 한다.

② 소음
소음은 측정값 모두 24 dB 이하이어야 한다.</td></tr>
<tr><td>광속 유지율</td><td>기준 광속 측정 시간을 포함하여 등기구에 정격 전압을 가하여 최대 기준 제어 설정에서 2,000시간 에이징 후 배광광도계 또는 구형광속계를 사용하여 광속 및 광색을 측정한다.
다만, '[부록 1] 광속유지율 시험을 면제받기 위한 LED패키지 시험방법 및 기준'에 따라 당해 품목 광속유지율 기준 이상의 LED패키지를 적용할 경우 광속유지율 시험을 면제할 수 있다.</td><td>광속 유지율은 기준 광속 대비 95% 이상이어야 한다. 광색변화 $\Delta u'v'$은 0.007 이하이어야 한다.</td></tr>
</table>

구분	시험방법	인증기술기준
상관색온도 제어	① 최소 상관색온도 정격 주파수의 입력 전압을 가하여 최대 기준 제어 설정에서 상관색온도를 가장 낮게 제어하여 KS C 0076의 측정방법에 따라 상관색온도를 측정한다. 단, 상관색온도가 2 200K 미만으로 제어가 가능한 제품의 경우 최소 상관색온도를 (2 238 ± 102)K 범위로 제어하여 시험한다. ② 최대 상관색온도 정격 주파수의 입력 전압을 가하여 최대 기준 제어 설정에서 상관색온도를 가장 높게 제어하여 KS C 0076의 측정방법에 따라 상관색온도를 측정한다. ③ 광속 변화율 최대 및 최소 상관색온도 조건에서 배광광도계 또는 구형광속계를 사용하여 광속을 측정한다.	① 최소 상관색온도 측정된 최소 상관색온도가 〈표 4〉에 적합하여야 한다. ② 최대 상관색온도 측정된 최대 상관색온도가 〈표 4〉에 적합하여야 한다. ③ 광속 변화율 기준 광속 대비 20% 이상이어야 한다.

CHAPTER 04

친환경 건축/녹색건축 분야의 조명관련 인증 및 법규

4.1 G-SEED

4.1.1 정의 및 배경

녹색건축물(Green Building)은 에너지 고갈, 환경오염 등의 지구 환경에 대한 위기의식의 결과로서 기후변화 협약이 채택된 선진 외국을 중심으로 필요성 제기됨에 따라, 환경에 대한 일련의 인식들이 건물의 에너지 사용과 CO2 배출 저감 등에 관련된 논의가 활발히 진행되었으며, 이를 통해 건축물에 대한 환경부하를 줄이고, 환경성능을 향상시키기 위해 인증제도를 모색하여 왔다.

녹색건축인증(G-SEED, Green Standard for Energy & Environmental Design)은 건축물의 자재생산단계, 설계, 건설, 유지관리, 폐기에 걸쳐 건축물의 전 과정에서 발생할 수 있는 에너지와 자원의 사용 및 오염물질 배출과 같은 환경부담을 줄이고, 쾌적한 환경을 조성하기 위한 목적으로 건축물의 환경 친화 정도를 평가하여 인증하는 제도로서, 우리나라 녹색건축 인증제도는 2002년에 공동주택 대상으로 도입되어 현재는 신축 건축물과 기존 건축물을 대상으로 주거용 건축물인 단독주택과 일반주택 및 공동주택, 비주거용 건축물인 일반 건축물을 비롯하여 업무용 건축물, 학교시설, 판매시설, 숙박시설 등에 대하여 친환경성을 정량적으로 평가하고 있다.

또한, 한국판뉴딜사업 중 하나로 국토교통부 주도로 추진되고 있는 그린리모델링과 관련하여 최근에는 기존 건축물 중 그린리모델링을 하는 건축물에 대하여도 친환경성을 정량적으로 평가하고 있다. 즉, 녹색건축 인증제도는 「녹색건축물 조성 지원법」에 근거를 두고 건축물에 대한 친환경성을 종합적으로 평가하는 국내 유일의 평가시스템이라고 할 수 있다.

4.1.2 인증대상 분류

G-SEED를 활용한 국내 녹색건축인증 대상 건축물은 「건축법」 제2조제1항제2호에 따른 건축물을

대상으로 하며, 「국방군사시설 사업에 관한 법률」 제2조제4호에 따른 군부대주둔지 내의 국방군사시설은 제외하고 있다. G-SEED 시스템 내에서 녹색건축인증 대상 건축물은 건축물의 연도 및 용도에 따라 분류할 수 있다. 건축물의 건축연도를 기준하여 '신축건축물'과 '기존건축물'로 구분하고, 각각 주거용 건축물과 비주거용 건축물로 분류한다.

신축건축물은 새로 건설되는 모든 건축물을 의미하며, 공공건물 연면적 3,000㎡ 이상인 건축물과 같이 녹색건축인증 의무대상에 해당하는 건축물이나, 녹색건축인증 의무대상은 아니지만 신청자의 요구에 의해 건축물의 일부 건축용도 또는 건축물별로 별도의 인증을 원하는 경우 G-SEED에 의한 녹색건축인증이 가능하다. 주거용 건축물은 일반주택과 공동주택이 포함되며 별도로 단독주택에 대한 별도의 인증기준을 갖고 있다. 비주거용 건축물에는 일반건축물, 업무용건축물, 학교시설, 숙박시설, 판매시설이 해당되며 공통인증기준표에 근거하여 각 건축물 용도에 해당하는 평가항목을 별도로 갖고 있다.

기존 건축물은 사용승인 시 녹색건축인증을 받지 않은 5년이 지난 건축물로 녹색건축인증 의무대상은 기본적으로 신축건물과 같은 조건이며, 증축을 동반하지 않는 리모델링 건축물로서 사업계획승인 또는 허가대상인 건축물이 해당된다. 다만, 이 경우 신청자의 요구에 의해 신축 건축물 인증으로 신청할 수 있다. 기존건축물도 주거용 건축물과 비주거용 건축물로 구분이 되는데, 기존 건축물의 경우 2025년 그린리모델링 의무화 시행에 따라 기본적으로는 그린리모델링의 개념에 따르게 된다.

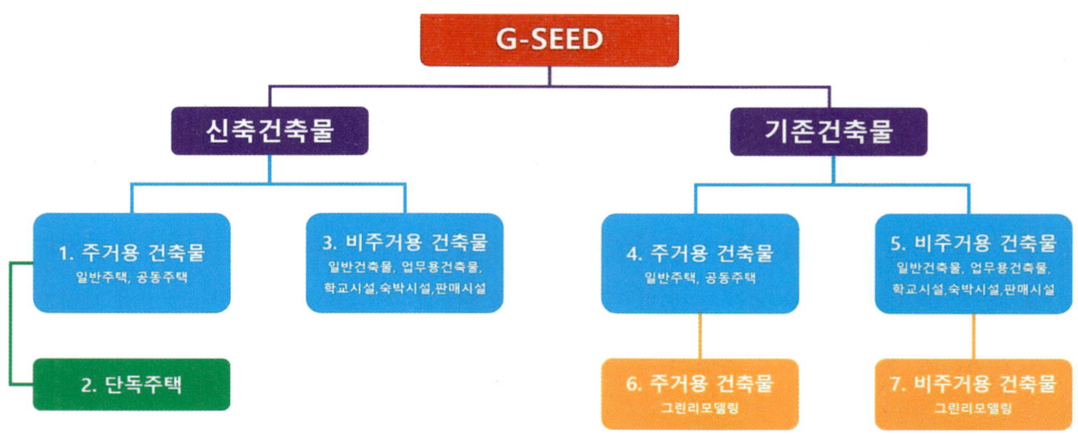

그림 C4-1 IG-SEED 녹색건축인증 대상 건축물 분류(참조: 녹색건축 인증기준 해설서)

4.1.3 조명관련 인증항목

G-SEED는 앞서 언급한 바와 같이, 신축 주거용 건축물 인증심사기준, 신축 단독주택 건축물 인증심사기준, 신축 비주거용 건축물 인증심사기준, 기존 주거용 건축물 인증심사기준, 기존 비주거용 건축물 인증심사기준, 그린리모델링 주거용 건축물 인증심사기준, 그린리모델링 비주거용 건축물 인증심사기준을 별도로 가지고 있다. 또한, 인증심사기준은 각각의 특성에 부합하는 '전문분야', '인증항목', '평가항목 및 가산항목', '배점' 등을 반영하고 있다.

G-SEED의 인증심사기준 분류 중 '신축 비주거용 건축물 인증심사기준'은 가장 다양한 인증항목을 포함하고 있으며, 특히 조명관련 인증항목을 대부분 포함하고 있다. 따라서, G-SEED의 조명관련 인증항목은 '신축 비주거용 건축물 인증심사기준'을 대상으로 하여, '평가목적', '평가방법', '산출기준'을 설명하고자 한다.

표 C4-1 G-SEED 신축 비주거용 건축물 인증심사기준 및 조명관련 인증항목

전문분야	인증 항목		구분	배점	일반 건축물	업무용 건축물	학교 시설	판매 시설	숙박 시설
1. 토지이용 및 교통	1.1	기존대지의 생태학적 가치	평가항목	2	●	●	●	●	●
	1.2	과도한 지하개발 지양	평가항목	3	●	●	●	●	●
	1.3	토공사 절성토량 최소화	평가항목	2	●	●	●	●	●
	1.4	일조권 간섭방지 대책의 타당성	평가항목	2	●	●	●	●	●
	1.5	적정 일조권 확보를 위한 배치계획	평가항목	1			●		
	1.6	대중교통의 근접성	평가항목	2	●	●	●	●	●
	1.7	자전거주차장 설치	평가항목	2	●	●	●	●	●
2. 에너지 및 환경오염	2.1	에너지 성능	필수항목	12	●	●	●	●	●
	2.2	시험·조정·평가(TAB) 및 커미셔닝 실시	평가항목	2	●	●	●	●	●
	2.3	에너지 모니터링 및 관리지원 장치	평가항목	2	●	●	●	●	●
	2.4	조명에너지 절약	평가항목	4		●	●	●	●
	2.5	신 · 재생에너지 이용	평가항목	3	●	●	●	●	●
	2.6	저탄소 에너지원 기술의 적용	평가항목	1	●	●	●	●	●
	2.7	오존층 보호 및 지구온난화 저감	평가항목	3	●	●	●	●	●
	2.8	냉방에너지절감을 위한 일사조절 계획 수립	평가항목	2		●	●		

전문분야	인증 항목		구분	배점	일반 건축물	업무용 건축물	학교 시설	판매 시설	숙박 시설
3. 재료 및 자원	3.1	환경성선언 제품(EPD)의 사용	평가항목	4	●	●	●	●	●
	3.2	저탄소 자재의 사용	평가항목	2	●	●	●	●	●
	3.3	자원순환 자재의 사용	평가항목	2	●	●	●	●	●
	3.4	유해물질 저감 자재의 사용	평가항목	2	●	●	●	●	●
	3.5	녹색건축자재의 적용 비율	평가항목	4	●	●	●	●	●
	3.6	재활용가능자원의 보관시설 설치	필수항목	1	●	●	●	●	●
4. 물순환 관리	4.1	빗물관리	평가항목	5	●	●	●	●	●
	4.2	빗물 및 유출지하수 이용	평가항목	4	●	●	●	●	●
	4.3	절수형 기기 사용	필수항목	3	●	●	●	●	●
	4.5	물 사용량 모니터링	평가항목	2	●	●	●	●	●
5. 유지관리	5.1	건설현장의 환경관리 계획	평가항목	2	●	●	●	●	●
	5.2	운영 · 유지관리 문서 및 매뉴얼 제공	필수항목	2	●	●	●	●	●
	5.3	운동장 먼지발생 억제	평가항목	1			●		
	5.4	녹색건축인증 관련 정보제공	평가항목	3	●	●	●	●	●
6. 생태환경	6.1	연계된 녹지축 조성	평가항목	2			●		
	6.2	자연지반 녹지율	평가항목	4	●	●	●	●	●
	6.3	생태면적률	평가항목	6	●	●	●	●	●
	6.4	비오톱 조성	평가항목	4	●	●	●	●	●
	6.5	생태학습원 조성	평가항목	1			●		
7. 실내환경	7.1	실내공기 오염물질 저방출 제품의 적용	필수항목	3	●	●	●	●	●
	7.2	자연 환기성능 확보	평가항목	2	●	●	●	●	●
	7.3	외기 급·배기구의 설계	평가항목	2	●	●	●	●	●
	7.4	CO2 모니터링시스템 운영 및 환기량 평가	평가항목	2				●	
	7.5	자동온도조절장치 설치 수준	평가항목	2	●	●	●	●	●
	7.6	쾌적한 실내환경 조절방식 채택	평가항목	2		●			
	7.7	객실 간 경계벽의 차음성능	평가항목	2					●
	7.8	교통소음(도로, 철도)에 대한 실내·외 소음도	평가항목	2	●	●	●	●	●
	7.9	직달일광 조절 및 눈부심 감소를 위한 차양 설치	평가항목	2			●		
	7.10	전용 휴게공간 조성	평가항목	1	●	●	●	●	●

전문분야	인증 항목		구분	배점	일반 건축물	업무용 건축물	학교 시설	판매 시설	숙박 시설
ID 혁신적인 설계	1.토지이용 및 교통	대안적 교통 관련 시설의 설치	가산항목	1	●	●	●	●	●
	2.에너지및 환경오염	제로에너지건축물	가산항목	3	●	●	●	●	●
	3.재료 및 자원	건축물 전과정평가 수행	가산항목	2	●	●	●	●	●
	4.물순환 관리	기존 건축물의 주요구조부 재사용	가산항목	5	●	●	●	●	●
	중수도 및 하·폐수처리수 재이용	가산항목	1	●	●	●	●	●	
	5.유지 관리	녹색 건설현장 환경관리 수행	가산항목	1	●	●	●	●	●
	6.생태 환경	표토재활용 비율	가산항목	1	●	●	●	●	●
	7.실내 환경	자연채광 성능 확보	가산항목	1			●		
	녹색건축인증전문가	녹색건축인증전문가의 설계 참여	가산항목	1	●	●	●	●	●
	혁신적인 녹색건축 계획 및 설계	녹색건축 계획·설계 심의를 통해 평가	가산항목	3	●	●	●	●	●

① 일조권 간섭방지 대책의 타당성

G-SEED의 '1. 토지이용 및 교통' 전문분야에 포함된 인증항목으로, 기존에 위치하고 있는 건축물뿐만 아니라 장래에 인접대지의 개발에 미칠 잠재적 영향을 고려하기 위하여 대상 건축물이 인접대지로의 일조권을 차단하지 않도록 유도하는 것이 평가의 목적이다. 따라서 대상건축물이 인접대지로의 유용한 주광을 차단하지 않도록, 대상건축물의 정북방향의 최고 높이와 인접대지 경계선으로부터 대상건축물까지의 수평거리 비율을 평가함으로써 주변 건축물에 대한 일조 침해를 억제할 수 있다. 여기서 인접대

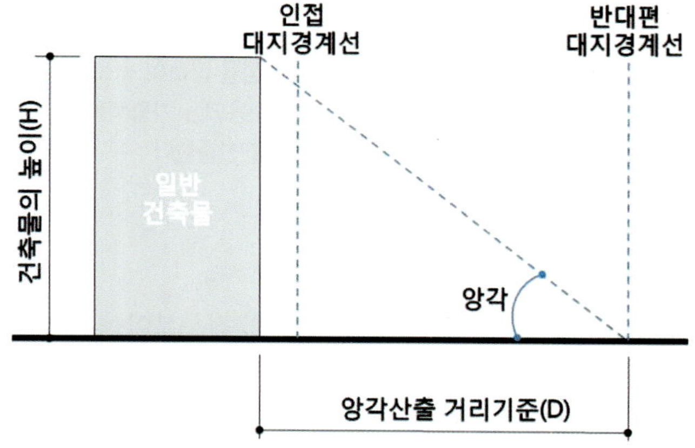

그림 C4-2 최대앙각에 의한 일조권 간섭방지 타당성 평가(참조: 녹색건축 인증기준 해설서)

지 경계선으로부터 대상 건축물의 정북방향의 각 부분의 높이를 잰 각도를 최대앙각이라 정의하며 최대앙각의 범위에 따라 1급-4급으로 분류하여 배점 가중치를 산출한다. 아울러, 학교시설 건물의 '적정 일조권 확보를 위한 배치계획'도 동일한 개념을 가지고 있다.

표 C4-2 최대앙각 범위

구분	최대앙각 범위	가중치
1급	최대앙각이 40°미만인 경우	1.0
2급	최대앙각이 40°이상 45°미만인 경우	0.8
3급	최대앙각이 45°이상 50°미만인 경우	0.6
4급	최대앙각이 50°이상 55°미만인 경우	0.4

일조권 간섭방지 대책의 타당성 평가의 산출 순서 및 방법은 다음과 같다.

순서 1 배치도 및 종횡단면도를 이용하여 최대 앙각 산출도를 작성한다.

① 배치도 및 종횡단면도를 이용하여 건축물 정북방향의 각 부분의 최대앙각을 산출한다.

② 최대앙각(V) = arctan(h/d) 로 계산할 수 있다.
여기서, h는 대상건축물의 수직 높이(m), d는 인접대지 경계선과 대상건축물까지의 정북방향 거리(m)

③ 최대 앙각 산출도는 배치도에 인접대지와 면한 정북방향의 건축물의 최대앙각(V) 및 건축물높이(h), 인접대지 경계선까지의 정북방향 거리(d)를 기재하여야 한다.

순서 2 최대 앙각 산출도에 의해서 산출된 최대앙각에 따라 가중치를 결정한다.

순서 3 급수에 따른 가중치를 확인 후 배점을 곱하여 평점을 산출한다.

① 최대앙각의 범위 결과등급에 적용되는 가중치를 확인한다.

② 가중치에 배점을 곱하여 평점을 산출한다.

❷ 조명에너지 절약

G-SEED의 '2. 에너지 및 환경오염' 전문분야에 포함된 인증항목으로, 효율적인 조명설계에 의한 전력에너지를 절약하고 사용자의 쾌적한 시환경 확보를 평가하는 것이 목적이다.

업무시설의 사무공간과 학교시설의 일반교실은 장시간 머물면서 사무와 학습을 지속하는 공간으로 시작업에 필요한 작업면 표준조도를 확보하면서 조명에너지를 절감시키는 유효한 방법으로 소비전력에 대한 발산광속의 비율이 높은 고효율의 조명기구와 광원을 적용하는 것이 필요하다.

건물의 용도에 따라 KS A 3011 조도기준에 근거하여 필요조도를 설정할 수 있으며, 해당 조건하에서의 단위면적당 조명밀도(W/㎡)를 기준으로 조명에너지 절약에 관한 평가를 할 수 있다. 또한 실내주차장의 조명에는 LED와 같은 저전력 소비형 고효율광원을 적용함으로써 조명밀도를 낮게 하고 센서를 설치하여 조명을 자동으로 조절하는 것은 조명에너지 절약에 큰 도움이 되며, 주용도별 공간에 자연채광을 이용하여 조명을 자동으로 조절하는 것 역시 조명의 질적 향상과 더불어 조명에너지 절약에 효과적인 접근방법이라 하겠다. 조명에너지절약을 위해 조명설비 외에 고려해야 할 사항으로 천장과 벽 등 실내마감면에 대한 고반사율 적용도 효과적이다.

표 C4-3 건축물 용도별 조명밀도 기준 및 배점

평가기준	업무시설 · 학교시설	판매시설	배점
해당 건축물의 주용도별 공간의 천장면 평균 조명밀도	9 W/㎡ 이하	2.25 W/(㎡ · 100Lux) 이하	9
	12 W/㎡ 이하	3.00 W/(㎡ · 100Lux) 이하	6
	15 W/㎡ 이하	3.75 W/(㎡ · 100Lux) 이하	3
자연채광 이용	주용도별 공간의 자연채광 이용을 위해 주광센서를 설치하여 실내조도가 자동으로 조절되는 경우		2
실내 주차장의 조명밀도 및 조명제어	2 W/㎡ 이하로 설계된 경우 또는 센서를 설치하여 조명이 자동으로 조절되는 경우		1

조명에너지 절약 평가의 산출 순서 및 방법은 다음과 같다.

순서 1 사무공간 및 일반교실이 KS A 3011에 의한 표준조도 확보여부를 확인한다.

① 업무시설의 사무공간, 학교시설의 일반교실이 KS A 3011에 의한 표준조도 확보여부를 확인한다.
② 사무공간 및 일반교실의 작업면 표준조도가 400Lux 미만인 경우는 기준에 미달하므로 0점을 적용한다.
③ 판매시설의 경우에는 작업면 표준조도 확보여부는 평가조건에서 제외한다.

순서 2 주용도별 공간의 천장면 평균조명밀도 확인한다.

- 사무공간 및 일반교실의 천장면적에 대한 단위면적당 조명부하의 밀도(W/㎡)를 확인한다.
- 판매시설의 경우에는 천장면적 및 100Lux에 대한 단위면적당 조명부하의 밀도(W/㎡ · 100Lux)를 확인한다.

순서 3 지하주차장의 조명밀도 또는 센서에 의한 조명밝기의 자동조절 여부 확인한다.

- 지하주차장의 천장면적에 대한 조명부하의 밀도(W/㎡)가 2(W/㎡) 이하인 경우 또는 센서를 설치하여 지하주차장의 조명밝기를 자동으로 조절가능여부를 확인한다.

순서 4 주용도별 공간의 자연채광 이용 확인한다.

- 주용도별 공간의 자연채광이용을 위해 주광센서를 설치하여 조명을 자동으로 조절하는 경우 평점을 인정한다.

순서 5 급수에 따른 가중치를 확인 후 배점을 곱하여 평점을 산출한다.

① 조명에너지의 평가기준 및 점수합계에 따른 결과등급에 적용되는 가중치를 확인한다.
② 가중치에 배점을 곱하여 평점을 산출한다.

③ 자연채광 성능 확보

G-SEED의 'ID 혁신적인 설계 : 실내환경' 전문분야에 포함된 인증항목으로, 건축물로 유입되는 자연채광을 최대한 이용하여 작업면 조도 확보 및 거주자의 시환경 향상을 평가하는 것이 목적이다. 담천공시 외부 조도 대비 작업면 조도의 비율을 나타내는 주광률은 실내의 빛 환경을 평가하는 중요한 항목 중 하나이다. 또한 실내의 조도 평균에 대한 최고조도의 비율인 균제도 역시 작업면 조도의 균질한 정도를 나타내는 척도로 중요한 평가 항목 중 하나이다. 따라서 녹색건축 인증제도에 주광률과 균제도에 관한 평가항목을 두어 건축물의 빛 환경을 양적, 질적으로 평가하고 있는 인증항목이다.

자연채광 성능 확보를 평가하는 지표는 평균 주광률(daylight factor)과 균제도이다. 평균 주광률은 대상 바닥면적 80%의 평균값을 적용하고, 바닥면으로부터 0.8m 높이에 대하여 산출하는데, 주광률은 자연채광에 의한 실내 빛환경 평가의 가장 기본적인 기준이며, CIE 표준 담천공시 외부 전천공 조도(E0)에 대한 실내 평균 작업면 조도(Ei)의 비로 산출한다. 또한 균제도는 실내로 유입되는 빛의 균질한 정도를 나타내는 척도로서 담천공 시 실내 평균 작업면조도(Eavg)에 대한 최소 작업면조도(E_{min})의 비를 의미한다.

$$\text{평균 주광률}(DF) = \frac{\text{실내 평균 작업면조도}(E_i)}{\text{담천공시 외부 전천공 조도}(E_0)} \times 100(\%) \qquad \text{(식 C4-1)}$$

$$\text{균제도}(DF) = \frac{\text{최소 작업면조도}(E_{\min})}{\text{담천공시 실내 평균 작업면조도}(E_{avg})} \times 100(\%) \qquad \text{(식 C4-2)}$$

표 C4-4 평균 주광률 및 균제도 등급 기준

구분	평균 주광률 및 균제도 등급기준	가중치
1급	평균 주광률 2.0% 이상 및 균제도 0.3 이상인 경우	1.0
2급	평균 주광률 2.0% 이상인 경우	0.8
3급	평균 주광률 1.5% 이상 2.0% 미만인 경우	0.6
4급	평균 주광률 1.0% 이상 1.5% 미만인 경우	0.4

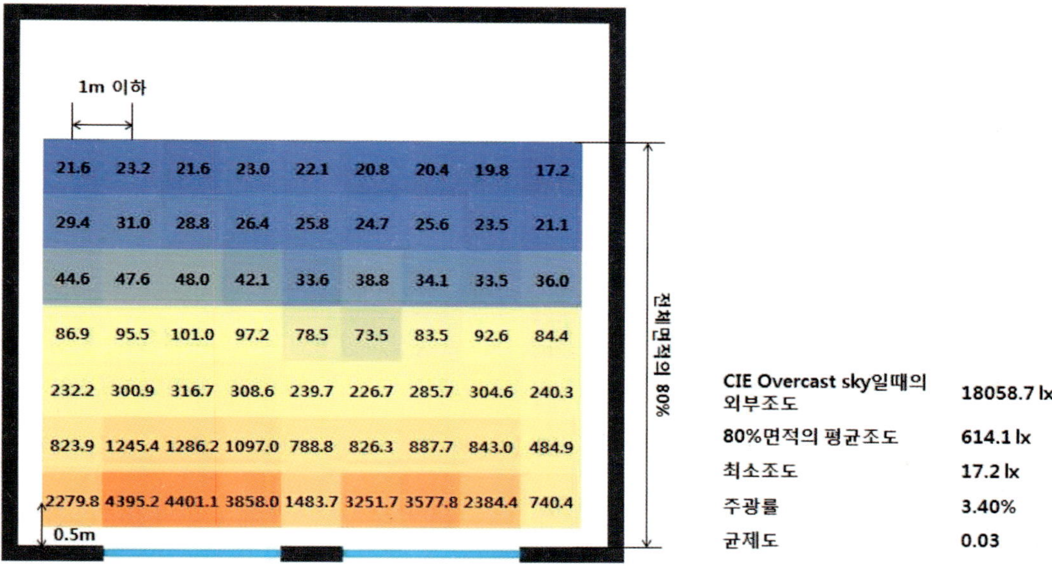

그림 C4-3 자연채광 성능 확보 분석 방법 예시(참조: 녹색건축 인증기준 해설서)

자연채광 성능 확보 평가의 산출 순서 및 방법은 다음과 같다.

순서 1 조도평가를 진행할 대상공간에 컴퓨터 시뮬레이션을 이용하여 외부와 내부에 센서를 설치하여 CIE Overcast Sky일 때의 외부조도와 실내조도를 계산한다.

① 대상공간은 일반교실에 한정한다.

② 조도 측정을 위해 대상공간 내부에 설치하는 센서는 1m 이내 간격으로 그리드로 설치하며, 벽으로부터 0.5m 내에는 센서를 설치하지 않도록 한다.

③ 외부조도의 경우, 외부 장애물에 의한 영향을 받지 않는 위치에서 측정하도록 한다.

순서 2 급수에 따른 가중치를 확인 후 배점을 곱하여 평점을 산출한다.

① 외부조도에 대한 실내조도를 평균한 값의 비율로 주광률을 계산하여 결과등급에 적용되는 가중치를 확인한다.

② 가중치에 배점을 곱하여 평점을 산출한다.

4.2 LEED

4.2.1 정의 및 배경

LEED(Leadership in Energy and environmental Design)는 미국 그린빌딩위원회(US Green Building Council)에서 개발 및 시행하고 있는 친환경 건축물 인증제도로서 지속가능한 대지계획,

수자원의 효율성, 에너지 및 대기, 재료 및 자원, 실내환경의 질, 혁신 및 설계과정 등이 평가의 대상이다. 미국에서 개발되어 시행되고 있는 인증제도이지만 미국 이외의 국가에서도 널리 통용되고 있으며 우리나라에서도 LEED 인증을 받는 사례가 증가하고 있다.

LEED 인증 프로그램의 개발은 NRDC(Natural Resources Defense Council) 선임 과학자 Robert K. Watson이 주도하고, USGBC(US Green Building Council)의 지원을 받아 1993년부터 시작되었다. 1994년부터 2015년까지 LEED는 신축 표준에서 설계 및 시공에서 건물의 유지보수 및 운영에 이르는 측면을 포괄하는 친환경건축물의 표준 시스템으로 성장하였고, 119개의 위원회에 92,411명에 이르는 친환경건축물 전문가로 구성된 국제화 조직이 되었다. 현재 LEED 인증제도는 전 세계 약 83,452개의 LEED 프로젝트에 적용되었으며, 건축물의 총 연면적은 8억 1천만㎡에 달한다.

LEED는 에너지 및 자원 절약, 자연환경 보전, 사용자를 위한 쾌적한 환경 제공 등 다양한 측면에서 건축물을 평가한다. 건축물의 어느 특정 요소에만 촛점을 맞추는 것이 아니라, 프로젝트 전반에 걸쳐서 건축물의 지속 가능성을 측정하기 위해 여러 요소를 고려하고 있다. LEED의 등급시스템은 플래티넘(Platinum), 골드(Gold), 실버(Silver), 일반(Certified) 인증 순의 등급 체계를 갖추고 있으며, 모든 인증항목의 총합은 110점으로 80점 이상이면 최고 등급인 플래티넘, 60점부터 79점까지는 골드, 50점부터 59점까지는 실버, 40점부터 49점까지는 일반 인증을 부여받는다.

그림 C4-4 LEED 등급시스템 체계(참조: USGBC)

4.2.2 인증대상 분류

LEED의 인증항목을 보면, '위치 및 교통', '지속가능한 대지', '수자원 효율성', '에너지 및 대기', '자재 및 자원', '실내환경', '혁신기법' 및 '지역별 우선 사항'으로 구성되어 있다. LEED 인증시스템의 평가대상은 '건축물', '도시 및 커뮤니티', '지역개발(ND, Neighborhood Development)' 등으로 확장되어 있으며, 건물 단위도 세부적으로는 '신축·대수선(BD+C, Building Design and Construction)', '인테리어 디자인(ID+C, Interior Design and Construction)', '건물의 운영 및 유지관리(O+M, Building Operations and Maintenance)', '주거(Homes)' 등으로 나누어진다.

LEED 인증시스템 중 가장 많은 프로젝트에 적용된 것은 '건물 설계 및 건설을 위한 LEED(LEED BD+C)'이다. 'LEED BD+C'에는 모든 프로젝트에 맞는 옵션이 있는데, 건축물 용도에 따른 분류는 다음과 같다.

- 신축 및 대수선(New Construction and Major Renovation)
- 임대건물(Core and Shell Development)
- 데이터 센터(Data Centers)
- 의료시설(Healthcare)
- 숙박시설(Hospitality)
- 판매시설(Retail)
- 학교시설(Schools)
- 창고 및 물류센터(Warehouses and Distribution Centers)

그림 C4-5 LEED 인증시스템 인증항목 분류(참조: USGBC(https://www.usgbc.org/))

4.2.3 조명관련 인증항목

LEED는 앞서 언급한 바와 같이, 가장 많은 프로젝트 사례가 있는 '건물 설계 및 건설을 위한 LEED(LEED BD+C)'가 기본 시스템으로 인식되고 있다. LEED의 인증항목(Credits)은 '위치 및 교통', '지속가능한 대지', '수자원 효율성', '에너지 및 대기', '자재 및 자원', '실내환경', '혁신기법' 및 '지역별 우선 사항'으로 구성되는데, 인증항목의 중요도에 따라서 Credit의 점수가 차이가 있다. LEED 인증시스템의 인증항목에 포함되어 있는 조명관련 인증항목은 '건물 설계 및 건설을 위한 LEED(LEED BD+C)'을 대상으로 하여, '평가목적', '평가방법', '산출기준'을 설명하고자 한다.

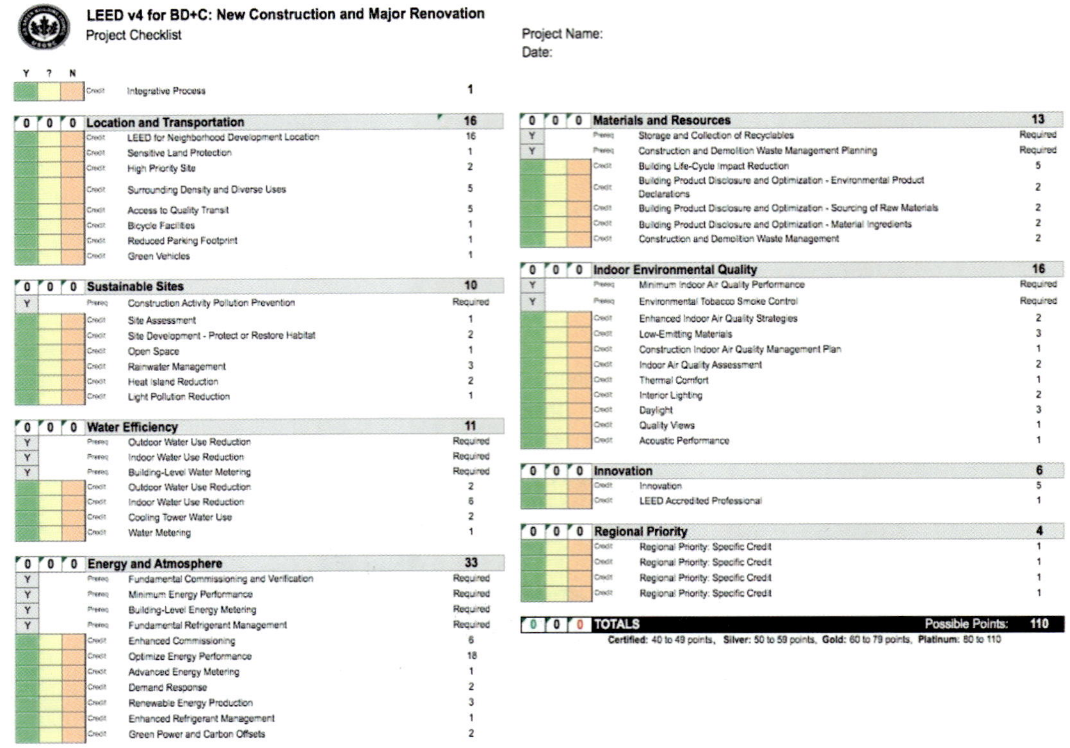

LEED v4 for BD+C: New Construction and Major Renovation
Project Checklist

Project Name:
Date:

Y	?	N			
			Credit	Integrative Process	1
0	0	0		**Location and Transportation**	16
			Credit	LEED for Neighborhood Development Location	16
			Credit	Sensitive Land Protection	1
			Credit	High Priority Site	2
			Credit	Surrounding Density and Diverse Uses	5
			Credit	Access to Quality Transit	5
			Credit	Bicycle Facilities	1
			Credit	Reduced Parking Footprint	1
			Credit	Green Vehicles	1
0	0	0		**Sustainable Sites**	10
Y			Prereq	Construction Activity Pollution Prevention	Required
			Credit	Site Assessment	1
			Credit	Site Development - Protect or Restore Habitat	2
			Credit	Open Space	1
			Credit	Rainwater Management	3
			Credit	Heat Island Reduction	2
			Credit	Light Pollution Reduction	1
0	0	0		**Water Efficiency**	11
Y			Prereq	Outdoor Water Use Reduction	Required
Y			Prereq	Indoor Water Use Reduction	Required
Y			Prereq	Building-Level Water Metering	Required
			Credit	Outdoor Water Use Reduction	2
			Credit	Indoor Water Use Reduction	6
			Credit	Cooling Tower Water Use	2
			Credit	Water Metering	1
0	0	0		**Energy and Atmosphere**	33
Y			Prereq	Fundamental Commissioning and Verification	Required
Y			Prereq	Minimum Energy Performance	Required
Y			Prereq	Building-Level Energy Metering	Required
Y			Prereq	Fundamental Refrigerant Management	Required
			Credit	Enhanced Commissioning	6
			Credit	Optimize Energy Performance	18
			Credit	Advanced Energy Metering	1
			Credit	Demand Response	2
			Credit	Renewable Energy Production	3
			Credit	Enhanced Refrigerant Management	1
			Credit	Green Power and Carbon Offsets	2
0	0	0		**Materials and Resources**	13
Y			Prereq	Storage and Collection of Recyclables	Required
Y			Prereq	Construction and Demolition Waste Management Planning	Required
			Credit	Building Life-Cycle Impact Reduction	5
			Credit	Building Product Disclosure and Optimization - Environmental Product Declarations	2
			Credit	Building Product Disclosure and Optimization - Sourcing of Raw Materials	2
			Credit	Building Product Disclosure and Optimization - Material Ingredients	2
			Credit	Construction and Demolition Waste Management	2
0	0	0		**Indoor Environmental Quality**	16
Y			Prereq	Minimum Indoor Air Quality Performance	Required
Y			Prereq	Environmental Tobacco Smoke Control	Required
			Credit	Enhanced Indoor Air Quality Strategies	2
			Credit	Low-Emitting Materials	3
			Credit	Construction Indoor Air Quality Management Plan	1
			Credit	Indoor Air Quality Assessment	2
			Credit	Thermal Comfort	1
			Credit	Interior Lighting	2
			Credit	Daylight	3
			Credit	Quality Views	1
			Credit	Acoustic Performance	1
0	0	0		**Innovation**	6
			Credit	Innovation	5
			Credit	LEED Accredited Professional	1
0	0	0		**Regional Priority**	4
			Credit	Regional Priority: Specific Credit	1
			Credit	Regional Priority: Specific Credit	1
			Credit	Regional Priority: Specific Credit	1
			Credit	Regional Priority: Specific Credit	1
0	0	0		**TOTALS** Possible Points:	110

Certified: 40 to 49 points, **Silver:** 50 to 59 points, **Gold:** 60 to 79 points, **Platinum:** 80 to 110

그림 C4-6 건물 설계 및 건설을 위한 LEED(LEED BD+C)' 세부 인증항목 분류(참조: USGBC(https://www.usgbc.org/))

1 빛공해 저감

LEED의 '지속가능한 대지(Sustainable Site)'에 포함된 인증항목으로, 야간 가시성을 개선하고, 개발로 인한 야생 동식물 및 사람에게 미치는 악영향을 최소화하는 것을 목적으로 하고 있다. 빛공해 저감은 상향광 및 침입광에 대한 인증항목 요구 사항에 부합하도록 후면광-상향광-반사광(BUG) 방식 또는 수평선 위로 발광하는 총 광량(lumen) 백분율로 평가한 계산방식이 있다. 프로젝트 경계선 내에 위치한 외부 조명 전체에 대하여 다음과 같은 요구 사항을 충족하되 다음과 같은 기준을 근거로 한다.

- 프로젝트 설계에 명시한 것과 같은 방향과 기울기로 장착했을 때 조명의 광도 특성
- 프로젝트 부지의 조명 영역(시공 시작 시점을 기준으로) 프로젝트를 한 가지 조명 영역 아래 분류하되, 미국 조명 기술자 협회(Illuminating Engineering Society) 및 미국 국제 다크스카이 협회(IES/IDA) 조명 설치 지침(MLO) 사용자 가이드에서 제시한 조명 영역 정의

① 상향광

[선택사항 1] BUG 등급 평가방식 : IES TM-15-11, Addendum A에 규정된 내용에 의거하여 장식등에 설치된 광원을 근거로 다음과 같은 장식등 상향광 평가 등급을 초과하지 않도록 한다.

[선택사항 2] 총 루멘 계산 평가방식 : 수평선 위로 발광하는 광량(lumen) 총 수치가 다음 백분율을 초과하지 않도록 한다.

표 C4-5 조명영역에 따른 상향광 평가 기준

평가방법 1	[선택사항 1] BUG 등급 평가방식	[선택사항 2] 총 루멘 계산평가방식
LZ0	U0	0%
LZ1	U1	0%
LZ2	U2	1.5%
LZ3	U3	3%
LZ4	U4	6%

② 침입광

[선택사항 1] BUG 등급 평가방식 : 장착 위치와 조명 경계선으로부터의 거리를 근거로 IES TM-15-11, Addendum A에서 규정한 내용에 의거하여 다음과 같은 장식등 후면광 및 반사광 평가 등급(장식등에 설치된 광원을 근거로 함)을 초과하지 않도록 한다.

표 C4-6 조명역영에 따른 후면광 및 반사광 평가 등급 기준

MLO 조명영역					
장식등 장착	LZ0	LZ1	LZ2	LZ3	LZ
허용된 배면광 등급					
조명 경계선으로부터 장착 높이의 2배 초과	B1	B3	B4	B5	B5
조명 경계선으로부터 적절한 방향을 향한 상태로 장착 높이의 1~2배	B1	B2	B3	B4	B4
조명 경계선으로부터 적절한 방향을 향한 상태로 장착 높이의 0.5~1배	B0	B1	B2	B3	B3
조명 경계선으로부터 적절한 방향을 향한 상태로 장착 높이의 0.5배 미만	B0	B0	B0	B1	B2
허용된 반사광 등급					
모든 조명 경계선으로부터 장착 높이의 2배를 웃도는 높이로 건물 장착	G0	G1	G2	G3	G4
모든 조명 경계선으로부터 장착 높이의 1~2배 높이로 건물 장착	G0	G0	G1	G1	G2
모든 조명 경계선으로부터 장착 높이의 0.5~1배 높이로 건물 장착	G0	G0	G0	G1	G1
모든 조명 경계로부터 장착 높이의 0.5배 미만 높이로 건물 장착	G0	G0	G0	G0	G1
기타 장식등 일체	G0	G1	G2	G3	G4

[선택사항 2] 최대 연직면 조도 계산 평가방식 : 조명 경계선에서 수직 조도가 다음의 값을 초과하지 않도록 한다. 계산 지점 간의 간격은 서로 1.5m 이상 떨어져 있으면 안 되고, 연직면 조도를 계산할 때에는 조명 경계선과 평행한 세로 방향 평면을 대입하되, 부지 쪽을 향하고 조명 경계선과 수직을 이루며 지평면에서 가장 높은 장식등 높이보다 10m 위까지 이어지는 높이의 각 평면의 평균을 사용한다. 또한, 내부에서 조명을 밝힌 외부 표지판 야간 조도 200cd/㎡(nit), 주간 조도 2000cd/㎡(nit)를 초과하면 안 된다.

표 C4-7 조명영역별 연직면 조도 기준

MLO 조명영역	연직면 조도
LZ0	0.5 lux
LZ1	0.5 lux
LZ2	1.0 lux
LZ3	2.0 lux
LZ4	6.0 lux

② 실내조명

LEED의 '실내환경(Indoor Environmental Quality)'에 포함된 인증항목으로, 수준 높은 조명을 제공하여 거주자의 생산성, 쾌적성 및 건강의 향상을 목적으로 하고 있다. 실내조명의 성능은 신축 및 대수선, 학교 시설, 데이터 센터, 창고 및 물류 센터, 숙박 시설에 해당할 경우 조명제어 평가방식이나 조명품질 평가방식 중 한가지 이상의 평가방식을 만족하면 된다.

① 신축 및 대수선, 학교시설, 데이터 센터, 창고 및 물류센터, 숙박시설의 실내조명

[선택사항 1] 조명제어 평가방식 : 개인 재실 공간의 최소 90%에 개별적인 조명제어 장치를 제공하여 거주자가 각자의 직무와 선호도에 맞게 조명을 조절할 수 있도록 한다. 조도와 위치를 최소한 세 가지로 조절(켜짐, 꺼짐, 중간 단계)할 수 있어야 하고, 중간 단계는 최대 조도의 30%에서 70%면 된다. 이때, 자연채광에 의한 일조량 기여부분은 제외한다. 또한 숙박시설의 경우, 객실은 본래 충분한 조명제어 장치를 제공하는 것으로 가정하므로 이 평가항목 계산에는 고려하지 않는다. 재실자 여러 명이 함께 공유하는 공간의 경우, 다음 요구 사항에 모두 부합해야 한다.

- 다구역 제어시스템을 설치하여 거주자가 각 그룹의 필요와 선호도에 맞게 조명을 조절할 수 있도록 하되, 조도와 위치를 최소한 세 가지로 조절(켜짐, 꺼짐, 중단 단계)할 수 있도록 한다.
- 프리젠테이션 또는 프로젝션용 벽면에 대한 조명은 반드시 별도로 제어해야 한다.
- 스위치나 수동 제어 장치는 제어되는 조명기구와 같은 공간에 있어야 하고, 제어 장치를 작동하는 사람에게 제어되는 조명기구가 한눈에 보여야 한다.

[선택사항 2] 조명 품질 평가방식 : 다음의 전략 중 네 가지 이상을 선택한다.

A. 정기적 점유공간의 경우 휘도가 2,500cd/㎡ 미만인 고정식 조명을 사용하고, 이때 설치 각도는 바닥에서 45~90도이다. 예외로 간주하는 품목에는 제조업체 데이터에 명시된 대로 적절히 벽면을 향한 월워셔(Wall-washer) 고정 장치, 간접적 상향등 고정 장치(조명 위에 일상적으로 사람이 있는 공간이 있고 그곳에서 해당 상향등을 내려다볼 수 없어야 함), 기타 구체적인 용도의 장치(예: 조절식 고정 장치) 등이 있다.

B. 프로젝트 전체에는 연색지수(CRI)가 80 이상인 광원을 사용한다. 예외로 간주하는 품목에는 특수 효과를 위해 컬러 조명을 제공하도록 특별히 설계된 램프 또는 고정 장치, 현장 조명 또는 기타 특수 용도 등이 포함된다.

C. 연결된 조명 부하 총량의 적어도 75%는 정격 수명(또는 LED 광원의 경우 L70)이 최소 24,000시간(해당되는 경우 스타트당 3시간)인 광원을 사용해야 한다.

D. 일상적으로 거주자가 있는 모든 공간의 연결된 조명 부하 총량을 기준으로 25% 이하는 직접적 오버헤드 조명(direct-only overhead lighting)을 사용해야 한다.

E. 정기적 점유공간의 총면적을 기준으로 최소 90%는 면적 가중 평균 표면 반사율이 다음 한계 이상이어야 하는데, 천장의 경우 85%, 벽면은 60%이며 바닥은 25%이다.

F. 가구가 작업 범위에 포함되어 있는 경우, 면적 가중 평균 표면 반사율이 다음 한계 이상인 가구 마감재를 선택해야 하는데, 작업 표면의 경우 45%, 이동식 파티션의 경우 50%이다.

G. 일상적으로 사람이 있는 공간의 총면적을 기준으로 최소 75%는 평균 벽 표면(창문 낸 부분 제외) 조도와 평균 작업면(또는 규정된 경우 작업 표면) 조도의 비율이 1:10을 넘지 않아야 한다. 또한 전략 E, 전략 F도 만족시키거나 벽의 면적 가중 표면 반사율이 최소 60%임을 입증해야 한다.

H. 일상적으로 사람이 있는 공간의 총면적을 기준으로 최소 75%는 천장 조도(창문 낸 부분 제외)와 작업 표면 조도의 비율이 1:10을 넘지 않아야 한다. 또한 전략 E, 전략 F도 만족시키거나 천장의 면적 가중 표면 반사율이 최소 85%임을 입증해야 한다.

② 판매 시설

• 사무실 및 행정 구역의 개별적인 거주 공간의 최소 90%에 개별적인 조명제어 장치를 제공한다.

③ 의료 시설

- 직원 전용 공간의 개별적인 거주 공간의 최소 90%에 개별적인 조명제어 장치를 제공한다.
- 환자 자리의 최소 90%에 환자 침대에서 간편하게 이용할 수 있는 조명제어 장치를 제공해야 한다. 여러 재실자가 함께 쓰는 환자용 공간의 경우 제어 장치는 반드시 개별적인 조명제어 장치여야 하고, 개인실에는 실외용 윈도우 쉐이드, 블라인드 또는 커튼 제어 장치를 제공하되 이러한 장치를 환자 침대에서 간편하게 이용할 수 있어야 한다. 단, 입원 환자 중환자실, 소아과 및 정신과 병실 등은 예외로 한다.
- 여러 재실자가 함께 공유하는 모든 공간에는 다구역 제어시스템을 설치하여 거주자가 각 그룹의 필요와 선호도에 맞게 조명을 조절할 수 있도록 하되, 조도와 위치를 최소한 세 가지로 조절(켜짐, 꺼짐, 중단 단계)할 수 있도록 한다. 중간 단계는 최대 조도의 30%에서 70%로 조절하며, 여기서 자연채광에 의한 일조량 기여부분은 제외로 한다.

3 자연채광

LEED의 '실내환경(Indoor Environmental Quality)'에 포함된 인증항목으로, 건물 재실자에게 심리적·시각적으로 옥외 공간과 실내 공간을 연결해 주어 생체리듬(circadian rhythm)을 회복하도록 도움을 주며, 자연채광을 실내로 유입하여 인공조명의 전력 사용량을 절감하는 효과를 목적으로 하고 있다. 자연채광의 성능은 신축 및 대수선, 임대건물, 학교 시설, 데이터 센터, 창고 및 물류 센터, 숙박 시설, 의료시설에 해당할 경우, 공간 주광 자율성 및 연간 일광 노출 시뮬레이션 평가방식, 조도계산 시뮬레이션 평가방식, 조도측정 평가방식 중 한가지 이상의 평가방식을 만족하면 된다.

① 신축 및 대수선, 임대건물, 학교 시설, 데이터 센터, 창고 및 물류 센터, 숙박 시설, 의료시설의 자연채광

[선택사항 1] 공간 주광 자율성 및 연간 일광 노출 시뮬레이션 평가방식

- 컴퓨터 시뮬레이션을 통해 공간 주관 자율성(sDA300/50%)를 최소한 55%, 75% 또는 90% 달성함을 입증한다.

표 C4-8 시뮬레이션에 의한 건축물 용도별 자연채광 면적 공간 주광 자율성(sDA) 평가 기준

신축 및 대수선, 임대건물, 학교 시설, 데이터 센터, 창고 및 물류 센터, 숙박 시설		의료 시설	
sDA(일반적으로 거주자가 있는 공간면적)	점수	sDA(주변 면적)	점수
55%	2	75%	1
75%	3	90%	2

- 컴퓨터 시뮬레이션을 통해 연간 일광 노출(ASE1,000,250) 10% 이하를 달성함을 입증한다. sDA300/50% 시뮬레이션에 따라 정기적 점유공간 중 자연광을 받는 면적을 사용한다. sDA와 ASE 계산을 위한 평가그리드는 600㎜ 정사각형 이하여야 하며, 일상적으로 사람이 있는 공간에서 마감된 바닥을 기준으로 높이가 76㎜인 작업면에 배열되어 있어야 한다. 가장 가까운 인근 기상 관측소의 연간 기상데이터를 근거로 시간별 시간-단계 분석 방법 또는 이와 유사한 방식을 사용하고, 실내 고정 장애물을 모두 포함하되, 이동식 가구와 파티션은 제외해도 된다.

[선택사항 2] 조도계산 시뮬레이션 평가방식

- 컴퓨터 모델 제작을 통해 청천공 춘분 및 추분의 오전 9시~오후 3시 사이 조도가 300~3,000 lux를 확보하고 있음을 증명하고, 이때 정기적 점유공간의 면적을 사용한다.

표 C4-9 시뮬레이션 조도계산에 의한 건축물 용도별 자연채광 면적 백분율 평가 기준

신축 및 대수선, 임대건물, 학교 시설, 데이터 센터, 창고 및 물류 센터, 숙박 시설		의료 시설	
일반적으로 거주자가 있는 공간의 백분율	점수	주변 영역의 백분율	점수
75%	1	75%	1
90%	2	90%	2

- 청천공의 직사일광과 천공광의 조도 강도는 인근 기상 관측소의 연간 기상데이터를 사용하고, 9월 21일 전후 15일의 하루와 3월 21일 전후 15일 중 하루를 선택하여 선택한 두 날짜의 시간당 시뮬레이션 결과의 평균값을 사용한다.

[선택사항 3] 조도측정 평가방식

- 해당 시설의 면적에 대한 측정조도의 값이 300~3,000 lux를 확보하도록 한다.

표 C4-10 현장 조도측정에 의한 건축물 용도별 자연채광 면적 백분율 평가 기준

신축 및 대수선, 임대건물, 학교 시설, 데이터 센터, 창고 및 물류 센터, 숙박 시설		의료 시설	
일반적으로 거주자가 있는 공간의 백분율	점수	주변 영역의 백분율	점수
75%	2	75%	1
90%	3	90%	2

② 임대건물

• 공간 내 마감 작업이 완료되지 않은 경우, 기본 표면 반사율은 천장 80%, 바닥 20%, 벽면 50%로 가정하고, 코어를 제외한 바닥면적 전체를 일상적으로 거주자가 있는 공간으로 가정한다.

CHAPTER 05

인공조명에 의한 빛공해방지법

5.1 빛공해의 정의 및 유형

빛공해란 인공조명의 부적절한 사용으로 인한 과도한 빛 또는 비추고자 하는 조명영역 밖으로 누출되는 빛이 국민의 건강하고 쾌적한 생활을 방해하거나 환경에 피해를 주는 상태를 말한다.

빛공해는 부적절한 조명설계, 밝기 및 배광이 제어되지 않은 조명기구의 사용, 불필요하고 과도한 조명 등으로 인하여 도시미관을 해치고, 운전자와 보행자에게 눈부심을 유발하여 안전 주행과 보행에 방해가 되며, 에너지의 낭비 등을 초래할 수 있다. 또한, 거주자의 사생활 침해, 숙면 방해 등 건강에 나쁜 영향을 줄 수 있으며, 천체관측에 방해가 되고 동식물의 생장에도 악영향을 주어 생태계 교란 등의 원인이 될 수 있다.

① 산란광(Sky Glow)

옥외에 설치된 인공조명에서 방사되어 기체분자, 연무질, 입자상 물질 등 대기 구성 물질을 통과한 가시광선 및 비가시광선의 산란으로 인해 관측 방향의 밤하늘이 밝아지는 현상이다. 산란광은 자연 산란광과 인공 산란광으로 구분되며, 자연 산란광은 자연 주광과 지구의 상층 대기의 발광으로 인한 것을 말한다.

인공 산란광은 인공광원에서 위로 직접 방사(Direct upward light)되거나 지표면에서 반사되는 방사(Upward reflected light)에 의한 것을 말한다. 다만 산란광은 그 지역의 옥외에서 사용되고 있는 모든 조명기구와 그 사용방식의 종합적인 결과로 측정 방법이나 규제 기준이 아직 확립되어 있지 않다.

② 침입광(Light Trespass)

옥외에 설치된 인공조명으로부터 나온 빛이 조명영역을 벗어나 조명으로부터 보호되어야 할 영역을 침범하는 빛을 의미한다. 침입광은 거주자의 사생활 침해, 숙면 방해 등 건강에 악영향을 줄 수 있으며, 도심에서 분쟁의 소지가 될 수 있다.

③ 눈부심(Glare)

시야 내에 높은 휘도나 큰 휘도 대비가 주어지는 경우에 발생하는 시각적 장애 현상으로 사물의 시각적 인지능력 저하를 일으키는 불능 눈부심과 심리적인 불편함 및 불쾌감을 주는 불쾌 눈부심으로 구분된다. 제어되지 않은 조명기구의 사용으로 교통수단 이용자에게 눈부심을 유발하여 교통신호 및 표지 시스템의 식별능력을 저하시켜 안전운행을 방해할 수 있다.

산란광

침입광

글레어

그림 C5-1 빛공해의 유형

5.2 빛공해방지법 체계

빛공해방지법은 인공조명으로부터 발생하는 과도한 빛 방사 등으로 인한 국민 건강 또는 환경에 대한 위해를 방지하고 인공조명을 환경친화적으로 관리하여 모든 국민이 건강하고 쾌적한 환경에서 생활할 수 있게 함을 목적으로 한다. 법은 법률, 시행령, 시행규칙의 3종으로 구성되어 있다. 법에서 규정하는 시·도에서 수행해야 하는 행정적 업무의 종류와 내용을 정리하였다.

5.2.1 빛공해방지계획

환경부장관은 관계 중앙행정기관의 장과 협의하여 빛공해 방지를 위한 "빛공해방지계획"을 5년마다 수립하여 시행하도록 법에서 규정하고 있다. 환경부는 빛공해방지계획을 2013년, 2019년 2회 수립하였는데 이 계획은 빛공해와 관련 8개 관계부처(기획재정부, 행정안전부, 문화체육관광부, 농림축산식품부, 산업통상자원부, 환경부, 국토교통부)의 합동 계획으로 수립하였다. 이를 통해 빛공해 법령 및 업무가 행정적인 체계를 견고히 갖출 수 있도록 지속적으로 노력하고 있다.

법에서 규정하는 빛공해방지계획에 포함하여야 하는 내용은 다음과 같다.

① 빛공해 방지를 위한 분야별 · 단계별 대책

② 빛공해 방지를 위한 관련 기술의 개발 촉진대책

③ 빛공해로 인한 영향평가에 관한 사항

④ 빛공해에 관한 교육·홍보 대책

⑤ 빛공해 방지 사업 추진에 소요되는 비용의 산정 및 재원 조달방안

⑥ 그 밖에 빛공해 방지를 위하여 필요한 사항

5.2.2 빛공해방지지역계획

시·도지사는 환경부의 빛공해방지계획이 수립된 날부터 1년 이내에 빛공해방지계획에 따라 관할 지역의 빛공해 방지를 위한 "시·도빛공해방지계획"을 수립하여야 한다. 또한 시·도지사는 매년 3월 31일까지 시·도빛공해방지계획의 전년도 추진실적을 환경부장관에게 제출하여야 하며 환경부 장관은 제출한 추진실적을 평가하여 평가 결과를 해당 시·도지사에게 통보하여야 하며, 평가 결과 추진실적이 미흡하다고 인정될 때에는 해당 시·도지사에게 필요한 조치나 대책을 수립·시행하도록 요청할 수 있다.

시·도빛공해방지계획에는 다음 사항이 포함되어야 한다.

① 빛공해의 현황 및 향후 전망에 관한 사항

② 시·도빛공해방지계획의 목표 및 기본방향

③ 빛공해 방지를 위한 분야별·단계별 대책

④ 빛공해에 관한 교육·홍보 대책

⑤ 관할 시·군·구별 시·도빛공해방지계획의 시행 방안

⑥ 시·도빛공해방지계획의 시행에 드는 비용의 산정 및 재원 조달방안

⑦ 그 밖에 빛공해 방지를 위하여 필요한 사항

5.2.3 빛공해 환경영향평가

시·도지사는 관할 지역의 빛환경이 주변지역에 미치는 환경상 영향을 3년마다 1회 이상 평가하고 그 결과를 환경부장관에게 보고하여야 한다. 빛공해환경영향평가의 평가항목은 다음과 같다.

① 지역환경 현황
- 자연 및 생활 환경 현황
- 토지이용 현황 및 지역개발 계획

- 조명기구 설치·관리 및 빛공해 현황

② 빛공해 영향분석

- 인공조명이 동물·식물, 경관 등 자연환경에 미치는 영향
- 인공조명이 주민의 주거, 안전, 건강 등 생활환경에 미치는 영향
- 인공조명이 농림수산업의 영위에 미치는 영향
- 인공조명이 천체관측에 미치는 영향

③ 그 밖에 해당 시·도의 조례로 정하는 사항

5.2.4 조명환경관리구역

시·도지사는 빛공해가 발생하거나 발생할 우려가 있는 지역을 다음과 같이 구분하여 조명환경관리구역으로 지정할 수 있다. 조명환경관리구역은 다음과 같이 4개의 구역으로 구분된다.

① 제1종 조명환경관리구역: 과도한 인공조명이 자연환경에 부정적인 영향을 미치거나 미칠 우려가 있는 구역

② 제2종 조명환경관리구역: 과도한 인공조명이 농림수산업의 영위 및 동물·식물의 생장에 부정적인 영향을 미치거나 미칠 우려가 있는 구역

③ 제3종 조명환경관리구역: 국민의 안전과 편의를 위하여 인공조명이 필요한 구역으로서 과도한 인공조명이 국민의 주거생활에 부정적인 영향을 미치거나 미칠 우려가 있는 구역

④ 제4종 조명환경관리구역: 상업활동을 위하여 일정 수준 이상의 인공조명이 필요한 구역으로서 과도한 인공조명이 국민의 쾌적하고 건강한 생활에 부정적인 영향을 미치거나 미칠 우려가 있는 구역

조명환경관리구역을 지정할 때에는 빛공해환경영향평가를 실시하고 「국토의 계획 및 이용에 관한 법률」에 따른 용도지역, 토지이용현황, 그 밖에 환경부령으로 정하는 사항을 고려하여야 한다. 환경부령으로 정하는 사항은 다음과 같다.

① 빛공해환경영향평가 결과

② 생태·경관보전지역 지정 현황

③ 야생생물 특별보호구역 지정 현황

④ 습지보호지역·습지주변관리지역 지정 현황 및 협약등록습지 통보 현황

⑤ 그 밖에 해당 시·도의 조례로 정하는 사항

시도지사는 조명환경관리구역 지정에 앞서 시장·군수·구청장 및 지역주민의 의견을 들은 후 지역위원회의 심의를 받아야 한다. 시장·군수·구청장 및 지역주민의 의견을 들으려는 경우에는 다음 사항이 포함된 조명환경관리구역 지정계획서를 해당 시장·군수·구청장에게 보내야 한다.

① 지정 목적
② 지정 대상 지역의 위치 및 면적
③ 용도지역 등 토지이용 현황을 표시한 도면에 조명환경관리구역의 지정대상 지역을 자세히 밝힌 도면
④ 지정 대상 지역의 빛공해환경영향평가 결과

시·도지사는 조명환경관리구역을 지정한 경우에는 지체 없이 환경부장관에게 보고하여야 하며, 해당 지역의 명칭·위치 및 면적, 그 밖에 필요한 사항을 고시하여야 한다.

5.2.5 빛환경 관리계획

조명환경관리구역의 빛환경을 친환경적으로 관리하기 위한 "빛환경 관리계획"을 수립·시행하여야 한다. 빛환경 관리계획에는 다음 사항이 포함되어야 한다.

① 조명환경관리구역의 빛환경 관리 목표 및 기본방향
② 조명환경관리구역의 현황 및 인공조명에 의한 빛공해 실태
③ 조명환경관리구역의 조명기구에 대한 친환경적 관리방안
④ 조명환경관리구역의 빛환경을 친환경적으로 관리하기 위한 기술적·재정적 지원 방안
⑤ 그 밖에 해당 시·도의 조례로 정하는 사항

5.3 빛방사허용기준

조명기구가 설치되는 조명환경관리구역과 조명종류에 따라 허용되는 빛공해의 양을 규정한 기준이다. 조명환경관리구역이 지정된 장소에 있는 조명기구는 빛방사허용기준을 준수해야 한다. 다만, 국내외 행사, 축제 또는 관광진흥 등을 목적으로 한정된 기간 동안 조명시설을 설치하는 경우 시·도지사의 승인을 받아 기준 적용을 제외할 수 있다. 조명환경관리구역의 지정·변경 전에 설치된 조명기구가 빛방사허용기준을 초과하는 경우에는 해당 조명환경관리구역이 지정되거나 지정

이 변경된 날부터 3년 이내에 빛방사허용기준에 적합하도록 조치하여야 한다.

5.3.1 연직면 조도 기준

가로등, 보안등, 공원등은 주거지 연직면 조도를 빛방사허용기준으로 적용한다. 주거지 연직면 조도란 주거지와 인접하여 설치된 공간조명기구로부터 방사되는 빛에 의한 단독주택 또는 공동주택의 창면에서의 연직면 조도를 말한다.

표 C5-1 조명환경관리구역별 연직면 조도 기준

구분 / 조명기구	적용시간	기준값	조명환경관리구역				단위
			제1종	제2종	제3종	제4종	
주거지 연직면 조도	해진 후 60분 ~ 해뜨기 전 60분	최대값	10 이하			25	lx(lm/m²)

5.3.2 광고조명 및 장식조명의 빛방사허용기준

일반 광고조명(전광류 광고물을 제외한 법 적용 대상 광고조명), 점멸 또는 동영상 변화가 있는 전광류 광고물, 장식조명은 발광표면휘도를 기준으로 적용한다. 여기에서 "발광표면"이란 조명기구 및 그 조명기구가 광고 또는 장식을 목적으로 비추는 사물의 바깥면을 말한다. 이 경우 점멸 또는 동영상 변화가 있는 조명의 경우에는 연출주기 동안 발광하는 모든 부위를 포함한다.

조명종류별로 적용되는 기준을 살펴보면 일반 광고조명은 발광표면휘도 최대값을 기준으로 적용하며, 점멸 또는 동영상 변화가 있는 전광류 광고물은 가로등, 보안등, 공원등과 같은 주거지 연직면 조도를 동시에 적용하며 발광면 전체의 평균값을 기준으로 적용한다. 장식조명은 발광표면휘도 최대값과 평균값을 동시에 기준으로 적용한다.

표 C5-2 일반 광고조명의 빛방사허용기준

구분	적용시간	기준값	조명환경관리구역				단위
			제1종	제2종	제3종	제4종	
발광표면 휘도	해진 후 60분 ~ 해뜨기 전 60분	평균값	50 이하	400 이하	800 이하	1000 이하	cd/m²

표 C5-3 점멸 또는 동영상 변화가 있는 전광류 광고물에 대한 빛방사허용기준

구분	적용시간	기준값	조명환경관리구역				단위
			제1종	제2종	제3종	제4종	
주거지 연직면 조도	해진 후 60분 ~ 해뜨기 전 60분	최대값	10 이하			25	lx(lm/㎡)
발광표면 휘도	해진 후 60분 ~ 24:00	평균값	400 이하	800 이하	1000 이하	1500 이하	cd/㎡
	24:00 ~ 해뜨기 전 60분		50 이하	400 이하	800 이하	1000 이하	

표 C5-4 장식조명에 대한 빛방사허용기준

구분	적용시간	기준값	조명환경관리구역				단위
			제1종	제2종	제3종	제4종	
발광표면 휘도	해진 후 60분 ~ 해뜨기 전 60분	평균값	5 이하		15 이하	25 이하	cd/㎡
		최대값	20 이하	60 이하	180 이하	300 이하	

조명환경관리구역을 지정한 장소에 설치한 조명기구에 대한 빛공해 검사 결과, 빛방사허용기준을 위반한 경우 소유자 등에게 기간을 정하여 해당 조명기구가 빛방사허용기준을 충족하도록 하는 데에 필요한 조치(이하 "개선명령"이라 한다)를 명할 수 있다. 소유자 등은 개선명령을 이행한 경우 그 이행결과를 지체없이 보고하여야 하며 시·도에서는 그 명령의 이행 상태나 개선 완료 상태를 확인하여야 한다. 개선명령을 받은 자가 이를 이행하지 아니하거나 기간 내에 이행은 하였으나 빛방사허용기준을 계속 초과하는 경우 해당 조명시설의 전부 또는 일부의 사용중지 또는 사용제한을 명할 수 있다.

5.3.3 과태료

조명환경관리구역이 지정·변경된 장소에 설치된 조명기구가 빛방사허용기준을 준수하지 않는 경우 초과정도에 따라 300만원 이하의 과태료를 부과한다. 조명시설의 사용중지 또는 사용제한 명령을 따르지 않는 경우 1천만원 이하의 과태료를 부과한다. 빛공해검사기관이 검사결과의 기록·보존 등의 준수사항을 지키지 않았을 경우 300만원이하의 과태료를 부과한다. 빛공해 검기기관이나 조명기구 소유자 등이 보고 또는 자료제출을 이행하지 않거나 거짓으로 보고 또는 자료 제출을 한 경

우 300만원 이하의 과태료를 부과한다. 관계 공무원의 출입·검사를 거부·방해하거나 기피하는 행위를 한 경우 200만원 이하의 과태료를 부과한다.

표 C5-5 장식조명에 대한 빛방사허용기준 위반에 따른 과태료 기준

위반행위	근거 법조문	과태료 금액(만원)		
		1차 위반	2차 위반	3차 이상 위반
가. 빛방사허용기준을 준수하지 않은 경우 1) 빛방사허용기준의1.5배 미만 2) 빛방사허용기준의1.5배 이상 2배 미만 3) 빛방사허용기준의2.0배 이상	법 제18조 제2항제1호	 30 60 90	 50 100 150	 100 200 300
나. 조명시설의 사용중지 또는 사용제한 명령에 따르지 않는 경우	법 제18조 제1항	500	700	1000
다. 빛공해검사기관이 검사 결과의 기록·보존 등의 준수사항을 지키지 않았을 경우	법 제18조 제2항제2호	150	210	300
라. 보고 또는 자료 제출을 이행하지 않거나 거짓으로 보고 또는 자료 제출을 한 경우	법 제18조 제3항제1호	100	140	200
마. 관계 공무원의 출입·검사를 거부·방해하거나 기피하는 행위를 한 경우	법 제18조 제3항제2호	100	140	200

5.4 빛공해의 측정

5.4.1 측정기기

주거지 연직면 조도를 측정하는 데 사용되는 측정기기는 KS C 1601(조도계) 규격의 '정밀급' 및 '일반형 AA급' 조도계 규격에 적합한 것 또는 이와 동등 이상의 규격에 적합한 것을 사용해야 한다. 조도계의 정확도는 KS C 1601의 6.2에 따라 시험했을 때 측정 오차가 정밀급의 경우 표시값의 ±3 %, 일반형 AA급의 경우 표시값의 ±4 % 이내이어야 한다.

조도계 사용 시 전원과 기기의 동작을 점검하고 매회 보정(calibration)을 실시해야 하며 조도계에 레벨레인지 변환기가 있는 경우 측정지점의 조도를 예비조사한 후 적절하게 고정시켜야 한다. 일반적인 환경에서의 주거지 연직면 조도 측정값 범위는 0~100 lx 수준이다.

발광표면휘도를 측정하는데 사용되는 측정기기는 크게 점휘도계와 면휘도계로 구분할 수 있다.

점휘도계는 광원 또는 광반사체의 점휘도(측정각 1/3° 이하의 영역)를 측정하는 기기로 광고 또는 장식조명의 발광표면 휘도기준 중 최대값을 측정하는 기기이다. 면휘도계는 광원 또는 광반사체의 면휘도 또는 점휘도를 측정하는 기기로 광고 또는 장식조명의 발광표면 휘도기준 중 평균값 또는 최대값을 측정하는 기기이다.

점휘도계의 측정각은 최소 1/3°까지 측정할 수 있어야 하며 정확도는 CIE 표준광원 A에 대하여 측정 오차가 표시값의 ±3 % 이내 이어야 한다. 휘도의 측정범위는 2,500 cd/㎡까지 측정할 수 있거나 동등 성능 이상 이어야 한다. 면휘도계의 정확도는 점휘도계와 동일하게 CIE 표준광원 A에 대하여 측정 오차가 표시값의 ±3 % 이내 이어야 한다. 휘도의 측정범위는 3,500 cd/㎡까지 측정할 수 있거나 동등 성능 이상 이어야 한다.

빛공해 측정에 사용하는 조도계와 휘도계는 사용 전에 최초 교정검사를 받아야 하며, 최초 교정일자로부터 1년이 경과되는 날을 기준으로 30일 전·후까지의 기간에 「국가표준기본법」 제14조의 규정에 따라 지정된 국가교정업무전담기관에서 교정검사를 받아야 한다. 조도계와 휘도계의 교정이 가능한 국가교정기관은 '한국인정기구 KOLAS' 홈페이지에서 확인할 수 있다.

5.4.2 빛공해 공정시험기준

이 시험기준은 국립환경과학원에서 규정하는 「환경분야 시험·검사 등에 관한 법률」제6조의 규정에 의하여 인공조명에 의한 빛공해를 측정함에 있어서 측정의 정확성 및 통일성을 유지하는데 필요한 제반 사항에 관하여 규정하고 있다.

1 주거지 연직면 조도의 측정

① 조도계는 주택 창면 외부 측정면에 밀착하여 조도 측정 방향을 주택 창면 바깥쪽 연직면 방향으로 향하도록 한다. 측정 대상지의 내부에서 측정이 가능한 경우 창문을 개방한 상태에서 창면의 각도와 동일하게 측정할 수 있다.

② 측정자는 가급적 반사광의 영향을 최소화할 수 있는 검은색 계통의 옷을 입고 조도계는 측정자 몸으로부터 0.5 m 이상 떨어져야 하며 측정자의 그림자가 조도계의 수광부를 가리지 않아야 한다.

③ 안개가 끼거나 비·눈 등이 내리는 경우에는 측정하지 않아야 한다.

④ 차량 불빛 등 일시적인 광원에 의한 빛 영향이 있는 경우에는 측정하지 않아야 한다.

그림 C5-2 주거지 연직면 조도의 측정 모습

⑤ 광원 점등 이후 일정 시간 경과 후 정상상태에서 측정해야 한다.

⑥ 피해가 예상되는 적절한 측정 시각에 연직면 조도가 높을 것으로 예상되는 2지점 이상의 측정지점을 창문 밖 창면에 선정·측정하여 그중 가장 높은 조도를 측정 조도로 한다.

⑦ 측정 조도에 배경 조도를 산술적으로 빼서 대상 조도로 하며, 평가 조도는 대상 조도에 보정값 0.9를 곱하여 산출한다.

- 배경 조도: 측정 조도의 측정 위치에서 대상 조명이 없을 때 측정한 조도
- 대상 조도: 측정 조도에서 배경 조도를 뺀 후 얻어진 조도

❷ 발광표면휘도 - 일반 광고조명의 측정 조건 및 절차

① 광고조명 설치 높이를 고려하여 측정자가 측정지점에서 측정대상물 중심을 바라보는 직선과 수평면이 이루는 각이 45° 이하가 되는 지점 중 빛공해 피해가 예상되는 지점으로 한다.

② 장애물(가로수 등)로 인한 차광이 예상되는 경우 장애물 옆 또는 밖으로 떨어진 지점 중 차광 영향이 적은 지점을 측정한다.

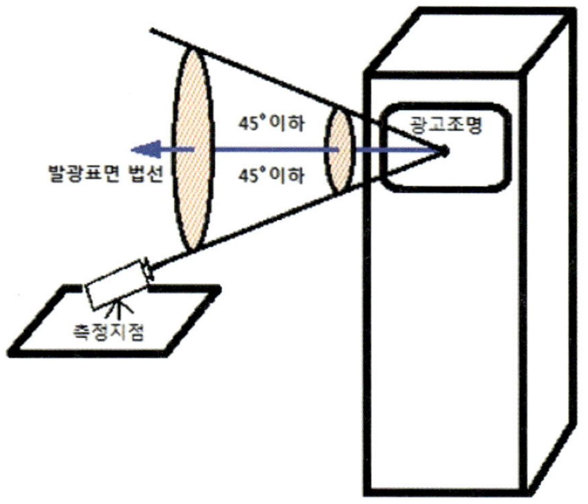

그림 C5-3 광고조명에 대한 휘도계 측정 위치의 범위

③ 안개가 끼거나 비·눈 등이 내리는 경우에는 측정하지 않아야 한다.

④ 차량 불빛 등 일시적인 광원에 의한 빛 영향이 있는 경우에는 측정하지 않아야 한다.

⑤ 광원 점등 이후 일정 시간 경과 후 정상상태에서 측정해야 한다.

⑥ 발광표면 휘도 최대값(점휘도계 측정)

- 면조명의 발광표면 휘도 측정영역은 점휘도계 접안렌즈를 통해 바라본 점휘도계 측정각 지름이 장식조명 한 변 길이의 1/3 이하가 되거나 측정각 면적이 장식조명 전체 면적의 1/10 이하로 함
- 선조명(빛공해 유발 예상 지점에서 관측했을 때 선형태로 장식된 조명)의 발광표면 휘도 측정영역은 점휘도계 접안렌즈를 통해 바라본 점휘도계 측정각 지름이 장식조명 선 두께 이하로 함
- 점조명(빛공해 유발 예상 지점에서 관측했을 때 점형태로 장식된 조명)의 발광표면 휘도 측정영역은 점휘도계 접안렌즈를 통해 바라본 점휘도계 측정각 면적이 장식조명 발광 면적과 같거나 작게 함

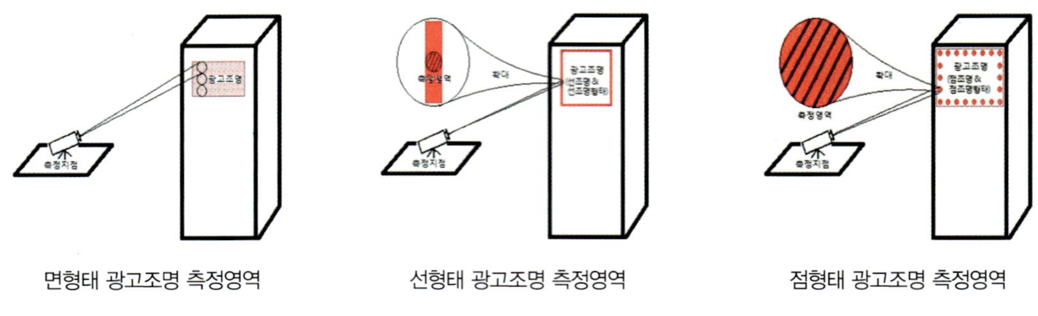

그림 C5-4 광고조명 형태에 따른 점휘도계 측정 방법

⑦ 발광표면 휘도 최대값(면휘도계 측정)

- 광고조명이 가급적 면휘도계 시야각 안에 가득하게 측정면을 선정하여 측정한다.
- 면휘도계의 조리개는 F4로 하고 셔터속도는 $\frac{1}{4,000}$초, $\frac{1}{3,200}$초, $\frac{1}{2,500}$초, … 등과 같이 세분화하여 빛이 과다노출(Overflow) 되는 시점까지 순차적으로 측정하되, 위의 노출시간 설정이 없을 경우, 가장 인접한 노출시간의 측정 결과를 분석한다.
- 중성필터는 측정 대상 조명의 빛이 과다노출 되지 않도록 중성필터 빛 투과율에 따라 적절히 선택하여 사용한다.

- 광고조명을 구성하는 광원 간 빛 간섭을 줄이기 위해 자동촛점 조절 후 수동촛점 조절로 간섭을 제거한다.

❸ 발광표면휘도 - 점멸 · 동영상 전광류 광고물의 측정 조건 및 절차

① 일상적으로 작동되는 점멸·동영상 전광류 광고물의 밝기상태에서 백색신호 재생 중인 상태로 발광표면 휘도를 측정·평가한다.

② 도형발생기를 이용하여 백색신호 재생이 어렵다고 판단되거나 측정·평가 결과 점멸·동영상 전광류 광고물의 발광표면 휘도 기준값을 초과할 경우, 점멸·동영상 전광류 광고물 설치 현장에서 실시간으로 점멸·동영상이 재생 중인 전광류 광고물의 발광표면 휘도를 재측정하여 평가한다.

③ 측정 방법은 광고조명의 '발광표면 휘도 최대값(면휘도계 측정)'과 동일한 절차를 거쳐 실시한다.

❹ 발광표면휘도 - 장식조명의 측정 조건 및 절차

① 장식조명 설치 높이를 고려하여 측정자가 측정지점에서 측정대상물 중심을 바라보는 직선과 수평면이 이루는 각이 45° 이하가 되는 지점 중 빛공해 피해가 예상되는 지점으로 한다.

② 장애물(가로수 등)로 인한 차광이 예상되는 경우 장애물 옆 또는 밖으로 떨어진 지점 중 차광 영향이 적은 지점으로 한다.

③ 안개가 끼거나 비·눈 등이 내리는 경우에는 측정하지 않아야 한다.

④ 차량 불빛 등 일시적인 광원에 의한 빛 영향이 있는 경우에는 측정하지 않아야 한다.

⑤ 발광표면 휘도 평균값(면휘도계 측정)

- 장식면 전체를 균일하게 비추는 장식조명(장식면 최소 휘도 대비 최대 휘도 비가 50 이하)은 장식면 전체를 측정영역으로 한다.

그림 C5-5 전체를 비추는 장식조명의 측정영역 설정

- 장식면의 일부를 비추는 장식조명(장식면 최소 휘도 대비 최대 휘도 비가 50 초과)은 장식면의 최대 휘도 발생지점을 측정영역에 포함하고 최대 휘도의 1/50배 되는 지점을 연결한 4각형 이상의 다각형 영역을 측정영역으로 한다. 독립된 동일한 형태의 장식조명이 반복되는 경우 가장 밝을 것으로 예상되는 장식면에 대해서만 측정영역을 선정 및 측정한다.
- 아래 사례의 경우, 분석영역 중에서 최대휘도인 643.3 cd/m²의 1/50인 12.9 cd/m²이 최대가 되도록 휘도 스케일을 변경한 후 백색영역을 지정하여 분석한다. 평균휘도는 88.3 cd/m² 이다.

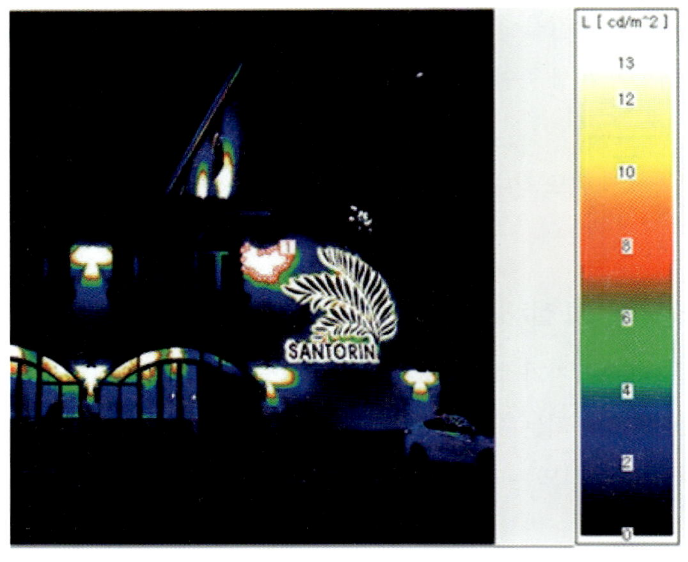

Min	Max	Mean
3.397	643.3	88.34

그림 C5-6 일부를 비추는 장식조명의 측정영역 설정 사례

- 발광부위가 면조명 또는 면조명 형태로 외부에 직접적으로 노출된 장식조명의 휘도 측정영역은 발광부위 전체로 한다. 단, 발광부위가 둘 이상으로 구분되는 경우 각 발광부위에 대하여 측정영역을 선정 및 측정한다.
- 발광부위가 선조명 또는 선조명형태(빛공해 유발지점에서 관측했을 때, 선형태로 장식된 조명)로 외부에 직접적으로 노출된 장식조명의 휘도 측정영역은 선조명 발광부위 전체로 한다. 단 동일한 형태의 선조명이 반복되는 경우 가장 밝을 것으로 예상되는 선조명에 대해서만 측정영역을 선정 및 측정한다.

- 발광부위가 점조명 또는 점조명형태(빛공해 유발지점에서 관측했을 때, 점형태로 장식된 조명)로 외부에 직접적으로 노출된 장식조명의 휘도측정영역은 점조명 발광부위 전체로 한다. 단 동일한 형태의 점조명이 반복되는 경우 가장 밝을 것으로 예상되는 점조명에 대해서만 측

정 영역을 선정 및 측정한다.

⑥ 발광표면 휘도 최대값(점휘도계 측정)

- 면조명의 발광표면 휘도 측정영역은 점휘도계 접안렌즈를 통해 바라본 점휘도계 측정각 지름이 장식조명 한 변 길이의 1/3 이하가 되거나 측정각 면적이 장식조명 전체 면적의 1/10 이하로 한다.
- 선조명(빛공해 유발 예상 지점에서 관측했을 때 선형태로 장식된 조명)의 발광표면 휘도 측정영역은 점휘도계 접안렌즈를 통해 바라본 점휘도계 측정각 지름이 장식조명 선 두께 이하로 한다.
- 점조명(빛공해 유발 예상 지점에서 관측했을 때 점형태로 장식된 조명)의 발광표면 휘도 측정영역은 점휘도계 접안렌즈를 통해 바라본 점휘도계 측정각 면적이 발광면적과 같거나 작게 한다.

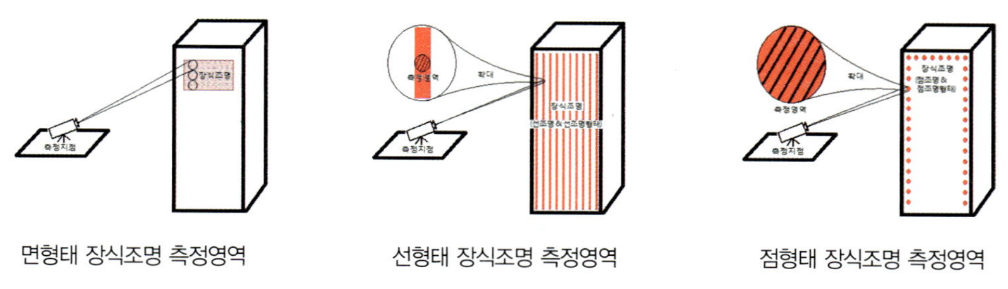

그림 C5-7 장식조명 형태에 따른 점휘도계 측정 방법

⑦ 발광표면 휘도 최대값(면휘도계 측정)

- 가급적 면휘도계 시야각 안에 가득하게 측정면을 선정하여 측정한다.
- 면휘도계의 조리개는 F4로 하고 셔터속도는 $\frac{1}{4,000}$초, $\frac{1}{3,200}$초, $\frac{1}{2,500}$초, … 등과 같이 세분화하여 빛이 과다노출(Overflow) 되는 시점까지 순차적으로 측정하되, 위의 노출시간 설정이 없을 경우, 가장 인접한 노출시간의 측정 결과를 분석한다.
- 중성필터는 측정 대상 조명의 빛이 과다노출 되지 않도록 중성필터 빛 투과율에 따라 적절히 선택하여 사용한다.
- 장식조명을 구성하는 광원 간 빛 간섭을 줄이기 위해 자동촛점 조절 후 수동촛점 조절로 간섭을 제거한다.

CHAPTER 06

조명관련 국제 인증

6.1 유럽의 인증

조명과 관련된 유럽의 주요 인증 제도는 아래와 같다.

표 C6-1 유럽의 주요 인증 제도

주관기관	CE	VDE	Energy labeling	RoHS	WEEE	Ecolabel
	European Commission	VDE	European Commission	European Commission	European Commission	European Commission
적용범위	전 제품	전 제품	현재 A/R Lamp 전제품 확대(13.9)	전 제품	전 제품	전 제품
임의/강제	강제	임의	강제	강제	강제	X
인증마크	CE	DVE	ENERGY	RoHS COMPLIANT		eco Label
적용규격	EN 표준	EN 표준+독일, VDE 자체기준	에너지라벨링 Directive	RoHS Directive	WEEE Directive	Decision 2002/747/EC (lights bubls)

6.1.1 CE (Conformité Européenne 유럽 적합성)

CE 마크는 제품의 안전, 건강, 환경 및 소비자 보호와 관련된 유럽규격 즉 EU 이사회 지침의 요구

사항을 모두 만족한다는 의미이며, 유럽연합 내에서 유통되는 소비자 안전과 관련된 제품에는 반드시 승인을 받고 CE 마크를 부착하여야 한다. CE 마크는 품질에 대한 보증을 뜻하는 것이 아니고 기본적인 안전 조건(필수 요구조건)을 충족시키고 있다는 것을 확인하여 주는 수단이며, 이 마크만 부착하면 EU지역 내에서 자유로이 유통될 수 있다.

6.1.2 ErP(Energy Related Products)

기존의 EuP(Energy using Products; EuPs) 지침을 개정한 것이며, 기존 EuP(2005/32/EC 지침)의 범위는 에너지 소비 품목에 한정이 되어있었지만, 환경 효율성과 환경 보호 요구로 인해 좀 더 넓은 범위의 취급이 요구되면서 친환경설계(Eco design) 요구 사항의 범위가 에너지를 사용하는 제품군에서 에너지와 관계되는 모든 제품으로 확대되어 ErP(2009/125/EC 지침)로 개정되었다.

6.1.3 ENEC (European Norms Electrical Certification) & ENEC PLUS

ENEC는 유럽 안전마크로 유럽 제조업체 협회의 요청으로 유럽 시험인증센터들은 유럽 전역에 걸쳐 전기 제품이 충족해야 할 안전 요구사항에 대한 평가를 통일된 방식으로 진행하기로 합의하였으며, 이 합의를 통하여 만들어진 결과가 ENEC이다. ENEC 마크는 전체 전기기술 제품의 상당 부분을 대상으로 유럽공동체 회원국의 인증기관에 대해 합의한 적합성 마크이며, 이 마크는 특정 유럽 안전기준에 대한 준수 증명이다. 동 인증은 LED 램프 제품에 초점을 맞추고 있으며, CE와는 달리 강제 인증은 아니지만, CE 기본 인증 외에도 ENEC 인증을 취득하는 경우, 보다 시장 진출에 유리하며, 일부 산업 분야에서는 필수로 적용되기도 하다.

CE 표시가 제조업체 및 수입업체의 자기 적합성 선언으로 가능하기에 ENEC 제도는 제조업체 및 수입업체가 EN 표준에서 요구하는 제품 안전 요구사항을 제3자 시험소에서 시험을 통해 검증하여 확실히 준수하고 있음을 입증할 수 있다. ISO/IEC 17067:2013에서 정의된 적합성 평가 제품 인증제도를 위한 제품 인증의 기초 및 가이드라인에 따른 전체 인증제도로 구성되어 있으며, ENEC 제도하의 지정 시험소는 엄격한 초기 평가뿐만 아니라 시험 운영의 엄격한 재평가 프로그램의 대상이다. LED를 포함한 조명 제품의 설계와 성능을 평가하는 ENEC+ 제도를 추가로 도입하였으며, ENEC+ 제도는 안전과 성능을 독립적으로 검증하여 ENEC 제도를 보완하고 ENEC+ 시험에서 초기 사양 요소를 모두 포괄함에 따라 별도의 성능 시험의 필요성을 줄여 준다.

6.1.4 유럽 주요국 기타 인증 (임의인증, LED 램프 해당, 나머지는 고려 중)

표 C6-2 유럽 주요국의 기타 인증 제도

국가	마크	대상	내용
영국		조명기기 & Driver	영국에서 가장 권위 있는 인증 제도로 영국 기준원(BSI)이 주체로 발급되고 있으며 영국인의 90% 이상에 달하는 인지도를 가지며 한국의 KS와 유사하고, 대부분 이 인증을 통해 제품의 안전성을 확인하는 수단으로 여김
		LED 램프 /조명기기	2003년 정부의 기금으로 설립된 비영리 단체로 에너지 효율을 높이기 위해 LED와 CFL 사용을 권장, LED의 경우 Lamp/Module, 조명으로 구분하여 인증을 부여하며 현재는 대중적이지 않지만, 정부와 연계된 홍보활동으로 인지도를 높여가고 있음
	BEAB Approved	조명기기	BS415, BS3456에 의거 전기전자제품에 대한 비강제 제도로 주로 가정/사무용 제품에 대한 안전 테스트와 서비스를 수행하며, 영국 내에서 대표적인 시험인증 기관임
독일	DVE	LED 램프 /조명기기	전자기기의 안전규격으로 강제적이지는 않으나 제품의 안전성/적합성을 시험/인증하는 마크임 EU 단일화 이전에 필수 인증이었나 EU 통합 후 CE가 의무화되고 VDE는 비 의무적으로 변했지만, 기술/안전에 관한 이유로 VDE를 요구하는 경우가 많음
		LED 램프	독일 환경부에서 주관하며 정부 기관 및 비정부 기관이 컨소시엄으로 운영하는 라벨링 제도로 사무용 및 가정용 제품에 부착하는 친환경 인증제도임
	GS geprüfte Sicherheit	조명기기	품질 안전마크로 독일 노동 사회부의 기기 안전법에 따라 하부기관인 연방 직업 안전청(BAU)에서 발급하는 마크로 비강제 사항이지만 선호도가 높음(KS와 유사)
프랑스	NF	조명기기	프랑스 규격협회(AFNOR에 의해 창설된 인증 마크로 품질/안전성을 보장하며, 지정 품목은 반드시 NF 마크를 받아야 함. (조명기기는 NF102/105, NF EN 60598 규격 해당)
	NF	비상조명	프랑스 친환경제품 인증마크로, 가구, 전기기구, 의류, 원예, 문구, 위생제품 등 49개 상품의 인증마크로 조명 중 비상 점멸조명은 NF 환경마크(NF467, NF413) 인증이 필요

6.2 미국의 인증

조명과 관련된 미국의 주요 인증 제도는 아래와 같다.

표 C6-3 미국의 주요 인증 제도

주관기관	UL	FCC	DOE	FTC	EPA	DOE
제도	UL	FCC	Lighting Facts	FTC Label	Energy Star	DLC
인증마크	c UL us LISTED c RU us	FC	lighting facts		ENERGY STAR	DLC
적용규격	UL1993 UL8750 UL1598C	47CFR Part 15 sub B	IES LM79/LM80 (TM21)	IES LM79 16 CFR Part 305	Energy Star requirement UL, IES, etc	Energy Star requirement UL, IES, etc
시험기관	UL, UL approved lab.(DAP)	Verification	NVLAP, CALiPER Lab.	NVLAP, CALiPER Lab.	EPA approved lab.	NVLAP, CALiPER Lab.

6.2.1 UL (Underwriters Laboratories, 미국보험협회시험소인증)

UL(1894년 설립)은 미국의 대표적인 안전 시험기관이며, UL 규격은 미국의 안전규격으로 사용되고 있으며, 미연방 정부의 비강제 규격이나 주별로 주법에 따라 강제인 지역도 있다.

미국 내에서 UL의 신뢰성은 높게 평가되고 있으며, 소비자들의 선호도가 높기 때문에 생산업자, 판매상, 수입업자 대부분이 요구하고 있어서 실제로 미국에 수출하기 위해서는 꼭 필요한 강제 규격과 같다. UL 인증을 취득하기 위해서는 전기제품에 내장된 주요 부품도 UL 인증을 취득한 부품을 사용해야 한다.

6.2.2 FCC (Federal Communications Commission, 미연방통신위원회)

통신법에 따라 1934년에 설립된 미국 정부 기관으로 국내외 무선, TV, 위성, 케이블, 유선 통신과 관련한 정책을 개발하고 규제한다. FCC 인증은 미국의 전파통신규격으로 강제 인증제도이다. 무선 통신장비뿐만 아니라 낮은 출력을 이용한 무선기기 및 컴퓨터와 그 주변기기와 같이 사용 중에 전자파를 발생시킬 수 있는 대부분의 전기/전자기기를 미국으로 수출하기 위해서는 반드시 인증 취득이 필요하다.

6.2.3 Energy Star

1992년에 미국환경보호국(EPA, Environmental Protection Agency)이 도입한 일종의 고효율 에너지 인증 프로그램으로 비효율적 에너지의 사용으로 인한 이산화탄소 배출과 오염 물질을 줄이기 위한 것으로 소비자가 성능, 기능 혹은 편리성을 추구하면서도 에너지 효율 제품을 쉽게 식별하고 구매할 수 있도록 하여 에너지 절약 제품의 사용을 장려하기 위한 제도이다. 미국에너지성(DOE, Department of Energy)과 미국환경보호국이 공동으로 운영하고 있으며, 인증 마크를 부여한다. 2010년부터는 EPA가 전적으로 운영을 하고, DOE는 기술적인 지원 및 프로그램 개발을 지원하는 것으로 역할을 분장하였다.

6.2.4 DLC (Design Lights Consortium)

조명시스템의 고품질, 고성능을 보장하고자 일정 테스트를 통해 제품을 인증하는 기관으로 Energy Star와 함께 Energy Rebate 프로그램 중 하나로 북미 지역 에너지절감 제품인증제도이다. 상업용 LED 제품에 적용되며, 현재 적용하고 있는 Energy Star 품목과 중복되는 제품이 없게 제품 구분이 되어있고, 혹시 향후 DLC 제품군을 Energy Star 품목으로 포함되는 경우 DLC 제품군에서는 삭제된다.

6.3 중국의 인증

조명과 관련된 중국의 주요 인증제도는 아래와 같다.

표 C6-4 중국의 주요 인증 제도

제도	CCC	CQC		RS*	EL**	
주관기관	CNCA*** CQC	CQC			CEC	
인증마크		Safety				
		Safety & EMC				
적용범위	LED등기구 (다운라이트 포함) (36V〈, 〈1000V)	LED Lamps LED Modules LED용 Control gear 가로등, 터널등 등 LED등기구		LED 가로등/터널등 LED Lamp LED 다운라이트	LED Lamp	
임의/강제	강제	임의		임의	임의	

6.3.1 CCC (China Compulsory Certification, 중국강제인증)

중국 내 소비자의 신변과 동식물의 생명 안전, 환경 보호, 국가의 안전 도모를 위해 법률과 법규를 기반으로 한 제품 합격 평가 제도로 국내상품과 수입품에 이원적으로 적용되던 인증을 하나로 통합하였다(2001년). 강제성 제품은 CQC와 CNCA(국가 인증 인가 감독 관리위원회)에서 지정한 시험기관에서 시험을 받고 지정된 인증기관의 심사원으로부터 공장 심사를 받은 후 인증서를 득해야 하며, 제품이 지정된 인증기관의 인증서를 획득하지 못하고, 규정대로 인증 마크를 부착하지 않은 경우, 일률적으로 수입, 통관, 출하 및 경영 시장 활동에 사용될 수 없다.

6.3.2 CQC (China Quality Certification, 중국 제품안전 자율인증)

제품 품질을 보증하는 자율 인증으로, 소비자에게 제품 안전에 대한 신뢰도를 제공하고, 국제 시장에서 경쟁력을 증가시키며, 기술 장해를 제거하는 수단으로 선호되고 있다. CQC 인증으로 품질, 안전, 환경 및 기능에 대한 규정을 만족함을 증명할 수 있으며, CCC 강제 인증 대상품이라 하더라도 CQC 인증을 획득할 시 CCC 강제 인증의 시간을 단축하는 장점이 있다.

6.4 일본의 인증

조명과 관련된 일본의 주요 인증제도는 아래와 같다.

표 C6-5 일본의 주요 인증제도

제도	Diamond PSE	Circle PSE	JIS(일본공업규격 표시제도)	Eco Mark
	경제산업성 (METI) 経済産業省			일본 환경 협회
해당 제품	PSU(외주업체)	LED Lamp	LED Lamp	LED Lamp(E17, E26)
강제/임의	강제	강제	X	X
인증마크	PS E	PS E	JIS	
적용규격	*Article 15 of MET Ordinance *J613471 (H20), J61347213 (H21), J55001 (H22)	*Article 8 of Electrical Applicances and Material Safety Law, METI	*JISC 8152~8157 *JISC 8147 외	*JIS C 8157 *JIS Z 9112

6.4.1 PSE (Product Safety Electrical Appliance & Material, 전기용품안전인증)

일본 전기용품안전법에 따라 시행되고 있는 강제 인증으로, 전기용품의 제조, 판매 등을 규제하고 전기용품 안전성 확보에 관해서 민간의 자주적인 활동을 촉진함으로써 전기용품에 의한 위해와 장애 발생을 최소화하는 것을 목적으로 한다. 일본으로의 수출을 목적으로 전기용품을 제조하거나 이를 수입하여 판매하는 사람은 해당 제품에 대한 기술기준을 만족하여야 하며 이에 따라 PSE 마크를 표시하여야 한다.

6.4.2 JIS (Japanese Industrial Standards, 일본산업규격)

일본공업 표준화법에 따라 제정된 국가 임의 규격으로, JIS 규격에서 정하고 있는 바와 동등 이상의 품질 성능을 가진 제품 또는 가공품을 안정적으로 지속할 수 있는 기술적 능력을 보유하고 있는 공장에 대하여 일본 주무대신이 JIS 마크 표시를 허가하는 제도이다. JIS는 단순히 생산된 제품 또는 가공품의 품질 특성이 JIS에 적합한지 아닌지의 여부를 검사하는 '제품 검사방식'이 아니고, 공장 전체를 하나의 시스템으로 파악하여 JIS에 적합한 제품 또는 가공품을 연속적으로 생산할 수 있는 기술적 능력을 검사 하여 JIS 마크 표시를 인정하는 '공장심사방식'을 취하고 있다.

6.5 기타 국가의 인증

기타 국가들의 인증은 아래와 같다.

표 C6-6 기타 지역의 인증 제도

ITALY	ITALY	HOLLAND	BELGIUM	ARGENTINA	AUSTRIA	SWITZERLAND
	CSV	KEMA EUR	CEBEC	IRAM	ÖVE	+ S
RUSSIA	HUNGARY	POLAND	CZECH REPUBLIC	NORWAY	SWEDEN	DEnmARK
	EMI	BBJ-SEP B		N	S	D
FINLAND	CANADA	U.S.A	U.S.A CANADA	UNITED KINGDOM	CHINA	
FI	SA	UL	c UL us	bsi	CCC	

참고문헌

1. The Nature of Light: What is a Photon?, by Chandra Roychoudhuri and Andrew Ketsdever, Springer, 2012
2. The Oxford Handbook of Egyptology, edited by Ian Shaw. Oxford University Press, 2008
3. Chinese Thought: From Confucius to Cook Ding, by Roel Sterckx, Pelican Books, 2019
4. "Chemiluminescence." Encyclopædia Britannica. Encyclopædia Britannica, Inc., n.d. Web. 5 May 2023.
5. Zhou, Xuefeng, and Yanlin Song. "Recent advances in triboluminescence: materials, mechanisms, and applications." Materials Horizons 7, no. 1 (2020): 23-52. doi: 10.1039/c9mh00715a.
6. Born, M., Wolf, E. (1999). Principles of Optics: Electromagnetic Theory of Propagation, Interference and Diffraction of Light (7th ed.). Cambridge University Press.
7. Hecht, E. (2002). Optics (4th ed.). Addison Wesley.
8. Jonathan N. Tinsley, Maxim I. Molodtsov, Robert Prevedel, David Wartmann, Jofre Espigulé-Pons, Mattias Lauwers & Alipasha Vaziri (2016), Direct detection of a single photon by humans, Nature Communications volume 7, 12172 .
9. 22 CGPM. Comptes rendus des séances de la 26e réunion de la Conférence génerale des poids et mesures (CGPM). 2018, 54
10. ISO/CIE 23539, Photometry-The CIE system of physical photometry (2023-03)
11. CIE 015:2018, Colorimetry
12. CIE 170-1:2006, Fundamental Chromaticity Diagram with Physiological Axes
13. CIE 170-2:2015, Fundamental Chromaticity Diagram with Physiological Axes - Part 2: Spectral Luminous Efficiency Functions and Chromaticity Diagrams
14. https://medigatenews.com/news/597333510
15. JCGM 200:2012 - ISO/IEC Guide 99:2007 국제 측정학 용어집 - 기본 및 일반 개념과 관련 용어 (VIM), 제3판, 한국어판, 한국표준과학연구원 (2022)
16. KS A ISO 80000-7 양 및 단위 - 제7부: 빛과 복사
17. BIPM, 국제단위계 (The International System of Units, SI, 번역본), 제9판, 한국표준과학연구원 (2019)
18. BIPM-2019/05 Principles governing photometry, 2nd edition

1. CIE Chromaticity Explorer (https://company235.com/tools/colour/cie.html)

19. ISO 8995 Lighting of work place – Part 1 : Indoor

20. KS-A 3011 조도기준
21. KS A 3701 도로 조명 기준
22. KS C 3703 터널 조명 기준
23. IESNA, Technical Memorandum on Light Emitting Diode (LED) Sources and Systems
24. 문철희, LED칩과 패키징 기술, 조명·전기설비학회논문지
25. www.samsungled.com
26. Understanding LM-80 to evaluate LEDs, EE Times
27. 최안섭, Light and Lighting 빛과 조명, 문운당
28. www.maltani.co.kr
29. KS C IEC-60079-10-1
30. Connectivity Protocols for Smart Lighting Systems
31. Ricardo A. Calix et al., Cyber Security Tool Kit (CyberSecTK): A Python Library for Machine Learning and Cyber Security, Information, Vol.11, No.2, 2020. Feb.
32. www.infineon.com/lighting
33. https://wfamilymedicine.com/health-problems/
34. www.pinterest.co.uk
35. https://delmatic.com/
36. https://www.ledsmagazine.com/
37. https://www.dusuniot.com/solution/ble-mesh-lighting-control-solution/
38. https://en.wikipedia.org/wiki/EnOcean
39. https://ieeexplore.ieee.org/
40. https://www.etsi.org/deliver/etsi_ts
41. Haq, M.A.U. Hassan, M.Y. Abdullah, H. Rahman, H.A. Abdullah, M.P. Hussin, F. Said, D.M., A review on lighting control technologies in commercial buildings, their performance and affect ing factors. Renewable Sustainable Energy Reviews, Vol.33, pp.268–279. 2014. May
42. Marc Füchtenhans, Smart lighting systems: state-of-the-art and potential applications in wareho use order picking, International Journal of Production Research, Volume 59, 2021 - Issue 12
43. https://helvar.com/helvar-activeahead-generation-2-wireless-lighting-solution-launched/
44. https://www.led-professional.com/resources-1/articles/ai-lighting
45. Solaimani, S.; Keijzer-Broers, W.; Bouwman, H. What we do—And don't—Know about the Sm art Home: An analysis of the Smart Home literature. Indoor Built Environ. 2013, 24, 370–383.

46. Rossi, M. LEDs and New Technologies for Circadian Lighting. In Research for Development; S pringer: Cham, Switzerland, 2019; pp. 157–207
47. Alobaidy, H.A.; Mandeep, J.; Nordin, R.; Abdullah, N.F. A Review on ZigBee Based WSNs: C oncepts, Infrastructure, Applications, and Challenges. IJEETC 2020, 9, 10.
48. Van Bommel, W.J.M. Interior Lighting: Fundamentals, Technology and Application; Springer I nternational Publishing: Berlin/Heidelberg, Germany, 2019
49. Menachem Domb, Smart Home Systems Based on Internet of Things, CHAPTER METRICS O VERVIEW, 2019. Feb.
50. Dankan Gowda .V, Arudra Annepu, Ramesha. M, Prashantha Kumar K and Pallavi Singh, IoT Enabled Smart Lighting System for Smart Cities, Journal of Physics: Conference Series, Vol. 20 89, pp.15-16, 2021. Sep
51. https://www.interact-lighting.com/ko-kr/case-studies/los-angeles
52. international energy agency, 2022
53. international energy agency, 2019
54. Mark S. Rea, Rohan Nagare, Andrew Bierman and Mariana G. Figueiro, The circadian stimulus -oscillator model: Improvements to Kronauer's model of the human circadian pacemaker, Sec. S leep and Circadian Rhythms, Volume 16 (2022)
55. G C Brainard 1, J P Hanifin, J M Greeson, B Byrne, G Glickman, E Gerner, M D Rollag, Action Spectrum for Melatonin Regulation in Humans: Evidence for a Novel Circadian Photoreceptor , Journal of Neuroscience 15, (2001)
56. IESNA Lighting Handbook 10th
57. Mariana Figueiro, Disruption of Circadian Rhythms by Light During Day and Night, Current Sl eep Medicine Reports, (2017)
58. https://www.lrc.rpi.edu/cscalculator/
59. https://cdn.wellcertified.com/static/resources/Melanopic+Ratio.xlsx
60. Userguide to the Equivalent Daylight (D65) Illuminance Toolbox, CIE 2019
61. https://files.cie.co.at/CIE%20S%20026%20alpha-opic%20Toolbox.xlsx
62. ISO/TR 9241-610 Ergonomics of human-system interaction — Part 610: Impact of light and ligh ting on users of interactive systems
63. Kevin W. Houser, Tony Esposito, Human-Centric Lighting: Foundational Considerations and a Five-Step Design Process, Front. Neurol., 27 (2021)
64. Kevin W. Houser and Tony Esposito, Correlated color temperature is not a suitable proxy for th

e biological potency of light, Scientific Reports volume 12, Article number: 20223 (2022)

65. Lighting for Health and Wellness Recommendations in Offices, DOE, 2023
66. Glickman G, Hanifin JP, Rollag MD, Wang J, Cooper H, Brainard GC. Inferior retinal light expo sure is more effective than superior retinal exposure in suppressing melatonin in humans. J Biol Rhythms, 18(1), pp.71-9 2003 Feb.
67. Visser EK, Beersma DGM, Daan S. Melatonin suppression by light in humans is maximum whe n the nasal part of the retina is illuminated. J Biol Rhythms. 14(2), pp.116–21, 1999 Apr.
68. Ruger M, Gordijn Mcm, Beersma DGM, de Vries B, Daan S. Nasal versus temporal illumination of the human retina: effects on core body temperature, melatonin, and circadian phase. J Biol Rh ythms. 20(1), pp.60–70, 2005 Feb.
69. Brown TM, Brainard GC, Cajochen C, Czeisler CA, Hanifin JP, Lockley SW, et al. Recommen dations for daytime, evening, and nighttime indoor light exposure to best support physiology, sl eep, and wakefulness in healthy adults. PLoS Biol. 20(3), 2022 Mar.
70. Rahman SA, St Hilaire MA, Gronfier C, Chang AM, Santhi N, Czeisler CA, et al. Functional de coupling of melatonin suppression and circadian phase resetting in humans. J Physiol. 596(11), pp.2147–2157, 2018 Jun.
71. Hébert M, Martin SK, Lee C, Eastman CI. The effects of prior light history on the suppression o f melatonin by light in humans. J Pineal Res. 33(4), pp.198–203, 2022 Nov.
72. https://led.samsung.com/lighting/applications/human-centric-lighting
73. http://www.seoulsemicon.com/kr/technology
74. https://lumileds.com/
75. https://skyviewlight.com/
76. https://www.bioshumanlight.com/
77. https://www.usa.philips.com/
78. https://www.glamox.com/en/pbs/human-centric-lighting
79. http://futuregreen.co.kr/
80. KOTRA, 2022 스마트 팜 해외 진출전략 보고서
81. 김제시 스마트 팜 혁신밸리(https://innovalley.smartfarmkorea.net/)
82. Yole Development, AUTOMOTIVE LIGHTING: TECHNOLOGY, INDUSTRY, AND MARK ET TRENDS, 2016
83. UNIFE World Rail Market Study, UNIFE, 2016
84. http://www.evansgroup.net)

85. www.divvalilighting.com

86. https://www.nytimes.com/wirecutter/reviews/best-light-therapy-lamp/

87. Khechekhouche, A., et al. "Seasonal effect on solar distillation in the El-Oued region of south-east Algeria." International journal of Energetica 2.1 (2017): 42-45

88. Lambert, Gavin W., et al. "Effect of sunlight and season on serotonin turnover in the brain." The Lancet 360.9348 (2002): 1840-1842

89. Kennedy, Sidney H., et al. "Canadian Network for Mood and Anxiety Treatments (CAnmAT) 2016 clinical guidelines for the management of adults with major depressive disorder: section 3. Pharmacological treatments." The Canadian Journal of Psychiatry 61.9 (2016): 540-560.

90. 국가정신건강포털(http://www.mentalhealth.go.kr/)

91. Rosenthal NE, Joseph-Vanderpool JR, Levendosky AA, Johnston SH, Allen R, Kelly KA, Souetre E, Schultz PM, Starz KE. Phase-shifting effects of bright morning light as treatment for delayed sleep phase syndrome. Sleep 1990; 13:354-361

92. Reid KJ, Chang AM, Zee PC. Circadian rhythm sleep disorders. Med Clin North Am 2004;88:631-651, viii

93. Campbell SS, Dawson D, Anderson MW. Alleviation of sleep maintenance insomnia with timed exposure to bright light. J Am Geriatr Soc 1993;41:829-836

94. Lack L, Wright H. The effect of evening bright light in delaying the circadian rhythms and lengthening the sleep of early awakening insomniacs. Sleep 1993;16:436-443

95. Abbott, Sabra M., and Phyllis C. Zee. "Irregular sleep-wake rhythm disorder." Sleep medicine clinics 10.4 (2015): 517-522

96. Mishima K, Okawa M, Hishikawa Y, Hozumi S, Hori H, Takahashi K. Morning bright light therapy for sleep and behavior disorders in elderly patients with dementia. Acta Psychiatr Scand 1994;89:1-7

97. Drake CL, Roehrs T, Richardson G, Walsh JK, Roth T. Shift work sleep disorder: prevalence and consequences beyond that of symptomatic day workers. Sleep 2004;27:1453-1462

98. Campbell SS. Effects of timed bright-light exposure on shift-work adaptation in middle-aged subjects. Sleep 1995;18:408-416

99. Czeisler CA, Johnson MP, Duffy JF. Exposure to bright light and darkness to treat physiological maladaptation to night work. N Engl J Med 1990;322:1253-1259

100. https://worldtraveladventurers.com/beat-jet-lag-light-therapy-device-ayo-glasses-review/

101. Leger D, Badet D, De la Glicais B. The prevalence of jet-lag among 507 traveling business-men. Sleep Res 1995;22:239

102. Burgess HJ, Crowley SJ, Gazda CJ, Fogg LF, Eastman CI. Preflight adjustment to eastward tra vel: 3 days of advancing sleep with and without morning bright light. J Biol Rhythms 2003;18: 318-328

103. Herxheimer A, Waterhouse J. The prevention and treatment of jet lag. BMJ 2003;326:296-297

104. Huang Y.Y., Sharma S.K., Carroll J.D., Hamblin M.R., Biphasic Dose Response in Low Level Light Therapy – an Update, Dose Response, Vol.9, 2011, pp.602–618

105. 김연희, 고명환, 양선호, 김남균, 통증환자에서 가시광선을 이용한 광치료의 효과, 대한재활의학회지 : 제 26 권 제 1 호 2002

106. ㈜링크옵틱스, 관절염 통증 완화를 위한 Micro-LED 웨어러블 케어 시스템 개발(최종보고서), 2020,

107. George D Gale et al, Infrared therapy for chronic low back pain: A randomized, controlled tria l, Pain Res Manag, 11(3), PP.193-196, 2006 Autumn

108. https://www.consultingroom.com/treatment/light-treatment-for-active-acne

109. https://www.medicalnewstoday.com/articles/319256#how-does-photodynamic-therapy-work

110. 박일환. "알레르기 비염 환자에서 적색 및 근적외선 LED 광선 치료 효과." Journal of Biomedi cal Engineering Research 40.4 (2019): 125-131

111. Emberlin JC, Lewis RA. Pollen challenge study of a phototherapy device for reducing the sym ptoms of hay fever. Curr Med Res Opin. 2009;25(7):1635-44

112. Lee H, Park MS, Park IH, Lee SH, Lee SK, Kim K, Choi H.A Comparative pilot study of sym ptom improvement before and after phototherapy in Korean patients with perennial allergic rhi nitis. Photochem Photobio. 2013;89:751-57

113. https://www.etnews.com/20191001000148

114. https://redlightman.com/blog/red-light-therapy-shown-to-cure-hypothyroidism/

115. Höfling, Danilo B., et al. "." Lasers in Surgery and Medicine 42.6 (2010): 589-596

116. Feldmeyer, Laurence, et al. "Phototherapy with UVB narrowband, UVA/UVBnb, and UVA1 d ifferentially impacts serum 25-hydroxyvitamin-D3." Journal of the American Academy of Der matology 69.4 (2013): 530-536

117. Grigalavicius, Mantas, et al. "Vitamin D and ultraviolet phototherapy in Caucasians." Journal o f Photochemistry and Photobiology B: Biology 147 (2015): 69-74

118. https://heliotherapy.institute/vitamin-d-lights-bulbs/#gref

119. 전기용품 및 생활용품 안전관리법, 산업통상자원부

120. 방송통신기자재등의 적합성평가에 관한 고시, 국립전파연구원

121. 전자파적합성 시험방법, 국립전파연구원
122. 전자파적합성 기준, 국립전파연구원
123. 고효율에너지기자재 보급촉진에 관한 규정, 산업통상자원부
124. 환경표지대상 제품 및 인증기준, 환경부(녹색산업혁신과)
125. 국가기술표준원(https://www.kats.go.kr/)
126. 한국표준협회(https://ksa.or.kr/)
127. e나라표준인증(www.standard.go.kr)
128. 한국표준정보망(www.kssn.net)
129. 녹색건축인증(http://www.gseed.or.kr/)
130. 효율관리제도(한국에너지공단, https://eep.energy.or.kr/)
131. 녹색인증(https://www.greencertif.or.kr/)
132. 환경표지인증(https://el.keiti.re.kr/)
133. 우수조달 지정제도(조달청, https://www.pps.go.kr/)
134. (사)정부조달우수제품협회((http://www.jungwoo.or.kr/)
135. 환경표지인증 홍보자료, 2023
136. 녹색건축 인증기준 해설서
137. USGBC(https://www.usgbc.org/)
138. Sarah Safranek, Jessica M Collier, Andrea Wilkerson, Robert G Davis, Energy impact of hum an health and wellness lighting recommendations for office and classroom applications, Energy and Buildings, 226(1), 2020 Nov
139. DOE, Lighting for Health and Wellness Recommendations in Offices, 2023
140. 원슬기, 박병철, 최안섭 (2007). 고령자를 위한 주거시설 조명환경 계획에 관한 연구. 한국조명전기설비학회지, 21(6), 8-18.
141. Berson, D.M., Dunn, F.A., & Takao, M. (2002). Phototransduction by retinal ganglion cells tha t set the circadian clock. Science, 295, 1070-1073.
142. CIE. (2018). CIE S 026:2018 CIE System for Metrology of Optical Radiation for ipRGC-Influ enced Responses to Light. International Standard. (2018). doi: 10.25039/S026.2018.
143. Figueiro, M.G. (2008). A proposed 24 h lighting scheme for older adults. Lighting Research & Technology, 40, 153-160.
144. Gilchrist, A., Kossyfidis, C., Bonato, F., Agostini, T., Cataliotti, J., Li, X., Spehar, B., Annan, V., & Economou, E. (1999). An anchoring theory of lightness perception. Psychological Revie

w, 106(4), 795-834.

145. Hering, E. (1878). Opponent-process Theory. Expanded by Solomon.
146. Ikeda, M., Huang, C.C., & Ashizawa, S. (1989). Equivalent lightness of colored objects at illuminances from the scotopic to the photopic level. Color Research and Application, 14, 198-206.
147. Kalajian, T.A., Aldoukhi, A., Veronikis, A.J., Persons, K., Holick, M.F. (2017). Ultraviolet B Light Emitting Diodes (LEDs) Are More Efficient and Effective in Producing Vitamin D3 in Human Skin Compared to Natural Sunlight. Scientific Reports.7(1), 11489.
148. Kang, H., Kim, J., Park, S., Lee, C-S., Pak, H. (2023). Visibility of the phantom array effect at different LED colour temperatures under high-frequency temporal light modulation. Lighting Research & Technology, 55(1), 36-46.
149. Livingstone M.S., & Hubel D.H. (1984). Anatomy and physiology of a color system in the primate visual cortex. Journal of Neuroscience, 4(1), 309-356.
150. Provencio, I., Rodriguez, I.R., Jiang, G., Hayes, W.P., Moreira, E.F., & Rollag, M.D. (2000) A novel human opsin in the inner retina. The Journal of Neuroscience, 20(2), 600-605.
151. Svaetichin, G. & MacNichol, E.F., Jr. (1958). Retinal mechanism for chromatic and achromatic vision. Annals of the New York Academy of Sciences, 74, 385-404.
152. Turner, P.L. & Mainster, M.A. (2008). Circadian phtoreception: ageing and the eye's important role in systemic health. British Journal of Ophthalmology, 92, 1439-1444.
153. Weale, R.A. (1988). Age and the transmittance of the human crystalline lens. Journal of Physiology, 395, 577-587.
154. Young, T. (1802). II. The Bakerian Lecture. On the theory of light and colours. Philosophical transactions of the Royal Society of London, 9212–9248.
155. ttps://www.etsi.org/deliver/etsi_ts
156. https://www.energy.gov/femp/articles/cyber-security-lighting-systems
157. https://news.samsungdisplay.com/8471
158. 빛공해 공정시험기준(안) - 일반 광고조명의 발광표면 휘도 측정방법
159. 빛공해 공정시험기준(안) - 장식조명의 발광표면 휘도 측정방법

찾아보기

ㄱ

가시광통신(VLC, visible light communication)
111, 124

가현 운동(apparent movement)
30, 31

간상세포
18, 19, 21, 163, 166

감광망막신경절세포(ipRGC, intrinsically photo-sensitive ganglion cells)
25, 165

건물관리시스템(BMS, building management system)
104, 112, 125

건축화 조명(Architectural Light)
92

계절성 우울증(SAD, seasonal affective disorder)
181, 218, 219

고효율에너지기자재인증제도
257, 258, 305

광도(luminous intensity)
23, 37, 38, 39, 40, 41, 42, 43, 54, 56, 65, 96, 97, 196, 214, 257, 325

광선추적법(ray tracing)
53, 61

광속(luminous flux)
11, 15, 16, 37, 38, 39, 42, 53, 54, 56, 57, 58, 60, 65, 66, 71, 72, 74, 75, 76, 92, 97, 134, 157, 175, 306, 308, 309, 311, 312

광속법(lumen method)
53, 56, 57, 58, 59

광수용체(photoreceptor)
18, 20, 21, 161, 163, 164, 165, 166, 168, 169, 170, 175

교대근무 부적응 증후군(Shift-work Maladaptation Syndrome, SMS)
224

국제조명위원회(CIE, Commission Internationale de l'Eclairage, International Commission on Illumination)
20, 28, 33, 38, 39, 44, 59, 80, 169

균제도
61, 64, 65, 66, 320

ㄴ

난방환기조절시스템(HVAC, heating, ventilation and air conditioning)
125

녹색인증
238, 268, 269, 270, 271, 272, 273, 274, 360

눈부심 지수(UGR, unified glare rating)
22

ㄷ

등가 멜라노픽 조도(equivalent melanopic lux)
168

ㄹ

라이트 테라피(Light therapy)
217, 218, 219, 220, 221, 222, 223, 224, 225, 226, 227, 228, 230, 231, 233, 235

ㅁ

멜라노픽 등가 주광조도(melanopic equivalent daylight illuminance)
33

멜라노픽 조도(melanopic lux)
168

멜라노픽(Melanopic)
168, 169, 172
멜라놉신(melanopsin)
165, 166, 168, 175
멜라토닌(Melatonin)
33, 157, 161, 163, 164, 165, 166, 167, 169, 173, 175, 176, 178, 179, 180, 219, 220, 221, 224
명소시(photopic vision)
19, 29
명순응(photopic)
29
모빌리티 조명
204, 205, 209

ㅂ

밝기 항등성(brightness constancy)
29, 30
방송통신기자재 적합성평가 제도
243, 244
배광(luminous distribution)
53, 54, 57, 58, 59, 68, 78, 80, 86, 88, 89, 91, 93, 94, 95, 96, 332
배광곡선(luminous distribution curve)
53, 93, 96, 97
배광데이터(photometric data)
65, 96, 97, 98
배광분포(angular distribution of luminous intensity)
41, 42, 53, 56
보수율(maintenance factor)
57, 58, 59, 60
복사조도
37, 38
복사휘도
37, 38
북미조명학회(IESNA, Illuminating Engineering Society of North America)
22, 59, 89, 91, 177
분광반사율
30
분광복사량(spectral radiant quantity)
38, 39
분광복사속
39
분광복사조도
38, 39, 40
분광복사휘도
12, 38, 39, 42
분광분포
30, 44, 51, 170, 175, 178, 179
불규칙한 수면-각성 리듬(irregular sleep-wake rhythm)
221, 222, 223
불능 눈부심(Disability glare)
22, 52, 333
불쾌 눈부심(Discomfort glare)
22, 23, 24, 52, 97, 98, 333
빌딩 자동화 및 제어 시스템(BACS, building automation & control system)
147

ㅅ

살균조명
183, 184, 188, 189, 190, 191, 192, 193,
상관색온도(Correlated Color Temperature: CCT)
44, 45, 49, 50, 51, 134, 150, 162, 163, 168, 169, 170, 173, 175, 178, 180, 306, 307, 308, 309, 310, 311, 312
색순응(color adaptation)
29
색온도(color temperature)
31, 34, 46, 50, 71, 72, 73, 74, 92, 100, 104, 105, 106, 110, 126, 128, 157, 184, 189, 194, 196, 199, 264, 305
색채 항등성(color constancy)
29

생체리듬
25, 33, 102, 104, 157, 162, 163, 219, 329
생체적 라이트 테라피
226
선조피질(striate cortex)
28
수광세포(light receptors)
17, 18, 21
수면위상 증후군(delayed sleep phase syndrome)
218, 221, 222
수면장애(sleep disorder)
33, 34, 160, 175, 217, 218, 220, 221, 222, 223, 224, 225, 226, 234
스마트 조명(smart lighting)
5, 101, 107, 108, 109, 110, 111, 112, 113, 114, 115, 116, 118, 119, 120, 121, 122, 125, 126, 127, 128, 133, 134, 135, 136, 137, 139, 140, 141, 142, 143, 144, 145, 146, 149, 150, 151, 152, 153, 154, 156, 157, 159, 196, 252, 271, 297, 298, 299, 300, 301, 302, 303, 304, 305, 306
스마트 팜(smart farm) 조명
193, 194, 195, 197, 198, 199, 200, 201, 202, 203, 204
스트로보 운동(stroboscopic movement)
30, 31
시 교차(optic chiasm)
28
시교차상핵(SCN, suprachiasmatic nuclei)
165
시차 증후군(jet lag syndrome)
225
심리적 라이트 테라피
218, 226

ㅇ

암소시(scotopic vision)
19, 29
암순응(scotopic)
29
에너지 관리 플랫폼
133
에너지소비효율등급표시제도
260, 261, 262, 267
연색성(color rendering)
31, 51, 123, 124, 162
연색지수(color rendering index)
44, 45, 51, 71, 163, 177, 178, 179, 308, 311, 328
외측슬상핵(LGN, lateral geniculate nucleus)
28
원추세포
18, 19, 21, 45, 163, 166
인간중심조명(human centric lighting)
25, 31, 33, 156, 157, 158, 160, 161, 162, 163, 170, 171, 173, 174, 177, 178, 179, 182
인쇄회로기판(Printed Circuit Board, PCB)
75
입사각 여현의 법칙
54, 55, 56

ㅈ

적응형 전조등 조명시스템(adaptive lighting system)
212
적응형 전조등(AFLS: adaptive front lighting system)
212
적응형 주행빔(ADB:Adaptive Driving Beam)
210
전광속(total luminous flux)
42, 43
전기용품안전관리제도
238, 239
전원 공급 장치(power supply)
68, 75, 76, 77, 78, 79, 156, 197, 198, 240, 246, 309
전진성 수면위상 증후군(advanced sleep phase syndrome)
221, 222

조광(디밍)
101, 123, 127, 141, 147, 150, 171, 306, 308, 309, 311
조광기(디머, dimmer)
100, 101, 133, 246, 306, 309
조도(illuminance)
20, 29, 32, 37, 39, 40, 42, 52, 53, 54, 55, 56, 57, 58, 59, 61, 63, 64, 65, 66, 81, 100, 102, 104, 111, 123, 148, 157, 158, 162, 166, 167, 168, 169, 175, 177, 190, 197, 200, 201, 222, 304, 309, 318, 319, 320, 321, 326, 327, 328, 329, 330, 331, 337, 338, 339, 340, 341
조명률(utilization factor)
53, 56, 57, 58, 59, 81
지연성 수면위상 증후군(delayed sleep phase syndrome)
221, 222

ㅊ

철도 전조등(locomotive headlight)
214, 215

ㅍ

편광
9, 36
토폴로지(topology)
142, 143, 144, 145, 149
푸르키네 현상(Purkinje phenomenon)
29
푸르키네 효과(Purkinje effcet)
20, 21
프로토콜(protocol)
109, 110, 118, 120, 123, 129, 130, 131, 132, 134, 142, 146, 147, 148, 149, 159, 198, 301, 302, 304
플랑키안(Planckian)
46, 50

ㅎ

형광체
69, 70, 72, 202, 212
혼합시(mesopic vision)
19, 20, 21
환경표지인증
238, 274, 275, 276, 277, 278, 279, 280
후두엽(occipital lobe)
28
휘도(luminance)
20, 22, 23, 31, 37, 39, 41, 42, 52, 61, 65, 66, 87, 267, 328, 333, 340, 343, 344
흑체
12, 13, 49, 50, 167

abc

CIE
20, 21, 22, 23, 28, 33, 38, 39, 44, 45, 46, 47, 48, 49, 50, 51, 80, 167, 168, 169, 170, 172, 299, 320, 321, 340
DALI(Digital Addressable Lighting Interface)
109, 116, 118, 120, 124, 129, 143, 144, 147, 149
IESNA
22, 59, 69, 73, 89, 97, 165
IP(Ingress Protection) 등급
83, 84
ipRGC
25, 33, 163, 165, 166, 172, 175, 180
KS(Korea Standard) 인증 제도
36, 50, 52, 58, 63, 64, 85, 163, 238, 248, 249, 250, 251, 252, 253, 255, 256, 257, 258, 259, 260, 263, 264, 265, 266, 303, 306, 307, 308, 309, 310, 311, 312, 318, 319, 339, 348
LED 모듈(Module)
68, 72, 75, 76, 77, 78, 79, 241, 251, 259
LED 칩(Chip)
68, 69, 70, 71, 202

LED 패키지(Package)
68, 70, 71, 72, 73, 74, 75, 76, 93, 95, 96, 311
MDER(melanopic daylight efficacy ratio)
169, 170
MEDI(melanopic equivalent daylight(D65) illuminance)
33, 169, 170, 171, 172, 173, 175
PCB
75, 241
RE100(Renewable Electricity 100%)
121
SMPS(switching mode power supply)
77
UGR(unified glare rating)
22, 23, 24, 52, 64, 66, 98